EMIL@A-stat

Medienreihe zur angewandten Statistik

Marco Burkschat • Erhard Cramer • Udo Kamps

Beschreibende Statistik

Grundlegende Methoden der Datenanalyse

Zweite Auflage

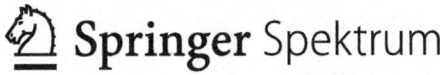

Jun.-Prof. Dr. Marco Burkschat
Institut für Mathematische Stochastik
Otto-von-Guericke-Universität
Magdeburg, Deutschland

Prof. Dr. Erhard Cramer
Institut für Statistik und
   Wirtschaftsmathematik
RWTH Aachen
Aachen, Deutschland

Prof. Dr. Udo Kamps
Institut für Statistik und
   Wirtschaftsmathematik
RWTH Aachen
Aachen, Deutschland

ISBN 978-3-642-30012-7 ISBN 978-3-642-30013-4 (eBook)
DOI 10.1007/978-3-642-30013-4

Die Deutsche Nationalbibliothek verzeichnet diese Publikation in der Deutschen Nationalbibliografie; detaillierte bibliografische Daten sind im Internet über http://dnb.d-nb.de abrufbar.

Springer Spektrum
© Springer-Verlag Berlin Heidelberg 2003, 2012
Das Werk einschließlich aller seiner Teile ist urheberrechtlich geschützt. Jede Verwertung, die nicht ausdrücklich vom Urheberrechtsgesetz zugelassen ist, bedarf der vorherigen Zustimmung des Verlags. Das gilt insbesondere für Vervielfältigungen, Bearbeitungen, Übersetzungen, Mikroverfilmungen und die Einspeicherung und Verarbeitung in elektronischen Systemen.

Die Wiedergabe von Gebrauchsnamen, Handelsnamen, Warenbezeichnungen usw. in diesem Werk berechtigt auch ohne besondere Kennzeichnung nicht zu der Annahme, dass solche Namen im Sinne der Warenzeichen- und Markenschutz-Gesetzgebung als frei zu betrachten wären und daher von jedermann benutzt werden dürften.

Gedruckt auf säurefreiem und chlorfrei gebleichtem Papier

Springer Spektrum ist eine Marke von Springer DE.
Springer DE ist Teil der Fachverlagsgruppe Springer Science+Business Media
www.springer-spektrum.de

Vorwort

Vorbemerkung

Unter der Bezeichnung EMILeA-stat wurde in den Jahren 2001 bis 2004 mit der Förderung durch das Bundesministerium für Bildung und Forschung (Programm „Neue Medien in der Bildung") im Verbundprojekt e-stat eine multimediale, internetbasierte und interaktive Lehr- und Lernumgebung in der angewandten Statistik entwickelt und realisiert (Informationen unter www.emilea.de). EMILeA-stat kann in Schulen, Hochschulen, Weiterbildungseinrichtungen und berufsbegleitenden Maßnahmen für unterschiedliche Zielgruppen vielfältig in der Lehre, in der Lehr- bzw. Unterrichtsunterstützung und im internetbasierten Studium eingesetzt werden und ist unter http://emilea-stat.rwth-aachen.de frei zugänglich. BenutzerInnen können weitgehend unabhängig und selbstständig durch die Wissenslandschaft navigieren, aber auch geführt in Form von Kursen einen Wissensbereich erarbeiten. EMILeA-stat dient zudem als breites Informationsforum zur Statistik.

Eine Vielzahl von Visualisierungen wurde in Form interaktiver Java-Applets realisiert und kontextbezogen in EMILeA-stat integriert. Weiterhin wurden diese Applets zu einem strukturierten und komfortablen Grafikpaket zusammengestellt, das zum persönlichen Gebrauch kostenfrei unter

> http://www.emilea.de/graphics/download.html

als Download zur Verfügung steht.

Statistische Grundkenntnisse sind in unserer Informationsgesellschaft und einer von Daten geprägten Welt von besonderer Relevanz, da Informationen häufig in Form quantitativer Aussagen verbreitet werden. Weiterhin werden statistische Methoden in vielen Bereichen von Wissenschaft, Wirtschaft, Verwaltung, Gesellschaft und Politik eingesetzt, um Ergebnisse zu präsentieren, zu illustrieren und zu transportieren. Daher sind statistisches Basiswissen unabdingbar und die Vermittlung der notwendigen Grundkenntnisse und des kompetenten Umgangs mit Werkzeugen der Statistik eine wichtige Bildungsaufgabe von Schulen, Hochschulen und Weiterbildungseinrichtungen. Zentrale Aufgabe der beschreibenden Statistik ist die Darstellung von Daten derart, dass die wesentlichen Informationen hervortreten.

Das vorliegende Buch war die erste Publikation in der projektbegleitenden Reihe *EMILeA-stat: Medienreihe zur angewandten Statistik*. Es umfasst in zehn Kapiteln die Grundlagen der beschreibenden Statistik, die in einführenden Kursen zur beschreibenden (oder deskriptiven) Statistik und zur explorativen Datenanalyse behandelt werden.

Die Inhalte selbst sind – in unterschiedlicher Gewichtung und Ausführlichkeit – auch in anderen Lehrbüchern zu finden. Anders sind die inhaltliche Konzeption, die Art der Darstellung und die problem- und zielorientierte Aufbereitung.

- Jedes Kapitel beginnt mit einem ausführlichen, praxisnahen Anwendungsbeispiel, dessen Datenmaterial nicht unmittelbar bewertbar ist. Es führt in die entsprechende Thematik konkret und anschaulich ein und wirft Fragen auf, die sich aus der beschriebenen Situation ergeben. Die zunächst umgangssprachlich genannten Begriffe müssen offenbar konkretisiert und formalisiert werden, damit eine Kommunikation über die Ergebnisse einer Analyse möglich wird.
- Die zugehörige Methodik und deren Umfeld werden dann mit vielen Beispielen aus unterschiedlichen Anwendungsbereichen vorgestellt.
- Ergänzend zur formalen Darstellung werden Begriffe und Eigenschaften durchgehend auch verbal eingeführt bzw. erläutert.
- Nachweise von Eigenschaften und Regeln sind nahezu vollständig enthalten, wobei ihre Darstellung im Text optisch zurückgenommen wurde. Die verwendeten Argumentationen sind weitgehend elementar und können ohne weiterführende mathematische Vorkenntnisse verstanden werden. Steht die Anwendung statistischer Methoden im Vordergrund, so kann auf das Nachvollziehen der Beweise verzichtet werden, ohne dass der Lesefluss unterbrochen wird. Der Schwerpunkt dieses Buchs liegt auf Methoden, ihrer Auswahl, Anwendung und Interpretation.
- Jedes Kapitel schließt mit der ausführlichen Bearbeitung des Eingangsbeispiels, in der die jeweilige Thematik wiederholt und angewendet wird. Dabei werden für die konkrete Situation Methoden ausgewählt, Daten analysiert und Ergebnisse interpretiert.
- Die Inhalte sind auch in der Lehr- und Lernumgebung EMILeA-stat im Internet frei verfügbar. Dort werden als Ergänzung eine Fülle ausführlich gelöster Aufgaben zu den Themen der beschreibenden Statistik angeboten, so dass Sie Ihr Wissen einordnen, einüben und vertiefen können – selbstgesteuert und unabhängig von Zeit und Ort.
- Die Gestaltung dieses Buchs ist an die modulare Online-Präsentation der Inhalte in EMILeA-stat angelehnt. Bezeichnungen und Definitionen, Beispiele und Regeln sind im Buch grafisch hervorgehoben und finden sich in nahezu derselben Form als so genannte Module (kleinste Wissenseinheiten) in EMILeA-stat wieder. Das jeweilige Ende von Beispielen, Definitionen und Bezeichnungen ist durch ✘ gekennzeichnet.
- Besonderer Wert wird durchgehend auf ausführliche Erläuterungen und Interpretationen der eingeführten Begriffe und Methoden gelegt. Diese sind gegenüber der Darstellung im Internet wesentlich erweitert.
- Viele Grafiken illustrieren Vorgehensweisen und statistische Verfahren. Diese sind häufig Screenshots interaktiver Visualisierungen, die in EMILeA-stat als integraler und bedeutsamer Bestandteil in großer Anzahl und zu vielen Themen zur Verfügung stehen. Sie dienen u.a. der Vertiefung und dem besseren Verständnis des Stoffs und sollen das Lernen durch eigene Aktivität der NutzerInnen unterstützen.

Vorwort

- Verweise auf Beispiele, Begriffe und Eigenschaften innerhalb des Lehrtexts sind einer Online-Umgebung nachempfunden. In EMILeA-stat gesetzte Links sind auch im Buch gekennzeichnet. Zudem ist jedem 123▶Verweis zur schnellen Orientierung die zugehörige Seitenzahl zugeordnet, so dass ein Umweg über den Index entfällt.
- Die zweifarbige Umsetzung ermöglicht die Hervorhebung wesentlicher Aspekte und die optische Strukturierung der Inhalte.
- Meist werden lediglich mathematische Vorkenntnisse auf Schulniveau vorausgesetzt. Die (wenigen) erforderlichen Ergänzungen können innerhalb von EMILeA-stat (mit e▶ gekennzeichnet) oder in einführenden Büchern wie Cramer und Nešlehová (2012) und Kamps, Cramer und Oltmanns (2009) nachgelesen werden.
- Gelegentlich wird im Text auf weiterführende Resultate und Zusammenhänge aus der Wahrscheinlichkeitsrechnung und Inferenzstatistik verwiesen. Diese können beispielsweise in Cramer und Kamps (2008) nachgeschlagen werden.
- In dieser Medienreihe ist die begleitende Publikation *Beschreibende Statistik – Interaktive Grafiken* erschienen, in der die interaktiven Visualisierungen (Java-Applets) zusammengestellt und erläutert werden. Die Datensätze der Eingangsbeispiele des vorliegenden Buchs werden dort u.a. mehrfach verwendet, analysiert und visualisiert.

Das vorliegende Buch eignet sich als vorlesungs- bzw. kursbegleitender Text, zur Nachbereitung und Wiederholung. Als strukturierte und textlich wesentlich ergänzte Darstellung sowie wegen seiner starken Verflechtung mit der Lehr- und Lernumgebung dient es auch als Begleitmaterial zum eLearning mit EMILeA-stat. Zusammen mit seiner Konzeption als eigenständige Darstellung eignet es sich in besonderer Weise für das Selbststudium.

Zielgruppen dieses Buchs sind:

- SchülerInnen der Sekundarstufe II,
- Studierende der Lehrämter,
- Studierende z.B. der Wirtschafts- und Sozialwissenschaften, Pädagogik, Psychologie, Medizin, Mathematik, Statistik, Informatik,
- Lehrende und AnwenderInnen der beschreibenden Statistik,
- Personen in der beruflichen Aus- und Fortbildung.

Aus dem Vorwort zur 1. Auflage

Wir danken Frau Trinh-Thai-Hang Tran und Herrn Christian Zuckschwerdt für die Realisierung der Java-Applets und die Erstellung der Screenshots sowie Herrn Clemens Heine für die gute und fruchtbare Zusammenarbeit mit dem Springer-Verlag.

Oldenburg Marco Burkschat, Erhard Cramer, Udo Kamps
Juli 2003

Vorwort zur 2. Auflage

Die erste Auflage des vorliegenden Buchs ist an der Carl von Ossietzky Universität Oldenburg entstanden, an der die Autoren zu dieser Zeit tätig waren. Auf die dortigen Möglichkeiten zur Realisierung der Lehr- und Lernumgebung EMILeA-stat und begleitender Lehrbücher sehen die Autoren mit Dank zurück.

Für die zweite Auflage wurden der Text kritisch durchgesehen, Unstimmigkeiten beseitigt und einige Aktualisierungen vorgenommen. Zudem wurde das Layout überarbeitet.

Liebe Leserin, lieber Leser, Ihre Meinung und Kritik, Ihre Anregungen und Hinweise auf Unstimmigkeiten sind uns wichtig! Bitte teilen Sie uns diese unter

Beschreibende.Statistik@emilea.de

mit. Wir wünschen Ihnen ein interessiertes und nutzbringendes Lesen und Arbeiten!

Magdeburg, Aachen Marco Burkschat, Erhard Cramer, Udo Kamps
April 2012

Inhaltsverzeichnis

	Vorwort	v
1	**Einführung und Grundbegriffe**	**3**
1.1	Grundgesamtheit und Stichprobe	6
1.2	Merkmale und Merkmalsausprägungen	8
1.3	Skalen und Merkmalstypen	10
1.4	Mehrdimensionale Merkmale	20
2	**Tabellarische und grafische Darstellungen univariater Daten**	**29**
2.1	Häufigkeiten	31
2.2	Stab-, Säulen- und Balkendiagramm	37
2.3	Kreisdiagramm	44
2.4	Liniendiagramm	44
2.5	Netzdiagramm und Kursdiagramme	47
3	**Lage- und Streuungsmaße**	**61**
3.1	Lagemaße für nominale und ordinale Daten	62
3.2	Lagemaße für metrische Daten	69
3.3	Streuungsmaße	87
3.4	Box-Plots	105
4	**Empirische Verteilungsfunktion**	**115**
4.1	Berechnung und grafische Darstellung	116
4.2	Bestimmung von Quantilen	122
5	**Klassierte Daten**	**129**
5.1	Stamm-Blatt-Diagramm	131
5.2	Klassenbildung	134
5.3	Histogramm	138
5.4	Approximierende empirische Verteilungsfunktion	147
5.5	Lage- und Streuungsmaße	154
5.6	Maße bei bekannten Klassenmittelwerten und -streuungen	165
6	**Konzentrationsmessung**	**175**
6.1	Lorenz-Kurve	177
6.2	Konzentrationsmaße	183
6.3	Lorenz-Kurve bei klassierten Daten	192

7	**Verhältnis- und Indexzahlen**	201
7.1	Gliederungs- und Beziehungszahlen	203
7.2	Mess- und Indexzahlen	208
7.3	Preis- und Mengenindizes	216

8	**Zusammenhangsmaße**	241
8.1	Nominale Merkmale	242
8.2	Metrische Merkmale	263
8.3	Ordinale Merkmale	277
8.4	Punktbiserialer Korrelationskoeffizient	286

9	**Regressionsanalyse**	297
9.1	Methode der kleinsten Quadrate	300
9.2	Lineare Regression	302
9.3	Transformation auf lineare Zusammenhänge	314
9.4	Umkehrregression	315
9.5	Lineare Regression durch einen vorgegebenen Punkt	319
9.6	Bewertung der Anpassung	322
9.7	Weitere Regressionsmodelle	334

10	**Zeitreihenanalyse**	343
10.1	Zeitreihenzerlegung	346
10.2	Zeitreihen ohne Saison	349
10.3	Zeitreihen mit Saison	361

	Literaturverzeichnis	369
	Index	371

Kapitel 1
Einführung und Grundbegriffe

1	**Einführung und Grundbegriffe**	**3**
1.1	Grundgesamtheit und Stichprobe	6
1.2	Merkmale und Merkmalsausprägungen	8
1.3	Skalen und Merkmalstypen.......................................	10
1.4	Mehrdimensionale Merkmale..................................	20

1 Einführung und Grundbegriffe

Im ersten Anwendungsbeispiel 3▶Befragung der MitarbeiterInnen eines Unternehmens werden einige grundsätzliche Gedanken zur Systematisierung und Auswertung einer statistischen Erhebung formuliert. Die resultierenden statistischen Grundbegriffe zur Beschreibung und Einordnung der interessierenden Größen einer Erhebung werden im ersten Kapitel erläutert. Daran schließt sich eine ausführliche Diskussion des Anwendungsbeispiels an, in der die Größen systematisiert, allgemeine Hinweise zu einem Fragebogen gegeben und Besonderheiten einzelner Fragen hervorgehoben werden. Insbesondere dienen diese Ausführungen auch einem Ausblick auf die Möglichkeiten einer statistischen Auswertung. Die zugehörigen Werkzeuge der deskriptiven und explorativen Statistik werden in den nachfolgenden Kapiteln bereitgestellt. Auf diese wird im Entwurf der statistischen Analyse jeweils verwiesen.

Beispiel Befragung der MitarbeiterInnen | Ein Unternehmen möchte mit gezielten Maßnahmen das allgemeine Betriebsklima und die Rahmenbedingungen für die MitarbeiterInnen verbessern. Daher plant die Unternehmensleitung mittels einer anonymisierten Befragung aller MitarbeiterInnen relevante Daten zu gewinnen, um aufgrund der Ergebnisse einer Auswertung dieser Daten geeignete Maßnahmen mit hohen Erfolgsaussichten einleiten zu können. Hierbei sollen insbesondere auch geschlechts- und altersspezifische Unterschiede durch entsprechend differenzierte Maßnahmen berücksichtigt werden. Von Bedeutung erscheint u.a. die folgende Auswahl von Merkmalen, wobei mögliche Antworten jeweils angegeben sind.

— Fragen zur Person
  - Geschlecht (männlich, weiblich)
  - Alter (in Jahren)
  - Familienstand (ledig, verheiratet, geschieden, verwitwet)
  - Dauer der Betriebszugehörigkeit (in Monaten)
  - Freizeitbeschäftigung (Auswahl von Antwortmöglichkeiten ist vorgegeben sowie die Kategorie Sonstiges)
  - bevorzugtes Urlaubsland (Freitexteingabe)

— Fragen zum betrieblichen Alltag
  - Zufriedenheit mit dem Arbeitsplatz (überhaupt nicht, weniger, im Allgemeinen, überwiegend, sehr)
  - Betriebsklima (schlecht, weniger gut, gut, sehr gut)
  - Ansehen der Unternehmensführung (gering, zufriedenstellend, hoch)
  - regelmäßige Nutzung der Kantine (ja, nein)

1. Einführung und Grundbegriffe

- Zufriedenheit mit dem Angebot der Kantine (nein, unentschieden, ja)
- persönliche Einschätzung der Sicherheit am Arbeitsplatz (ausreichend, nicht ausreichend)
- günstige terminliche Lage der Betriebsferien (trifft zu, trifft nicht zu)
- Anzahl Fehltage im aktuellen Jahr
- durchschnittliche Bildschirmarbeitszeit pro Tag (in Minuten)

— Fragen nach sozialem Umfeld sowie monatlichen Ausgaben und Einnahmen
- Anzahl der Personen im (gemeinsamen) Haushalt
- Anzahl der erwerbstätigen Personen im Haushalt
- monatliche Ausgaben für Miete (aufgeschlüsselt in vier Kostenbereiche)
- Entfernung zwischen Wohnung und Arbeitsplatz (in km)
- durchschnittliche Dauer für den morgendlichen Weg zwischen Wohnung und Arbeitsplatz (in Minuten)
- monatliche Ausgaben für die Fahrten zwischen Wohnung und Arbeitsplatz (aufgeschlüsselt in drei Kostenbereiche)
- monatliches Bruttogehalt (aufgeschlüsselt in sechs Einkommensbereiche)

— Fragen nach der persönlichen Gesamtbeurteilung
- wirtschaftliche Unternehmenssituation (in %, 100% ist die beste Beurteilung)
- Güte von Transparenz und Informationsfluss (in %)
- Zufriedenheit mit dem Arbeitsplatz (in %)

Eine Umsetzung von Auszügen der interessierenden Größen in einen Fragebogen ist in Abbildung 1.1 dargestellt.

Aus den formulierten, interessierenden Aspekten stellt sich vor der Analyse der erhobenen Daten das Problem, die Art der untersuchten 8▶Merkmale zu bestimmen. Diese Systematisierung ist grundlegend für eine datenadäquate Methodenauswahl und legt damit unmittelbar die in einer Auswertung anwendbaren Methoden und Verfahren fest. Insbesondere sind die nachfolgenden Punkte zu klären.

Fragestellungen

— Wie kann ein gegebener Datensatz systematisiert werden?
— Können (abstrakte) Begriffe für die bei einer Datenerhebung auftretenden Größen formuliert werden, die unabhängig von einem speziellen Kontext verstanden werden?

1. Einführung und Grundbegriffe

- Wie können die unterschiedlichen erhobenen Größen bestimmten Typen zugeordnet werden?
- Wie kann die Aufteilung eines Datensatzes anhand eines Kriteriums (hier Geschlecht oder Alter) beschrieben werden, und welcher Nutzen ergibt sich daraus?
- Warum werden Daten gemeinsam erhoben (jede Person beantwortet mehrere Fragen) und nicht, wie dies im Beispiel möglich wäre, teilweise den Personalakten entnommen?

Fragebogen: Mitarbeiterzufriedenheit

Liebe Mitarbeiterin, lieber Mitarbeiter!
Wir bitten Sie, den folgenden Fragebogen sorgfältig auszufüllen. Ihre Mitarbeit ist sehr wertvoll für uns und alle Kolleginnen und Kollegen und dient der Verbesserung Ihrer Arbeitsbedingungen. Vielen Dank für Ihre Mitwirkung! Ihre Geschäftsleitung.

A. Persönliche Fragen

1. Geschlecht
   ☐ weiblich   ☐ männlich
2. Alter
   _____ Jahre
3. Familienstand
   ☐ ledig   ☐ verheiratet
   ☐ geschieden ☐ verwitwet
4. Betriebszugehörigkeit
   _____ Monate
5. Freizeitbeschäftigung
   (Mehrfachantworten möglich)
   ☐ Sport   ☐ Literatur
   ☐ Reisen   ☐ Kino, Theater
   ☐ Musik   ☐ Fernsehen
   ☐ Sonstiges _____
6. bevorzugtes Urlaubsland
   _____

B. Betrieblicher Alltag

1. Zufriedenheit mit dem Arbeitsplatz
   ☐ überhaupt nicht
   ☐ weniger
   ☐ im Allgemeinen
   ☐ überwiegend
   ☐ sehr
2. Betriebsklima
   ☐ sehr gut
   ☐ gut
   ☐ weniger gut
   ☐ schlecht
3. Ansehen der Unternehmensführung
   ☐ gering
   ☐ zufriedenstellend
   ☐ hoch
4. regelmäßige Nutzung der Kantine
   ☐ ja   ☐ nein
   Wenn nein: Warum nicht?
   _____

Abb. 1.1. Ausschnitt eines Fragebogens

Zu den Themen der angewandten Statistik gehören die Erhebung von Daten, deren Aufbereitung, Beschreibung und Analyse. Unter Nutzung der Werkzeuge der beschreibenden (oder deskriptiven) Statistik ist das Entdecken von Strukturen und Zusammenhängen in Datenmaterialien ein wichtiger Aspekt der Statistik, die in diesem Verständnis auch als explorative Datenanalyse bezeichnet wird. Um ein methodisches Instrumentarium zur Bearbeitung dieser Aufgaben entwickeln zu können, ist es notwendig, von konkreten Einzelfällen zu abstrahieren und allgemeine Begriffe für die Aspekte, die im Rahmen einer statistischen Untersuchung von Interesse sind, bereitzustellen.

Zunächst ist zu spezifizieren, über welche Gruppe von Personen (z.B. SchülerInnen, Studierende oder Berufstätige) oder Untersuchungseinheiten (z.B. Geräte oder Betriebe) welche Informationen gewonnen werden sollen. Besteht Klarheit über diese grundlegenden Punkte, so ist festzulegen, wie die Studie durchgeführt wird. Häufig werden nicht alle Elemente (7▶statistische Einheiten) der spezifizierten Menge (6▶Grundgesamtheit) betrachtet, sondern in der Regel wird lediglich eine Teilgruppe (8▶Stichprobe) untersucht. An den Elementen dieser Stichprobe werden dann die für die statistische Untersuchung relevanten Größen (8▶Merkmale) gemessen. Die resultierenden Messergebnisse (10▶Daten) ermöglichen den Einsatz statistischer Methoden, um Antworten auf die zu untersuchenden Fragestellungen zu erhalten. Im Folgenden werden die genannten Begriffe näher erläutert.

1.1 Grundgesamtheit und Stichprobe

In jeder statistischen Untersuchung werden Daten über eine bestimmte Menge einzelner Objekte ermittelt. Diese Menge von räumlich und zeitlich eindeutig definierten Objekten, die hinsichtlich bestimmter – vom Ziel der Untersuchung abhängender – Kriterien übereinstimmen, wird als Grundgesamtheit bezeichnet. Eine andere, häufig anzutreffende Bezeichnung ist Population.

Beispiel | Im Rahmen einer Qualitätskontrolle werden produzierte Waren auf die Einhaltung von Qualitätsstandards überprüft. Bei der Untersuchung einer Produktion von Schrauben könnte die Menge aller innerhalb einer Woche produzierten Schrauben eine mögliche Grundgesamtheit sein. Eine andere Möglichkeit der Wahl einer Grundgesamtheit wäre etwa die Tagesproduktion einer Maschine.

Bei einer Untersuchung über das Rauchverhalten älterer Männer könnte z.B. als Grundgesamtheit die Menge aller in Deutschland lebenden Männer, die älter als 60 Jahre sind, betrachtet werden.

Wird eine Untersuchung über die Grundfinanzierung der Studierenden in einem bestimmten Sommersemester gewünscht, so legt die Gesamtheit aller Studierenden, die in dem betreffenden Semester immatrikuliert sind, die Grundgesamtheit fest.

1.1 Grundgesamtheit und Stichprobe

Ehe die Untersuchung begonnen werden kann, sind natürlich noch eine Reihe von Detailfragen zu klären: welche Hochschulen werden in die Untersuchung einbezogen, welchen Status sollen die Studierenden haben (Einschränkung auf spezielle Semester, GasthörerInnen, ...) etc.

In der Praxis können Probleme bei der exakten Beschreibung einer für das Untersuchungsziel relevanten Grundgesamtheit auftreten. Eine eindeutige Beschreibung und genaue Abgrenzung ist jedoch von besonderer Bedeutung, um korrekte statistische Aussagen ableiten und die erhaltenen Ergebnisse interpretieren zu können.

Beispiel | In einer statistischen Untersuchung sollen Daten über die Unternehmen eines Bundeslands erhoben werden. Hierzu muss geklärt werden, ob unterschiedliche Teile eines Unternehmens (wie z.B. Lager oder Produktionsstätten), die an verschiedenen Orten angesiedelt sind, jeweils als einzelne Betriebe gelten oder ob lediglich das gesamte Unternehmen betrachtet wird. Es ist klar, dass sich abhängig von der Vorgehensweise eventuell völlig unterschiedliche Daten ergeben.

Die Elemente der Grundgesamtheit werden als *statistische Einheiten* bezeichnet. Statistische Einheiten sind also diejenigen Personen oder Objekte, deren Eigenschaften für eine bestimmte Untersuchung von Interesse sind. Alternativ sind auch die Bezeichnungen Merkmalsträger, Untersuchungseinheit oder Messobjekt gebräuchlich.

Beispiel | An einer Universität wird eine Erhebung über die Ausgaben der Studierenden für Miete, Kleidung und Freizeitgestaltung durchgeführt. Die statistischen Einheiten in dieser Untersuchung sind die Studierenden der Universität. Die genannten Ausgaben sind die für die Analyse relevanten Eigenschaften.
In einem Bundesland werden im Rahmen einer statistischen Untersuchung die Umsätze von Handwerksbetrieben analysiert. Die Handwerksbetriebe des Bundeslands sind in diesem Fall die statistischen Einheiten. Die interessierende Größe jeden Betriebs, die ausgewertet werden soll, ist der Umsatz.

Ziel jeder statistischen Untersuchung ist es, Aussagen über eine 6▶Grundgesamtheit anhand von Daten zu treffen. Aus praktischen Erwägungen kann in der Regel jedoch nicht jede statistische Einheit der Grundgesamtheit zur Ermittlung von Daten herangezogen werden. Ein solches Vorgehen wäre häufig zu zeit- und kostenintensiv. Im Extremfall ist es sogar möglich, dass durch den Messvorgang die zu untersuchenden Objekte unbrauchbar werden (z.B. bei Lebensdauertests von Geräten oder der Zugfestigkeit eines Stahls). In diesem Fall wäre es offenbar nicht sinnvoll, eine Messung an allen zur Verfügung stehenden Objekten durchzuführen.

B | **Beispiel** | Bei einer Volkszählung werden Daten über die gesamte Bevölkerung eines Landes durch Befragung jeder Einzelperson ermittelt. Da die Durchführung einer vollständigen Volkszählung mit hohem zeitlichem und personellem Aufwand verbunden und daher sehr kostenintensiv ist, wird diese nur sehr selten realisiert. Um trotzdem eine Fortschreibung der gesellschaftlichen Veränderungen zu ermöglichen, werden regelmäßig Teilerhebungen von den Statistischen Ämtern der Länder und dem Statistischen Bundesamt Deutschland (siehe www.destatis.de) durchgeführt. Beim so genannten Mikrozensus wird jährlich 1% der in Deutschland lebenden Bevölkerung hinsichtlich verschiedener Größen befragt (z.B. Erwerbsverhalten, Ausbildung, soziale und familiäre Lage).

Bei einer Qualitätskontrolle werden Energiesparlampen einem Lebensdauertest unterzogen und die Brenndauer der Energiesparlampen bis zu deren Ausfall gemessen. Würde zur Bestimmung dieser Daten die gesamte Produktion herangezogen, so wäre dies gleichbedeutend mit deren vollständiger Zerstörung. ✗

Aus den genannten Gründen werden Daten oft nur für eine Teilmenge der Objekte der Grundgesamtheit ermittelt. Eine solche Teilmenge wird als Stichprobe bezeichnet. Aufgrund des geringeren Umfangs ist die Erhebung einer Stichprobe im Allgemeinen kostengünstiger als eine vollständige Untersuchung aller Objekte. Insbesondere ist die Auswertung des Datenmaterials mit geringerem Zeitaufwand verbunden. Um zu garantieren, dass die Verteilung der zu untersuchenden Eigenschaften (9▶Merkmalsausprägungen) der 7▶statistischen Einheiten in der Stichprobe mit deren Verteilung in der Grundgesamtheit annähernd übereinstimmt, werden die Elemente der Stichprobe häufig durch zufallsgesteuerte Verfahren ausgewählt. Solche Verfahren stellen sicher, dass prinzipiell jeder Merkmalsträger der Grundgesamtheit mit derselben Wahrscheinlichkeit in die Stichprobe aufgenommen werden kann (e▶Zufallsstichprobe). Die Auswahl einer Stichprobe wird in diesem Buch nicht behandelt. Eine ausführliche Diskussion und Darstellung der Methodik sind z.B. in Pokropp (1996), Hartung et al. (2009) und Kauermann und Küchenhoff (2011) zu finden.

1.2 Merkmale und Merkmalsausprägungen

Eine spezielle Eigenschaft 7▶statistischer Einheiten, die im Hinblick auf das Ziel einer konkreten statistischen Untersuchung von Interesse ist, wird als Merkmal bezeichnet. Hiermit erklärt sich auch der Begriff Merkmalsträger, der alternativ als Bezeichnung für statistische Einheiten verwendet wird. Um Merkmale abstrakt beschreiben und dabei unterscheiden zu können, werden sie häufig mit lateinischen Großbuchstaben wie z.B. X oder Y bezeichnet. Zur Betonung der Tatsache, dass nur eine Eigenschaft gemessen wird, wird auch der Begriff univariates Merkmal verwendet. Durch die Kombination mehrerer einzelner Merkmale entstehen 20▶mehrdimensionale oder multivariate Merkmale.

1.2 Merkmale und Merkmalsausprägungen

> **Beispiel** | In einer Studie zur Agrarwirtschaft der Bundesrepublik Deutschland werden als statistische Einheiten alle inländischen landwirtschaftlichen Betriebe gewählt. Merkmale, wie z.B. die landwirtschaftliche Nutzfläche der einzelnen Betriebe, die Anzahl der Milchkühe pro Betrieb oder der Umsatz pro Jahr könnten in der Untersuchung von Interesse sein.
> Ein Autohaus führt eine Untersuchung über die im Unternehmen verkauften Fahrzeuge durch. Für eine Auswertung kommen Merkmale wie z.B. Typ, Farbe, Motorleistung oder Ausstattung der Fahrzeuge in Frage. ✗

Die möglichen Werte, die ein 8▶Merkmal annehmen kann, werden als Merkmalsausprägungen bezeichnet. Insbesondere ist jeder an einer statistischen Einheit beobachtete Wert eine Merkmalsausprägung. Die Menge aller möglichen Merkmalsausprägungen heißt Wertebereich des Merkmals.

> **Beispiel** | In einem Versandunternehmen werden die Absatzzahlen einer in den Farben Blau und Grün angebotenen Tischlampe ausgewertet. Um zu ermitteln, ob die Kunden einer Farbe den Vorzug gegeben haben, werden die Verkaufszahlen je Farbe untersucht. In diesem Fall wäre die Grundgesamtheit die Menge der verkauften Lampen. Das interessierende Merkmal ist Farbe einer verkauften Lampe mit den Ausprägungen Blau und Grün.
> In einer Sortiermaschine werden Kartoffeln in drei Handelsklassen klein, mittel und groß eingeteilt. Das Merkmal Größe einer Kartoffel hat also in diesem Fall die drei möglichen Ausprägungen klein, mittel, groß. Für eine bestimmte Kartoffel könnte sich nach dem Sortiervorgang die Merkmalsausprägung mittel ergeben.
> Ein Unternehmen führt eine Studie über die interne Altersstruktur durch; das interessierende Merkmal der Mitarbeiter ist also deren Alter. Wird das Alter in Jahren gemessen, so sind die möglichen Merkmalsausprägungen natürliche Zahlen 1, 2, 3, ... Für einen konkreten Mitarbeiter hat das Merkmal Alter dabei z.B. die Ausprägung 36 [Jahre].
> In einem physikalischen Experiment wird die Farbe eines Objekts anhand der Wellenlänge des reflektierten Lichts bestimmt. Das zu untersuchende Merkmal Farbe des Objekts wird in Mikrometer gemessen. Der Wertebereich sind alle reellen Zahlen zwischen 0,40 und 0,75 [Mikrometer]. Dies ist ungefähr der Wellenbereich, in dem Licht sichtbar ist. Für einen vorliegenden Gegenstand könnte sich z.B. eine Merkmalsausprägung von 0,475 [Mikrometer] ergeben (dies entspricht einem blauen Farbton). ✗

Wird anhand eines Merkmals eine 6▶Grundgesamtheit in nicht-überlappende Teile gegliedert, so heißen die entstehenden Gruppen statistischer Einheiten auch Teilgesamtheiten oder Teilpopulationen.

B | **Beispiel** | In einer Erhebung über das Freizeitverhalten sind geschlechtsspezifische Unterschiede von Interesse. Das 12▶dichotome Merkmal `Geschlecht` teilt die Grundgesamtheit in zwei Teilgesamtheiten (Frauen, Männer).
In einer medizinischen Studie zur Beurteilung der Wirkung eines neuen Medikaments kann die Aufteilung der Grundgesamtheit nach dem Unter- bzw. Überschreiten eines Schwellenwerts bei einem bestimmten Merkmal (z.B. einem Blutparameter) sinnvoll sein. ✗

Eine Merkmalsausprägung, die konkret an einer 7▶statistischen Einheit gemessen wurde, wird Datum (Messwert, Beobachtungswert) genannt.

B | **Beispiel** | In einer Stadt wird eine Umfrage über Haustierhaltung durchgeführt. Für das Merkmal `Anzahl der Haustiere pro Haushalt` werden im Fragebogen die vier möglichen Merkmalsausprägungen `kein Haustier`, `ein Haustier`, `zwei Haustiere` und `mehr als zwei Haustiere` vorgegeben. Antwortet eine Person auf diese Frage (z.B. mit `ein Haustier`), so entsteht ein Datum. ✗

Die Liste aller Daten, die bei einer Untersuchung an den statistischen Einheiten gemessen bzw. ermittelt wurden (also die Liste der beobachteten Merkmalsausprägungen), wird als Urliste oder Datensatz bezeichnet.

B | **Beispiel** | In einem Oberstufenkurs nehmen 14 SchülerInnen an einer Klausur teil. Das Merkmal `Klausurnote` kann die Ausprägungen 0, 1,..., 15 [Punkte] annehmen. Die Auswertung der Klausur ergibt folgende Noten (in Punkten):

    12 11 4 8 10 10 13 8 7 10 9 6 13 9

Diese Werte stellen die zum Merkmal `Klausurnote` gehörige Urliste dar.
In einer kleinen Firma wird der Familienstand aller MitarbeiterInnen erfasst. Das Merkmal `Familienstand` einer Person kann die folgenden vier Ausprägungen annehmen: `ledig`, `verheiratet`, `geschieden`, `verwitwet`. In dem betrachteten Unternehmen liegen die Daten

    `verheiratet ledig ledig verheiratet`
    `ledig ledig geschieden verheiratet`

der acht MitarbeiterInnen vor. Diese Auflistung repräsentiert den Datensatz, der sich durch Beobachtung des Merkmals `Familienstand` ergeben hat. ✗

1.3 Skalen und Merkmalstypen

Die Daten der Urliste bilden die Grundlage für statistische Untersuchungen. Das Methodenspektrum, das hierzu verwendet werden kann, hängt allerdings entscheidend davon ab, wie ein Merkmal erfasst werden kann bzw. wird. Die Messung einer

1.3 Skalen und Merkmalstypen

konkreten Ausprägung eines Merkmals beruht auf einer Skala, die die möglichen Merkmalsausprägungen (z.B. Messergebnisse) vorgibt. Eine Skala repräsentiert eine Vorschrift, die jeder statistischen Einheit der Stichprobe einen Beobachtungswert zuordnet. Dieser Wert gibt die Ausprägung des jeweils interessierenden Merkmals an.

Beispiel Temperaturskala | Zur Messung der Temperatur können unterschiedliche Skalen verwendet werden. Die in Europa verbreitetste Temperaturskala ist die Celsiusskala, die jeder Temperatur einen Zahlenwert mit der Einheit Grad Celsius (°C) zuordnet. Insbesondere wird dabei ein Nullpunkt, d.h. eine Temperatur 0°C, definiert. In den USA wird eine andere Skala, die so genannte Fahrenheitskala, verwendet, die die Temperatur in Grad Fahrenheit (°F) misst. Fahrenheitskala und Celsiusskala sind nicht identisch. So entspricht z.B. der durch die Fahrenheitskala definierte Nullpunkt −17,78°C. Eine dritte Skala, die vornehmlich in der Physik zur Temperaturmessung verwendet wird, ist die Kelvinskala mit der Einheit Kelvin (K). Der Nullpunkt der Kelvinskala entspricht der Temperatur −273°C in der Celsiusskala und der Temperatur −459,4°F in der Fahrenheitskala. Da diese unterschiedlichen Skalen durch einfache Transformationen ineinander überführt werden können, macht es letztlich keinen Unterschied, welche Skala zur Messung der Temperatur verwendet wird.

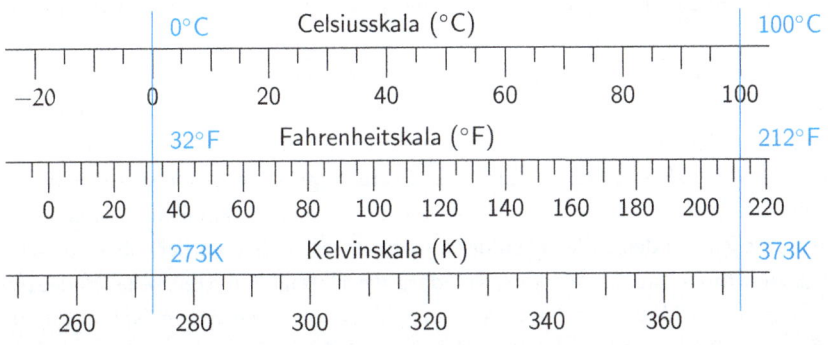

Um univariate Merkmale hinsichtlich der Eigenschaften ihrer 9▶Ausprägungen voneinander abzugrenzen, werden so genannte Merkmalstypen eingeführt. Diese Einteilung in Merkmalstypen basiert wesentlich auf den Eigenschaften der Skala, die zur Messung des Merkmals verwendet wird. Obwohl eine Skala im strengen Sinne numerische Werte liefert, ist es üblich auch Skalen zu verwenden, deren Werte Begriffe sind (z.B. wenn nur die Antworten gut, mittel oder schlecht auf eine Frage zulässig sind oder das Geschlecht einer Person angegeben werden soll). In der folgenden Grafik sind die Zusammenhänge zwischen ausgewählten Merkmalstypen veranschaulicht. Diese Einteilung ist nicht vollständig und kann unter verschiedenen

Aspekten weiter differenziert werden. Im Rahmen dieser Ausführungen wird auf eine detaillierte Darstellung jedoch verzichtet.

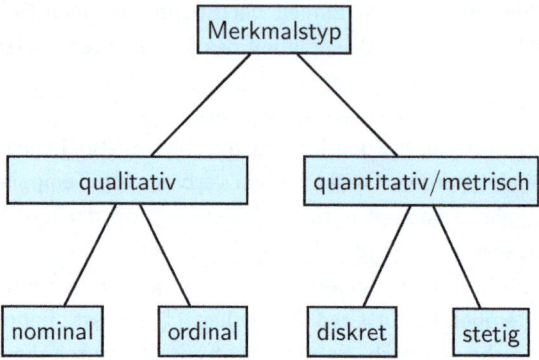

Ein Merkmal wird als qualitativ bezeichnet, wenn die zugehörigen 9▶Merkmalsausprägungen nur eine Zugehörigkeit oder eine Beurteilung wiedergeben. Das Merkmal dient in diesem Fall zur Unterscheidung verschiedener Arten von Eigenschaften. Die Zugehörigkeiten werden dabei häufig entweder durch Namen oder durch die Zuordnung von Ziffern beschrieben.

B

Beispiel | In einem Fragebogen wird der Familienstand einer Person abgefragt. Mögliche Antworten sind ledig, verheiratet, geschieden oder verwitwet. Das Merkmal `Familienstand` ist also qualitativer Natur.

In der Schule werden sechs Noten zur Bewertung verwendet: sehr gut, gut, befriedigend, ausreichend, mangelhaft, ungenügend. Schulnoten sind damit qualitative Merkmale. Meist werden statt der konkreten Bezeichnungen für die Schulnoten jedoch nur die Zahlen zwischen Eins und Sechs angegeben. Aber selbst wenn den Noten die Zahlen 1–6 zugeordnet werden, bleibt das Merkmal `Note` qualitativer Natur, die Zahlen dienen lediglich der kurzen Notation. Wesentlich zur Unterscheidung zum quantitativen Merkmal ist, dass die Notendifferenzen keine Bedeutung im Sinne eines Messwerts haben (Ist der Abstand zwischen den Noten 1 und 2 genauso groß wie der zwischen den Noten 5 und 6?). ✗

Qualitative Merkmale, deren 9▶Ausprägungen lediglich durch Begriffe (Namen) beschrieben werden, heißen nominalskaliert oder auch nominale Merkmale (nominal = zum Namen gehörend, das Nomen betreffend). Auf einer 11▶Skala werden die Ausprägungen dabei im Allgemeinen mit Zahlen kodiert. Die Ausprägungen eines nominalen Merkmals können lediglich hinsichtlich ihrer Gleichheit (Ungleichheit) verglichen werden. Eine Reihung (Ordnung) der Ausprägungen ist, auch wenn diese in Form von Zahlen angegeben werden, nicht möglich oder nicht sinnvoll. Ergebnisse von Rechnungen mit diesen Zahlenwerten sind nicht interpretierbar. Kann ein nominales Merkmal nur zwei mögliche Ausprägungen (z.B. ja/nein, intakt/defekt, 0/1) annehmen, so wird speziell von einem dichotomen Merkmal gesprochen.

1.3 Skalen und Merkmalstypen

Beispiel | Das Merkmal Familienstand einer Person ist nominalskaliert. Die möglichen Merkmalsausprägungen ledig, verheiratet, verwitwet und geschieden sind nur hinsichtlich ihrer Gleichheit/Verschiedenheit vergleichbar. Auch die Vergabe der Ziffern 1 bis 4 an die verschiedenen Merkmalsausprägungen, wie z.B. in der Datenerfassung mit Fragebögen üblich, würde daran nichts ändern. Weitere personenbezogene nominale Merkmale sind z.B. Geschlecht, Haarfarbe, Augenfarbe oder Religionszugehörigkeit.

In einem Großunternehmen wird bei einer Bewerbung die Teilnahme an einem schriftlichen Einstellungstest vorausgesetzt. Das darin erzielte Ergebnis entscheidet über die Einladung zu einem persönlichen Gespräch. Abhängig vom Grad der erfolgreichen Bearbeitung der gestellten Aufgaben gilt der Test als bestanden oder nicht bestanden. Das Ergebnis des Einstellungstests ist daher ein dichotomes Merkmal. ✗

Qualitative Merkmale, deren 9▶Ausprägungen einer Rangfolge genügen, heißen ordinalskaliert oder ordinale Merkmale. Die Ausprägungen eines ordinalskalierten Merkmals sind hinsichtlich ihrer Größe vergleichbar, d.h. es kann jeweils unterschieden werden, ob eine Ausprägung kleiner, gleich oder größer (bzw. schlechter, gleich oder besser) einer anderen ist. Auf einer Skala werden (wie bei 12▶nominalen Merkmalen) meist ganze Zahlen zur Kodierung verwendet. Da den Abständen zwischen unterschiedlichen Ausprägungen eines ordinalen Merkmals allerdings in der Regel keine Bedeutung zukommt, sind Rechnungen mit diesen Zahlen ebenfalls nicht sinnvoll.

Beispiel | Eine Schulnote ist ein Merkmal mit den Ausprägungen: sehr gut, gut, befriedigend, ausreichend, mangelhaft, ungenügend. Schulnoten stellen ordinale Merkmale dar. Den Ausprägungen werden in Deutschland meist die Zahlenwerte 1 bis 6 zugeordnet. Ebenso könnten stattdessen aber auch die Zahlen 1, 11, 12, 13, 14, 24 verwendet werden, um zu verdeutlichen, dass die beste und die schlechteste Note eine besondere Rolle spielen. Damit wird klar, dass sich der Abstand zwischen einzelnen Noten nicht sinnvoll interpretieren lässt. Im amerikanischen Bewertungsschema wird dies dadurch deutlich, dass die Güte einer Note durch die Stellung des zugehörigen Buchstabens (A, B, C, D, E, F) im Alphabet wiedergegeben wird. Dies unterstreicht insbesondere, dass Abstände zwischen Noten in der Regel nicht quantifizierbar sind.

In einem Konzern werden die Einkommen der MitarbeiterInnen grob in die drei Klassen hoch, mittel und niedrig eingeteilt, um einen ersten Überblick über die Gehaltsstruktur im Unternehmen zu erhalten. Wird eine solche Einteilung gewählt, so wäre das Merkmal Höhe des Einkommens ebenfalls ordinalskaliert. ✗

Wie bei nominalen Merkmalen sind Ergebnisse von Rechnungen auch bei ordinalen Daten in der Regel nicht sinnvoll interpretierbar. In der Praxis sind derartige Berechnungen trotz der angesprochenen Probleme jedoch verbreitet.

B

Beispiel | In der Schule ist die Bildung einer Durchschnittsnote üblich. Die Bildung eines solchen Notenmittelwerts ist eine Rechenoperation, die ein Ergebnis haben kann, das als Note selbst nicht vorkommt (z.B. 2,5). Da den Abständen zwischen Noten keine Bedeutung zugeordnet werden kann, ist ein solches Ergebnis nicht ohne weiteres interpretierbar. Trotzdem kommt diesem Vorgehen sehr wohl eine sinnvolle Bedeutung zu. Die Durchschnittsnote kann zum Vergleich der Gesamtleistungen von SchülerInnen herangezogen werden. Dieser Vergleich ist aber natürlich nur dann zulässig, wenn davon ausgegangen werden kann, dass die Einzelnoten unter vergleichbaren äußeren Umständen (Bewertung von Leistungen in einer Klausur, Klasse, etc.) vergeben wurden – und die Abstände zwischen aufeinander folgenden Noten als gleich angesehen werden. ✗

Ein Merkmal wird als quantitativ bezeichnet, wenn die möglichen 9▶Merkmalsausprägungen sich durch Zahlen erfassen lassen und die Abstände (Differenzen) zwischen diesen Zahlen sinnvoll interpretierbar sind. Aus diesem Grund werden quantitative Merkmale auch metrisch (metrischskaliert) genannt.

B

Beispiel | In einer Firma zur Herstellung von Bekleidungsartikeln wird der Umsatz analysiert. Dabei werden u.a. auch die Anzahl der verkauften Pullover und der Wert aller verkauften Hemden ermittelt. Beide Merkmale sind metrisch, da Differenzen dieser Ausprägungen (in diesem Fall z.B. beim Vergleich der Verkaufszahlen mit denjenigen aus dem Vorjahr) interpretierbare Ergebnisse liefern (z.B. Umsatzzugewinn oder -rückgang).
In einer Stadt wird einmal pro Tag an einer Messeinrichtung die Temperatur gemessen. Dieses Merkmal ist metrisch, denn Differenzen von Temperaturen lassen sich als Temperaturunterschiede sinnvoll interpretieren. ✗

Quantitative Merkmale können auf zweierlei Weise unterschieden werden. Eine Einteilung auf der Basis von Eigenschaften der Merkmalsausprägungen führt zu intervallskalierten, verhältnisskalierten und absolutskalierten Merkmalen. Ein Vergleich der Anzahl von möglichen Merkmalsausprägungen liefert eine Trennung in 17▶diskrete und 17▶stetige Merkmale.
Ein intervallskaliertes Merkmal muss lediglich die definierenden Eigenschaften eines quantitativen Merkmals erfüllen. Insbesondere müssen die Abstände der Ausprägungen eines intervallskalierten Merkmals sinnvoll interpretierbar sein. Definitionsgemäß ist daher jedes quantitative Merkmal intervallskaliert. Der Begriff dient lediglich zur Abgrenzung gegenüber Merkmalen, deren Ausprägungen zusätzlich weitere Eigen-

1.3 Skalen und Merkmalstypen

schaften aufweisen. Es ist wichtig zu betonen, dass die Skalen, die zur Messung eines intervallskalierten Merkmals verwendet werden, keinen natürlichen Nullpunkt besitzen müssen.

Beispiel | Im 11▶Beispiel Temperaturskala wird deutlich, dass die verschiedenen Skalen unterschiedliche Nullpunkte besitzen. Die zugehörigen Werte sind in der folgenden Tabelle aufgeführt.

Nullpunkt	°C	°F	K
0 °C	0	32	273
0 °F	−17,78	0	255,22
0 K	−273	−459,4	0

✘

Beispiel Kalender | Mittels eines Kalenders kann die Zeit in Tage, Wochen, Monate und Jahre eingeteilt werden. Die Abstände zwischen je zwei Zeitpunkten können damit sinnvoll als Zeiträume interpretiert werden. Die Zeit ist also ein intervallskaliertes Merkmal. Der Beginn der Zeitrechnung, d.h. der Nullpunkt der Skala, kann jedoch unterschiedlich gewählt werden. So entspricht z.B. der Beginn der Jahreszählung im jüdischen Kalender dem Jahr 3761 v.Chr. unserer Zeitrechnung (dem gregorianischen Kalender). ✘

Ein 14▶quantitatives Merkmal heißt verhältnisskaliert, wenn die zur Messung verwendeten Skalen einen gemeinsamen natürlichen Nullpunkt aufweisen. Verhältnissen (Quotienten) von Merkmalsausprägungen eines verhältnisskalierten Merkmals kann eine sinnvolle Bedeutung zugeordnet werden. Der natürliche Nullpunkt garantiert nämlich, dass Verhältnisse von einander entsprechenden Ausprägungen, die auf unterschiedlichen (linearen) Skalen (d.h. in anderen Maßeinheiten) gemessen wurden, immer gleich sind. Verhältnisskalierte Merkmale sind ein Spezialfall von intervallskalierten Merkmalen.

Beispiel | Für einen Bericht in einer Motorsportzeitschrift werden die Höchstgeschwindigkeiten von Sportwagen ermittelt. Das Merkmal Höchstgeschwindigkeit eines Fahrzeugs ist verhältnisskaliert. Unabhängig davon, ob die Geschwindigkeit z.B. in $\frac{km}{h}$ oder $\frac{m}{s}$ gemessen wird ($1\frac{km}{h} = \frac{1}{3,6}\frac{m}{s}$), bleibt der Nullpunkt der Skalen immer gleich. Er entspricht dem Zustand „keine Bewegung". Für jedes Fahrzeug wird zusätzlich die Leistung der Fahrzeuge in PS und kW festgehalten ($1 PS = 0,736 kW$).

Für eine Umsatzanalyse in einem Unternehmen wird jährlich der Gesamtwert aller verkauften Produkte bestimmt. Dieses Merkmal ist verhältnisskaliert, denn bei der Messung des Gesamtwerts gibt es nur einen sinnvollen Nullpunkt. Verhältnisse von Ausprägungen aus unterschiedlichen Jahren können als Maßzahlen (213▶Wachstumsfaktoren) für die prozentuale Zu- bzw. Abnahme des Umsatzes interpretiert werden. ✗

Im Folgenden wird das 11▶Beispiel Temperaturskala (siehe auch 15▶Beispiel Kalender) als wichtiges Beispiel für ein intervallskaliertes, aber nicht verhältnisskaliertes Merkmal näher untersucht.

Beispiel | Das Merkmal Temperatur ist intervallskaliert, da sich der Abstand zweier gemessener Temperaturen als Temperaturänderung interpretieren lässt. Allerdings kann das Verhältnis zweier Temperaturen nicht sinnvoll gebildet werden. Wird eine Temperatur auf zwei unterschiedlichen Skalen gemessen, wie z.B. der Celsiusskala und der Kelvinskala, so sind Verhältnisse von einander entsprechenden Temperaturen nicht gleich. Beispielsweise gilt

$$5°C \;\widehat{=}\; 278K,$$
$$20°C \;\widehat{=}\; 293K.$$

Die zugehörigen Verhältnisse der Temperaturen in °C bzw. K sind ungleich:

$$4 = \frac{20°C}{5°C} \neq \frac{293K}{278K} \approx 1{,}054.$$

Eine Aussage wie „es ist viermal so heiß" kann also ohne Angabe einer konkreten Skala nicht interpretiert werden. Der Grund hierfür ist das Fehlen eines durch das Merkmal eindeutig festgelegten Nullpunkts der Skalen. So entspricht z.B. der Nullpunkt 0°C der Celsiusskala nicht dem Nullpunkt 0 K der Kelvinskala, sondern es gilt $0°C \;\widehat{=}\; 273 \text{ K}$. Das Merkmal Temperatur ist also nicht verhältnisskaliert. Es sei aber darauf hingewiesen, dass das Merkmal Temperaturunterschied als verhältnisskaliert betrachtet werden kann, da der Nullpunkt (unabhängig von der Skala) eindeutig festgelegt ist. ✗

Ein quantitatives Merkmal heißt absolutskaliert, wenn nur eine einzige sinnvolle Skala zu dessen Messung verwendet werden kann. Das ist gleichbedeutend mit der Tatsache, dass nur eine natürliche Einheit für das Merkmal in Frage kommt. Absolutskalierte Merkmale sind ein Spezialfall verhältnisskalierter Merkmale.

Beispiel | In einer Großküche wird in regelmäßigen Abständen die Anzahl aller vorhandenen Teller festgehalten. Hierbei handelt es sich um ein absolutskaliertes

1.3 Skalen und Merkmalstypen

Merkmal. Zur Messung von Anzahlen existiert nur eine sinnvolle Skala und nur eine natürliche Maßeinheit. ✗

Ein quantitatives Merkmal heißt diskret, wenn die Menge aller 9▸Ausprägungen, die das Merkmal annehmen kann, abzählbar ist, d.h. die Ausprägungen können mit den Zahlen 1, 2, 3,... nummeriert werden. Dabei wird zwischen endlich und unendlich vielen Ausprägungen unterschieden.

Beispiel | Beim Werfen eines herkömmlichen sechsseitigen Würfels können nur die Zahlen 1, 2,..., 6 auftreten. Das Merkmal Augenzahl beim Würfelwurf ist daher ein Beispiel für ein diskretes Merkmal mit endlich vielen Ausprägungen.
In einem statistischen Experiment wird bei mehreren Versuchspersonen die Anzahl der Eingaben auf einer Tastatur bis zur Betätigung einer bestimmten Taste ermittelt. Da theoretisch beliebig viele andere Tasten gedrückt werden können, bis das Experiment schließlich endet, ist die Anzahl der gedrückten Tasten nicht nach oben beschränkt. Das Merkmal Anzahl der gedrückten Tasten ist somit diskret, und die Menge der Ausprägungen dieses Merkmals wird als unendlich angenommen. ✗

Ein quantitatives Merkmal wird als stetig oder kontinuierlich bezeichnet, wenn prinzipiell jeder Wert aus einem Intervall angenommen werden kann. Häufig werden auch Merkmale, deren 9▸Ausprägungen sich eigentlich aus Gründen der Messgenauigkeit (z.B. die Zeit in einem 100m-Lauf) oder wegen der Einheit, in der sie gemessen werden (z.B. Preise), nur diskret messen lassen, aufgrund der feinen Abstufungen zwischen den möglichen Ausprägungen als stetig angesehen. Für diese Situation wird manchmal auch der Begriff quasi-stetig verwendet.

Beispiel | In einer Schulklasse werden die Größen aller SchülerInnen gemessen (in m). Dieses Merkmal ist stetig, obwohl in der Praxis im Allgemeinen nur auf zwei Nachkommastellen genau gemessen wird. Im Prinzip könnte jedoch bei beliebig hoher Messgenauigkeit jeder Wert in einem Intervall angenommen werden. Die „ungenaue Messung" entspricht daher einer Rundung des Messwerts auf zwei Nachkommastellen.
Im Rahmen der Qualitätskontrolle wird der Durchmesser von Werkstücken geprüft. Beträgt der Solldurchmesser 10cm und ist die maximal mögliche Abweichung 0,05cm, so kann das Merkmal Durchmesser prinzipiell jede beliebige Zahl zwischen 9,95cm und 10,05cm annehmen und ist somit stetig. Der blaue Balken markiert den 9▸Wertebereich [9,95, 10,05].

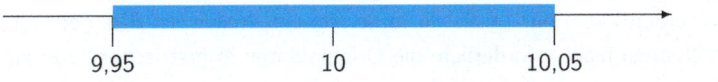

✗

Es ist wichtig zu betonen, dass der Merkmalstyp eines Merkmals definitionsgemäß entscheidend von dessen Ausprägungen und damit von der 11▶Skala, mit der das Merkmal gemessen wird, abhängt. Daher kann das gleiche Merkmal in unterschiedlichen Situationen einen anderen Merkmalstyp besitzen.

B **Beispiel** | In Abhängigkeit von der weiteren Verwendung der Daten kann das Merkmal Körpergröße auf unterschiedliche Weise „gemessen" werden.

1. Ist lediglich von Interesse, ob eine Eigenschaft der Körpergröße erfüllt ist (z.B. Größe zwischen 170cm und 190cm), so können die Ausprägungen zutreffend bzw. nicht zutreffend festgehalten werden. In diesem Fall wäre das Merkmal Körpergröße nominalskaliert.

2. Sofern nur eine grobe Unterteilung ausreichend ist, können die Personen in die drei Klassen klein, mittel und groß eingeteilt werden, die beispielsweise jeweils den Größen von kleiner oder gleich 150cm, größer als 150cm und kleiner oder gleich 175cm und größer als 175cm entsprechen. Das Merkmal Körpergröße hat in diesem Fall die drei Ausprägungen klein, mittel und groß und ist damit 13▶ordinalskaliert.

3. Wird angenommen, dass alle Personen eine Körpergröße zwischen 140cm und 210cm haben, so würde eine feinere Unterteilung der Einstufungen – z.B. die Einführung von Intervallen der Form [140, 150], (150, 160], ..., (200, 210] (Werte in cm) – bereits einen genaueren Überblick über die Verteilung der Daten liefern. Bei dieser Art der Messung werden dem Merkmal Körpergröße die Ausprägungen [140, 150], (150, 160], ..., (200, 210] zugeordnet, die angeben, in welchen Bereich die Größe der betreffenden Person fällt. Dieses Merkmal wäre auch ordinalskaliert.

4. Ist die Größe jeder Person auf zwei Nachkommastellen genau bestimmt worden, so kann das Merkmal Körpergröße als 14▶metrisches, 17▶stetiges Merkmal angesehen werden. Jede Ausprägung entspricht dabei der in der erwähnten Form ermittelten jeweiligen Körpergröße. ✗

Im Punkt 3 des obigen Beispiels wird für das Merkmal Körpergröße eine Einstufung der Ausprägungen in (sich anschließende) Intervalle vorgenommen. Für diesen als 134▶Klassierung bezeichneten Vorgang sind verschiedene Aspekte von Bedeutung. Abhängig vom speziellen Untersuchungsziel kann es völlig ausreichend sein, die Ausprägungen des Merkmals Körpergröße, das prinzipiell als metrisch angesehen werden kann, nur (grob) in Intervalle einzuteilen. Ist dies der Fall, so ist es natürlich auch nicht erforderlich, die Originaldaten in metrischer Form zu erheben.

1.3 Skalen und Merkmalstypen

Es genügt, jeder Person als statistischer Einheit das entsprechende Intervall zuzuordnen. Die Ausprägungen des Merkmals Körpergröße sind in dieser speziellen Situation daher Intervalle. Es wird also bewusst darauf verzichtet, die „Mehrinformation" von Originaldaten in Form exakter metrischer Messwerte zu nutzen.

Die Klassierung eines metrischen Merkmals kann auch aus anderen Gründen angebracht sein. Zu Auswertungszwecken kann sie (nachträglich) sinnvoll sein, um mittels eines 139▶Histogramms einen ersten grafischen Eindruck vom Datenmaterial zu erhalten. Ein völlig anderer Aspekt wird relevant, wenn ein eigentlich metrisches Merkmal nicht in metrischer Form, sondern nur in Form von Intervallen, so genannten 134▶Klassen, erhoben werden kann. In Umfragen wird beispielsweise die Frage nach dem Einkommen oder den monatlichen Mietzahlungen mit Antwortalternativen als Klassen gestellt. Einerseits wird dadurch gewährleistet, dass die Frage von möglichst vielen Personen beantwortet wird, andererseits wird die Beantwortung der Frage aus verschiedenen Gründen vereinfacht.

Beispiel | Bei der Eröffnung eines Online-Depots sind die Banken verpflichtet, die Vermögenssituation der AntragstellerInnen festzustellen. Dies wird z.B. durch Angaben zum Jahresnettoeinkommen, zum Nettovermögen sowie zum frei verfügbaren Nettovermögen der KundInnen umgesetzt und erfolgt in der Regel nach einem Schema der folgenden Art:

B

Wie hoch ist Ihr durchschnittliches Jahresnettoeinkommen?				
☐ 0-4 999€	☐ 5 000-9 999€	☐ 10 000-24 999€	☐ 25 000-49 999€	☐ über 50 000€
Wie hoch ist Ihr Nettovermögen?				
☐ 0-9 999€	☐ 10 000-24 999€	☐ 25 000-49 999€	☐ 50 000-99 999€	☐ über 100 000€
Wie hoch ist Ihr frei verfügbares Nettovermögen?				
☐ 0-9 999€	☐ 10 000-24 999€	☐ 25 000-49 999€	☐ 50 000-99 999€	☐ über 100 000€

Für statistische Anwendungen ist es häufig ausreichend, nur zwischen den Merkmalstypen nominal, ordinal und metrisch zu unterscheiden, in denen sich die für statistische Analysen wesentlichen Unterschiede widerspiegeln. Diese drei Merkmalstypen bilden eine Hierarchie: Die Ausprägungen eines metrischen Merkmals haben alle Eigenschaften eines ordinalskalierten Merkmals, diejenigen eines ordinalen Merkmals erfüllen die Eigenschaften eines nominalen Merkmals. In dieser Hierarchie werden unterschiedliche Anforderungen an die Daten gestellt, so dass auch von unterschiedlich hohen Messniveaus, auf denen die Ausprägungen gemessen werden, gesprochen wird. Metrische Daten haben z.B. ein höheres Messniveau als ordinale Daten. Die Eigenschaften der Ausprägungen sind entscheidend bei der

Anwendung statistischer Methoden zur Analyse der Daten. Je höher das Messniveau ist, umso komplexere statistische Verfahren können eingesetzt werden. Allerdings kann jede statistische Auswertungsmethode, die auf einem bestimmten Messniveau möglich ist, auch für Daten eines höheren Niveaus verwendet werden (dies muss allerdings nicht unbedingt sinnvoll sein). Ist z.B. ein Verfahren für ordinalskalierte Merkmale konstruiert worden, so kann es auch auf metrische Daten angewendet werden (da diese auch als ordinalskaliert aufgefasst werden können). Im Einzelfall ist jedoch zu prüfen, ob die Anwendung sinnvoll ist. Häufig existieren nämlich für Daten auf einem höheren Messniveau effektivere Methoden, die die Informationen in den Merkmalsausprägungen besser nutzen.

Für Daten auf nominalem Niveau können nur die 31▶Häufigkeiten einzelner Ausprägungen für die Bestimmung der Lage der Daten und zur Beschreibung von Zusammenhängen in den Daten herangezogen werden. Da bei einem ordinalskalierten Merkmal eine Ordnung auf den Ausprägungen vorliegt, kann bereits ein Begriff für einen mittleren Wert (66▶Median) in den Daten eingeführt werden. Außerdem können monotone Zusammenhänge (277▶Rangkorrelationskoeffizient) zwischen Merkmalen analysiert werden (z.B. ob die Merkmalsausprägungen eines Merkmals tendenziell wachsen, wenn die Ausprägungen eines verbundenen Merkmals wachsen; z.B Schulnoten in unterschiedlichen, aber verwandten Fächern wie Mathematik und Physik). Für Daten auf metrischem Niveau können zusätzlich Abstände zwischen einzelnen Ausprägungen interpretiert werden. Streuungsbegriffe (z.B. 99▶absolute Abweichung, 92▶empirische Varianz), die einen Überblick über die Variabilität in den Daten liefern, können daher für metrische Daten eingeführt werden und ergänzen Lagemaße wie 69▶Median und 74▶arithmetisches Mittel. Für Daten auf diesem Messniveau ist schließlich auch die Bestimmung funktionaler Zusammenhänge (302▶lineare Regression) zwischen verschiedenen Merkmalen sinnvoll.

1.4 Mehrdimensionale Merkmale

Merkmale, deren Ausprägungen aus Merkmalsausprägungen mehrerer einzelner Merkmale bestehen, werden als mehrdimensional oder multivariat bezeichnet. Hierbei gibt es keine Einschränkungen an die 11▶Merkmalstypen der Einzelmerkmale, aus denen sich das mehrdimensionale Merkmal zusammensetzt. Mehrdimensionale Merkmale werden als Tupel $(X_1, \ldots, X_m)$ angegeben, wobei $X_1, \ldots, X_m$ die einzelnen Merkmale bezeichnen und m Dimension des Merkmals $(X_1, \ldots, X_m)$ heißt. Das Ergebnis einer Erhebung an n statistischen Einheiten ist dann ein multivariater Datensatz mit n Tupeln $(x_{i1}, \ldots, x_{im})$ der Dimension m, $i \in \{1, \ldots, n\}$. Das i-te Tupel enthält die an der i-ten statistischen Einheit gemessenen Daten der m univariaten Merkmale. Diese Daten werden oft in einer Tabelle oder Datenmatrix D zusammengefasst:

1.4 Mehrdimensionale Merkmale

		j-tes Merkmal		
		1	2 $\cdots$	m
i-te statistische Einheit	1	x_{11}	$x_{12}\ \cdots$	x_{1m}
	2	x_{21}	$x_{22}\ \cdots$	x_{2m}
	$\vdots$	$\vdots$	$\ddots$	$\vdots$
	$\vdots$	$\vdots$	$\ddots$	$\vdots$
	n	x_{n1}	$x_{n2}\ \cdots$	x_{nm}

$$D = \begin{pmatrix} x_{11} & x_{12} & \cdots & x_{1m} \\ x_{21} & x_{22} & \cdots & x_{2m} \\ \vdots & \ddots & & \vdots \\ \vdots & & \ddots & \vdots \\ x_{n1} & x_{n2} & \cdots & x_{nm} \end{pmatrix}$$

Beispiel | Der Verlauf des Aktienkurses eines Unternehmens wird über mehrere Tage beobachtet. An jedem Tag werden Datum des Tages, Eröffnungskurs, Schlusskurs, Tiefststand während des Tages sowie Höchststand festgehalten. Aus der Beobachtung könnte sich z.B. der folgende Datensatz ergeben haben:

(11.2., 75,2, 76,3, 75,0, 77,9) (13.2., 77,0, 78,9, 76,3, 80,1)
(15.2., 73,5, 81,3, 71,2, 87,5) (18.2., 81,3, 79,6, 75,3, 81,4)
(20.2., 81,9, 82,0, 81,4, 84,2) (22.2., 79,2, 75,3, 71,3, 81,6)

Die Einträge in jedem der sechs Beobachtungswerte sind in der oben angegebenen Reihenfolge aufgelistet. Die Daten sind Ausprägungen eines fünfdimensionalen Merkmals, wobei jede Merkmalsausprägung zusammengesetzt ist aus den Ausprägungen eines 13▶ordinalen Merkmals (dem Datum des Tages) und vier 17▶stetigen Merkmalen (den Kurswerten). **X**

Zweidimensionale oder bivariate Merkmale sind Spezialfälle mehrdimensionaler Merkmale, die als Paare von Beobachtungen zweier eindimensionaler Merkmale gebildet werden. Zur Notation werden Tupel (X, Y) verwendet, deren Komponenten X und Y die Merkmale repräsentieren. Die zu einem zweidimensionalen Merkmal gehörigen Beobachtungen heißen gepaarte Daten. Ein bivariater Datensatz $(x_1, y_1), \ldots, (x_n, y_n)$ wird auch als gepaarte Messreihe bezeichnet.

Beispiel | In einer medizinischen Studie werden u.a. Alter und Körpergröße der Probanden erhoben. Die Messwerte

(35,178) (41,180) (36,187) (50,176) (45,182)
(33,179) (36,173) (48,185) (51,179) (55,184)

sind ein Auszug aus dem Datensatz, in dem jeweils der erste Eintrag jeder Beobachtung das Alter X (in Jahren) und der zweite Eintrag die Körpergröße Y (in cm) angibt. Das bivariate Merkmal (X, Y) ist also ein Paar aus zwei 14▶metrischen Merkmalen, nämlich dem 17▶diskreten Merkmal Alter und dem 17▶stetigen Merkmal Körpergröße.

In einer Studie über das Rauchverhalten von Männern und Frauen wird in einer Testgruppe folgender zweidimensionaler Datensatz erhoben:

(j,w) (n,m) (j,w) (j,m) (j,m) (n,w) (n,w) (j,m)

Hierbei steht der erste Eintrag in jeder Beobachtung für das Merkmal Rauchen (ja/nein (j/n)), der zweite steht für das Merkmal Geschlecht (männlich/weiblich (m/w)). Dieses bivariate Merkmal ist damit die Kombination zweier 12▶nominalskalierter (dichotomer) Merkmale.

> **Beispiel** (3▶Beispiel Befragung der MitarbeiterInnen) | Die Fragen
> - Wie kann ein gegebener Datensatz systematisiert werden?
> - Können (abstrakte) Begriffe für die bei einer Datenerhebung auftretenden Größen formuliert werden, die unabhängig von einem speziellen Kontext verstanden werden?
> - Wie können die unterschiedlichen erhobenen Größen bestimmten Typen zugeordnet werden?
>
> wurden im ersten Kapitel thematisiert. Konkret folgen nun einige Anmerkungen zum 3▶Beispiel Befragung der MitarbeiterInnen.
>
> In der von der Unternehmensleitung geplanten Erhebung besteht die Grundgesamtheit aus allen MitarbeiterInnen. Es ist – im Gegensatz zu einer Stichprobenerhebung – eine so genannte Vollerhebung geplant, d.h. alle MitarbeiterInnen werden befragt. Die Fragebögen sollen Daten zu einer Vielzahl von Merkmalen liefern. Genauer handelt es sich nach der Befragung der n MitarbeiterInnen um einen hochdimensionalen 10▶Datensatz (der Dimension m, d.h. es werden m Merkmale pro Fragebogen erhoben), der für jede Person die Daten zu den (zum Teil) aufgelisteten univariaten Merkmalen umfasst:
>
> - Geschlecht (P1), Alter (P2), Familienstand (P3), Dauer der Betriebszugehörigkeit (P4), Freizeitbeschäftigung (P5), bevorzugtes Urlaubsland (P6)
> - Zufriedenheit mit dem Arbeitsplatz (B1), Betriebsklima (B2), Ansehen der Unternehmensführung (B3), regelmäßige Nutzung der Kantine (B4), Zufriedenheit mit dem Angebot der Kantine (B5), persönliche Einschätzung der Sicherheit am Arbeitsplatz (B6), günstige terminliche Lage der Betriebsferien (B7), Anzahl Fehltage (B8), durchschnittliche Bildschirmarbeitszeit (B9)
> - Anzahl der Personen im (gemeinsamen) Haushalt (S1), Anzahl der erwerbstätigen Personen im Haushalt (S2), monatliche Ausgaben für Miete (S3), Entfernung zwischen Wohnung und Arbeitsplatz (S4), durchschnittliche Dauer für den morgendlichen Weg zwischen Wohnung und Arbeitsplatz (S5), monatliche Ausgaben für die Fahrten zwischen Wohnung und Arbeitsplatz (S6), monatliches Bruttogehalt (S7)

1.4 Mehrdimensionale Merkmale

- persönliche Gesamtbeurteilung der wirtschaftlichen Unternehmenssituation (G1), Güte der Transparenz und des Informationsflusses (G2), Gesamtbeurteilung der Zufriedenheit mit dem Arbeitsplatz (G3)

Unter diesen univariaten Merkmalen sind die Merkmalstypen 12▶nominal, 13▶ordinal und 14▶metrisch mit einigen Beispielen vertreten. Eine Zuordnung und ergänzende Bemerkungen sind in der nachfolgenden Tabelle enthalten.

Merkmal	Merkmalstyp	Bemerkung
P1	nominal	dichotom
P2	diskret	Angabe in Jahren
P3	nominal	
P4	diskret	Angabe in Monaten
P5	nominal	
P6	nominal	
B1	ordinal	korrespondiert mit G3
B2	ordinal	korrespondiert mit G3
B3	ordinal	
B4	nominal	dichotom
B5	ordinal	Frage und Auswertung kann in Abhängigkeit von der Antwort „ja" in B4 realisiert werden
B6	nominal	dichotom
B7	nominal	dichotom
B8	diskret	Anzahl in Tagen
B9	diskret	Abgrenzung zu stetig unklar
S1	diskret	
S2	diskret	
S3	ordinal	klassiert metrisch
S4	diskret	Abgrenzung zu stetig unklar
S5	diskret	Abgrenzung zu stetig unklar
S6	ordinal	klassiert metrisch
S7	ordinale	klassiert metrisch
G1	diskret	Abgrenzung zu stetig unklar
G2	diskret	Abgrenzung zu stetig unklar
G3	diskret	Abgrenzung zu stetig unklar

Geeignete, vom Merkmalstyp abhängige Verfahren zur Auswertung und Visualisierung der Daten werden in diesem Buch zur deskriptiven Statistik und explorativen Datenanalyse vorgestellt. Um aus einer Auswertung Schlüsse ziehen zu können, bedarf es einerseits geeigneter Auswertungsverfahren. Andererseits gilt es schon beim Fragebogendesign einige Punkte zu beachten, um eine aussagekräftige Datenbasis zu erhalten. Beispielhaft seien folgende Aspekte genannt: Bei einer ungeraden Anzahl von Antwortmöglichkeiten (z.B. fünf in B1, drei in B3) besteht häufig die Neigung vieler Befragten, sich nicht für eine Tendenz zu entscheiden, sondern die „goldene Mitte" zu wählen; dies kann die Aussagekraft einer Erhebung beeinträchtigen. Bei einer geraden Anzahl von Antwortalternativen wird eine befragte Person dazu angehalten, sich im Falle einer „latenten Indifferenz" für eine tendenzielle Aussage zu entscheiden.

Die Frage nach der Anzahl möglicher Antworten muss also von Frage zu Frage entschieden werden. Fragen mit der Option „weiß nicht" sollten vermieden werden, um Personen, die unwillig an die Beantwortung gehen, keine leichte (und eigentlich unbrauchbare) Beantwortung zu ermöglichen. Bei Fragen mit der Kategorie „Sonstiges" (siehe P5) ist vorab zu klären, ob die übrigen Antwortalternativen bereits die Mehrzahl der Antworten erwarten lassen. Bei einer hohen Häufigkeit der Antwort „Sonstiges" zu einer bestimmten Frage einer Erhebung ist der Nutzen der Auswertung vermutlich gering. Korrespondierende Fragen wie B1, B2 und G3 werden häufig dazu verwendet, um Plausibilitätstests zu ermöglichen, d.h. die Widerspruchsfreiheit der Antworten ist ein Indiz für die Güte der Beantwortung eines Fragebogens. Die Kombination der Fragen wird auch dazu verwendet, offenbar schlecht bearbeitete Fragebögen zur Vermeidung von Verfälschungen aus der Auswertung zu entfernen.

Eine weitere Frage lautete: Wie kann die Aufteilung eines Datensatzes anhand eines Kriteriums (hier Geschlecht oder Alter) beschrieben werden, und welcher Nutzen ergibt sich daraus?

Die Erhebung der Unternehmensleitung soll auch darüber Aufschluss geben, ob geschlechts- oder altersspezifische Unterschiede in der Beantwortung der Fragen bestehen. Hierzu wird die Grundgesamtheit (und damit der Datensatz) anhand des Merkmals Geschlecht in zwei Teilpopulationen zerlegt, für die dann getrennt ausgewertet wird, um nach Gemeinsamkeiten sowie Unterschieden zu suchen. Dabei bieten sich etwa 41▶Gruppendiagramme zur Veranschaulichung und 242▶Kontingenztafeln zur tabellarischen Erfassung an. Das Merkmal Alter wird sinnvollerweise 134▶klassiert, d.h. die erhobenen Werte werden in Altersstufen eingeteilt. Dann wird der Datensatz anhand dieses neuen, ordinalen Merkmals (Altersklasse) ebenfalls in 9▶Teilgesamtheiten zerlegt.

1.4 Mehrdimensionale Merkmale

Darüberhinaus bestehen natürlich auch Möglichkeiten, nach mehreren Kriterien zu unterscheiden. In diesem Beispiel könnten drei Altersklassen und das Merkmal Geschlecht benutzt werden, um die Grundgesamtheit in sechs Teilgesamtheiten zu zerlegen, und damit dazu beitragen, Zusammenhänge, Unterschiede und Strukturen – soweit vorhanden – systematisch aufzuspüren. Gefundene Unterschiede können dann gezielt analysiert und die Rahmenbedingungen schließlich, möglicherweise mit hohem Nutzen und großer Effizienz, zielgruppenspezifisch optimiert werden.

Weiterhin wurde die Frage aufgeworfen, warum Daten gemeinsam erhoben (jede Person beantwortet mehrere Fragen) und nicht, wie dies im Beispiel möglich wäre, teilweise den Personalakten entnommen werden.

Selbstverständlich können Daten zum Geschlecht, zum Lebensalter und zur Dauer der Betriebszugehörigkeit den Personalakten entnommen werden. In diesem hochdimensionalen Datensatz steckt jedoch sehr viel mehr Information.

Im Falle der Beschaffung aus Akten können die univariaten Merkmale im Wesentlichen nur getrennt ausgewertet werden. Zusammenhänge zwischen Alter und Freizeitbeschäftigung, Dauer der Betriebszugehörigkeit und Zufriedenheit am Arbeitsplatz, Zusammenhänge mit den Merkmalen G1, G2 und G3 können so jedoch nicht beantwortet werden, da aufgrund der anonymisierten Fragebögen eine Zuordnung dieser Informationen nicht möglich ist. Dies gelingt somit nur durch die Erhebung 20▶multivariaten Datenmaterials.

In den folgenden Kapiteln werden zunächst rechnerische und grafische Verfahren zur beschreibenden Statistik univariater Merkmale vorgestellt. Zur grafischen Aufbereitung bieten sich 39▶Säulen-, Balken- oder Kreisdiagramme an für die Merkmale P3, P5, B1, S1, 105▶Box-Plots für P2, B8, S4, S5. Insbesondere werden diese grafischen Verfahren wertvoll, wenn sie zum Vergleich von Teilpopulationen (z.B. bezüglich Geschlecht oder Altersklasse) eingesetzt werden. Beschreibungen der Lage und Variabilität von Daten mit 62▶Lage- und 88▶Streuungsmaßen bieten sich für alle metrischen Merkmale des Datensatzes an, z.B. für P2, P4, B8, B9, S4, S5 sowie G1, G2, G3. Zur grafischen Darstellung je zweier metrischer Merkmale, in der gewisse Muster in den Datenpaaren offenbar werden können, stehen 263▶Streudiagramme zur Verfügung. Zur Beschreibung eines entdeckten (linearen) Zusammenhangs von (metrischen) Merkmalen eignet sich dann die 298▶Regressionsanalyse. Lineare Regressionen erscheinen sinnvoll für die Merkmalspaare (S4, S5), (G2, G3). Wurde eine solche Fragebogenaktion im Lauf der Zeit mehrfach durchgeführt, wird auch ein Vergleich (die Entwicklung) eines Merkmals über die Zeit wertvolle Hinweise liefern können. Hier sind wiederum grafische Darstellungen hilfreich.

1. Einführung und Grundbegriffe

Die rechnerische Beschreibung kann durch 213▶Wachstumszahlen erfolgen. Werden ein oder mehrere Merkmale über einen relativ langen Zeitraum hinweg beobachtet und sind saisonale Schwankungen und Entwicklungen von Interesse, so stehen die Hilfsmittel der 344▶Zeitreihenanalyse zur Verfügung. Zur Entdeckung von Zusammenhängen zwischen Merkmalen werden in diesem Buch etwa die 242▶Analyse von Kontingenztafeln (für nominale oder ordinale Merkmale) oder die 298▶Regressionsanalyse (für metrische Merkmale) angeboten. Für spezielle Fragestellungen wird dieser mehrdimensionale Datensatz (der 20▶Dimension m) unter Streichung gerade nicht interessierender Größen in der Dimension reduziert; anders ausgedrückt bedeutet dies, dass aus dem multivariaten Datensatz etwa einzelne Merkmale (univariate Merkmale, Dimension 1), Paare von Merkmalen (Dimension 2, es entstehen 21▶bivariate Merkmale) oder Gruppen von Merkmalen (daraus entstehen 20▶multivariate Merkmale einer Dimension (deutlich) kleiner als m) ausgewählt und weiteren Analysen unterzogen werden.

Kapitel 2

Tabellarische und grafische Darstellungen univariater Daten

2	**Tabellarische und grafische Darstellungen univariater Daten**	**29**
2.1	Häufigkeiten	31
2.2	Stab-, Säulen- und Balkendiagramm	37
2.4	Kreisdiagramm	44
2.4	Liniendiagramm	44
2.5	Netzdiagramm und Kursdiagramme	47

2 Tabellarische und grafische Darstellungen univariater Daten

Beispiel (Fortsetzung 3▶Beispiel Befragung der MitarbeiterInnen) | Im Teilbereich Produktion des Unternehmens (120 Beschäftigte) wurde eine Fragebogenerhebung durchgeführt, deren Ergebnisse für einige der erhobenen Merkmale visualisiert werden sollen. Die Altersstruktur des Produktionsbereichs wurde bereits tabellarisch aufbereitet, indem die MitarbeiterInnen den Altersklassen zugeordnet wurden.

Altersklasse	von über	15	17	24	30	40	50	55	60
	bis höchstens	17	24	30	40	50	55	60	67
	Anzahl	5	18	20	27	18	8	15	9

Für das Merkmal Familienstand ergaben sich – nach dem Merkmal Geschlecht differenziert – folgende absoluten Häufigkeiten:

Familienstand	ledig	verheiratet	geschieden	verwitwet	Summe
weibl. Beschäftigte	12	20	9	4	45
männl. Beschäftigte	18	43	12	2	75
Gesamtzahl	30	63	21	6	120

Bei der Frage nach der Zufriedenheit mit dem Arbeitsplatz antworteten die MitarbeiterInnen wie folgt:

Zufriedenheit	überhaupt nicht	weniger	im Allgemeinen	überwiegend	sehr	Summe
weibl. Beschäftigte	0	4	14	18	9	45
männl. Beschäftigte	6	14	26	17	12	75
Gesamtzahl	6	18	40	35	21	120

Den Altersklassen wurde schließlich das Merkmal Ansehen der Unternehmensführung gegenüber gestellt:

Altersklasse	von über	15	17	24	30	40	50	55	60
	bis höchstens	17	24	30	40	50	55	60	67
	absolute Häufigkeit	5	18	20	27	18	8	15	9
Ansehen	gering	1	5	7	7	4	2	3	1
	zufriedenstellend	2	5	8	10	8	4	6	4
	hoch	2	8	5	10	6	2	6	4

Fragestellungen und Aufgaben

- Wie kann die Altersverteilung des Produktionsbereichs grafisch dargestellt werden?
Die Produktionsleiterin wünscht die Aufbereitung des Datenmaterials in einem Kreis- und einem Balkendiagramm.
- Auf welche Weise können die Merkmale Familienstand und Zufriedenheit mit dem Arbeitsplatz grafisch aufbereitet werden, um übersichtlich und schnell Informationen – auch geschlechterdifferenziert – aufnehmen zu können?
Die Personalabteilung gibt Säulendiagramme und Gruppendiagramme für die absoluten und relativen Häufigkeiten in Auftrag. Für die Darstellung der geschlechterspezifischen Unterschiede beim Merkmal Zufriedenheit mit dem Arbeitsplatz soll ferner ein gemeinsames Liniendiagramm erstellt werden.
- Wie kann – bezogen auf die Altersklassen – das Merkmal Ansehen der Unternehmensführung (also die altersspezifische Beurteilung) übersichtlich dargestellt werden?
Die Geschäftsleitung möchte dies in Form eines gestapelten Säulendiagramms realisieren.

Ehe erhobene Daten einer genaueren Analyse unterzogen werden, sollten sie zuerst in geeigneter Form aufbereitet werden. Ein wesentlicher Bereich der Datenaufbereitung ist die tabellarische und grafische Darstellung der Daten. Auf diese Weise kann zunächst ein Überblick über das Datenmaterial gewonnen werden, erste (optische) Auswertungen können bereits erfolgen. Zu diesem Zweck werden die Daten in komprimierter Form dargestellt, wobei zunächst meist angestrebt wird, den Informationsverlust so gering wie möglich zu halten. Eine spätere Kurzpräsentation von Ergebnissen einer statistischen Analyse wird sich meist auf wenige zentrale Aspekte beschränken müssen. Informationsverlust durch Datenreduktion ist also stets in Relation zu der gewünschten Form der Ergebnisse zu sehen.

Im Rahmen der tabellarischen Datenaufbereitung werden den verschiedenen Merkmalsausprägungen ausgehend von der 10►Urliste zunächst Häufigkeiten zugeordnet und diese in Tabellenform (z.B. in 35►Häufigkeitstabellen) dargestellt. Auf der Basis der Häufigkeiten stehen dann vielfältige Möglichkeiten der grafischen Datenaufbereitung (z.B. in Form von 43►Balken-, 39►Säulen- oder 44►Kreisdiagrammen) zur Verfügung.

Die Ausführungen in diesem Kapitel beziehen sich auf qualitative und diskrete quantitative Merkmale. Für 17►stetige Merkmale werden spezielle Methoden zur tabellarischen und grafischen Darstellung verwendet, auf die in späteren Kapiteln eingegangen wird. Die nachfolgend erläuterten Methoden lassen sich zwar auch für stetige quantitative Merkmale anwenden, jedoch ist zu beachten, dass aufgrund der Besonderheiten stetiger Merkmale die vorgestellten Ansätze nur selten eine geeignete Aufbereitung des Datenmaterials liefern (Eine beobachtete Ausprägung wird sich unter Ausschöpfung der Messgenauigkeit nur relativ selten wiederholen). In der Regel ist die Anwendung auf stetige Datensätze daher nicht sinnvoll, es sei denn, das betrachtete stetige Merkmal wird zunächst 134▶klassiert.

2.1 Häufigkeiten

In diesem Abschnitt wird angenommen, dass eine Urliste vorliegt, die sich durch Beobachtung eines Merkmals X, das m verschiedene Ausprägungen $u_1, \ldots, u_m$ annehmen kann, ergeben hat. Die Anzahl aller Beobachtungswerte in der Urliste heißt Stichprobenumfang und wird mit n bezeichnet.

Um die Information, die in den Beobachtungswerten des Datensatzes enthalten ist, aufzuarbeiten, werden den verschiedenen Merkmalsausprägungen Häufigkeiten zugeordnet. Häufigkeiten beschreiben die Anzahl des Auftretens der Ausprägungen in der Urliste. Hierbei wird generell zwischen 31▶absoluten und 33▶relativen Häufigkeiten unterschieden.

Beispiel | In einer Gruppe von zehn Personen wird bestimmt, wie viele von diesen Links- bzw. Rechtshänder sind. Durch Auszählen der Urliste

$$l \; r \; r \; r \; l \; r \; l \; r \; r \; r$$

wobei l für eine linkshändige und r für eine rechtshändige Person stehen, ergibt sich, dass die Gruppe aus drei LinkshänderInnen und sieben RechtshänderInnen besteht. Diese Zahlen sind Häufigkeiten. Sie beschreiben, wie oft die jeweiligen Ausprägungen in der Urliste vorkommen.

Absolute Häufigkeiten geben die Anzahl von Beobachtungswerten an, die mit einer bestimmten Merkmalsausprägung identisch sind. Sie entsprechen dem Häufigkeitsbegriff im üblichen Sprachgebrauch.

Definition Absolute Häufigkeit | Für ein Merkmal X mit den möglichen Ausprägungen $u_1, \ldots, u_m$ liege die Urliste $x_1, \ldots, x_n$ vor.

Die Zahl n_j gibt die Anzahl des Auftretens der Merkmalsausprägung u_j in der Urliste an und heißt absolute Häufigkeit der Beobachtung u_j, $j \in \{1, \ldots, m\}$. Bezeichnet $|\{\cdots\}|$ die Anzahl von Elementen der Menge $\{\cdots\}$, so gilt also

$$n_j = |\{i \in \{1, \ldots, n\} | x_i = u_j\}|.$$

Mittels der Indikatorfunktion können „Auszählungen" alternativ dargestellt werden. Für eine Menge $A \subseteq \mathbb{R}$ und eine Zahl $x \in \mathbb{R}$ wird definiert

$$\mathbb{1}_A(x) = \begin{cases} 1, & x \in A, \\ 0, & x \notin A. \end{cases}$$

Regel Darstellung absoluter Häufigkeiten mit einer Indikatorfunktion | Die absolute Häufigkeit n_j einer Ausprägung u_j lässt sich auch mittels der Indikatorfunktion darstellen:

$$n_j = \sum_{i=1}^{n} \mathbb{1}_{\{u_j\}}(x_i).$$

Beispiel Blutgruppe | Bei einer medizinischen Untersuchung wird in einer Testgruppe von 20 Personen die Blutgruppe nach dem AB0-System bestimmt (ohne Rhesus Antigene):

A 0 A AB B 0 0 B A 0 0 A A A 0 AB B A A 0

Aus dem Datensatz kann abgelesen werden, dass in der Gruppe sieben Personen Blutgruppe 0, acht Personen Blutgruppe A, drei Personen Blutgruppe B und zwei Personen Blutgruppe AB haben. Also ergeben sich folgende absoluten Häufigkeiten:

Blutgruppe	0	A	B	AB
absolute Häufigkeit	7	8	3	2

Beispiel Kinder | In einem Dorf wird die Anzahl von Kindern pro Haushalt erhoben. Dies ergibt folgende Daten:

0 1 3 2 0 0 0 1 3 0 0 0 0 2 1 1 0 1 2 0 0 1 3

Durch Auszählen resultieren die folgenden absoluten Häufigkeiten:

Anzahl Kinder	0	1	2	3	mehr als 3
absolute Häufigkeit	12	6	3	3	0

Aus der Definition der absoluten Häufigkeit ist zu ersehen, dass die Summe aller absoluten Häufigkeiten gleich der Anzahl aller Beobachtungswerte ist.

2.1 Häufigkeiten

Regel Summe der absoluten Häufigkeiten | Für die absoluten Häufigkeiten $n_1, \ldots, n_m$ der verschiedenen Ausprägungen $u_1, \ldots, u_m$ gilt stets

$$\sum_{i=1}^{m} n_i = n_1 + \cdots + n_m = n.$$

Die zu einer Merkmalsausprägung gehörige relative Häufigkeit berechnet sich mit Hilfe der entsprechenden absoluten Häufigkeit mittels der Formel

$$\text{relative Häufigkeit} = \frac{\text{absolute Häufigkeit}}{\text{Anzahl aller Beobachtungen}}.$$

Definition Relative Häufigkeit | Die absolute Häufigkeit der Merkmalsausprägung u_j in der Urliste sei durch n_j gegeben, $j \in \{1, \ldots, m\}$. Der Quotient

$$f_j = \frac{n_j}{n}$$

heißt relative Häufigkeit der Merkmalsausprägung u_j, $j \in \{1, \ldots, m\}$.

Oft werden relative Häufigkeiten auch als Prozentzahlen angegeben. Um Prozentangaben zu erhalten, sind die relativen Häufigkeiten mit Hundert zu multiplizieren:

$$\text{relative Häufigkeit in \%} = \frac{\text{absolute Häufigkeit}}{\text{Anzahl aller Beobachtungen}} \cdot 100\%$$

Beispiel | Im 32▶Beispiel Blutgruppe wurden folgende absoluten Häufigkeiten beobachtet.

Blutgruppe	0	A	B	AB
absolute Häufigkeit	7	8	3	2

Mittels Division der absoluten Häufigkeiten durch die Anzahl aller Beobachtungen – in diesem Fall 20 – ergeben sich die relativen Häufigkeiten. Multiplikation der relativen Häufigkeiten mit Hundert liefert jeweils die relative Häufigkeit in Prozent.

Blutgruppe	0	A	B	AB
relative Häufigkeit	0,35	0,40	0,15	0,10
relative Häufigkeit in %	35%	40%	15%	10%

Relative Häufigkeiten ermöglichen den einfachen Vergleich von Datensätzen, deren 31▶Stichprobenumfänge verschieden sind.

B **Beispiel** | Bei 15 ChinesInnen wird die Blutgruppe ermittelt. Die zugehörigen absoluten Häufigkeiten sind in folgender Tabelle angegeben.

Blutgruppe	0	A	B	AB
absolute Häufigkeit	4	4	5	2

Um das Resultat in dieser Gruppe B mit der Verteilung der Ausprägungen in der Versuchsgruppe aus 32▶Beispiel Blutgruppe (im Folgenden Gruppe A) vergleichen zu können, werden die zugehörigen relativen Häufigkeiten betrachtet.

Blutgruppe	0	A	B	AB
relative Häufigkeit in Gruppe A	0,35	0,40	0,15	0,10
relative Häufigkeit in Gruppe B	0,27	0,27	0,33	0,13

Aus der Tabelle kann abgelesen werden, dass Blutgruppe A in Gruppe A häufiger ist als in Gruppe B. Für Blutgruppe B liegt die umgekehrte Situation vor. ✗

Aufgrund der Berechnungsvorschrift der 33▶relativen Häufigkeiten folgt, dass die Summe aller relativen Häufigkeiten gleich Eins ist.

Regel Summe der relativen Häufigkeiten | Für die relativen Häufigkeiten $f_1, \ldots, f_m$ der verschiedenen Ausprägungen $u_1, \ldots, u_m$ gilt stets

$$\sum_{i=1}^{m} f_i = f_1 + f_2 + \cdots + f_m = 1.$$

B **Beispiel** | Im 32▶Beispiel Kinder resultieren durch Auszählen der Urliste die folgenden absoluten Häufigkeiten:

Anzahl Kinder	0	1	2	3	mehr als 3
absolute Häufigkeit	12	6	3	3	0

Die relativen Häufigkeiten ergeben sich als Quotient der absoluten Häufigkeiten und der Gesamtzahl aller Beobachtungen (hier 24). In der folgenden Tabelle sind die zu den obigen Daten gehörigen relativen Häufigkeiten und die relativen Häufigkeiten in Prozent angegeben.

2.1 Häufigkeiten

Anzahl Kinder	0	1	2	3	mehr als 3
relative Häufigkeit	0,5	0,25	0,125	0,125	0,0
relative Häufigkeit in %	50%	25%	12,5%	12,5%	0%

Die Summe über alle relativen Häufigkeiten ist Eins bzw. 100%.

Summen von Häufigkeiten einzelner Ausprägungen werden als kumulierte Häufigkeiten bezeichnet. Die Einzelhäufigkeiten können dabei entweder in relativer oder in absoluter Form vorliegen.

Beispiel | In der Umweltbehörde einer Stadt wurde eine MitarbeiterInnenbefragung bezüglich des Verkehrsmittels, das für die längste Teilstrecke des Wegs zum Arbeitsplatz genutzt wird, durchgeführt, und das Ergebnis in folgender Häufigkeitstabelle festgehalten.

Verkehrsmittel	absolute Häufigkeit	relative Häufigkeit
Bus	10	0,2
Bahn	5	0,1
U-Bahn	20	0,4
PKW	10	0,2
Fahrrad	5	0,1
zu Fuß	0	0,0
Summe	50	1,0

Da die Amtsleitung die MitarbeiterInnen motivieren möchte, umweltfreundliche Verkehrsmittel zu nutzen, ist sie zunächst an den Häufigkeiten der Verwendung von PKW, öffentlichen und sonstigen Verkehrsmitteln interessiert. Die Häufigkeit der Verwendung von öffentlichen Verkehrsmitteln ist gerade die Summe der zu den Beförderungsmitteln Bus, Bahn und U-Bahn gehörigen Einzelhäufigkeiten. Die Summe der Häufigkeiten von Fahrrad und zu Fuß ergibt die Gesamthäufigkeit der Benutzung sonstiger Verkehrsmittel. Die nachstehende Tabelle enthält die kumulierten Häufigkeiten.

Verkehrsmittel	absolute Häufigkeit	relative Häufigkeit
öffentliche	35	0,7
PKW	10	0,2
sonstige	5	0,1

Tabellarische Zusammenstellungen von absoluten bzw. relativen Häufigkeiten wie sie in den Beispielen dieses Abschnitts zu finden sind, werden als Häufigkeitstabellen bezeichnet. Die Auflistung der relativen Häufigkeiten (auch in Form einer Tabelle) aller verschiedenen Merkmalsausprägungen in einem Datensatz wird Häufigkeitsverteilung genannt. Sie gibt einen Überblick darüber, wie die einzelnen Ausprägungen im Datensatz verteilt sind.

B   Beispiel | Bei der Durchführung einer Qualitätskontrolle werden Eier einer Tagesproduktion in die drei Güteklassen A, B, C eingeordnet. Bei einer Stichprobe von 20 Eiern ergibt sich folgende Urliste:

A A A A A A B B C B A A A A A A B A A C

Die Auswertung der Daten führt zu der nachstehenden Häufigkeitstabelle.

Güteklasse	absolute Häufigkeit	relative Häufigkeit
A	14	0,7
B	4	0,2
C	2	0,1

Die letzte Spalte der Häufigkeitstabelle ist die Häufigkeitsverteilung des Merkmals Güteklasse. ✗

Ein einfaches, tabellarisches Hilfsmittel, das auch einen optischen Eindruck über die Häufigkeitsverteilung in einem Datensatz liefert, ist die Strichliste. Hierbei wird eine Tabelle angelegt, in der zunächst in die erste Spalte die im Datensatz auftretenden Merkmalsausprägungen eingetragen werden. Der Datensatz wird dann von vorne beginnend datumsweise abgearbeitet. Tritt eine Merkmalsausprägung im Datensatz auf, so wird in der zweiten Spalte neben dieser Ausprägung ein Strich eingetragen. Nach Beendigung des Vorgangs entspricht daher die Anzahl der Striche neben einer Ausprägung der Anzahl der Beobachtungen mit dieser Ausprägung. Zur Verbesserung der Darstellung wird jeder fünfte Strich bei einer Ausprägung zur Bildung eines Blocks (|⦀) verwendet.

B   Beispiel | In einer Schulklasse wird eine Mathematikarbeit geschrieben. Nach der Korrektur liegt der folgende Datensatz vor, in dem die erreichten Noten der einzelnen SchülerInnen festgehalten sind:

2 2 3 4 1 3 3 2 5 5 4 3 3 3 2 3 2 2 4 3

Der Notenspiegel lässt sich in einer Strichliste übersichtlich darstellen.

2.2 Stab-, Säulen- und Balkendiagramm

Note	Anzahl
1	|
2	⦀ ||
3	⦀ ||||
4	|||
5	||
6	

Der Strichliste ist zu entnehmen, dass einmal die Note 1, siebenmal die Note 2, neunmal die Note 3, dreimal die Note 4 und zweimal die Note 5 vergeben wurde. Die Note 6 trat nicht auf. Außerdem wird bereits optisch deutlich, dass die Noten 2 und 3 relativ oft und die Noten 1, 4 und 5 eher selten aufgetreten sind. ✗

Für 17▶stetige Merkmale sind Häufigkeitstabellen und Strichlisten wenig aussagekräftig, da Merkmalsausprägungen oft nur ein einziges Mal in der Urliste auftreten. Der Effekt einer Zusammenfassung von Daten durch die Betrachtung von Häufigkeiten geht daher verloren. Bei stetigen Merkmalen kann mit dem Ziel, einen ähnlichen einfachen Überblick über die Daten zu erhalten, auf das Hilfsmittel der 134▶Klassierung zurückgegriffen werden.

Beispiel | Bei 30 Personen wurde die Zeit zur Beantwortung einer Multiple-Choice-Frage festgehalten (in Sekunden): B

6,25	10,33	10,00	9,02	6,50	4,04	4,59	9,15	5,05	9,37
5,08	11,93	7,62	9,94	8,02	5,59	10,60	11,84	4,93	6,72
10,36	9,03	9,89	7,21	5,42	11,31	6,36	7,63	10,15	4,64

Jeder Beobachtungswert hat die selbe absolute Häufigkeit Eins bzw. die selbe relative Häufigkeit $\frac{1}{30}$. Eine tabellarische Auflistung der Daten unter Angabe der Häufigkeiten liefert also keinen Erkenntnisgewinn. ✗

2.2 Stab-, Säulen- und Balkendiagramm

Ein Stabdiagramm ist eine einfache grafische Methode, um die Häufigkeiten der Beobachtungswerte in einem Datensatz darzustellen. Die verschiedenen Merkmalsausprägungen im Datensatz werden hierzu auf der horizontalen Achse (Abszisse) eines Koordinatensystems abgetragen. Auf der zugehörigen vertikalen Achse (Ordinate) werden die absoluten bzw. relativen Häufigkeiten angegeben. Die konkreten Häufigkeiten der verschiedenen Beobachtungswerte werden im Diagramm durch senkrechte Striche repräsentiert. Häufig wird deren oberes Ende zusätzlich durch einen Punkt markiert. Da sich die absoluten und relativen Häufigkeiten nur durch einen Faktor (nämlich die Anzahl aller Beobachtungswerte im Datensatz) unterscheiden, sehen beide Varianten des Stabdiagramms – abgesehen von einer unterschiedlichen Skalierung der Ordinate – gleich aus.

Beispiel Quiz | In einem Quizwettbewerb werden fünf Teams (I, II, III, IV, V) Fragen zur Beantwortung vorgelegt. Nach zehnminütiger Bearbeitungszeit wird die Anzahl korrekter Lösungen ermittelt. Es ergibt sich folgende Häufigkeitstabelle.

Team	I	II	III	IV	V
absolute Häufigkeit	10	20	5	10	5
relative Häufigkeit	0,2	0,4	0,1	0,2	0,1

Das zugehörige Stabdiagramm in der Variante mit relativen Häufigkeiten hat folgendes Aussehen.

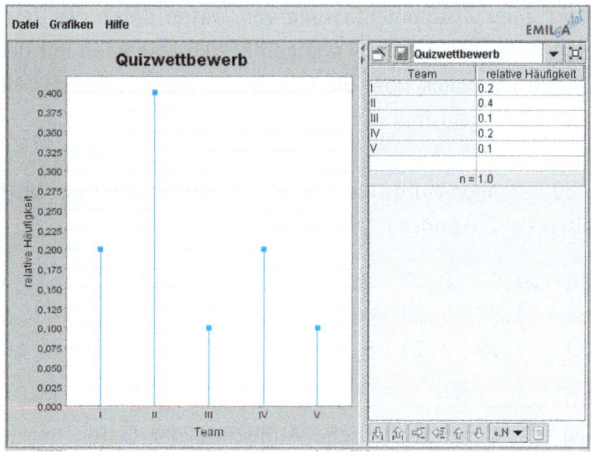

Stabdiagramme können auch zur Darstellung metrischer Daten verwendet werden. Dies gilt ebenso für die anschließend erläuterten Säulen- und Balkendiagramme.

Beispiel | In dem folgenden (zweidimensionalen) Datensatz werden den vier Quartalen des Jahres 2001 die Umsätze (in Mio. €) eines Software-Unternehmens zugeordnet.

(1./2001, 1,2) (2./2001, 2,1) (3./2001, 1,9) (4./2001, 2,5)

Indem die Quartale auf der horizontalen und die Umsatzzahlen auf der vertikalen Achse abgetragen werden, ergibt sich die folgende Darstellung der Daten in einem Stabdiagramm.

2.2 Stab-, Säulen- und Balkendiagramm

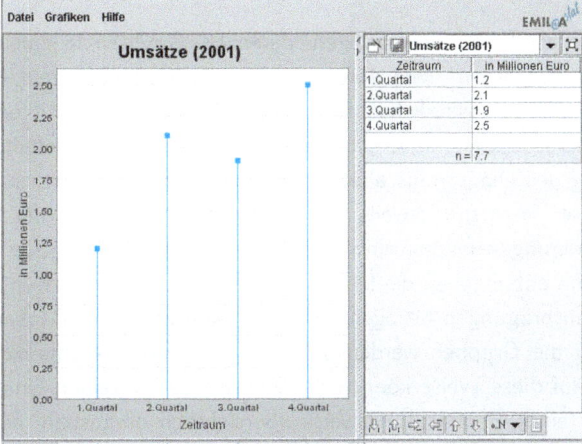

Eine dem Stabdiagramm eng verwandte Form der grafischen Aufbereitung ist das Säulendiagramm. Hierbei werden ebenfalls auf der Abszisse die unterschiedlichen Ausprägungen des beobachteten Merkmals abgetragen und die zugehörigen absoluten oder relativen Häufigkeiten auf der Ordinate des Diagramms angegeben. Über jeder Merkmalsausprägung werden die entsprechenden Häufigkeiten in Form von Säulen, d.h. ausgefüllten Rechtecken, dargestellt. Die Höhe jeder Säule entspricht der jeweiligen absoluten oder relativen Häufigkeit. Da die Breite aller Säulen gleich gewählt wird, sind die einzelnen Häufigkeiten zusätzlich proportional zu den Flächen der zugehörigen Säulen.

Beispiel | Die im 38►Beispiel Quiz genannten Daten werden in einem Säulendiagramm dargestellt. In der vorliegenden Variante werden absolute Häufigkeiten verwendet.

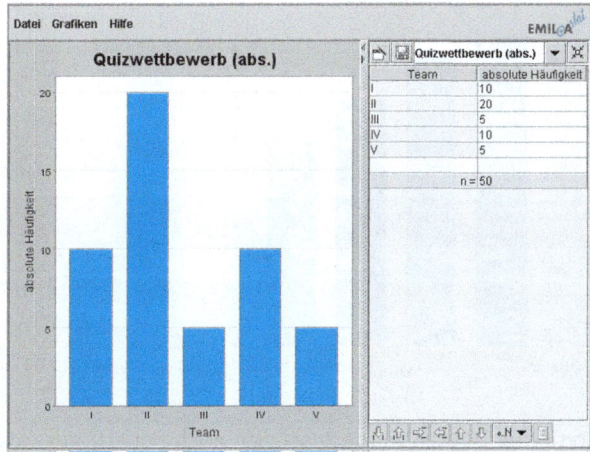

Lassen sich die Merkmalsausprägungen, deren Häufigkeiten in einem Säulendiagramm dargestellt werden, noch durch ein weiteres Merkmal in einzelne Gruppen einteilen, so kann diese zusätzliche Information in das Diagramm aufgenommen werden. Hierzu wird jede Säule in verschiedenfarbige Segmente aufgeteilt. Werden bei der Darstellung des Diagramms absolute Häufigkeiten verwendet, so entsprechen die Höhen dieser Segmente jeweils den absoluten Häufigkeiten der betrachteten Merkmalsausprägungen in den einzelnen Gruppen. Werden relative Häufigkeiten dargestellt, dann entsprechen die Höhen der Segmente den relativen Häufigkeiten der Merkmalsausprägungen bezogen auf die Gesamtzahl aller Beobachtungen im Datensatz. Für die Gruppen werden dabei in jeder Säule jeweils die selben Farben gewählt. Auf diese Weise können die Beiträge der einzelnen Gruppen zur Gesamthäufigkeit eines Beobachtungswerts übersichtlich dargestellt werden. Dieser Diagrammtyp wird als gestapeltes Diagramm bezeichnet.

B **Beispiel** Bauteile | Eine Firma produziert elektronische Bauteile, die im Anschluss an die Herstellung einer Qualitätskontrolle unterzogen werden. Im Zeitraum von einem Jahr werden dort folgende Daten ermittelt, die die absoluten Häufigkeiten der aussortierten Bauteile in den vier Quartalen wiedergeben.

	1. Quartal	2. Quartal	3. Quartal	4. Quartal
Ausschussbauteile	3000	2800	2400	2000

Ein Visualisierung des Datensatzes mittels eines Säulendiagramms liefert folgendes Resultat.

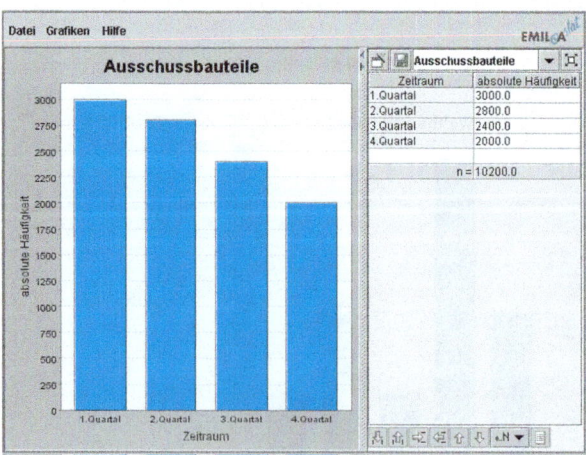

Zu jedem aussortierten Bauteil wurde zusätzlich noch notiert, aus welchem Grund es die Qualitätsprüfung nicht bestanden hat. Hierbei werden drei Fehlertypen unter-

2.2 Stab-, Säulen- und Balkendiagramm

schieden: Typ I, Typ II, Typ III. Auf der Basis der entsprechenden absoluten Häufigkeiten

	1. Quartal	2. Quartal	3. Quartal	4. Quartal
Typ I	2000	1700	1400	1100
Typ II	800	900	800	800
Typ III	200	200	200	100

ergibt sich das folgende gestapelte Säulendiagramm.

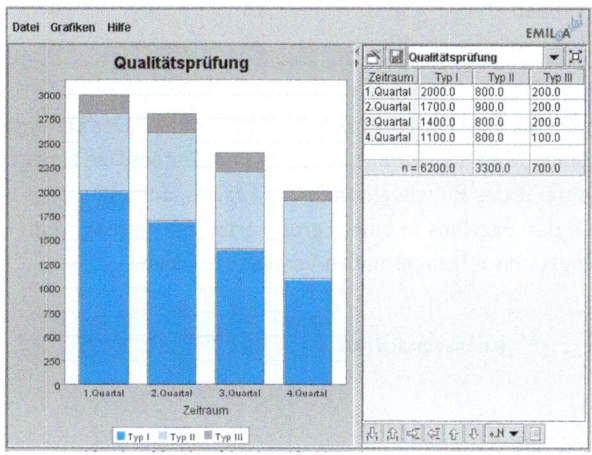

Aus dem gestapelten Säulendiagramm wird ersichtlich, dass der Rückgang an Ausschussbauteilen im Wesentlichen auf eine Verringerung von Fehlern des Typs I in der Produktion zurückzuführen ist. ✘

Säulendiagramme werden auch zum Vergleich mehrerer Datensätze, in denen für ein interessierendes Merkmal die selben Merkmalsausprägungen auftreten können, eingesetzt. In einem gruppierten Säulendiagramm werden jeder aufgetretenen Merkmalsausprägung mehrere Säulen zugeordnet (für jeden Datensatz eine Säule). Die Höhen der einzelnen Säulen entsprechen dann den jeweiligen Häufigkeiten der Merkmalsausprägungen in den einzelnen Datensätzen. Werden absolute Häufigkeiten verwendet, so entsprechen die Säulen, die zu einer bestimmten Ausprägung gehören, gerade den einzelnen Segmenten in einem gestapelten Säulendiagramm, in dem die einzelnen Datensätze als Gruppen aufgefasst werden. Werden jedoch zur Darstellung relative Häufigkeiten verwendet, so ist zu beachten, dass diese sich jeweils auf die einzelnen Datensätze (also auf die Anzahl der Beobachtungen im jeweiligen Datensatz) beziehen. Es handelt sich um 246▶bedingte relative Häufigkeiten. Die entstehenden Säulen haben daher keine direkte Entsprechung im gestapelten

Säulendiagramm, bei dem sich die mit einer Säule dargestellten relativen Häufigkeiten auf die Gesamtzahl aller Beobachtungswerte beziehen.

Beispiel | In einer Studie über das Rauchverhalten wird 200 Personen jeweils die Frage gestellt, wie sie ihr Rauchverhalten beschreiben würden. In der folgenden Tabelle ist das Ergebnis in absoluten Häufigkeiten nach Geschlecht differenziert dargestellt.

	Rauchverhalten			Summe
	regelmäßig	gelegentlich	nie	
Frauen	32	14	28	74
Männer	48	22	56	126

Die Daten können als zwei Datensätze aufgefasst werden (Der Datensatz kann mittels des dichotomen Merkmals Geschlecht in zwei Datensätze zerlegt werden). Ein Datensatz beschreibt das Rauchverhalten von Frauen, der andere das von Männern. Somit lässt sich das Ergebnis in einem gruppierten Säulendiagramm basierend auf absoluten Häufigkeiten folgendermaßen veranschaulichen.

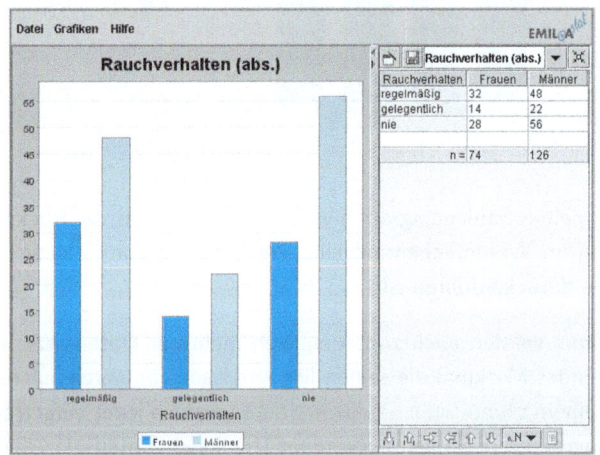

Falls die relativen Häufigkeiten

	Rauchverhalten			Summe
	regelmäßig	gelegentlich	nie	
Frauen	0,432	0,189	0,378	99,9%
Männer	0,381	0,175	0,444	100%

in beiden Datensätzen zur Aufbereitung in einem gruppierten Säulendiagramm verwendet werden, ergibt sich folgende Grafik.

2.2 Stab-, Säulen- und Balkendiagramm

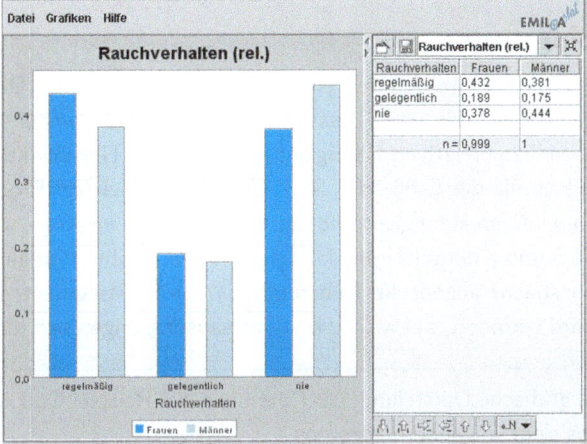

Gruppierte Säulendiagramme können also je nach gewählter Häufigkeitsart einen völlig anderen Eindruck von den Daten vermitteln.　　　　　　　　　　　　✗

Durch eine Vertauschung beider Achsen im Säulendiagramm entsteht ein Balkendiagramm. In einem Balkendiagramm sind die unterschiedlichen Beobachtungswerte der Urliste auf der vertikalen Achse und die Häufigkeiten auf der horizontalen Achse abgetragen.

Beispiel | Das zum 38▶Beispiel Quiz gehörige Balkendiagramm der absoluten Häufigkeiten ist

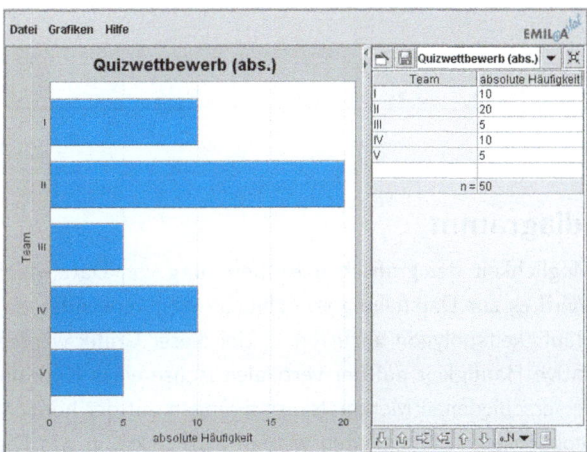

Analog zu 40▶gestapelten Säulendiagrammen können auch gestapelte Balkendiagramme konstruiert werden. Die Anteile der einzelnen Gruppen an der Häufigkeit einer Merkmalsausprägung werden beispielsweise durch verschieden farbige Segmente der Balken dargestellt. Natürlich lässt sich das Konzept des gruppierten Säulendiagramms in entsprechender Weise auch auf Balkendiagramme übertragen. Dabei sind ebenfalls die Unterschiede bei der Wahl der dargestellten Häufigkeiten zu berücksichtigen.

2.3 Kreisdiagramm

In einem Kreisdiagramm werden den einzelnen Häufigkeiten eines Datensatzes in einem Kreis Flächen in Form von Kreissegmenten zugeordnet, wobei die Größe der Fläche proportional zur relativen Häufigkeit gewählt wird. Der Winkel eines Kreissegmentes (und damit die Größe des Segmentes) lässt sich als Produkt aus der entsprechenden relativen Häufigkeit und der Winkelsumme im Kreis, d.h. 360°, berechnen. Da die Summe der relativen Häufigkeiten Eins ergibt, wird auf diese Weise die gesamte Kreisfläche abgedeckt. Neben oder in den Kreissegmenten (bzw. in einer Legende) wird vermerkt, auf welche Merkmalsausprägungen sich diese beziehen.

B   Beispiel | Die grafische Darstellung der Daten aus 38▶Beispiel Quiz in Form eines Kreisdiagramms sieht folgendermaßen aus.

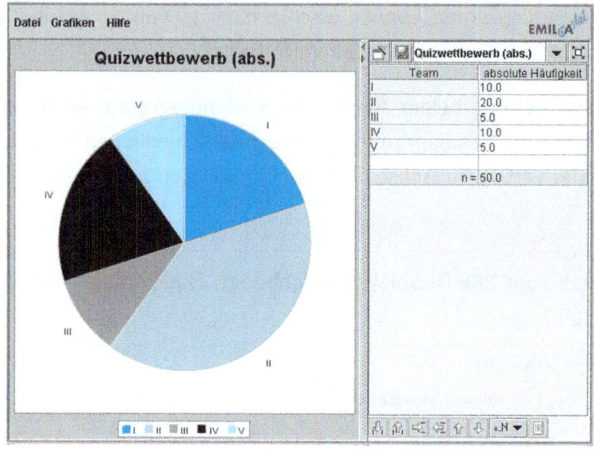

2.4 Liniendiagramm

Eine weitere Möglichkeit der grafischen Aufbereitung von Daten bietet das Liniendiagramm. Wird es zur Darstellung von Häufigkeiten verwendet, so ist auch die Bezeichnung Häufigkeitspolygon anzutreffen. Bei dieser Grafik werden die absolute oder die relative Häufigkeit auf der vertikalen Achse eines Koordinatensystems abgetragen, die verschiedenen Merkmalsausprägungen auf der horizontalen Achse. Die konkret beobachteten Häufigkeiten werden als Punkte in das Diagramm eingetragen und dann – zur besseren Veranschaulichung – durch Linien miteinander verbunden.

2.4 Liniendiagramm

Beispiel | Im 38▶Beispiel Quiz ist das Liniendiagramm der absoluten Häufigkeiten durch folgendes Diagramm gegeben.

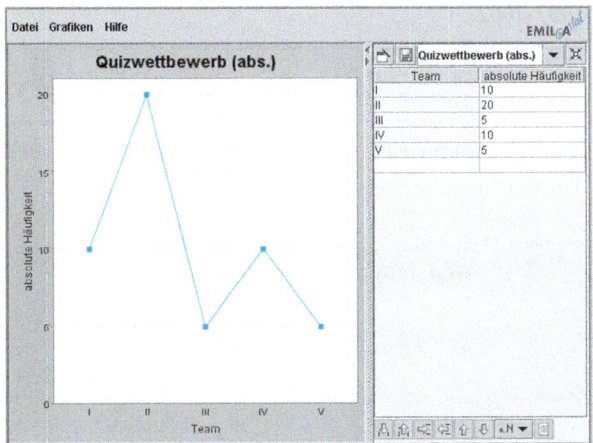

Eine Umsortierung der Teams führt jedoch zu einem völlig anderen durch das Liniendiagramm vermittelten subjektiven Eindruck.

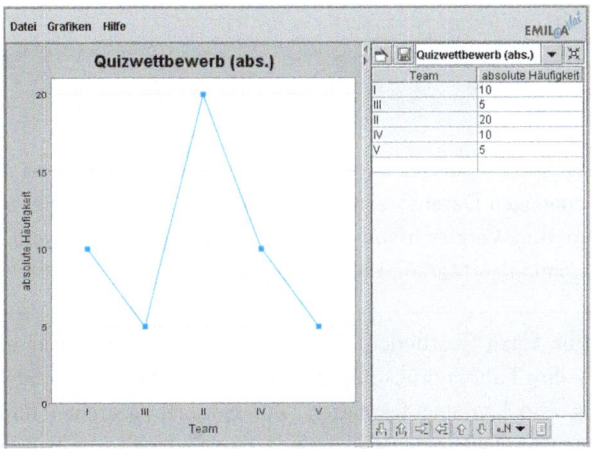

Das obige Beispiel zeigt, dass gerade bei Liniendiagrammen Irreführungen und Missinterpretationen leicht möglich sind. Ein Liniendiagramm sollte (für einen einzelnen Datensatz) daher nur eingesetzt werden, wenn auf der 37▶Abszisse ein ordinales Merkmal abgetragen wird (z.B. die Zeit) und damit eine sinnvolle Anordnung der Ausprägungen vorgegeben ist. Liniendiagramme eignen sich beispielsweise zur Darstellung von Umsätzen über die Zeit oder von Wertpapierkursen (Entwicklung des Kurses einer Aktie an einem Handelstag der Börse). In dieser Situation wird das Liniendiagramm auch als Verlaufskurve (Kurvendiagramm) bezeichnet. Dieser Diagrammtyp bietet sich daher zur Darstellung von Daten an, die über einen bestimmten Zeitraum beobachtet wurden (z.B. die Entwicklung der Anzahl von Angestellten in einem Unternehmen).

B **Beispiel** | Ein Unternehmen verzeichnet die Anzahl seiner Angestellten seit seiner Gründung im Jahr 1997. Aus den Unterlagen ergibt sich der folgende Datensatz für den Zeitraum 1997-2002.

Jahr	1997	1998	1999	2000	2001	2002
Anzahl MitarbeiterInnen	10	20	35	30	25	28

Das folgende Liniendiagramm gibt einen Überblick über die Entwicklung der Arbeitsplätze im Unternehmen im betrachteten Zeitraum.

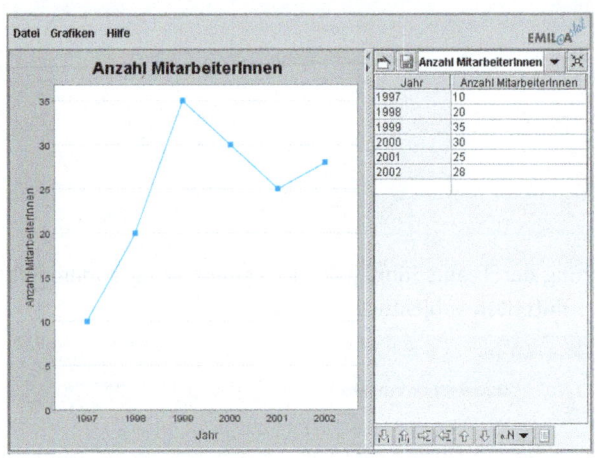

Durch die Darstellung mehrerer Linien in einem Liniendiagramm ist auch ein Vergleich von gleichartigen Datensätzen möglich. Das folgende Beispiel zeigt, dass ein Liniendiagramm zum Vergleich von Datensätzen auch bei einem auf der Abszisse abgetragenen nominalen Merkmal hilfreich sein kann.

B **Beispiel** | Für einen Testbericht in einem Automagazin sollen drei Personen I, II und III ihre Fahreindrücke zu den Punkten Fahrkomfort, Bremsverhalten, Beschleunigung und Lenkung festhalten. Zur Bewertung stehen fünf Kategorien $(1,\ldots,5)$ zur Verfügung, wobei Kategorie 1 der niedrigsten und Kategorie 5 der höchsten Bewertung entspricht.

Person	Fahrkomfort	Bremsverhalten	Beschleunigung	Lenkung
I	1	4	3	2
II	3	5	2	4
III	4	2	2	3

In der grafischen Darstellung der Daten im Liniendiagramm können die Unterschiede in der Beurteilung leicht abgelesen werden.

2.5 Netzdiagramm und Kursdiagramme

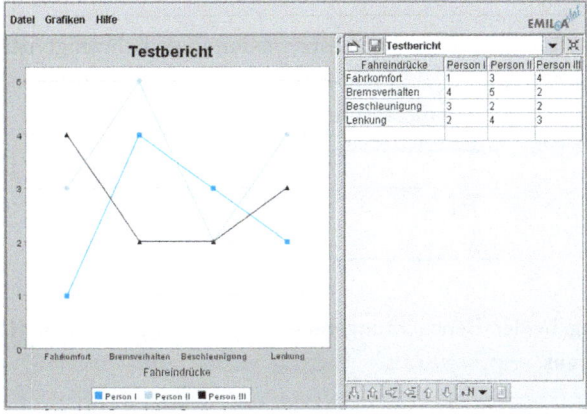

Die vorgestellten Diagrammtypen (Stab-, Säulen-, Balken-, Kreis- und Liniendiagramm) können zur Darstellung von Häufigkeiten in einem beliebig skalierten Datensatz verwendet werden. Dabei ist jedoch folgendes zu beachten: Auch wenn prinzipiell beliebige auf nominalem Niveau erhobene Daten mittels dieser Diagramme grafisch aufbereitet werden können, so entstehen doch wenig aussagekräftige Grafiken, wenn sehr viele verschiedene Beobachtungswerte vorliegen (z.B. bei Beobachtung eines 17▶stetigen Merkmals). Häufigkeiten und deren grafische Darstellung sind daher meist kein adäquates Mittel zur Aufbereitung solcher Daten. Andere grafische Hilfsmittel wie z.B. das 139▶Histogramm sind für stetige Merkmale besser geeignet.

2.5 Netzdiagramm und Kursdiagramme

Ein Netzdiagramm ist ein grafisches Hilfsmittel zur Darstellung 20▶multivariater Daten, in denen den zugehörigen verschiedenen univariaten Merkmalen im Allgemeinen metrische Daten zugeordnet sind. Zunächst wird eine (Teil-) Menge $X_{i_1}, \ldots, X_{i_k}$ von k univariaten Merkmalen eines m-dimensionalen Merkmals ($k \in \{3, \ldots, m\}$) zur gemeinsamen Darstellung ausgewählt, so dass das k-dimensionale Merkmal $(X_{i_1}, \ldots, X_{i_k})$ entsteht. Zur Erstellung eines Netzdiagramms wird ein regelmäßiges k-Eck konstruiert, wobei k die 20▶Dimension des darzustellenden multivariaten Merkmals ist. Die Eckpunkte des k-Ecks werden dann durch Linien mit dessen Mittelpunkt verbunden. Für jedes Datum $(x_{i_1}, \ldots, x_{i_k})$ werden die erste Komponente auf der ersten Linie (Skala), die zweite Komponente auf der zweiten Linie (Skala), etc. markiert und die zugehörigen Punkte danach (im Uhrzeigersinn) verbunden.

Der optische Vergleich der von den Linien, die die Datenpunkte miteinander verbinden, eingeschlossenen Flächen gibt häufig bereits ersten Aufschluss über Unterschiede zwischen einzelnen Daten.

B **Beispiel** | Im Rahmen eines Autotests werden zwei Fahrzeugtypen mittels der sechs Eigenschaften A, B, C, D, E und F bewertet (mit einem Punktespektrum von 1–10). Die folgende Tabelle repräsentiert das Ergebnis.

	A	B	C	D	E	F
Typ 1	3	5	8	10	4	1
Typ 2	8	8	6	8	1	4

Die Darstellung beider Beobachtungstupel (mit $k = 6$) in einem Netzdiagramm sieht wie folgt aus.

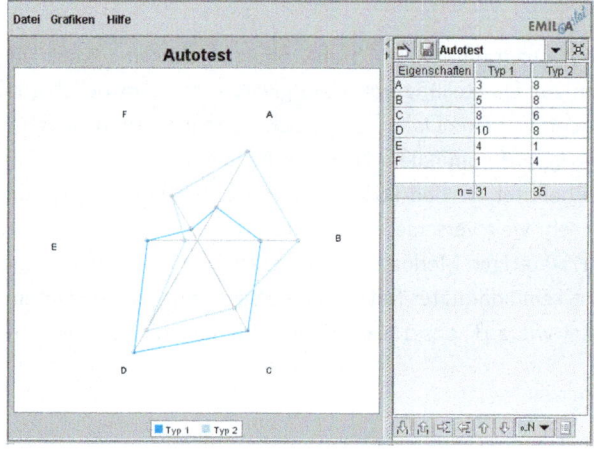

Die entstehenden „Sterne" verdeutlichen sehr gut, dass Fahrzeugtyp 2 bzgl. der Merkmale A, B, F besser bewertet wird als Fahrzeugtyp 1. **x**

Zur grafischen Darstellung von Aktienkursen können neben Kurven- und Liniendiagrammen auch Kursdiagramme verwendet werden. In der einfachsten Form eines Kursdiagramms wird ein 20▶vierdimensionaler Datensatz benötigt, der auf den Kursverläufen einer Aktie im Zeitraum von mehreren Tagen basiert. Die Daten seien dabei in der folgenden Form gegeben: In der ersten Komponente wird ein Tag aus dem Beobachtungszeitraum angegeben, in der zweiten Komponente der Schlusskurs der Aktie, in der dritten der Tiefststand und in der vierten der Höchststand des Aktienkurses am betrachteten Tag. Auf der horizontalen Achse im Diagramm werden die Daten der Tage in aufsteigender Reihenfolge aufgelistet. Auf der vertikalen Achse werden die Kursstände abgetragen. Über jedem Datum auf der horizontalen Achse werden die zugehörigen Tageshöchst- und Tagestiefststände durch eine senkrechte Linie miteinander verbunden. Der Schlusskurs der Aktie an diesem Tag wird als kurzer Querstrich an diese Linie gesetzt. Auf diese Weise gibt eine Darstellung als Kursdiagramm nicht nur Aufschluss über den Kursverlauf in einem Zeitraum,

2.5 Netzdiagramm und Kursdiagramme

sondern vermittelt auch einen optischen Eindruck von den Schwankungen des Aktienkurses innerhalb eines Tages.

Beispiel Schiffbau | Der Aktienkurs einer Werft wird an sechs ausgewählten Tagen beobachtet. Hieraus wird der folgende Datensatz erstellt:

(11.2., 76,3, 75,0, 77,9) (13.2., 78,9, 76,3, 80,1)
(15.2., 81,3, 71,2, 87,5) (18.2., 79,6, 75,3, 81,4)
(20.2., 82,0, 81,4, 84,2) (22.2., 75,3, 71,3, 81,6)

Die erste Komponente gibt das Datum an. In den restlichen Einträgen ist der Schlusskurs, der Tiefststand und der Höchststand des Aktienkurses der Werft (jeweils in €) zu finden. Das Kursdiagramm auf der Basis dieser Daten ist hier dargestellt.

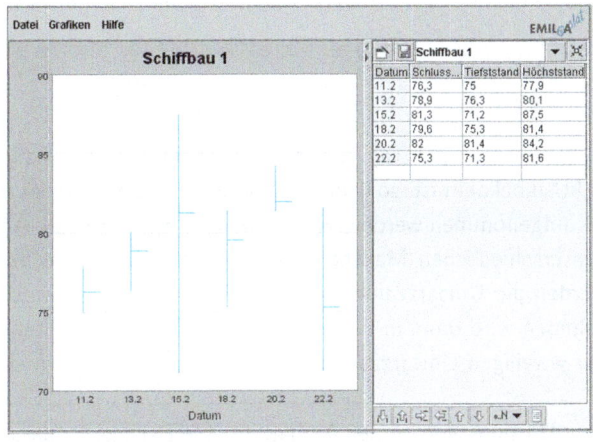

Ein Kursdiagramm lässt sich in mehrere Richtungen erweitern. Ist zusätzlich zum Tiefst-, Höchst- und Schlusskurs noch der Eröffnungskurs für jeden Tag bekannt, so kann auch diese Information in ein modifiziertes Kursdiagramm aufgenommen werden. Im Diagramm werden dann der Eröffnungs- und der Schlusskurs als Ober- und Unterkante eines ausgefüllten Rechtecks eingezeichnet. Ist der Eröffnungskurs kleiner als der Schlusskurs, so wird das Rechteck weiß ausgefüllt, im anderen Fall schwarz. Die Punkte des Höchst- und Tiefstkurses werden durch vertikale Linien mit dem Rechteck verbunden.

Beispiel | Der Datensatz aus 49▶Beispiel Schiffbau sei in geeignet erweiterter Form gegeben:

(11.2., 75,2, 76,3, 75,0, 77,9) (13.2., 77,0, 78,9, 76,3, 80,1)
(15.2., 73,5, 81,3, 71,2, 87,5) (18.2., 81,3, 79,6, 75,3, 81,4)
(20.2., 81,9, 82,0, 81,4, 84,2) (22.2., 79,2, 75,3, 71,3, 81,6)

2. Tabellarische und grafische Darstellungen univariater Daten

Die Daten haben dabei das folgende Format: Datum, Eröffnungskurs, Schlusskurs, Tiefststand des Tages, Höchststand des Tages. Mittels des eben beschriebenen Diagrammtyps lassen sich diese Daten folgendermaßen grafisch veranschaulichen.

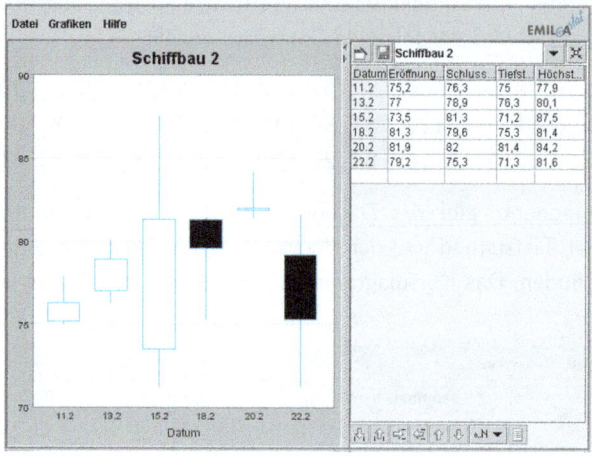

Wenn das Umsatzvolumen pro Tag, d.h. die Stückzahl aller innerhalb eines Tages umgesetzten Aktien bekannt ist, so kann auch diese Information in das ursprüngliche Kursdiagramm aufgenommen werden. Hierzu werden zwei vertikale Achsen mit im Allgemeinen unterschiedlichen Maßstäben eingeführt: Auf der rechten Seite des Diagramms werden die Umsatzzahlen abgelesen und auf der linken der Kurswert. Das Umsatzvolumen wird dann in Form von Säulen, also ausgefüllten Rechtecken, deren Höhe der jeweiligen Umsatzzahl entspricht, in das Diagramm eingezeichnet.

Beispiel | Das Umsatzvolumen der Aktien aus 49▶Beispiel Schiffbau ist im folgenden Datenmaterial zusätzlich aufgenommen worden:

(11.2., 76,3, 75,0, 77,9, 20) (13.2., 78,9, 76,3, 80,1, 21)
(15.2., 81,3, 71,2, 87,5, 32) (18.2., 79,6, 75,3, 81,4, 25)
(20.2., 82,0, 81,4, 84,2, 19) (22.2., 75,3, 71,3, 81,6, 24)

Die letzte Stelle gibt hierbei das Tagesumsatzvolumen (in 1000 Stück) an. Eine Visualisierung in Form des erläuterten Diagrammtyps ergibt folgendes Resultat.

2.5 Netzdiagramm und Kursdiagramme

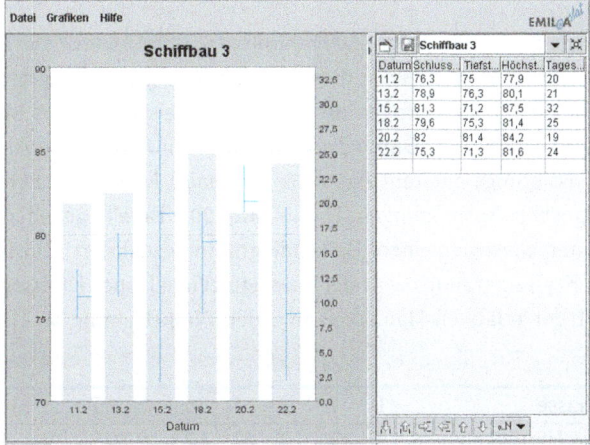

Sind sowohl Umsatzvolumen als auch Eröffnungskurse bekannt, so können die beiden Erweiterungen in einem Diagramm kombiniert werden.

Beispiel | Durch Verwendung der Daten aus 49▶Beispiel Schiffbau ergibt sich ein sechsdimensionaler Datensatz:

(11.2., 75,2, 76,3, 75,0, 77,9, 20)
(13.2., 77,0, 78,9, 76,3, 80,1, 21)
(15.2., 73,5, 81,3, 71,2, 87,5, 32)
(18.2., 81,3, 79,6, 75,3, 81,4, 25)
(20.2., 81,9, 82,0, 81,4, 84,2, 19)
(22.2., 79,2, 75,3, 71,3, 81,6, 24)

Die Daten sind in der Reihenfolge Datum, Eröffnungskurs, Schlusskurs, Tiefststand des Tages, Höchststand des Tages und Umsatzvolumen des Tages aufgelistet. Eine Kombination der beiden erweiterten Kursdiagramme liefert die folgende grafische Darstellung des Datensatzes:

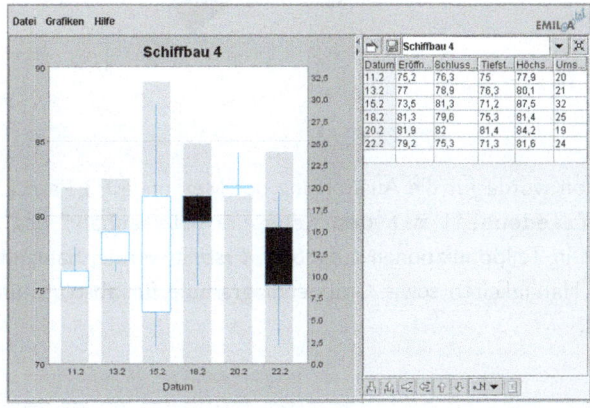

Beispiel (Fortsetzung 29▶Beispiel Befragung der MitarbeiterInnen) | Das Eingangsbeispiel wird nun mit den in diesem Kapitel vorgestellten grafischen Methoden bearbeitet. Im Fragebogen des ersten Kapitels wurde das Merkmal P2 Alter (in Jahren) erhoben. Durch Zuordnung der Einzeldaten zu Altersklassen (vgl. 134▶Klassierung) entsteht das neue (ordinale) Merkmal Altersklasse mit acht möglichen Ausprägungen. Die in einer 29▶Tabelle gegebenen absoluten Häufigkeiten werden in einem Balkendiagramm visualisiert. Zur Darstellung mittels eines Kreisdiagramms wird der jeweilige Winkel eines Kreissegments aus dem Produkt der relativen Häufigkeit und der Winkelsumme im Kreis (360°) berechnet.

Altersklasse	1	2	3	4	5	6	7	8	Summe
absolute Häufigkeit n_i	5	18	20	27	18	8	15	9	120
Kreisanteil $\alpha_i = \frac{n_i \cdot 360}{120}$	15	54	60	81	54	24	45	27	360

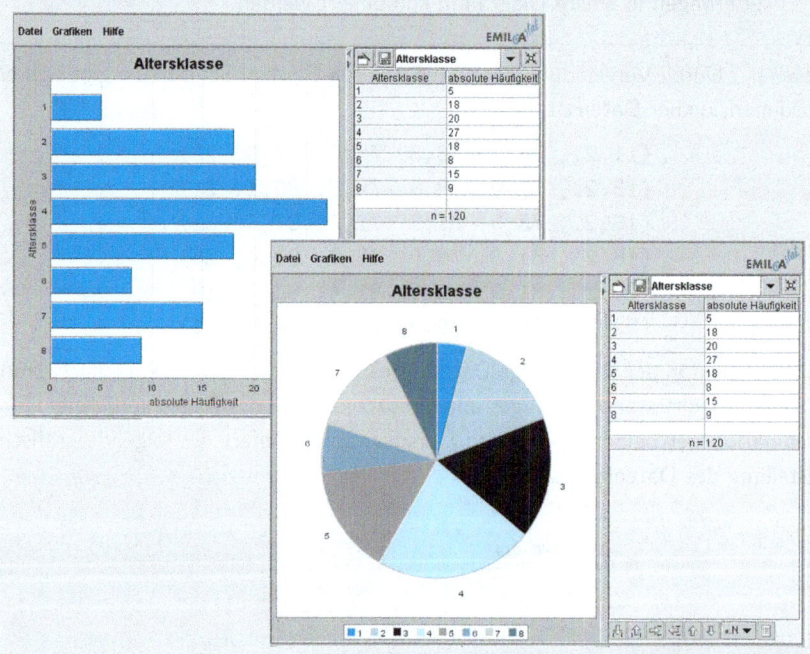

Die Population wurde für die Auswertung der Merkmale P3 Familienstand und B1 Zufriedenheit mit dem Arbeitsplatz anhand des Merkmals Geschlecht in Teilpopulationen aufgeteilt. Erstellt werden Säulendiagramme für absolute Häufigkeiten sowie Gruppendiagramme für absolute und relative Häufigkeiten.

2.5 Netzdiagramm und Kursdiagramme

Familienstand	ledig	verheiratet	geschieden	verwitwet	Summe
weibl. Beschäftigte					
absolute Häufigkeit	12	20	9	4	45
relative Häufigkeit	0,27	0,44	0,20	0,09	1,00
männl. Beschäftigte					
absolute Häufigkeit	18	43	12	2	75
relative Häufigkeit	0,24	0,57	0,16	0,03	1,00

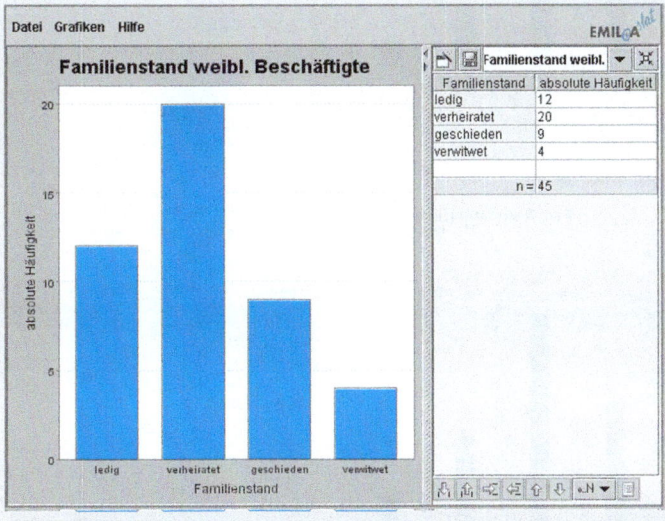

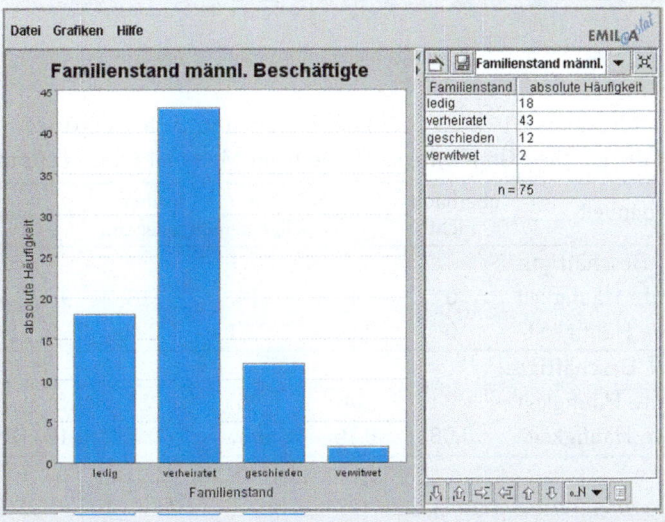

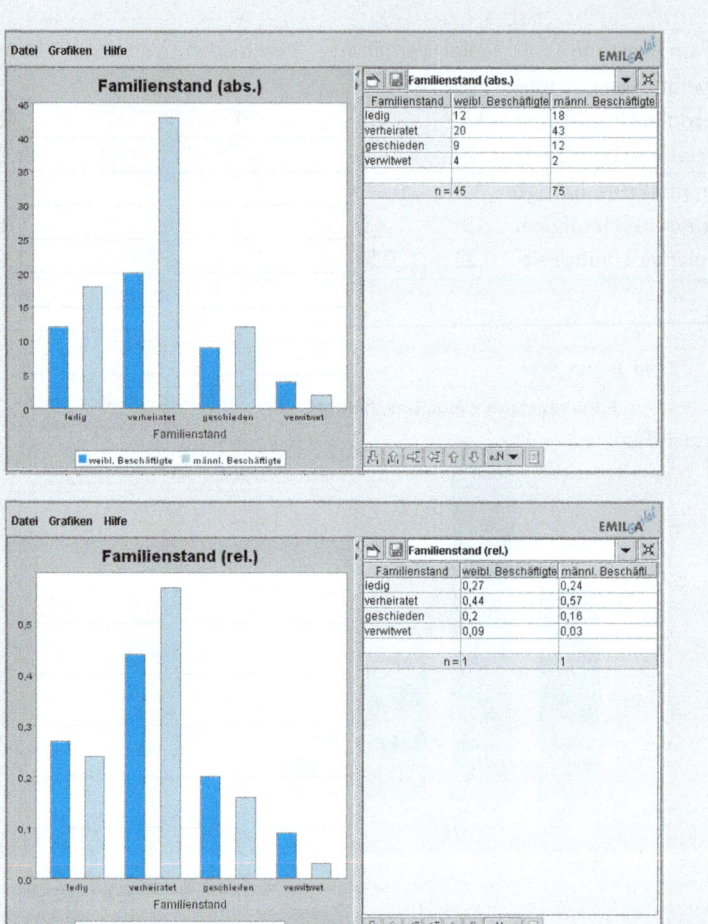

Für das Merkmal B1 Zufriedenheit mit dem Arbeitsplatz werden zunächst die gleichen Grafiken erstellt wie beim Merkmal Familienstand.

Zufriedenheit	überhaupt nicht	weniger	im Allgemeinen	über- wiegend	sehr	Summe
weibl. Beschäftigte						
absolute Häufigkeit	0	4	14	18	9	45
relative Häufigkeit	0	0,09	0,31	0,40	0,20	1,00
männl. Beschäftigte						
absolute Häufigkeit	6	14	26	17	12	75
relative Häufigkeit	0,08	0,19	0,35	0,23	0,16	1,01

2.5 Netzdiagramm und Kursdiagramme

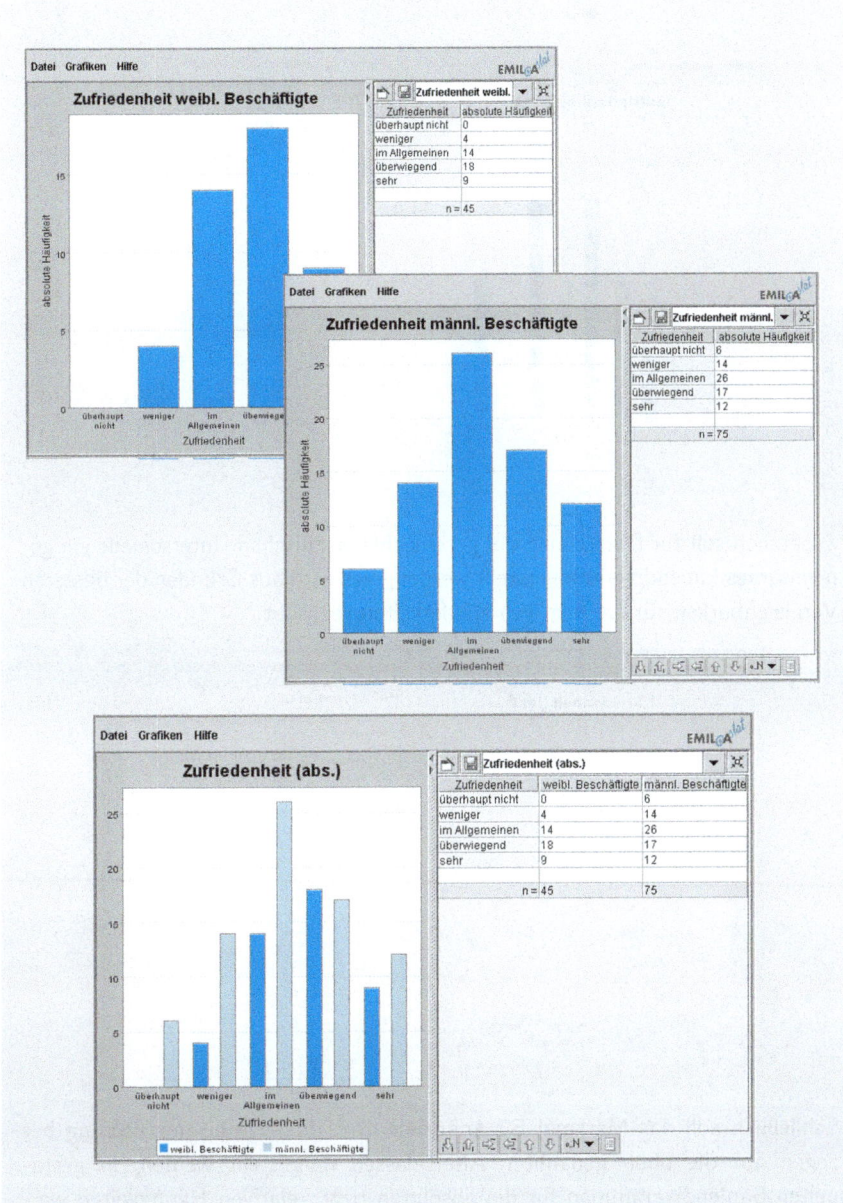

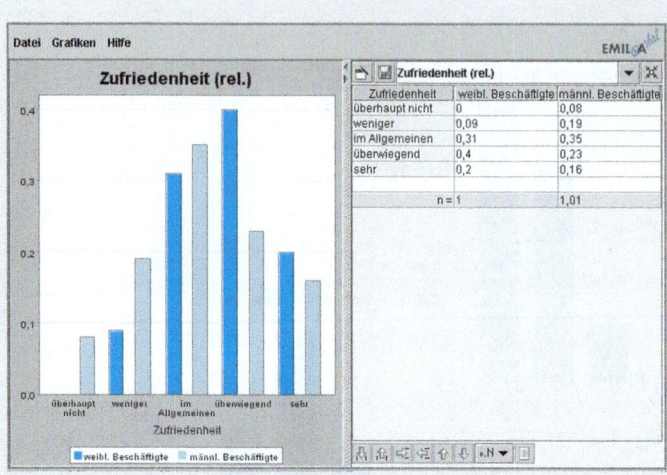

Zusätzlich soll zur Darstellung der geschlechtsspezifischen Unterschiede ein gemeinsames Liniendiagramm erstellt werden; dies wird aus Gründen der besseren Vergleichbarkeit für die relativen Häufigkeiten realisiert.

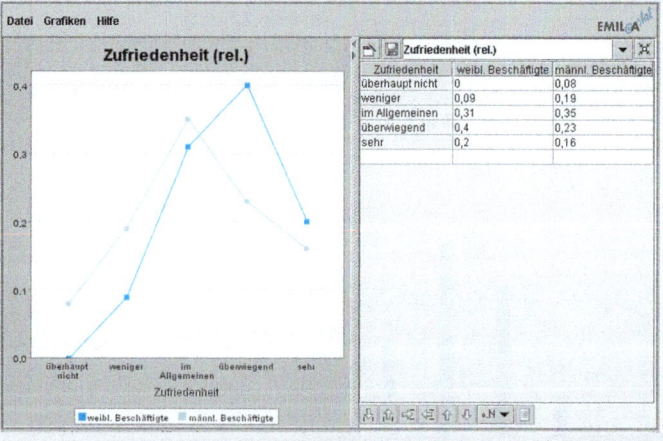

Schließlich soll das Merkmal B3 Ansehen der Unternehmensführung bezogen auf die oben genannten Altersklassen dargestellt werden. In gestapelten Säulendiagrammen für die absoluten bzw. relativen Häufigkeiten werden die Säulen für die Altersklassen nach dem Merkmal Ansehen der Unternehmensführung differenziert, um so eventuelle altersspezifische Unterschiede deutlich werden zu lassen.

2.5 Netzdiagramm und Kursdiagramme

Klasse		Nr.	1	2	3	4	5	6	7	8	
		bis	17	24	30	40	50	55	60	67	Summe
abs. Hfk.			5	18	20	27	18	8	15	9	120
abs. Hfk.	Ansehen	gering	1	5	7	7	4	2	3	1	30
		zufriedenst.	2	5	8	10	8	4	6	4	47
		hoch	2	8	5	10	6	2	6	4	43
rel. Hfk.	Ansehen	gering	0,008	0,042	0,058	0,058	0,033	0,017	0,025	0,008	0,249
		zufriedenst.	0,017	0,042	0,067	0,083	0,067	0,033	0,050	0,033	0,392
		hoch	0,017	0,067	0,042	0,083	0,050	0,017	0,050	0,033	0,359

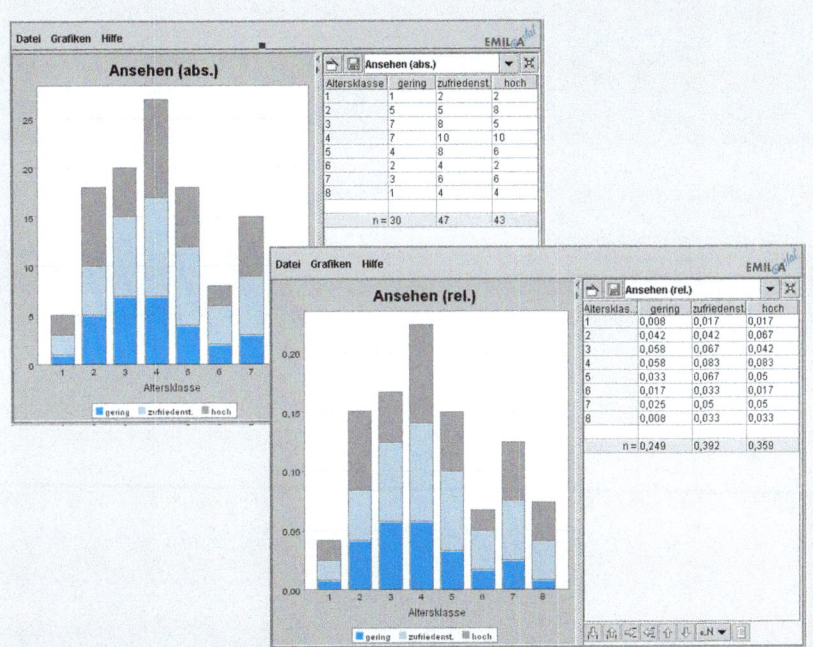

Interpretieren Sie zur Übung die Ergebnisse der grafischen Aufbereitung und fassen Sie diese bzw. die wesentlichen Aspekte zu einem Kurzbericht (z.B. als eine fiktive Präsentation für die Geschäftsleitung) zusammen.

Kapitel 3
Lage- und Streuungsmaße

3	**Lage- und Streuungsmaße**	**61**
3.1	Lagemaße für nominale und ordinale Daten	62
3.2	Lagemaße für metrische Daten	69
3.3	Streuungsmaße	87
3.4	Box-Plots	105

3 Lage- und Streuungsmaße

Beispiel Drogerieketten | Die Drogeriekette A hat neben einem Stammhaus weitere 14 Filialen in anderen Städten. Die Geschäftsleitung möchte – zu ihrer Information und zum Vergleich mit Daten der Konkurrenz – im Rahmen einer statistischen Analyse der Umsätze (in Mio. €) des vergangenen Jahres in den Niederlassungen einige statistische Kenngrößen ermitteln. Die Umsätze $x_1, \ldots, x_{15}$ betrugen (x_{15} ist der Umsatz des Stammhauses):

i	1	2	3	4	5	6	7	8	9	10	11	12	13	14	15
x_i	1,4	0,5	1,3	4,9	3,4	2,6	4,5	3,6	1,4	0,9	3,8	1,5	1,2	4,0	10,0

Die Drogeriekette B hat zehn Filialen, die im vergangenen Jahr die Umsätze $y_1, \ldots, y_{10}$ verbuchten:

i	1	2	3	4	5	6	7	8	9	10
y_i	3,5	1,1	3,2	7,4	5,3	2,2	5,1	4,2	0,8	2,2

Die Drogeriekette C hat fünf Niederlassungen, von deren Umsätzen des vergangenen Jahres lediglich bekannt ist, dass das arithmetische Mittel den Wert 5,0 und die empirische Varianz den Wert 3,072 haben.

Fragestellungen und Aufgaben

— Wie groß ist der mittlere Umsatz der 14 Filialen der Drogeriekette A (d.h. ohne Berücksichtigung des Stammhauses)? Auf welche Weise wird ein solches Mittel bestimmt? Gibt es unterschiedliche Möglichkeiten zur Wahl von „Lagemaßen"? Insbesondere soll das arithmetische Mittel der Umsätze ermittelt werden.
— Wie können für das Merkmal Umsatz der Drogeriekette A die Variation in den Daten der 14 Filialen bzw. die Streuung der Daten beschrieben werden? Welche Maße zur Streuungsmessung sind einsetzbar? Insbesondere sollen empirische Varianz und Standardabweichung der Umsätze ermittelt werden.
— Wie unterscheidet sich die Analyse für das Merkmal Umsatz der Drogeriekette A, wenn das Stammhaus (mit einem vergleichsweise großen Umsatz) in den Datensatz aufgenommen wird? Welchen Einfluss hat dies auf die berechneten Lage- und Streuungsmaße? Müssen arithmetisches Mittel und empirische Varianz für den vollständigen Datensatz (mit $n = 15$) mit den Ausgangsdaten neu bestimmt werden oder können die für die kleinere Stichprobe (mit $n = 14$) bereits berechneten Werte genutzt werden?

- Bestimmen Sie das arithmetische Mittel und die empirische Varianz für das Merkmal Umsatz der Drogeriekette B. Vergleichen Sie die Umsatzkennzahlen für die Drogerieketten A und B mit und ohne Einschluss des Stammhauses von A.
- Die Ausprägungen der Merkmale Umsatz der Drogeriekette A und Umsatz der Drogeriekette B sollen zu einem Vergleich gemeinsam grafisch dargestellt werden. Welche Darstellungsmethode bietet sich an?
- Die Drogerieketten A und B planen eine Fusion und nehmen daher eine Analyse der Vergangenheitsdaten vor. Welche Werte für das arithmetische Mittel und die empirische Standardabweichung entstehen auf der Basis aller 25 Umsatzwerte?
- Angedacht ist auch eine Fusion der drei Drogerieketten A, B und C mit insgesamt 30 Standorten. Welche Werte haben das arithmetische Mittel und die empirische Standardabweichung der Umsätze des vergangenen Jahres für die Gesamtheit aller 30 Standorte?

Grafische Darstellungen eines Datensatzes wie z.B. 39▶Säulendiagramme oder 44▶Kreisdiagramme nehmen nur eine geringe bzw. keine relevante Reduktion der in den Daten enthaltenen Information vor. Häufig soll jedoch ein Datensatz mit nur wenigen Kenngrößen beschrieben werden. Eine solche Komprimierung der Information erlaubt u.a. einen einfacheren Vergleich zweier Datensätze. Statistische Kenngrößen wie Lagemaße und 88▶Streuungsmaße sind für diese Zwecke geeignete Hilfsmittel.

Lagemaße dienen der Beschreibung des Zentrums oder allgemeiner einer Position der beobachteten Daten mittels eines aus den Daten berechneten Werts. Beispiele sind u.a. das 74▶arithmetische Mittel, der 69▶Median und der 63▶Modus. Ob ein bestimmtes Lagemaß auf einen konkreten Datensatz angewendet werden kann, hängt entscheidend von den Eigenschaften der Beobachtungen und damit vom Merkmalstyp des betrachteten Merkmals ab. Im Folgenden wird daher zwischen Lagemaßen für 12▶qualitative (nominale und ordinale) Merkmale und 14▶quantitative (diskrete und stetige) Merkmale unterschieden.

3.1 Lagemaße für nominale und ordinale Daten

Der Modus (Modalwert) ist ein Lagemaß zur Beschreibung nominaler Datensätze. Als Modus wird diejenige Merkmalsausprägung eines Merkmals bezeichnet, die am häufigsten im Datensatz vorkommt, also die größte absolute (bzw. relative) Häufigkeit aufweist. In der folgenden Definition wird mit dem Symbol max$\{\cdots\}$ der größte Wert in der Menge $\{\cdots\}$ bezeichnet.

3.1 Lagemaße für nominale und ordinale Daten

Definition Modus | In einem Datensatz seien die verschiedenen Merkmalsausprägungen $u_1, \ldots, u_m$ aufgetreten, wobei die Merkmalsausprägung u_j die absolute Häufigkeit n_j bzw. die relative Häufigkeit f_j habe, $j \in \{1, \ldots, m\}$.
Jede Ausprägung u_{j^*}, deren absolute Häufigkeit die Eigenschaft

$$n_{j^*} = \max\{n_1, \ldots, n_m\}$$

bzw. deren relative Häufigkeit die Eigenschaft

$$f_{j^*} = \max\{f_1, \ldots, f_m\}$$

erfüllt, wird als Modus bezeichnet.

Der Modus ist das einzige Lagemaß, das die Informationen eines nominalen Datensatzes adäquat wiedergibt. Zur Bestimmung des Modus wird lediglich die 36▶Häufigkeitsverteilung der Daten benutzt, der Datensatz selbst wird nicht benötigt. Daher lässt sich der Modus direkt aus Diagrammen ablesen, in denen die entsprechenden Häufigkeiten grafisch visualisiert werden. In einem Säulendiagramm entspricht beispielsweise der Modus einem Beobachtungswert mit der höchsten Säule. Wird der Modus für einen speziellen Datensatz ausgewertet, so heißt die resultierende Merkmalsausprägung Modalwert. Für den Modus und den Modalwert wird die Schreibweise x_{mod} verwendet. Es können Fälle auftreten, in denen mehrere Beobachtungswerte die größte Häufigkeit besitzen, so dass der Modalwert eines Datensatzes i.A. nicht eindeutig bestimmt ist.

Beispiel | Ein Autohaus verkauft in einem Monat 22 Autos. Die Farben der jeweiligen Fahrzeuge und die zugehörigen Verkaufszahlen sind in der folgenden Tabelle angegeben.

Farbe	Grün	Blau	Schwarz	Rot
verkaufte Autos	7	9	5	1

Die Auswertung des Modus für diesen Datensatz (Merkmal Farbe des Fahrzeugs) ergibt den Modalwert $x_{mod} = $ Blau.

Bei 13▶ordinalen Merkmalen liegt zusätzlich eine Ordnungsstruktur auf der Menge der Merkmalsausprägungen vor, d.h. es ist möglich, eine Urliste von Beobachtungen des Merkmals von der kleinsten zur größten zu sortieren. Der auf diese Weise bearbeitete Datensatz wird als Rangwertreihe bezeichnet.

3. Lage- und Streuungsmaße

▶ **Definition** Rangwertreihe, Rangwert | Für einen Datensatz $x_1, \ldots, x_n$ aus Beobachtungswerten eines ordinalskalierten Merkmals heißt die aufsteigend geordnete Auflistung der Beobachtungswerte

$$x_{(1)} \leqslant x_{(2)} \leqslant \cdots \leqslant x_{(n)}$$

Rangwertreihe. Der Wert $x_{(j)}$ an der j-ten Stelle der Rangwertreihe wird als j-ter Rangwert bezeichnet, $j \in \{1, \ldots, n\}$. Werden bei einem ordinalskalierten Merkmal statt Zahlen Begriffe zur Kodierung verwendet, so werden anstelle von $\leqslant$ und $\geqslant$ auch die Symbole $\preccurlyeq$ und $\succcurlyeq$ für „schlechter als" bzw. „besser als" verwendet. ✗

In der Rangwertreihe liegen die ursprünglichen Beobachtungswerte in geordneter Weise vor. Der erste und letzte Rangwert erhalten eigene Bezeichnungen.

▶ **Definition** Minimum, Maximum | Der erste Rangwert $x_{(1)}$ der Rangwertreihe

$$x_{(1)} \leqslant x_{(2)} \leqslant \cdots \leqslant x_{(n)}$$

heißt Minimum, der letzte Rangwert $x_{(n)}$ Maximum des Datensatzes $x_1, \ldots, x_n$. ✗

B **Beispiel** | Ein Produkt wird in drei Güteklassen A, B und C klassifiziert, wobei angenommen wird, dass A höherwertiger als B und B höherwertiger als C ist (symbolisch $A \succcurlyeq B \succcurlyeq C$ bzw. $C \preccurlyeq B \preccurlyeq A$). Eine Stichprobe führt zu folgenden Bewertungen:

C A A A C B B A B B C A A A

Bezüglich der Güte absteigend geordnet ergibt dies:

A A A A A A A B B B B C C C

Die zu diesen Daten gehörige Rangwertreihe, in der die Beobachtungswerte bezüglich der Güte aufsteigend geordnet sind, hat folgendes Aussehen:

C C C B B B B A A A A A A A ✗

3.1 Lagemaße für nominale und ordinale Daten

Für die Position eines Beobachtungswerts der Urliste in der Rangwertreihe wird der Begriff des Rangs eingeführt.

Definition Rang | $x_{(1)} \leq \cdots \leq x_{(n)}$ bezeichne die Rangwertreihe eines ordinalskalierten Datensatzes $x_1, \ldots, x_n$.

1. Kommt ein Beobachtungswert x_j genau einmal in der Urliste vor, so heißt dessen Position in der Rangwertreihe Rang von x_j. Diese wird mit $R(x_j)$ bezeichnet.

2. Tritt ein Beobachtungswert x_j mehrfach (s-mal) in der Urliste auf, d.h. für die Werte der Rangwertreihe gilt

$$x_{(r-1)} < \underbrace{x_{(r)} = x_{(r+1)} = \cdots = x_{(r+s-1)}}_{=x_j \text{ (s-mal)}} < x_{(r+s)},$$

so wird mit dem Begriff Rang von x_j das arithmetische Mittel aller Positionen in der Rangwertreihe mit Wert x_j bezeichnet, d.h.

$$R(x_j) = \frac{r + (r+1) + \cdots + (r+s-1)}{s} = r + \frac{s-1}{2}.$$

Das mehrfache Auftreten eines Wertes in der Urliste wird als Bindung bezeichnet. In diesem Zusammenhang wird auch von „verbundenen" Rängen gesprochen.

Beispiel | Die Messung von Bedienzeiten an einer Servicestation ergab folgende Rangwertreihe der Daten (in Minuten):

$$4 \quad 6 \quad 8 \quad 8 \quad 8 \quad 8 \quad 10 \quad 10 \quad 13$$

Daraus ergibt sich für die Merkmalsausprägung 6 der Rang $R(6) = 2$, die Merkmalsausprägung 8 hat den Rang $R(8) = \frac{1}{4}(3 + 4 + 5 + 6) = 4{,}5$. Die Werte r und s sind für die Ausprägung 8 gemäß Definition gegeben durch $r = 3$ und $s = 4$.

Lagemaße für ordinale Merkmale werden auf der Basis der Rangwertreihe eines Datensatzes eingeführt. Aufgrund der Ordnungseigenschaft ordinaler Daten kann insbesondere von einem „Zentrum" in der Urliste gesprochen werden, so dass es sinnvoll ist, Kenngrößen zu konstruieren, die dieses Zentrum beschreiben. Derartige Lagemaße (z.B. der Median) werden auch „Maße der zentralen Tendenz" genannt. Ein Beobachtungswert wird als Median $\tilde{x}$ bezeichnet, wenn er die folgende Eigenschaft besitzt:

Mindestens 50% aller Beobachtungswerte sind kleiner oder gleich $\tilde{x}$ und mindestens 50% aller Beobachtungswerte sind größer oder gleich $\tilde{x}$.

Aus dieser Vorschrift wird deutlich, dass der Median nur für mindestens 13▶ordinalskalierte Daten sinnvoll ist. Er liegt immer „in der Mitte" (im Zentrum) der Daten

3. Lage- und Streuungsmaße

und teilt den Datensatz in „zwei Hälften", da einerseits die Beobachtungswerte in einer Hälfte der Daten größer bzw. gleich und andererseits die Beobachtungswerte in einer Hälfte der Daten kleiner bzw. gleich dem Median sind. Ist die Stichprobengröße ungerade, so ist der Median immer eindeutig bestimmt, d.h. nur ein einziger Beobachtungswert kommt für den Median in Frage. Ist die Anzahl der Beobachtungen jedoch gerade, können zwei (eventuell verschiedene) Beobachtungswerte die Bedingung an den Median erfüllen. In diesem Fall kann einer dieser Werte als Median ausgewählt werden. Der Median lässt sich mit Hilfe der 64▶Rangwertreihe leicht bestimmen.

▶ **Definition** Median für ordinale Daten | $x_{(1)} \leq \cdots \leq x_{(n)}$ sei die Rangwertreihe eines ordinalskalierten Datensatzes $x_1, \ldots, x_n$.
Ein Median $\tilde{x}$ ist ein Beobachtungswert mit der Eigenschaft

$$\tilde{x} = x_{\left(\frac{n+1}{2}\right)}, \qquad \text{falls } n \text{ ungerade,}$$

$$\tilde{x} \in \left\{ x_{\left(\frac{n}{2}\right)}, x_{\left(\frac{n}{2}+1\right)} \right\}, \qquad \text{falls } n \text{ gerade.} \qquad \text{✗}$$

Die in der obigen Definition auftretenden Fälle illustriert folgendes Schema.

1. Ungerader Stichprobenumfang n, d.h. $\frac{n-1}{2}$ und $\frac{n+1}{2}$ sind natürliche Zahlen:

$$\underbrace{x_{(1)} \quad \cdots \quad x_{\left(\frac{n+1}{2}-1\right)}}_{\frac{n-1}{2} \text{ Beobachtungen}} \Bigg| \; x_{\left(\frac{n+1}{2}\right)} \; \Bigg| \underbrace{x_{\left(\frac{n+1}{2}+1\right)} \quad \cdots \quad x_{(n)}}_{\frac{n-1}{2} \text{ Beobachtungen}}$$

2. Gerader Stichprobenumfang n, d.h. $\frac{n}{2}$ ist eine natürliche Zahl:

$$\underbrace{x_{(1)} \quad \cdots \quad x_{\left(\frac{n}{2}-1\right)}}_{\frac{n}{2}-1 \text{ Beobachtungen}} \Bigg| \; x_{\left(\frac{n}{2}\right)} \quad x_{\left(\frac{n}{2}+1\right)} \; \Bigg| \underbrace{x_{\left(\frac{n}{2}+2\right)} \quad \cdots \quad x_{(n)}}_{\frac{n}{2}-1 \text{ Beobachtungen}}$$

B **Beispiel** | In einer Prüfung mit 15 TeilnehmerInnen wurden folgende Ergebnisse aus dem Notenspektrum von $1, \ldots, 6$ erzielt (Rangwertreihe):

$$\underbrace{1 \; 2 \; 2 \; 2 \; 3 \; 3 \; 3}_{7 \text{ Beobachtungen}} \Bigg| \; 3 \; \Bigg| \underbrace{4 \; 4 \; 4 \; 4 \; 4 \; 4 \; 4}_{7 \text{ Beobachtungen}}$$

Der mittlere Wert in der Rangwertreihe ist die Beobachtung 3. Der Median der Prüfungsnoten ist dementsprechend $\tilde{x} = 3$. Acht Daten, also mehr als die Hälfte, sind größer oder gleich 3 und ebenfalls acht Daten sind kleiner oder gleich 3. An einer weiteren Prüfung nahmen 12 KandidatInnen teil, die die folgenden Noten erreichten:

3.1 Lagemaße für nominale und ordinale Daten

$$\underbrace{1\ 2\ 2\ 2\ 2}_{\text{5 Beobachtungen}} \quad \Big|\quad 2\ 3\quad \Big|\quad \underbrace{3\ 3\ 4\ 4\ 4}_{\text{5 Beobachtungen}}$$

In diesem Fall erfüllen die Noten 2 und 3 die Bedingung des Medians. Es gilt daher $\tilde{x} \in \{2, 3\}$. Unabhängig davon, welcher der beiden Werte als Median $\tilde{x}$ gewählt wird, ist mindestens die Hälfte aller Beobachtungswerte jeweils größer oder gleich bzw. kleiner oder gleich $\tilde{x}$.

Der Median ist ein Spezialfall so genannter Quantile. Teilt der Median eine Rangwertreihe in die 50% kleinsten bzw. 50% größten Werte, so beschreibt ein Quantil eine (unsymmetrische) Einteilung in die P% kleinsten bzw. (100−P)% größten Werte. Der Anteil P der kleinsten Beobachtungen bezeichnet dabei eine Zahl zwischen Null und Hundert. Es ist üblich an Stelle von Prozentzahlen Anteile mit Werten aus dem offenen Intervall $(0, 1)$ zu wählen. Der gewünschte Anteil der kleinsten Werte sei daher im Folgenden mit $p \in (0, 1)$ bezeichnet.

Jeder Beobachtungswert einer ordinalskalierten Stichprobe, der die folgende Bedingung erfüllt, wird als p-Quantil $\tilde{x}_p$ bezeichnet:

> Mindestens $p \cdot 100\%$ aller Beobachtungswerte sind kleiner oder gleich $\tilde{x}_p$ und mindestens $(1 − p) \cdot 100\%$ aller Beobachtungswerte sind größer oder gleich $\tilde{x}_p$.

Analog zum Median können Fälle auftreten, in denen diese Bedingungen nicht nur von einem, sondern von zwei Werten erfüllt werden. Das p-Quantil ist in dieser Situation nicht eindeutig bestimmt. In einem solchen Fall wird einer der möglichen Werte als p-Quantil ausgewählt.

Definition | p-Quantil für ordinale Daten | $x_{(1)} \leqslant \cdots \leqslant x_{(n)}$ sei die Rangwertreihe eines ordinalskalierten Datensatzes $x_1, \ldots, x_n$.
Für $p \in (0, 1)$ ist ein p-Quantil $\tilde{x}_p$ ein Beobachtungswert mit der Eigenschaft

$$\tilde{x}_p = x_{(k)}, \qquad \text{falls } np < k < np + 1, np \notin \mathbb{N},$$
$$\tilde{x}_p \in \{x_{(k)}, x_{(k+1)}\}, \qquad \text{falls } k = np, np \in \mathbb{N}.$$

Aus der Definition ist ersichtlich, dass die Festlegung des 0,5-Quantils mit dem Median übereinstimmt. Die Forderung $\frac{n}{2} \in \mathbb{N}$ ($p = \frac{1}{2}$) ist nämlich äquivalent dazu, dass n eine gerade Zahl ist. Aus diesem Grund wird für den Median $\tilde{x}$ auch die Notation $\tilde{x}_{0,5}$ verwendet.

Beispiel | Die tägliche Besucherzahl einer Ausstellung beträgt an neun aufeinander folgenden Tagen ($n = 9$):

20 45 35 34 29 28 32 41 33

Zur Bestimmung des 0,8-Quantils $\tilde{x}_{0,8}$ ($p = 0,8$) werden die Beobachtungsdaten zunächst geordnet, d.h. die Rangwertreihe wird gebildet:

$$20\ 28\ 29\ 32\ 33\ 34\ 35\ 41\ 45$$

Wegen $np = 7,2 < 8 < 8,2 = np + 1$ ist das gesuchte 0,8-Quantil durch $\tilde{x}_{0,8} = 41$ gegeben. Aus den Eigenschaften des 0,8-Quantils kann gefolgert werden, dass an mindestens 80% der betrachteten Ausstellungstage die Anzahl der Besucher kleiner oder gleich 41 Personen war.

An zehn weiteren Ausstellungstagen ($n = 10$) werden die folgenden Besucherzahlen ermittelt, deren 0,8-Quantil ebenfalls bestimmt werden soll:

$$23\ 34\ 56\ 49\ 32\ 39\ 46\ 21\ 45\ 23$$

Es gilt $np = 8$, so dass der geordneten Darstellung der Daten

$$21\ 23\ 23\ 32\ 34\ 39\ 45\ 46\ 49\ 56$$

zu entnehmen ist, dass sowohl der Wert 46 als auch der Wert 49 die an ein 0,8-Quantil gestellten Bedingungen erfüllen. Also muss das gesuchte Quantil aus der Menge $\{46, 49\}$ gewählt werden.

Für spezielle Werte von p sind eigene Bezeichnungen des zugehörigen Quantils gebräuchlich.

▶ **Bezeichnung** Quartil, Dezentil, Perzentil |

Ein p-Quantil heißt für
$\begin{cases} p = 0,5 & \text{Median,} \\ p = 0,25 & \text{unteres Quartil,} \\ p = 0,75 & \text{oberes Quartil,} \\ p = \frac{k}{10} & \text{k-tes Dezentil } (k = 1, \ldots, 9), \\ p = \frac{k}{100} & \text{k-tes Perzentil } (k = 1, \ldots, 99). \end{cases}$

Abschließend soll nochmals betont werden, dass für die obigen Lagemaße Daten auf lediglich ordinalem Messniveau vorausgesetzt wurden. Das folgende Beispiel zeigt, dass Quantile auf diese Weise auch für ordinale, nicht-metrische Merkmale bestimmt werden können.

B **Beispiel** | In einem Fragebogen werden Personen aufgefordert, ihr persönliches Einkommen gemäß der Ausprägungen ohne, niedrig, mittel, hoch einzuordnen. Für die ersten elf Personen ergab sich folgendes Bild:

mittel hoch niedrig mittel ohne mittel
mittel hoch mittel niedrig niedrig

Basierend auf der Rangwertreihe

> ohne niedrig niedrig niedrig mittel
> mittel mittel mittel mittel hoch hoch

ergeben sich z.B. für den Median $\tilde{x} = $ mittel oder das untere Quartil $\tilde{x}_{0,25} = $ niedrig.

Im nächsten Abschnitt werden der Median und die Quantile für metrische Beobachtungswerte definiert. Diese sind in allen Fällen eindeutig bestimmt.

3.2 Lagemaße für metrische Daten

Median und Quantil

Der Median für quantitative Daten wird – mit einer leichten Modifikation bei geradem Stichprobenumfang – analog zum ordinalen Fall definiert. Für eine Stichprobe metrischer Daten wird er nach folgendem Verfahren berechnet.

Zunächst werden wie bei ordinalen Daten mittels der 64▶Rangwertreihe Kandidaten für den 66▶Median ermittelt. Bei ungeradem Stichprobenumfang erfüllt nur ein Wert diese Bedingung, der deshalb auch in dieser Situation als Median $\tilde{x}$ bezeichnet wird. Ist der Stichprobenumfang gerade, so besteht die Menge der in Frage kommenden Werte in der Regel aus zwei Beobachtungswerten. Der Median $\tilde{x}$ wird dann als 74▶arithmetisches Mittel dieser beiden Beobachtungswerte definiert, um einen eindeutig bestimmten Wert für den Median zu erhalten. Wie bei ordinalen Daten liegt dieser Median „in der Mitte" der Daten, in dem Sinne, dass mindestens die Hälfte aller Daten größer oder gleich und dass mindestens die Hälfte aller Daten kleiner oder gleich dem Median ist. Bei geradem Stichprobenumfang sind auch andere Festlegungen des Medians möglich. Alternativ kann jeder andere Wert aus dem Intervall $[x_{(\frac{n}{2})}, x_{(\frac{n}{2}+1)}]$ als Median definiert werden, da die oben genannte Bedingung jeweils erfüllt ist.

Definition Median für metrische Daten | $x_{(1)} \leqslant \cdots \leqslant x_{(n)}$ sei die Rangwertreihe eines metrischskalierten Datensatzes $x_1, \ldots, x_n$. Der Median $\tilde{x}$ ist definiert durch

$$\tilde{x} = x_{(\frac{n+1}{2})}, \qquad \text{falls } n \text{ ungerade,}$$
$$\tilde{x} = \tfrac{1}{2}(x_{(\frac{n}{2})} + x_{(\frac{n}{2}+1)}), \qquad \text{falls } n \text{ gerade.}$$

Liegen die Daten nicht in Form einer Urliste vor, sondern nur als 36▶Häufigkeitsverteilung der verschiedenen Ausprägungen des betrachteten Merkmals, so kann der Median (wie allgemein auch das p-Quantil) mittels der 117▶empirischen Verteilungsfunktion bestimmt werden.

B **Beispiel** | Eine Firma gibt in $n = 6$ Jahren die folgenden, als Rangwertreihe vorliegenden Beträge für Werbung aus (in €):

$$10\,000 \quad 18\,000 \quad 20\,000 \quad 30\,000 \quad 41\,000 \quad 46\,000$$

Da die Anzahl der Beobachtungen gerade ist, berechnet sich der zugehörige Median als arithmetisches Mittel der beiden mittleren Werte der Rangwertreihe. Damit ist der Median durch $\tilde{x} = \frac{1}{2}(20\,000 + 30\,000) = 25\,000$ [€] gegeben. Einerseits wurde also in (mindestens) 50% aller Fälle mindestens 25 000€ für Werbezwecke ausgegeben, andererseits traten aber auch in (mindestens) 50% aller Fälle Kosten von höchstens 25 000€ auf. ✗

Der Median besitzt die Eigenschaft, dass er sich bei 70▶linearer Transformation der Daten direkt aus dem Median der Ausgangsdaten berechnen lässt. Unter einer linearen Transformation wird dabei eine Vorschrift der Form

$$\text{neuer Wert} = \text{Faktor} \cdot \text{alter Wert} + \text{Basiswert}$$

verstanden.

▶ **Definition** Lineare Transformation, linear transformierter Datensatz | Für Zahlen $a, b \in \mathbb{R}$ heißt die Vorschrift

$$y = ax + b, \quad x \in \mathbb{R},$$

lineare Transformation.
Die Anwendung einer linearen Transformation $y = ax + b$ auf den metrischskalierten Datensatz $x_1, \ldots, x_n$ liefert den linear transformierten Datensatz $y_1, \ldots, y_n$ mit

$$y_i = ax_i + b, \quad i \in \{1, \ldots, n\}. \quad ✗$$

B **Beispiel** | Im 11▶Beispiel Temperaturskala wurden u.a. die Celsius- und die Fahrenheitskala zur Temperaturmessung eingeführt. Zwischen den Temperaturen x (in °C) und y (in °F) besteht der lineare Zusammenhang

$$y = \frac{9}{5}x + 32,$$

d.h. die Temperatur kann mittels dieser Formel leicht in die andere Einheit umgerechnet werden. Für eine Temperatur von 15°C ergibt sich somit der Wert 59°F. Die Umrechnung von in Fahrenheit gemessenen Temperaturen erfolgt mittels der Vorschrift

$$x = \frac{5}{9}(y - 32). \quad ✗$$

3.2 Lagemaße für metrische Daten

Der Median $\widetilde{x}_{neu}$ eines linear transformierten Datensatzes wird mit Hilfe des Medians $\widetilde{x}_{alt}$ der alten Werte berechnet gemäß der Vorschrift

$$\widetilde{x}_{neu} = \text{Faktor} \cdot \widetilde{x}_{alt} + \text{Basiswert}.$$

Regel Median bei linearer Transformation der Daten | Seien $a, b \in \mathbb{R}$ und $y_1, \ldots, y_n$ ein linear transformierter Datensatz von $x_1, \ldots, x_n$:

$$y_i = ax_i + b, \quad i \in \{1, \ldots, n\}.$$

Der Median $\widetilde{y}$ des Datensatzes $y_1, \ldots, y_n$ ist bestimmt durch

$$\widetilde{y} = a\widetilde{x} + b.$$

Nachweis. Die Linearität des Medians folgt aus dem Verhalten der Rangwertreihe gegenüber linearen Transformationen. Der Fall $a = 0$ ist sofort einzusehen (die transformierten Beobachtungswerte $y_1, \ldots, y_n$ sind alle gleich!), so dass dieser in der folgenden Betrachtung ausgeschlossen werden kann. Ist $a > 0$, so bleibt die Reihenfolge in der Rangwertreihe durch die Transformation unverändert. Ist hingegen $a < 0$, so kehrt sich die Anordnung um. Beispielsweise ist $y_{(1)} = ax_{(n)} + b$ das kleinste und $y_{(n)} = ax_{(1)} + b$ das größte Element in der transformierten Rangwertreihe.

Bei ungeradem Stichprobenumfang ist der transformierte mittlere Wert der ursprünglichen Rangwertreihe wieder der mittlere Wert der neuen Rangwertreihe. Der Median der transformierten Werte stimmt also mit dem transformierten ursprünglichen Median überein. Bei geradem Stichprobenumfang $n = 2k$, $k \in \mathbb{N}$, sind die beiden mittleren Werte $x_{(k)}$ und $x_{(k+1)}$ der Rangwertreihe der Ausgangsdaten nach der Transformation auch wieder die mittleren Werte $y_{(k)}$ und $y_{(k+1)}$ der Rangwertreihe der transformierten Daten. Für $a > 0$ gilt $y_{(k)} = ax_{(k)} + b$ und $y_{(k+1)} = ax_{(k+1)} + b$, während für $a < 0$ eine Vertauschung eintritt, d.h. $y_{(k)} = ax_{(k+1)} + b$ und $y_{(k+1)} = ax_{(k)} + b$.

Nun ergibt sich auch hier der behauptete Zusammenhang der Mediane $\widetilde{x}$ und $\widetilde{y}$:

$$\widetilde{y} = \frac{1}{2}[y_{(k)} + y_{(k+1)}] = \frac{1}{2}[(ax_{(k)} + b) + (ax_{(k+1)} + b)]$$
$$= a\left(\frac{1}{2}[x_{(k)} + x_{(k+1)}]\right) + b = a\widetilde{x} + b. \quad \checkmark$$

Beispiel | Die Nettomieten mehrerer Wohnungen betragen (in €) $x_1 = 400$, $x_2 = 500$, $x_3 = 700$, $x_4 = 800$, $x_5 = 900$ und $x_6 = 1\,100$, die Nebenkosten belaufen sich jeweils auf 100€. Die Mieten inkl. Nebenkosten (Bruttomieten) sind daher gegeben durch 500€, 600€, 800€, 900€, 1 000€ und 1 200€.

Die mediane Nettomiete dieser Wohnungen beträgt $\tilde{x} = 750$ [€]. Der Median der Bruttomieten ist 850€. Nach einer Erhöhung der Nettomieten um 5% und einer Anhebung der Nebenkosten um 20€ gilt für die Bruttomieten der Wohnungen

$$y_i = 1{,}05 x_i + 120 \,[\text{€}], \quad i \in \{1, \ldots, 6\}.$$

Daraus folgt für den Median $\tilde{y}$ der erhöhten Bruttomieten

$$\tilde{y} = 1{,}05 \tilde{x} + 120 = 1{,}05 \cdot 750 + 120 = 907{,}50 \,[\text{€}]. \qquad \times$$

Der Median besitzt neben dieser Eigenschaft auch eine Minimalitätseigenschaft: er minimiert die Summe der absoluten Abstände zu allen beobachteten Werten.

Regel Minimalitätseigenschaft des Medians | Für eine reelle Zahl t beschreibt

$$f(t) = \sum_{i=1}^{n} |x_i - t|$$

die Summe der Abweichungen aller Beobachtungswerte $x_1, \ldots, x_n$ von t. Der Median von $x_1, \ldots, x_n$ liefert das Minimum von f, d.h. es gilt

$$f(t) = \sum_{i=1}^{n} |x_i - t| \geqslant \sum_{i=1}^{n} |x_i - \tilde{x}| = f(\tilde{x}) \qquad \text{für alle } t \in \mathbb{R}.$$

Für ungeraden Stichprobenumfang ist der Median $\tilde{x}$ die eindeutig bestimmte Minimalstelle. Ist der Stichprobenumfang gerade, so ist jedes $t \in [x_{(\frac{n}{2})}, x_{(\frac{n}{2}+1)}]$ eine Minimalstelle der Abbildung f. Die Minimalitätseigenschaft gilt also für die in 69▶Abschnitt 3.2 eingeführten Mediane.

Nachweis. Der Nachweis der Minimalitätseigenschaft wird nur für einen ungeraden Stichprobenumfang $n = 2k-1$, $k \in \mathbb{N}$, geführt. In diesem Fall ist der Median der mittlere Wert der Rangwertreihe, d.h. $\tilde{x} = x_{(k)}$. Für $t \in \mathbb{R}$ gilt dann:

$$\sum_{i=1}^{n} |x_i - \tilde{x}| = \sum_{i=1}^{n} |x_{(i)} - \tilde{x}|$$

$$= \underbrace{\tilde{x} - x_{(1)} + \cdots + \tilde{x} - x_{(k-1)}}_{\tilde{x} \geqslant x_{(i)}, i \in \{1, \ldots, k-1\}} + \underbrace{x_{(k+1)} - \tilde{x} + \cdots + x_{(n)} - \tilde{x}}_{\tilde{x} \leqslant x_{(i)}, i \in \{k+1, \ldots, n\}}$$

$$= -x_{(1)} - \cdots - x_{(k-1)} + x_{(k+1)} + \cdots + x_{(n)}$$

$$= t - x_{(1)} + \cdots + t - x_{(k-1)} + x_{(k+1)} - t + \cdots + x_{(n)} - t$$

$$\leqslant |t - x_{(1)}| + \cdots + |t - x_{(k-1)}| + |x_{(k+1)} - t| + \cdots + |x_{(n)} - t|$$

$$\leqslant \sum_{i=1}^{n} |x_{(i)} - t| = \sum_{i=1}^{n} |x_i - t|.$$

3.2 Lagemaße für metrische Daten

Da Gleichheit in der obigen Ungleichungskette nur für $t = \tilde{x}$ gilt, ist der Median im Fall eines ungeraden Stichprobenumfangs eindeutige Minimalstelle der Abbildung f.
Für geraden Stichprobenumfang verläuft der Beweis ähnlich, allerdings ist das Minimum der Abbildung dann nicht mehr notwendig eindeutig, sondern wird für jedes $t \in [x_{(\frac{n}{2})}, x_{(\frac{n}{2}+1)}]$ angenommen. ✓

Beispiel | Entlang eines Kanals reiht sich ein Straßendorf. Eine Fußgängerbrücke zur anderen Seite des Kanals soll so angelegt werden, dass die Summe der Entfernungen zur Brücke möglichst gering ist. Das Problem besteht also darin, die Stelle t zu markieren, an der die Brücke gebaut werden soll. Die folgende Skizze illustriert die Situation für sechs Häuser.

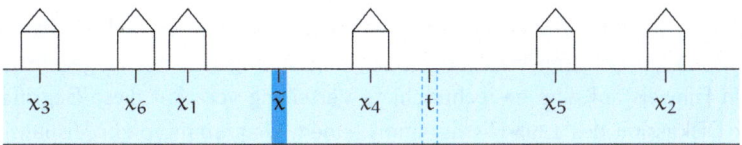

Aus der vorstehenden Regel folgt, dass die Stelle $\tilde{x}$ einen optimalen Platz für die Brücke markiert (alternativ kann jede Stelle zwischen den Häusern mit Werten x_1 und x_4 gewählt werden). ✗

Wie bei ordinalskalierten Daten werden p-Quantile (mit $p \in (0,1)$) als Verallgemeinerung des Medians definiert. Sie berechnen sich analog zum 69▶Median bei metrischen Daten. Die Bezeichnungen für spezielle Quantile werden ebenfalls übernommen.

Definition p-Quantil für metrische Daten | Sei $x_{(1)} \leqslant \cdots \leqslant x_{(n)}$ die Rangwertreihe des metrischen Datensatzes $x_1, \ldots, x_n$. Für $p \in (0,1)$ ist das p-Quantil $\tilde{x}_p$ gegeben durch

$$\tilde{x}_p = \begin{cases} x_{(k)}, & \text{falls } np < k < np+1, np \notin \mathbb{N}, \\ \frac{1}{2}(x_{(k)} + x_{(k+1)}), & \text{falls } k = np, np \in \mathbb{N}. \end{cases}$$

Bezeichnung Quartil, Dezentil, Perzentil |

Ein p-Quantil heißt für
$\begin{cases} p = 0{,}5 & \text{Median,} \\ p = 0{,}25 & \text{unteres Quartil,} \\ p = 0{,}75 & \text{oberes Quartil,} \\ p = \frac{k}{10} & \text{k-tes Dezentil } (k = 1, \ldots, 9), \\ p = \frac{k}{100} & \text{k-tes Perzentil } (k = 1, \ldots, 99). \end{cases}$

Beispiel | In einem physikalischen Versuch wurden die folgenden, bereits als Rangwertreihe vorliegenden $n = 10$ Temperaturen gemessen (in °C):

$$6{,}3 \quad 7{,}5 \quad 9{,}2 \quad 9{,}7 \quad 11{,}1 \quad 12{,}3 \quad 12{,}4 \quad 17{,}5 \quad 19{,}5 \quad 20{,}8$$

Das obere Quartil ($p = 0{,}75$) dieses Datensatzes ist $\tilde{x}_{0{,}75} = x_{(8)} = 17{,}5$ [°C], denn es gilt $np = 7{,}5 < 8 < 8{,}5 = np + 1$. Das bedeutet, dass mindestens 75% aller gemessenen Temperaturdaten kleiner oder gleich 17,5°C sind. ✗

Quantile können Aufschluss über die Form der den Daten zu Grunde liegenden Häufigkeitsverteilung geben. Bei einer „symmetrischen" Verteilung der Daten ist der jeweilige Abstand des unteren Quartils und des oberen Quartils zum Median annähernd gleich. Ist jedoch z.B. der Abstand zwischen dem unteren Quartil und dem Median deutlich größer als der zwischen oberem Quartil und Median, so ist von einer e▶linksschiefen Häufigkeitsverteilung auszugehen. Im umgekehrten Fall liegt ein Hinweis auf eine e▶rechtsschiefe Verteilung vor. Auf diese Begriffe wird bei der Diskussion des 139▶Histogramms, einem Diagrammtyp zur Visualisierung stetigen Datenmaterials, näher eingegangen.

Arithmetische Mittel

Das bekannteste Lagemaß für metrische Daten ist das arithmetische Mittel, für das auch die Bezeichnungen Mittelwert, Mittel oder Durchschnitt verwendet werden. Vereinfacht dargestellt berechnet es sich als Quotient

$$\bar{x} = \frac{\text{Summe aller Beobachtungswerte}}{\text{Anzahl der Beobachtungswerte}}.$$

▶ **Definition** Arithmetisches Mittel | Sei $x_1, \ldots, x_n$ ein Datensatz aus Beobachtungswerten eines metrischen Merkmals. Das arithmetische Mittel $\bar{x}_n$ ist definiert durch

$$\bar{x}_n = \frac{1}{n}(x_1 + x_2 + \ldots + x_n) = \frac{1}{n}\sum_{i=1}^{n} x_i.$$

Ist die Anzahl n der Beobachtungswerte aus dem Kontext klar, so wird auch auf die Angabe des Index verzichtet, d.h. es wird die Notation $\bar{x}$ verwendet. ✗

Regel Berechnung des arithmetischen Mittels mittels einer Häufigkeitsverteilung | Sind von einem Datensatz lediglich die Häufigkeitsverteilung $f_1, \ldots, f_m$ und die zugehörigen (verschiedenen) Merkmalsausprägungen $u_1, \ldots, u_m$ bekannt, so kann das arithmetische Mittel berechnet werden durch

$$\bar{x} = f_1 u_1 + \cdots + f_m u_m = \sum_{j=1}^{m} f_j u_j.$$

3.2 Lagemaße für metrische Daten

Nachweis. Zum Nachweis der obigen Formel werden für einen Datensatz $x_1,\ldots,x_n$ zunächst die absoluten Häufigkeiten $n_1,\ldots,n_m$ der aufgetretenen Merkmalsausprägungen $u_1,\ldots,u_m$ bestimmt. Daraus ergibt sich durch Zusammenfassen der Beobachtungen mit gleichem Wert und der Definition der relativen Häufigkeit

$$\bar{x} = \frac{1}{n}\sum_{i=1}^{n} x_i = \frac{1}{n}(n_1 u_1 + \cdots + n_m u_m) = \sum_{j=1}^{n} f_j u_j.$$ ✓

Das arithmetische Mittel hat einige nützliche Eigenschaften. Bei gemäß der Vorschrift

neuer Wert = Faktor · alter Wert + Basiswert

70▶linear transformierten Datensätzen kann das arithmetische Mittel der neuen Werte $\bar{x}_{neu}$ (71▶wie beim Median) direkt aus dem arithmetischen Mittel der alten Beobachtungswerte $\bar{x}_{alt}$ ermittelt werden:

$$\bar{x}_{neu} = \text{Faktor} \cdot \bar{x}_{alt} + \text{Basiswert}.$$

Zur Bestimmung des neuen arithmetischen Mittels reicht also die Kenntnis des alten arithmetischen Mittels aus. Es muss nicht auf die einzelnen Beobachtungswerte zurückgegriffen werden.

Regel Arithmetisches Mittel bei linearer Transformation der Daten | Seien $a, b \in \mathbb{R}$ und $y_1,\ldots,y_n$ ein linear transformierter Datensatz von $x_1,\ldots,x_n$:

$$y_i = a x_i + b, \quad i \in \{1,\ldots,n\}.$$

Das arithmetische Mittel $\bar{y}$ der Daten $y_1,\ldots,y_n$ ist gegeben durch

$$\bar{y} = a\bar{x} + b.$$

Dieselbe Transformation, die die Werte $x_1,\ldots,x_n$ in die Daten $y_1,\ldots,y_n$ überführt, überführt also auch die zugehörigen arithmetischen Mittel $\bar{x}$ und $\bar{y}$ ineinander.

Nachweis. Die Linearitätseigenschaft beruht auf e▶Rechenregeln für Summen:

$$\bar{y} = \frac{1}{n}\sum_{i=1}^{n} y_i = \frac{1}{n}\sum_{i=1}^{n}(ax_i + b) = a\left(\frac{1}{n}\sum_{i=1}^{n} x_i\right) + \frac{1}{n}\sum_{i=1}^{n} b = a\bar{x} + b.$$ ✓

Beispiel | Die Bruttogehälter $x_1,\ldots,x_5$ der fünf Angestellten in einer Abteilung eines Unternehmens betragen im Juni eines Jahres 2 000€, 3 500€, 2 800€, 2 500€ und 4 200€. Das durchschnittliche Bruttogehalt in der Abteilung beläuft sich somit auf

$$\bar{x} = \frac{1}{5}(2\,000 + 3\,500 + 2\,800 + 2\,500 + 4\,200) = 3\,000\,[€].$$

Im Monat Juli tritt eine Gehaltserhöhung von 3% in Kraft. Zudem erhalten alle Angestellten das jährliche Urlaubsgeld in Höhe von 300€. Die Juli-Gehälter $y_1, \ldots, y_5$ berechnen sich daher mittels

$$y_i = 1{,}03 x_i + 300\,[€], \qquad i \in \{1, \ldots, 5\},$$

das durchschnittliche Bruttogehalt im Juli ist

$$\bar{y} = 1{,}03\,\bar{x} + 300 = 3\,390\,[€]. \qquad ✗$$

Eine einfache Methode, Abweichungen der Beobachtungswerte zu beschreiben, ist die Zentrierung der Daten am arithmetischen Mittel. Hierzu werden neue Werte durch Bildung der Differenzen

neuer Wert = alter Wert − arithmetisches Mittel

(i.e. eine spezielle 70▶lineare Transformation) erzeugt.

▶ **Definition** Zentrierung, Residuum | Für Beobachtungswerte $x_1, \ldots, x_n \in \mathbb{R}$ eines metrischen Merkmals heißt die lineare Transformation

$$y_i = x_i - \bar{x}, \qquad i \in \{1, \ldots, n\},$$

Zentrierung. Die transformierten Daten $y_1, \ldots, y_n$ werden als zentriert (oder als Residuen) bezeichnet. ✗

Aus der 75▶Regel für das arithmetische Mittel bei linear transformierten Daten ergibt sich die folgende wichtige Eigenschaft zentrierter Daten.

Regel Arithmetisches Mittel zentrierter Daten | Ist $y_1, \ldots, y_n$ der zum Datensatz $x_1, \ldots, x_n$ gehörende zentrierte Datensatz, so gilt für das zugehörige arithmetische Mittel $\bar{y} = 0$.

Nachweis. Die Setzung $a = 1$ und $b = -\bar{x}$ liefert

$$y_i = a x_i + b = x_i - \bar{x}, \qquad i \in \{1, \ldots, n\},$$

3.2 Lagemaße für metrische Daten

so dass die Zentrierung eine spezielle lineare Transformation der Daten $x_1, \ldots, x_n$ ist. Aus dieser Beobachtung folgt sofort

$$\overline{y} = a\overline{x} + b = \overline{x} - \overline{x} = 0. \qquad \checkmark$$

Zur Bestimmung des gemeinsamen Mittelwerts zweier Datensätze ist es nicht notwendig, dass alle Ausgangsdaten bekannt sind. Die Kenntnis der 31▶Stichprobenumfänge beider Datensätze und der jeweiligen zugehörigen arithmetischen Mittel reicht aus. Aus der folgenden Rechenregel folgt insbesondere, dass das arithmetische Mittel zweier Datensätze, die den gleichen Umfang haben, gleich dem Mittelwert der zu den beiden Datensätzen gehörigen arithmetischen Mittel ist.

Regel Arithmetisches Mittel bei zusammengesetzten Datensätzen | $\overline{x}$ und $\overline{y}$ seien die arithmetischen Mittel der metrischen Datensätze $x_1, \ldots, x_{n_1} \in \mathbb{R}$ und $y_1, \ldots, y_{n_2} \in \mathbb{R}$ mit den Umfängen n_1 bzw. n_2.
Das arithmetische Mittel $\overline{z}$ aller $n_1 + n_2$ Beobachtungswerte (des so genannten zusammengesetzten oder gepoolten Datensatzes)

$$z_1 = x_1, \ldots, z_{n_1} = x_{n_1}, z_{n_1+1} = y_1, \ldots, z_{n_1+n_2} = y_{n_2}$$

lässt sich bestimmen als (78▶gewichtetes arithmetisches Mittel)

$$\overline{z} = \frac{n_1}{n_1 + n_2} \overline{x} + \frac{n_2}{n_1 + n_2} \overline{y}.$$

Besteht der zweite Datensatz aus einer Beobachtung $x_{n+1} (= y_1)$, d.h. $n_2 = 1$, und wird die Bezeichnung $n = n_1$ verwendet, so ist das arithmetische Mittel $\overline{x}_{n+1}$ aller $n + 1$ Beobachtungswerte gegeben durch

$$\overline{x}_{n+1} = \frac{n}{n+1} \overline{x}_n + \frac{1}{n+1} x_{n+1}.$$

Nachweis. Der Zusammenhang, der eine so genannte Rekursionsformel bildet, folgt mittels der Rechnung

$$\overline{z} = \frac{1}{n_1 + n_2} \left(\sum_{i=1}^{n_1} z_i + \sum_{j=n_1+1}^{n_1+n_2} z_j \right) = \frac{1}{n_1 + n_2} \left(\sum_{i=1}^{n_1} x_i + \sum_{j=1}^{n_2} y_j \right)$$

$$= \frac{1}{n_1 + n_2} \sum_{i=1}^{n_1} x_i + \frac{1}{n_1 + n_2} \sum_{j=1}^{n_2} y_j = \frac{n_1}{n_1 + n_2} \cdot \frac{1}{n_1} \sum_{i=1}^{n_1} x_i + \frac{n_2}{n_1 + n_2} \cdot \frac{1}{n_2} \sum_{j=1}^{n_2} y_j$$

$$= \frac{n_1}{n_1 + n_2} \overline{x} + \frac{n_2}{n_1 + n_2} \overline{y}. \qquad \checkmark$$

Der Mittelwert eines Datensatzes zeichnet sich dadurch aus, dass er die Summe der quadratischen Abweichungen zu allen Stichprobenwerten minimiert.

Regel Minimalitätseigenschaft des arithmetischen Mittels | Das arithmetische Mittel des Datensatzes $x_1, \ldots, x_n \in \mathbb{R}$ ist die eindeutig bestimmte Minimalstelle der Abbildung $f : \mathbb{R} \to [0,\infty)$ mit

$$f(t) = \sum_{i=1}^{n} (x_i - t)^2, \quad t \in \mathbb{R},$$

d.h. es gilt $f(t) \geqslant f(\bar{x})$ für alle $t \in \mathbb{R}$.

Nachweis. Zum Nachweis der Minimalitätseigenschaft wird lediglich eine e▶binomische Formel verwendet:

$$\begin{aligned}
f(t) &= \sum_{i=1}^{n} [(x_i - \bar{x}) + (\bar{x} - t)]^2 \\
&= \underbrace{\sum_{i=1}^{n} (x_i - \bar{x})^2}_{=f(\bar{x})} + 2(\bar{x} - t)\underbrace{\sum_{i=1}^{n}(x_i - \bar{x})}_{=0} + \underbrace{\sum_{i=1}^{n}(\bar{x} - t)^2}_{=n(\bar{x}-t)^2} \\
&= f(\bar{x}) + \underbrace{n(\bar{x} - t)^2}_{\geqslant 0} \geqslant f(\bar{x}),
\end{aligned}$$

wobei Gleichheit genau dann gilt, wenn $n(\bar{x} - t)^2 = 0$, d.h. wenn $t = \bar{x}$ ist. ✓

Eine Verallgemeinerung des arithmetischen Mittels ist das gewichtete arithmetische Mittel. Zu dessen Berechnung werden die einzelnen Beobachtungswerte zunächst gewichtet, d.h. alle Beobachtungswerte werden mit (evtl. verschiedenen) Faktoren, die größer oder gleich Null sind, multipliziert. Die Summe der verwendeten Faktoren muss Eins betragen.

▶ **Definition** Gewichtetes arithmetisches Mittel | Seien $x_1, \ldots, x_n \in \mathbb{R}$ ein metrischer Datensatz und $g_1, \ldots, g_n \geqslant 0$ reelle Zahlen mit $\sum_{i=1}^{n} g_i = 1$.
Das (bzgl. $g_1, \ldots, g_n$) gewichtete arithmetische Mittel $\bar{x}_g$ von $x_1, \ldots, x_n$ berechnet sich mittels der Formel

$$\bar{x}_g = \sum_{i=1}^{n} g_i x_i. \qquad \qquad \text{✗}$$

B **Beispiel** | Eine Buchhandlung verkauft 50 Bücher zu 10€, 20 Bücher zu 15€ und 10 Bücher zu 25€. Der Durchschnittspreis der verkauften Bücher berechnet sich als Quotient aus den Gesamteinnahmen G aus dem Verkauf der Bücher und der Anzahl der insgesamt verkauften Bücher N. Da die Gesamteinnahmen

$$G = 50 \cdot 10 + 20 \cdot 15 + 10 \cdot 25 = 1\,050 \; [\text{€}]$$

3.2 Lagemaße für metrische Daten

betragen und insgesamt 80 Bücher verkauft wurden, ergibt sich der durchschnittliche Preis als ein gewichtetes arithmetisches Mittel der Buchpreise:

$$\overline{x}_g = \frac{G}{N} = \frac{50 \cdot 10 + 20 \cdot 15 + 10 \cdot 25}{80}$$

$$= \frac{50}{80} \cdot 10 + \frac{20}{80} \cdot 15 + \frac{10}{80} \cdot 25 = 13{,}125 \approx 13{,}13 \; [\text{€}].$$

Die Gewichte $\frac{50}{80}, \frac{20}{80}$ und $\frac{10}{80}$ sind die Anteile der Verkaufszahlen der verschiedenen Bücher an der Gesamtzahl verkaufter Bücher.

Das gewichtete arithmetische Mittel wird in diesem Beispiel als Rechenhilfsmittel verwendet. Der durchschnittliche Preis kann ebenso mit den Originaldaten ermittelt werden:

$$\overline{x} = \frac{1}{80} \big(\underbrace{10 + \cdots + 10}_{50 \text{ mal}} + \underbrace{15 + \cdots + 15}_{20 \text{ mal}} + \underbrace{25 + \cdots + 25}_{10 \text{ mal}} \big)$$

$$= \frac{1}{80} \big(50 \cdot 10 + 20 \cdot 15 + 10 \cdot 25 \big) \stackrel{\text{s.o.}}{=} 13{,}125.$$

✗

Regel Gewichtetes arithmetisches Mittel mit identischen Gewichten | Durch die spezielle Wahl der Gewichte

$$g_1 = g_2 = \cdots = g_n = \frac{1}{n} = \frac{1}{\text{Anzahl der Beobachtungen}}$$

ergibt sich aus dem gewichteten arithmetischen Mittel das gewöhnliche arithmetische Mittel.

Geometrische Mittel

In speziellen Situationen kann die Verwendung eines arithmetischen Mittels nicht angebracht sein und sogar zu verfälschten Ergebnissen führen. Aus diesen Gründen werden zwei weitere Mittelwerte, nämlich das geometrische und das harmonische Mittel, benötigt. Als Motivation für das geometrische Mittel wird zunächst das folgende (abstrakte) Beispiel betrachtet.

Beispiel Preise | Für die Preise $p_0, p_1, \ldots, p_n > 0$ eines Produkts im Verlauf von $n + 1$ Zeitperioden beschreiben die 213▶Wachstumsfaktoren

$$x_i = \frac{p_i}{p_{i-1}}, \quad i \in \{1, \ldots, n\},$$

die Preisänderungen von Periode $i-1$ zu Periode i. Die Erhöhung eines Preises um 50% entspricht einem Wachstumsfaktor von 1,5, eine Preissenkung um 20% führt zu einem Wachstumsfaktor von 0,8. Die Multiplikation des Anfangspreises p_0 mit allen Wachstumsfaktoren bis zum Zeitpunkt j ergibt genau den Preis p_j, d.h. für $j \in \{1, \ldots, n\}$ gilt:

3. Lage- und Streuungsmaße

$$p_0 \cdot x_1 \cdot x_2 \cdot \ldots \cdot x_j = p_0 \prod_{i=1}^{j} x_i = p_0 \cdot \frac{p_1}{p_0} \cdot \frac{p_2}{p_1} \cdot \ldots \cdot \frac{p_{j-1}}{p_{j-2}} \cdot \frac{p_j}{p_{j-1}} = p_j.$$

Diese Situation wirft die Frage auf, um welchen, für alle Jahre konstanten Prozentsatz der Preis des Produkts hätte steigen (bzw. fallen) müssen, um bei gegebenem Anfangspreis p_0 nach n Jahren den Preis p_n zu erreichen.
Aufgrund der Relation

$$\text{Wachstumsfaktor} = 1 + \text{Prozentsatz}$$

lässt sich diese Fragestellung auch anders formulieren: Welcher Wachstumsfaktor w erfüllt die Eigenschaft

$$p_0 \cdot x_1 \cdot \ldots \cdot x_n = p_n = p_0 \cdot w^n$$

oder anders ausgedrückt, wann gilt

$$x_1 \cdot \ldots \cdot x_n = w^n?$$

Der Wachstumsfaktor, der diese Gleichung löst, liefert auch den gesuchten Prozentsatz.

Das geometrische Mittel $\overline{x}_{geo}$ von n positiven Beobachtungswerten ist diejenige Zahl, deren n-te Potenz $\overline{x}_{geo}^n$ das Produkt aller Beobachtungswerte ergibt:

$$\underbrace{\overline{x}_{geo} \cdot \overline{x}_{geo} \cdot \ldots \cdot \overline{x}_{geo}}_{\text{Anzahl Faktoren} \,\hat{=}\, \text{Anzahl der Beobachtungen}} = \text{Produkt aller Beobachtungswerte}.$$

Das geometrische Mittel von n Wachstumsfaktoren entspricht also dem konstanten Wachstumsfaktor, dessen n-te Potenz multipliziert mit der Anfangsgröße p_0 die Endgröße p_n zum Ergebnis hat. Das geometrische Mittel wird auch als mittlerer Wachstumsfaktor bezeichnet, da die Verwendung dieses (konstanten) Wachstumsfaktors an Stelle der eigentlichen Wachstumsfaktoren zum gleichen Ergebnis führt. Indem auf beiden Seiten der Gleichung die n-te Wurzel gezogen wird, kann für das geometrische Mittel eine direkte Berechnungsformel angegeben werden.

▶ **Definition** Geometrisches Mittel | Für metrische, positive Beobachtungswerte $x_1, \ldots, x_n > 0$ ist das geometrische Mittel $\overline{x}_{geo}$ definiert durch

$$\overline{x}_{geo} = \sqrt[n]{x_1 \cdot x_2 \cdot \ldots \cdot x_n} = \left(\prod_{i=1}^{n} x_i \right)^{1/n}.$$

3.2 Lagemaße für metrische Daten

Aus dieser Definition ergibt sich, dass die Bildung eines Produkts von Merkmalsausprägungen sinnvoll sein muss, wenn das geometrische Mittel berechnet werden soll. Es wird daher im Allgemeinen für Beobachtungsdaten, die 213▶Wachstumsfaktoren darstellen, verwendet. Wachstumsfaktoren geben die relativen Änderungen von Größen wie z.B. Preisen oder Umsätzen bezogen auf einen Vergleichswert wieder. Andererseits ist z.B. bei Wachstumsfaktoren nur das geometrische Mittel sinnvoll, das arithmetische Mittel ist – wie das folgende Beispiel zeigt – in dieser Situation nicht geeignet.

Beispiel | Ein Produkt kostete im Jahr 2002 10€, im Jahr 2003 12€ und im Jahr 2004 bereits 18€. Gesucht ist die durchschnittliche jährliche Preissteigerung im Zeitraum 2002–2004, d.h. der konstante Faktor um den sich der Preis in den Jahren 2003 und 2004 hätte erhöhen müssen, damit sich 18€ als Endpreis ergibt. Wegen

$$10 + 20\% \cdot 10 = 10 + 0{,}2 \cdot 10 = 10 \cdot 1{,}2 = 12 \,[\text{€}]$$

lag die Preissteigerung im Zeitraum 2002–2003 bei 20%. Die Preissteigerung im nächsten Jahr, also im Zeitraum 2003–2004 betrug 50%, da $\frac{18}{12} = 1{,}5$ gilt.

Das geometrische Mittel der beobachteten Wachstumsfaktoren $x_1 = 1{,}2$ und $x_2 = 1{,}5$ liefert das gesuchte Ergebnis:

$$\overline{x}_{\text{geo}} = \sqrt{x_1 \cdot x_2} = \sqrt{1{,}2 \cdot 1{,}5} = \sqrt{1{,}8} \approx 1{,}3416.$$

Das bedeutet, dass bei einer durchschnittlichen Preissteigerung von 34,16% pro Jahr eine absolute Preissteigerung von 8€, das entspricht 80%, nach zwei Jahren erreicht wird. Insbesondere folgt für das geometrische Mittel

$$10 \cdot \overline{x}_{\text{geo}} \cdot \overline{x}_{\text{geo}} = 10 \cdot \sqrt{1{,}8} \cdot \sqrt{1{,}8} = 10 \cdot 1{,}8 = 18 \,[\text{€}].$$

Die Anwendung des 74▶arithmetischen Mittels führt nicht zum gewünschten Ergebnis, da das arithmetische Mittel der Wachstumsfaktoren den Wert

$$\overline{x} = \frac{1}{2}(x_1 + x_2) = \frac{1}{2}(1{,}2 + 1{,}5) = 1{,}35$$

liefert. Bei diesem Mittelwert handelt es sich nicht um einen mittleren Wachstumsfaktor, denn offenbar ergibt sich ein zu großer Wert für 2004:

$$10 \cdot \overline{x} \cdot \overline{x} = 10 \cdot (1{,}35)^2 = 18{,}225 \neq 18 \,[\text{€}].$$

Ähnlich wie beim arithmetischen Mittel kann auch eine gewichtete Variante des geometrischen Mittels eingeführt werden.

Definition Gewichtetes geometrisches Mittel | Seien $x_1, \ldots, x_n > 0$ ein metrischer Datensatz und $g_1, \ldots, g_n \geq 0$ reelle Zahlen mit $\sum_{i=1}^{n} g_i = 1$.
Das (bzgl. $g_1, \ldots, g_n$) gewichtete geometrische Mittel $\overline{x}_{geo,g}$ von $x_1, \ldots, x_n$ berechnet sich mittels der Formel

$$\overline{x}_{geo,g} = \prod_{i=1}^{n} x_i^{g_i}.$$

Regel Gewichtetes geometrisches Mittel mit identischen Gewichten | Die Gewichte $g_1 = \cdots = g_n = \frac{1}{n}$ in der Definition des gewichteten geometrischen Mittels liefern das gewöhnliche geometrische Mittel.

Beispiel | Auf einem Festgeldkonto mit monatlicher Verzinsung wird ein Betrag von $K_0 = 20\,000$ [€] angelegt. Die Verzinsung liegt zunächst bei 2% pro Jahr. Nach sechs Monaten wird der jährliche Zinssatz auf 1,5% gesenkt, nach weiteren drei Monaten erfolgt eine erneute Reduzierung auf nunmehr 1%. Es soll der Geldbetrag K bestimmt werden, der sich nach Ablauf dieses Jahres auf dem Festgeldkonto befindet.
Da bei einer jährlichen Verzinsung p die monatliche Verzinsung $\frac{p}{12}$ beträgt, ergibt sich aufgrund der zweimaligen Zinssenkung

$$K = K_0 \cdot \left(1 + \frac{0{,}02}{12}\right)^6 \cdot \left(1 + \frac{0{,}015}{12}\right)^3 \cdot \left(1 + \frac{0{,}01}{12}\right)^3 \approx 20\,327{,}42\ [\text{€}].$$

Der so genannte Effektivzins p_e gibt die einmalige Verzinsung an, die zu Beginn des Jahres vereinbart werden müsste, damit – bei einer Laufzeit von einem Jahr – das Kapital K_0 auf das Kapital K anwächst. Wegen $\frac{K}{K_0} \approx 1{,}0164$ ist also $p_e = 1{,}64\%$.
Das Kapital K wird bei monatlicher Verzinsung des jeweils vorhandenen Kapitals K_0 mit dem festen Zinssatz $p_{e,Monat}$ dann erreicht, wenn die Gleichung

$$K_0(1 + p_{e,Monat})^{12} = K$$

erfüllt ist. Daher gilt

$$p_{e,Monat} = \left(\frac{K}{K_0}\right)^{\frac{1}{12}} - 1 \approx 0{,}00135 = 0{,}135\%.$$

Der monatliche Zuwachs $1 + p_{e,Monat}$ ist somit ein gewichtetes geometrisches Mittel von Wachstumsfaktoren, die die (variable) monatliche Verzinsung beschreiben:

$$1 + p_{e,Monat} = \left(1 + \frac{0{,}02}{12}\right)^{\frac{6}{12}} \cdot \left(1 + \frac{0{,}015}{12}\right)^{\frac{3}{12}} \cdot \left(1 + \frac{0{,}01}{12}\right)^{\frac{3}{12}}.$$

3.2 Lagemaße für metrische Daten

Harmonische Mittel

Das harmonische Mittel ist ein Lagemaß, das sinnvoll eingesetzt werden kann, wenn die Beobachtungswerte 202▶Verhältniszahlen darstellen, also z.B. Verbräuche (in $\frac{l}{km}$), Geschwindigkeiten (in $\frac{m}{s}$) oder Kosten für Kraftstoff (in $\frac{€}{l}$). Das harmonische Mittel einer Stichprobe aus positiven Beobachtungswerten berechnet sich als Quotient

$$\overline{x}_{harm} = \frac{\text{Anzahl der Beobachtungswerte}}{\text{Summe der Kehrwerte der Beobachtungswerte}}.$$

Das harmonische Mittel ist also der Kehrwert (reziproke Wert) des 74▶arithmetischen Mittels der Kehrwerte aller Beobachtungswerte.

Definition Harmonisches Mittel | Für metrische, positive Beobachtungswerte $x_1, \ldots, x_n > 0$ ist das harmonische Mittel $\overline{x}_{harm}$ definiert durch

$$\overline{x}_{harm} = \frac{1}{\frac{1}{n} \sum_{i=1}^{n} \frac{1}{x_i}}.$$

Beispiel | Ein Autofahrer tankt bei jedem Tankstellenstop für den selben Betrag von 25€ Kraftstoff. Bei den letzten fünf Füllungen waren die Preise pro Liter Normalbenzin (in €):

$$1{,}559 \quad 1{,}599 \quad 1{,}709 \quad 1{,}719 \quad 1{,}649$$

Er möchte wissen, welchen Durchschnittspreis P er für einen Liter Benzin bezahlt hat. Der Durchschnittspreis ist der Quotient aus den Gesamtkosten K und der insgesamt gekauften Menge M an Kraftstoff. Die Gesamtkosten K betragen $5 \cdot 25 = 125\,[€]$, die insgesamt getankte Menge an Benzin ist

$$M = \frac{25}{1{,}559} + \frac{25}{1{,}599} + \frac{25}{1{,}709} + \frac{25}{1{,}719} + \frac{25}{1{,}649} \approx 76{,}0032\,[l].$$

Damit ergibt sich ein Durchschnittspreis von

$$P = \frac{K}{M} \approx \frac{125}{76{,}0032} \approx 1{,}645\,[€/l].$$

Das harmonische Mittel der obigen Kraftstoffpreise beträgt

$$P = \frac{1}{\frac{1}{5}\left(\frac{1}{1{,}559} + \frac{1}{1{,}599} + \frac{1}{1{,}709} + \frac{1}{1{,}719} + \frac{1}{1{,}649}\right)} \quad \left(= \frac{1}{\frac{1}{5} \cdot \frac{M}{25}} = \frac{5 \cdot 25}{M}\right)$$

$$= \frac{K}{M} \approx 1{,}645\,[€/l].$$

Also liefert das harmonische Mittel den Durchschnittspreis der Benzinpreise. Hierbei war entscheidend, dass immer Kraftstoff für den selben Betrag, nämlich für 25€ getankt wurde.

Die Anwendung des 74▶arithmetischen Mittels ist in diesem Beispiel nicht sinnvoll und liefert falsche Werte. Es ergäbe sich hierbei der (für den Durchschnittspreis zu hohe) Wert

$$P = \frac{1}{5}(1{,}559 + 1{,}599 + 1{,}709 + 1{,}719 + 1{,}649) = 1{,}647 \, [\text{€}/\text{l}].$$

Der Unterschied zwischen arithmetischem und harmonischem Mittel beträgt im obigen Beispiel lediglich 0,002 [€/l]. Die Differenz kann aber auch deutlich ausfallen. Das arithmetische Mittel der Zahlen 1, 4, 4 ist $\frac{1+4+4}{3} = 3$, das harmonische hingegen $\frac{1}{\frac{1}{3}(1+0{,}25+0{,}25)} = 2$.

Die gewichtete Variante des harmonischen Mittels wird analog zu den anderen beiden Mittelwerten konstruiert.

Definition Gewichtetes harmonisches Mittel | Gegeben seien Beobachtungswerte $x_1, \ldots, x_n > 0$ eines metrischen Merkmals.

Das gewichtete harmonische Mittel $\bar{x}_{\text{harm},g}$ berechnet sich unter Verwendung der Gewichte $g_1, \ldots, g_n \geq 0$ mit $\sum_{i=1}^{n} g_i = 1$ mittels der Formel

$$\bar{x}_{\text{harm},g} = \frac{1}{\sum_{i=1}^{n} \frac{g_i}{x_i}}.$$

Regel Gewichtetes harmonisches Mittel mit identischen Gewichten | Die Gewichte $g_1 = \cdots = g_n = \frac{1}{n}$ in der Definition des gewichteten harmonischen Mittels liefern das gewöhnliche harmonische Mittel.

Beispiel | Ein Fahrzeug fährt zunächst eine Strecke von $s_1 = 150\,\text{km}$ mit einer Geschwindigkeit von $v_1 = 100\,\frac{\text{km}}{\text{h}}$ und danach eine weitere Strecke von $s_2 = 50\,\text{km}$ mit einer Geschwindigkeit von $v_2 = 50\,\frac{\text{km}}{\text{h}}$. Die Fahrzeiten t_i, $i \in \{1,2\}$, der einzelnen Strecken berechnen sich mittels $t_i = \frac{s_i}{v_i}$, $i \in \{1,2\}$. Die Gesamtfahrzeit beträgt $t = t_1 + t_2 = 2{,}5\,\text{h}$ (Stunden), so dass die Durchschnittsgeschwindigkeit v für die Gesamtstrecke von $s = s_1 + s_2 = 200\,\text{km}$ durch $v = \frac{s}{t} = \frac{200}{2{,}5} = 80\,\left[\frac{\text{km}}{\text{h}}\right]$ gegeben ist. Dieses Ergebnis kann auch wie folgt ermittelt werden:

$$v = \frac{s}{t} = \frac{s}{t_1 + t_2} = \frac{s}{\frac{s_1}{v_1} + \frac{s_2}{v_2}} = \frac{1}{\frac{s_1}{s}\frac{1}{v_1} + \frac{s_2}{s}\frac{1}{v_2}}.$$

3.2 Lagemaße für metrische Daten

Einsetzen der bekannten Werte für die Geschwindigkeiten v_1, v_2 und der Strecken s_1, s_2, s ergibt

$$v = \frac{1}{\frac{150}{200}\frac{1}{v_1} + \frac{50}{200}\frac{1}{v_2}} = \frac{1}{\frac{3}{4}\frac{1}{100} + \frac{1}{4}\frac{1}{50}} = 80 \left[\frac{km}{h}\right].$$

Die Durchschnittsgeschwindigkeit ist also ein ein gewichtetes harmonisches Mittel (mit den Gewichten $\frac{3}{4}$ und $\frac{1}{4}$) der Geschwindigkeiten v_1 und v_2.
Das 78▶gewichtete arithmetische Mittel der Geschwindigkeiten

$$\frac{150}{200} \cdot 100 + \frac{50}{200} \cdot 50 = 87{,}5 \left[\frac{km}{h}\right]$$

würde einen zu hohen Wert ergeben, so dass die bei dieser Durchschnittsgeschwindigkeit in 2,5 Stunden zurückgelegte Strecke 218,75km betragen würde. ✗

Für Datensätze, die nur positive Beobachtungswerte enthalten, können prinzipiell alle drei eingeführten Mittelwerte bestimmt werden. Allerdings ist jeweils – wie in den Beispielen gesehen – nur eines dieser Mittel für eine Situation geeignet bzw. sinnvoll. Wenn die Formeln zur Bestimmung der Mittel lediglich als Berechnungsvorschriften betrachtet werden, die auf Zahlen $x_1, \ldots, x_n > 0$ angewendet werden, so wird deutlich, dass das arithmetische Mittel, das geometrische Mittel und das harmonische Mittel stets geordnet sind. Dieses Resultat ist in der folgenden Eigenschaft der gewichteten Varianten dieser Mittelwerte enthalten und wird bei 224▶Indexzahlen benötigt.

Regel Ungleichungskette zwischen Mittelwerten | Seien $x_1, \ldots, x_n > 0$ metrische, positive Beobachtungswerte und $g_1, \ldots, g_n \geqslant 0$ mit $\sum\limits_{i=1}^{n} g_i = 1$.
Dann erfüllen das gewichtete arithmetische Mittel $\bar{x}_g$, das gewichtete geometrische Mittel $\bar{x}_{geo,g}$ und das gewichtete harmonische Mittel $\bar{x}_{harm,g}$ die Ungleichungskette

$$\bar{x}_{harm,g} \leqslant \bar{x}_{geo,g} \leqslant \bar{x}_g.$$

In den Ungleichungen gilt Gleichheit jeweils genau dann, wenn alle Beobachtungswerte, deren zugehörige Gewichte positiv sind, übereinstimmen (d.h. $x_i = x_j$ für alle $i, j \in \{1, \ldots, n\}$ mit $g_i, g_j > 0$). Darüber hinaus gilt:

$$x_{(1)} \leqslant \bar{x}_{harm,g} \leqslant \bar{x}_{geo,g} \leqslant \bar{x}_g \leqslant x_{(n)}.$$

Da die gewichteten Mittel Erweiterungen der gewöhnlichen Mittelwerte darstellen, gilt diese Beziehung (mit den Gewichten $g_i = \frac{1}{n}$, $i \in \{1, \ldots, n\}$) speziell auch für das arithmetische Mittel $\bar{x}$, das geometrische Mittel $\bar{x}_{geo}$ und das harmonische Mittel $\bar{x}_{harm}$.

Nachweis. Die Ungleichungskette zwischen den drei gewichteten Mitteln folgt im Wesentlichen aus der strengen e▶Konkavität des natürlichen e▶Logarithmus ln. Aufgrund dieser Eigenschaft gilt

$$\sum_{i=1}^{n} g_i \ln(x_i) \leq \ln\left(\sum_{i=1}^{n} g_i x_i\right) \quad \text{für alle } g_i \in [0,1] \text{ mit } \sum_{i=1}^{n} g_i = 1$$

$$\text{und } x_i > 0, i \in \{1, \ldots, n\}.$$

Gleichheit liegt nur unter den in der Regel genannten Bedingungen vor. Zunächst werden das gewichtete arithmetische Mittel $\bar{x}_g$ und das gewichtete geometrische Mittel $\bar{x}_{geo,g}$ betrachtet. Durch Logarithmieren von $\bar{x}_{geo,g}$ und Anwendung der Konkavität folgt die Aussage

$$\ln(\bar{x}_{geo,g}) = \ln\left(\prod_{i=1}^{n} x_i^{g_i}\right) = \sum_{i=1}^{n} \ln(x_i^{g_i})$$
$$= \sum_{i=1}^{n} g_i \ln(x_i) \leq \ln\left(\sum_{i=1}^{n} g_i x_i\right) = \ln(\bar{x}_g).$$

Da die Exponentialfunktion exp die (streng monoton wachsende) e▶Umkehrfunktion zum natürlichen Logarithmus ist, folgt die Behauptung $\bar{x}_{geo,g} \leq \bar{x}_g$ durch Anwendung der Exponentialfunktion auf beiden Seiten der eben gezeigten Ungleichung. Die Ungleichung zwischen dem gewichteten geometrischen Mittel $\bar{x}_{geo,g}$ und dem gewichteten harmonischen Mittel $\bar{x}_{harm,g}$ ergibt sich aus dem Vorhergehenden, indem die Werte $y_i = \frac{1}{x_i}$, $i \in \{1, \ldots, n\}$, in die bereits bewiesene Ungleichung

$$\prod_{i=1}^{n} y_i^{g_i} = \bar{y}_{geo,g} \leq \bar{y}_g = \sum_{i=1}^{n} g_i y_i$$

eingesetzt und die Kehrwerte auf beiden Seiten der Ungleichung gebildet werden. ✓

Ausreißerverhalten von Median und arithmetischem Mittel
Das arithmetische Mittel und der Median zeigen ein unterschiedliches Verhalten beim Auftreten von Ausreißern in der Stichprobe. Im hier behandelten Kontext bezeichnen Ausreißer Beobachtungen, die in Relation zur Mehrzahl der Daten verhältnismäßig groß oder klein sind. Ausreißer können z.B. durch Mess- und Übertragungsfehler (beispielsweise bei der versehentlichen Übernahme von 170€ statt 1,70€ für den Preis eines Produkts in einer Preistabelle), die bei der Erhebung der Daten aufgetreten sind, verursacht werden. Sie können jedoch auch korrekte Messungen des Merkmals sein, die aber deutlich nach oben bzw. unten von den

3.3 Streuungsmaße

anderem Messwerten abweichen. Grundsätzlich werden also (unabhängig von der Interpretation) extrem große oder kleine Werte als Ausreißer bezeichnet. Deren unterschiedlicher Einfluss auf die bereitgestellten Lagemaße soll am Beispiel von Median und arithmetischem Mittel illustriert werden.

Während das arithmetische Mittel durch Änderungen in den größten oder den kleinsten Beobachtungswerten (stark) beeinflusst wird, ändert sich der Wert des Medians in diesen Fällen im Allgemeinen nicht: der Median verhält sich robust gegenüber Ausreißern.

Beispiel | Das arithmetische Mittel $\bar{x}$ und der Median $\tilde{x}$ des Datensatzes

$$1\ 3\ 3\ 4\ 4\ 5\ 8$$

sind gleich: $\bar{x} = 4 = \tilde{x}$. Wird die letzte Beobachtung x_7 durch den Wert 50 ersetzt, so ändert sich der Wert des arithmetischen Mittels auf $\bar{x} = 10$, der Median bleibt unverändert bei $\tilde{x} = 4$. ✗

Die Ausreißeranfälligkeit des arithmetischen Mittels wird durch die folgenden Grafiken illustriert, wobei lediglich der größte Wert nach rechts verschoben wurde.

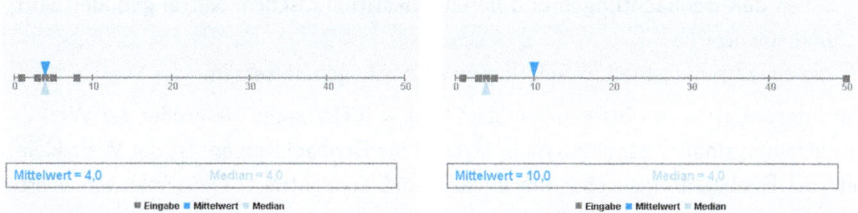

3.3 Streuungsmaße

Das folgende Beispiel veranschaulicht, dass die Beschreibung eines Datensatzes durch die alleinige Angabe von Lagemaßen (hier des arithmetischen Mittels) in der Regel unzureichend ist.

Beispiel | Das Durchschnittsalter (arithmetisches Mittel) in einer Gruppe von drei Personen mit den Lebensaltern 18, 16 und 23 Jahren beträgt

$$\frac{18 + 16 + 23}{3} = 19\ [\text{Jahre}].$$

In einer anderen, aus drei 19-Jährigen bestehenden Gruppe ergibt sich ebenfalls ein Durchschnittsalter von 19 Jahren. ✗

Beobachtungen in Datensätzen mit dem selben arithmetischen Mittel können von diesem also unterschiedlich stark abweichen. Diese Abweichung kann durch Streuungsmaße (92▶empirische Varianz, 96▶empirische Standardabweichung) quantifiziert werden.

Streuungsmaße dienen zur Messung des Abweichungsverhaltens von Merkmalsausprägungen in einem Datensatz. Die Streuung in den Daten resultiert daraus, dass bei Messungen eines Merkmals i.A. verschiedene Werte beobachtet werden (z.B. Körpergrößen in einer Gruppe von Menschen oder erreichte Punktzahlen in einem Examen). 62▶Lagemaße ermöglichen zwar die Beschreibung eines zentralen Wertes der Daten, jedoch können zwei Datensätze mit gleichem oder nahezu gleichem Lagemaß sehr unterschiedliche Streuungen um den Wert des betrachteten Lagemaßes aufweisen. Streuungsmaße ergänzen daher die im Lagemaß enthaltene Information und geben Aufschluss über ein solches Abweichungsverhalten. Sie werden unterschieden in diejenigen, die auf

— der Differenz zwischen zwei Lagemaßen beruhen (wie z.B. die 89▶Spannweite als Differenz von 64▶Maximum und 64▶Minimum der Daten), solchen, die
— die Abweichung zwischen den beobachteten Werten und einem Lagemaß nutzen (wie z.B. die 92▶empirische Varianz, die aus den quadrierten Abständen zwischen den Beobachtungen und deren 74▶arithmetischem Mittel gebildet wird) und solche,
— die ein Streuungsmaß in Relation zu einem Lagemaß setzen.

Zur Interpretation von Streuungsmaßen lässt sich festhalten: Je größer der Wert eines Streuungsmaßes ist, desto mehr streuen die Beobachtungen. Ist der Wert klein, sind die Beobachtungen eher um einen Punkt konzentriert. Die konkreten Werte eines Streuungsmaßes sind allerdings schwierig zu interpretieren, da in Abhängigkeit vom betrachteten Maß und Datensatz völlig unterschiedliche Größenordnungen auftreten können. Streuungsmaße sollten daher eher als vergleichende Maßzahlen für thematisch gleichartige Datensätze verwendet werden. Da alle Streuungsmaße grundsätzlich einen Abstandsbegriff voraussetzen, muss zu deren Verwendung ein 14▶quantitatives (metrisches) Merkmal vorliegen.

Wie bereits erwähnt, können Streuungsmaße unterschieden werden in solche, die auf einer Differenz von Lagemaßen bzw. auf der Abweichung der Beobachtungen zu einem Lagemaß basieren. Zunächst werden Streuungsmaße betrachtet, die zur ersten Gruppe gehören.

Spannweite und Quartilsabstand

Die Spannweite (englisch Range) R einer Stichprobe ist die Differenz zwischen dem größten und dem kleinsten Beobachtungswert, d.h. sie berechnet sich gemäß

$$R = \text{größter Beobachtungswert} - \text{kleinster Beobachtungswert}.$$

3.3 Streuungsmaße

Zur formalen Einführung der Spannweite wird die 64▶Rangwertreihe der Daten herangezogen.

Definition Spannweite | Für einen metrischen Datensatz $x_1, \ldots, x_n$ ist die Spannweite R definiert als Differenz von Maximum $x_{(n)}$ und Minimum $x_{(1)}$:

$$R = x_{(n)} - x_{(1)}.$$

Beispiel | Im Verlauf eines Jahres werden in einer Stadt die folgenden monatlichen Durchschnittstemperaturen (in °C) gemessen:

6 7 10 11 14 18 22 23 17 13 10 8

Der kleinste Wert dieser Daten ist 6, der größte 23. Daher beträgt die Spannweite der Temperaturdaten $R = 23 - 6 = 17$ [°C].

Regel Spannweite bei Häufigkeitsverteilung | Liegen die Daten in Form einer Häufigkeitsverteilung $f_1, \ldots, f_m$ mit verschiedenen Merkmalsausprägungen $u_1, \ldots, u_m$ des betrachteten Merkmals vor, so kann die Spannweite mittels

$$R = \max\{u_j | j \in J\} - \min\{u_j | j \in J\}$$

berechnet werden, wobei $J = \{i \in \{1, \ldots, m\} | f_i > 0\}$ die Menge aller Indizes ist, deren zugehörige relative Häufigkeit positiv ist.

Definitionsgemäß basiert die Spannweite auf beiden extremen Werten, also dem größten und dem kleinsten Wert, in der Stichprobe. Daher reagiert sie empfindlich auf Änderungen in diesen Werten. Insbesondere haben 86▶Ausreißer einen direkten Einfluss auf dieses Streuungsmaß und können möglicherweise zu einem erheblich verfälschten Eindruck von der Streuung in den Daten führen. Andere Streuungsmaße wie z.B. der im Folgenden vorgestellte Quartilsabstand, der ähnlich wie die Spannweite auf der Differenz zweier Lagemaße basiert, sind weniger empfindlich gegenüber Ausreißern an den „Rändern" eines Datensatzes.

Der Quartilsabstand Q berechnet sich als Differenz von oberem 73▶Quartil (0,75-Quantil) und unterem Quartil (0,25-Quantil) der Daten:

$$Q = \text{oberes Quartil} - \text{unteres Quartil}.$$

Aus der Definition der Quartile folgt, dass im Bereich $[\tilde{x}_{0,25}, \tilde{x}_{0,75}]$, dessen Länge durch den Quartilsabstand beschrieben wird, mindestens 50% aller Beobachtungswerte liegen. Damit ist der Quartilsabstand offenbar ein Maß für die Streuung der Daten.

Definition Quartilsabstand | Für einen metrischen Datensatz $x_1,\ldots,x_n$ ist der Quartilsabstand Q definiert als Differenz

$$Q = \tilde{x}_{0,75} - \tilde{x}_{0,25},$$

wobei $\tilde{x}_{0,75}$ das obere und $\tilde{x}_{0,25}$ das untere Quartil der Daten bezeichnen.

Beispiel Aktienkurse | Die Beobachtung des Kurses einer Aktie während eines Jahres ($n = 12$) liefert den folgenden Datensatz der monatlichen Durchschnittskurse (in €):

43,50 46,70 51,20 49,90 55,50 60,30
63,50 61,00 59,20 62,30 65,40 67,80

Zunächst wird die 64▶Rangwertreihe zur Ermittlung der Quartile gebildet:

43,50 46,70 49,90 51,20 55,50 59,20
60,30 61,00 62,30 63,50 65,40 67,80

Wegen $n \cdot 0,25 = 12 \cdot 0,25 = 3 \in \mathbb{N}$ gilt für das untere Quartil

$$\tilde{x}_{0,25} = \frac{1}{2}\left(x_{(3)} + x_{(4)}\right) = \frac{1}{2}\left(49,90 + 51,20\right) = 50,55\,[\text{€}].$$

Weiterhin folgt aus $n \cdot 0,75 = 12 \cdot 0,75 = 9 \in \mathbb{N}$ für das obere Quartil

$$\tilde{x}_{0,75} = \frac{1}{2}\left(x_{(9)} + x_{(10)}\right) = \frac{1}{2}\left(62,30 + 63,50\right) = 62,90\,[\text{€}].$$

Der Quartilsabstand Q der Durchschnittskurse ist demzufolge

$$Q = \tilde{x}_{0,75} - \tilde{x}_{0,25} = 62,90 - 50,55 = 12,35\,[\text{€}].$$

Zwischen dem oberen und dem unteren Quartil liegt in diesem Fall exakt die Hälfte aller Daten.

Der Quartilsabstand verändert sich bei einer Änderung der größten oder kleinsten Werte (im Gegensatz zur 89▶Spannweite) des Datensatzes in der Regel nicht, da diese Werte zur Berechnung nicht herangezogen werden. Dies ist aus der Definition des Quartilsabstands, in die die Daten nur in Form der beiden Quartile eingehen, unmittelbar ersichtlich. Aufgrund dieser Eigenschaft wird der Quartilsabstand auch als robust gegenüber extremen Werten in der Stichprobe bezeichnet.

Beispiel | Im 90▶Beispiel Aktienkurse wurde der erste Wert falsch notiert. Der richtige Wert lag bei nur 23,50€. Die Spannweite $R = 67,80 - 43,50 = 24,30\,[\text{€}]$ der ursprünglichen Daten vergrößert sich nach der Korrektur auf $R = 67,80 - 23,50 = 44,30\,[\text{€}]$. Der Quartilsabstand hängt in diesem Beispiel nicht vom kleinsten Wert ab und liegt daher auch für den korrigierten Datensatz bei $Q = 62,90 - 50,55 = 12,35\,[\text{€}]$.

3.3 Streuungsmaße

Erwartungsgemäß ist der Quartilsabstand höchstens so groß wie die Spannweite.

Regel Ungleichung zwischen Quartilsabstand und Spannweite | Für den Quartilsabstand Q und die Spannweite R eines Datensatzes gilt

$$Q \leqslant R.$$

Nachweis. Die Ungleichung folgt sofort aus der Definition der Quartile $\tilde{x}_{0,25}$ und $\tilde{x}_{0,75}$, da für die extremen Werte eines Datensatzes $x_{(1)} \leqslant \tilde{x}_{0,25} \leqslant \tilde{x}_{0,75} \leqslant x_{(n)}$ gilt. Dies liefert bereits die Behauptung. ✓

Nun werden Maße betrachtet, die die Streuung im Datensatz auf der Basis der Abstände der beobachteten Werte zu einem Lagemaß beschreiben. Eine wesentliche Voraussetzung zur Definition derartiger Streuungsmaße ist ein geeigneter Abstandsbegriff. Nahe liegend ist etwa die Verwendung der Abstände (der 76▶Residuen)

$$x_i - \bar{x}, \quad i \in \{1, \ldots, n\},$$

die die Abweichung eines beobachteten Wertes zum arithmetischen Mittel des Datensatzes angeben. Die Konstruktion eines Maßes, das die Abweichung aller Punkte von $\bar{x}$ beschreibt, wäre dann etwa die Summe der Residuen, d.h.

$$\sum_{i=1}^{n} (x_i - \bar{x}).$$

Eine einfache 76▶Rechnung zeigt jedoch, dass diese Größe stets den Wert Null hat und sie daher als Streuungsmaß ungeeignet ist. Deshalb werden leicht modifizierte, auf den Residuen basierende Größen betrachtet. Beispielsweise werden die Abstände ohne ihr Vorzeichen verwendet und gegebenenfalls gewichtet. Verbreitet sind der e▶Absolutbetrag der Residuen und das Quadrat der Residuen (Abweichungsquadrate)

$$|x_i - \bar{x}| \quad \text{bzw.} \quad (x_i - \bar{x})^2.$$

Daraus ergeben sich durch Summation die (Gesamt-) Streuungsmaße

$$\sum_{i=1}^{n} |x_i - \bar{x}| \quad \text{bzw.} \quad \sum_{i=1}^{n} (x_i - \bar{x})^2.$$

Meist wird die Variante mit quadratischen Abständen verwendet, da sie in vielen Situationen einfacher zu Hand haben ist und in der e▶Wahrscheinlichkeitsrechnung ein gebräuchliches Pendant besitzt, die e▶Varianz. Der Absolutbetrag als Abweichungsmaß wird im Folgenden nicht mit dem arithmetischen Mittel, sondern dem

Median als Bezugsgröße genutzt. Die zugehörige Größe

$$\sum_{i=1}^{n} |x_i - \tilde{x}|$$

heißt 99▶Summe der absoluten Abweichungen vom Median.

Empirische Varianz und empirische Standardabweichung
Zunächst wird die Summe der Abweichungsquadrate betrachtet. Das Quadrieren der Abweichungen hat zur Folge, dass sehr kleine Abweichungen vom arithmetischen Mittel kaum, große Abweichungen jedoch sehr stark ins Gewicht fallen. Das zugehörige Streuungsmaß, die empirische Varianz s^2, berechnet sich mittels der Formel

$$s^2 = \frac{\text{Summe aller Abweichungsquadrate}}{\text{Anzahl der Beobachtungswerte}}.$$

▶ **Definition** Empirische Varianz | Für einen metrischen Datensatz $x_1, \ldots, x_n$ mit zugehörigem arithmetischem Mittel $\bar{x}_n$ heißt

$$s_n^2 = \frac{1}{n}\left((x_1 - \bar{x}_n)^2 + \cdots + (x_n - \bar{x}_n)^2\right) = \frac{1}{n}\sum_{i=1}^{n}(x_i - \bar{x}_n)^2$$

empirische Varianz s_n^2 von $x_1, \ldots, x_n$.
Ist die Anzahl n der Beobachtungswerte aus dem Kontext klar, so wird auf die Angabe des Index verzichtet, d.h. es wird die Notation s^2 verwendet. ✗

Die empirische Varianz wird gelegentlich auch als

$$s^2 = \frac{1}{n-1}\sum_{i=1}^{n}(x_i - \bar{x})^2$$

eingeführt. In der entsprechenden Literatur muss in Formeln unter Verwendung der empirischen Varianz jeweils auf den veränderten Faktor geachtet werden! (Diese Formel wird motiviert durch tiefer liegende Bezüge zur Mathematischen Statistik, in der durch den veränderten Faktor die so genannte e▶Erwartungstreue einer e▶Schätzfunktion garantiert wird.)

B **Beispiel** Einkommen | In drei Gruppen, die jeweils aus drei Personen bestehen, wird das durchschnittliche Einkommen bestimmt. Obwohl in jeder Gruppe das durchschnittliche Einkommen bei 2 500€ liegt, ist die Streuung der Daten in den einzelnen Gruppen sehr unterschiedlich.

3.3 Streuungsmaße

Gruppe	Einkommen			$\overline{x}$	s^2
1	2 500	2 500	2 500	2 500	0
2	2 000	2 500	3 000	2 500	$\frac{2}{3} \cdot 500^2$
3	1 000	2 500	4 000	2 500	$\frac{2}{3} \cdot 1 500^2$

In der ersten Gruppe hat die empirische Varianz den Wert Null. Dies ist gleichbedeutend damit, dass keine Streuung in diesem Datensatz vorliegt. Für die Gruppen 2 bzw. 3 liefert die empirische Varianz den Wert $\frac{2}{3} \cdot 500^2 \approx 166\,667$ bzw. $\frac{2}{3} \cdot 1\,500^2 = 1\,500\,000$. Hieraus kann abgelesen werden, dass die Daten in Gruppe 3 deutlich stärker streuen als in Gruppe 2. ✗

Regel Berechnung der empirischen Varianz mittels einer Häufigkeitsverteilung | Liegen die Daten in Form einer Häufigkeitsverteilung $f_1, \ldots, f_m$ mit verschiedenen Merkmalsausprägungen $u_1, \ldots, u_m$ des betrachteten Merkmals vor, so kann die empirische Varianz berechnet werden durch

$$s^2 = f_1(u_1 - \overline{x})^2 + f_2(u_2 - \overline{x})^2 + \cdots + f_m(u_m - \overline{x})^2 = \sum_{j=1}^{m} f_j(u_j - \overline{x})^2.$$

Für die empirische Varianz gilt der so genannte Verschiebungssatz (auch bekannt als Steiner-Regel), mit dessen Hilfe sich u.a. auch eine alternative 94▶Berechnungsmöglichkeit herleiten lässt.

Regel Steiner-Regel | Für ein beliebiges $a \in \mathbb{R}$ erfüllt die empirische Varianz s^2 der Beobachtungswerte $x_1, \ldots, x_n$ die Gleichung

$$s^2 = \left(\frac{1}{n} \sum_{i=1}^{n} (x_i - a)^2\right) - (\overline{x} - a)^2.$$

Nachweis. Der Verschiebungssatz ist folgendermaßen einzusehen: Für $a \in \mathbb{R}$ und Beobachtungswerte $x_1, \ldots, x_n \in \mathbb{R}$ gilt mittels Anwendung einer e▶binomischen Formel

$$s^2 = \frac{1}{n} \sum_{i=1}^{n} (x_i - \overline{x})^2 = \frac{1}{n} \sum_{i=1}^{n} ((x_i - a) + (a - \overline{x}))^2$$

$$= \frac{1}{n} \sum_{i=1}^{n} \left((x_i - a)^2 + 2(x_i - a)(a - \overline{x}) + (a - \overline{x})^2\right)$$

$$= \frac{1}{n} \sum_{i=1}^{n} (x_i - a)^2 + 2(a - \overline{x}) \frac{1}{n} \sum_{i=1}^{n} (x_i - a) + \frac{1}{n} \sum_{i=1}^{n} (a - \overline{x})^2$$

$$= \frac{1}{n} \sum_{i=1}^{n} (x_i - a)^2 - 2(\overline{x} - a)^2 + (\overline{x} - a)^2$$

$$= \frac{1}{n} \sum_{i=1}^{n} (x_i - a)^2 - (\overline{x} - a)^2. \qquad \checkmark$$

Durch die spezielle Wahl $a = 0$ im Verschiebungssatz lässt sich die empirische Varianz in einer Form darstellen, die deren Berechnung in vielen Situationen erleichtert.

Regel Alternative Berechnungsformel für die empirische Varianz | Die empirische Varianz von Beobachtungswerten $x_1, \ldots, x_n$ lässt sich mittels der Formel

$$s^2 = \left(\frac{1}{n}\sum_{i=1}^{n} x_i^2\right) - \overline{x}^2 = \overline{x^2} - \overline{x}^2$$

berechnen. Dabei bezeichnet $\overline{x^2}$ das arithmetische Mittel der quadrierten Daten $x_1^2, \ldots, x_n^2$.

Beispiel | Anhand der drei Werte $x_1 = 6$, $x_2 = 2$, $x_3 = 7$ soll illustriert werden, wie sich die empirische Varianz sowohl mittels der Formel aus der Definition als auch mit der alternativen Berechnungsmöglichkeit ermitteln lässt. Die hierfür benötigten Terme sind in der folgenden Tabelle zusammengefasst.

i	x_i	$x_i - \overline{x}$	$(x_i - \overline{x})^2$	x_i^2
1	6	1	1	36
2	2	-3	9	4
3	7	2	4	49
Summe	15		14	89
	$\overline{x} = 5$		$s^2 = \frac{14}{3}$	$\overline{x^2} = \frac{89}{3}$

Der Wert $s^2 = \frac{14}{3}$ wurde mittels der definierenden Formel berechnet. Mit der alternativen Berechnungsmöglichkeit ergibt sich (natürlich) das selbe Resultat:

$$s^2 = \overline{x^2} - \overline{x}^2 = \frac{89}{3} - 25 = \frac{89 - 75}{3} = \frac{14}{3}.$$

Die empirische Varianz weist ein spezielles Verhalten bezüglich 70▶linearer Transformationen der Beobachtungswerte in der Form

$$x_{i,neu} = \text{Faktor} \cdot x_{i,alt} + \text{Basiswert}$$

auf. In dieser Situation gilt der folgende Zusammenhang zwischen der empirischen Varianz s_{alt}^2 der alten Daten und der empirischen Varianz s_{neu}^2 der neu berechneten Daten:

$$s_{neu}^2 = \text{Faktor}^2 \cdot s_{alt}^2.$$

3.3 Streuungsmaße

Hierbei wird deutlich, dass der Basiswert keinen Einfluss auf die neue Varianz hat; das (additive) Verschieben von Daten ändert den Wert der empirischen Varianz nicht. Diese Eigenschaft ist gewünscht, denn die Verschiebung des Datensatzes sollte keinen Einfluss auf eine Streuungsmaßzahl haben. Die empirische Varianz berücksichtigt zur Streuungsmessung lediglich die relative Lage der Beobachtungswerte zu ihrem arithmetischen Mittel.

Regel Empirische Varianz bei linearer Transformation der Daten | Seien $x_1, \ldots, x_n$ Beobachtungswerte eines metrischen Merkmals mit zugehöriger empirischer Varianz s_x^2. Bezeichnet s_y^2 die empirische Varianz der durch die lineare Transformation

$$y_i = ax_i + b, \quad i \in \{1, \ldots, n\},$$

mit Konstanten $a, b \in \mathbb{R}$ definierten Werte $y_1, \ldots, y_n$, so gilt

$$s_y^2 = a^2 s_x^2.$$

Nachweis. Diese Eigenschaft lässt sich unter Verwendung der 75▶Linearität des arithmetischen Mittels $\overline{y} = a\overline{x} + b$ nachweisen:

$$s_y^2 = \frac{1}{n} \sum_{i=1}^n (y_i - \overline{y})^2 = \frac{1}{n} \sum_{i=1}^n [(ax_i + b) - (a\overline{x} + b)]^2$$

$$= \frac{1}{n} \sum_{i=1}^n (ax_i - a\overline{x})^2 = \frac{1}{n} \sum_{i=1}^n a^2(x_i - \overline{x})^2 = a^2 s_x^2. \quad \checkmark$$

Die gemeinsame empirische Varianz zweier Datensätze kann ähnlich wie beim 77▶arithmetischen Mittel unter Verwendung der empirischen Varianzen der einzelnen Datensätze ohne Rückgriff auf die Ausgangsdaten bestimmt werden. Hierbei müssen zusätzlich noch die arithmetischen Mittel in beiden Urlisten bekannt sein.

Regel Empirische Varianz bei gepoolten Daten | Seien $\overline{x}$ bzw. $\overline{y}$ die arithmetischen Mittel und s_x^2 bzw. s_y^2 die empirischen Varianzen der Datensätze $x_1, \ldots, x_{n_1}$ und $y_1, \ldots, y_{n_2}$.
Die empirische Varianz s_z^2 aller $n_1 + n_2$ Beobachtungswerte

$$z_1 = x_1, \ldots, z_{n_1} = x_{n_1}, z_{n_1+1} = y_1, \ldots, z_{n_1+n_2} = y_{n_2}$$

lässt sich bestimmen mittels

$$s_z^2 = \frac{n_1}{n_1 + n_2} s_x^2 + \frac{n_2}{n_1 + n_2} s_y^2 + \frac{n_1}{n_1 + n_2}(\overline{x} - \overline{z})^2 + \frac{n_2}{n_1 + n_2}(\overline{y} - \overline{z})^2,$$

wobei $\overline{z}$ das arithmetische Mittel des (gepoolten) Datensatzes $z_1, \ldots, z_{n_1+n_2}$ ist.

Auf diesen Zusammenhang, der eine so genannte Streuungszerlegungsformel bildet, wird in 167▶Kapitel 5 genauer eingegangen. Dort wird auch in einem allgemeineren Rahmen eine Herleitung erfolgen.

Beispiel | In einer Schule werden bei einem Weitsprungwettbewerb die Weiten getrennt nach Mädchen und Jungen notiert. Aus der Urliste der $n_1 = 6$ teilnehmenden Mädchen ergibt sich ein Mittelwert von $\bar{x} = 270$ [cm] und eine empirische Varianz von $s_x^2 = 625$ [cm^2]. Die Urliste der $n_2 = 10$ teilnehmenden Jungen liefert einen Mittelwert von $\bar{y} = 310$ [cm] und eine empirische Varianz von $s_y^2 = 800$ [cm^2]. Die Gesamtstreuung des gepoolten Datensatzes soll mittels der empirischen Varianz beschrieben werden. Aufgrund der 77▶Regel zum Mittelwert gepoolter Datensätze gilt für das gemeinsame arithmetische Mittel $\bar{z}$ beider Urlisten (in cm)

$$\bar{z} = \frac{n_1}{n_1 + n_2}\bar{x} + \frac{n_2}{n_1 + n_2}\bar{y} = \frac{6}{16} \cdot 270 + \frac{10}{16} \cdot 310 = 101{,}25 + 193{,}75 = 295.$$

Die empirische Varianz des gepoolten Datensatzes berechnet sich gemäß

$$\begin{aligned}s_z^2 &= \frac{n_1}{n_1 + n_2}s_x^2 + \frac{n_2}{n_1 + n_2}s_y^2 + \frac{n_1}{n_1 + n_2}(\bar{x} - \bar{z})^2 + \frac{n_2}{n_1 + n_2}(\bar{y} - \bar{z})^2 \\ &= \frac{6}{16} \cdot 625 + \frac{10}{16} \cdot 800 + \frac{6}{16} \cdot (270 - 295)^2 + \frac{10}{16} \cdot (310 - 295)^2 \\ &= 1\,109{,}375 \ [\text{cm}^2].\end{aligned}$$

✗

Von der empirischen Varianz ausgehend wird ein weiteres Streuungsmaß gebildet, die empirische Standardabweichung. Da die empirische Varianz sich als Summe von quadrierten, also nicht-negativen Werten berechnet und daher selbst eine nicht-negative Größe ist, kann die empirische Standardabweichung als (nicht-negative) Wurzel aus der empirischen Varianz definiert werden.

▶ **Definition** Empirische Standardabweichung | Für Beobachtungswerte $x_1, \ldots, x_n$ mit zugehöriger empirischer Varianz s_n^2 wird die empirische Standardabweichung s_n definiert durch

$$s_n = \sqrt{s_n^2}.$$

Ist der Stichprobenumfang n aus dem Kontext klar, so wird auch die Notation s verwendet.

✗

Die empirische Standardabweichung besitzt dieselbe Maßeinheit wie die Beobachtungswerte und eignet sich daher besser zum direkten Vergleich mit den Daten der Stichprobe als die empirische Varianz.

3.3 Streuungsmaße

Beispiel | In drei Gruppen mit je drei Personen wird ein durchschnittliches Lebensalter von 19 Jahren ermittelt. Obwohl die arithmetischen Mittel in jeder Gruppe übereinstimmen, streuen die Daten in den Gruppen offensichtlich unterschiedlich stark. In Gruppe 1 liegt keine Streuung vor (oder genauer: eine Streuung mit Wert Null), in Gruppe 3 eine starke. Die empirische Varianz und die empirische Standardabweichung spiegeln diese Tatsache wieder.

Gruppe	Alter			$\bar{x}$	s^2	s
1	19	19	19	19	0	0
2	18	16	23	19	$\frac{26}{3} \approx 8{,}667$	$\sqrt{\frac{26}{3}} \approx 2{,}944$
3	3	27	27	19	128	$\sqrt{128} \approx 11{,}314$

Beispiel | Werden im 92▶Beispiel Einkommen zusätzlich die empirischen Standardabweichungen berechnet, so ergeben sich die folgenden gerundeten Werte.

Gruppe	Einkommen			$\bar{x}$	s^2	s
1	2 500	2 500	2 500	2 500	0	0
2	2 000	2 500	3 000	2 500	166 666,67	408,25
3	1 000	2 500	4 000	2 500	1 500 000,00	1 224,74

Die Werte der empirischen Standardabweichung können in ähnlicher Weise interpretiert werden wie die der empirischen Varianz, wobei die Standardabweichung die Streuung in einem anderen Maßstab misst (hier in € statt in €^{2}).

Aus dem 95▶Verhalten der empirischen Varianz bei einer 70▶linearen Transformation der Daten kann auch ein entsprechender Zusammenhang für die empirische Standardabweichung hergeleitet werden. Die empirische Standardabweichung s_{neu} der neuen Daten ergibt sich aus der Standardabweichung s_{alt} der alten Beobachtungswerte gemäß

$$s_{neu} = |\text{Faktor}| \cdot s_{alt},$$

wobei |Faktor| den Absolutbetrag des Faktors bezeichnet. Die Standardabweichung entspricht also der Anschauung in dem Sinne, dass sie sich um den Betrag des selben Faktors ändert, mit dem die Beobachtungswerte multipliziert wurden.

> **Regel** Empirische Standardabweichung bei linearer Transformation der Daten | Seien $x_1, \ldots, x_n$ Beobachtungswerte eines metrischen Merkmals mit zugehöriger empirischer Standardabweichung s_x. Bezeichnet s_y die empirische Standardabweichung der durch die lineare Transformation
>
> $$y_i = a x_i + b, \quad i \in \{1, \ldots, n\},$$
>
> mit Konstanten $a, b \in \mathbb{R}$ definierten Werte $y_1, \ldots, y_n$, so gilt
>
> $$s_y = |a| \cdot s_x.$$

Nachweis. Aufgrund des 95▶Verhaltens der empirischen Varianz unter linearen Transformationen der Beobachtungswerte gilt $s_y^2 = a^2 s_x^2$. Daraus folgt sofort für die empirische Standardabweichung

$$s_y = \sqrt{s_y^2} = \sqrt{a^2} \cdot \sqrt{s_x^2} = |a| s_x. \qquad \checkmark$$

Beispiel | In einer Firma sei die empirische Standardabweichung s_x der monatlichen Gehälter durch 1 000€ gegeben. Im Zuge der Tarifverhandlungen werden eine prozentuale Gehaltserhöhung um 5% und eine Pauschale von 50€ gewährt. Da die fünfprozentige Gehaltserhöhung einer Multiplikation der Daten mit dem Faktor 1,05 und der Zuschlag einer Addition von 50€ entspricht, ergibt sich für die Standardabweichung s_y der neuen Gehälter

$$s_y = 1{,}05 \cdot s_x = 1\,050\,[€].$$

Der Zuschlag von 50€ ist für die Standardabweichung der Gehälter nach der Gehaltserhöhung ohne Bedeutung, da er für alle Gehälter gewährt wird. ✗

Mittlere absolute Abweichung

Die bisher vorgestellten Streuungsmaße messen die Streuung in Relation zum arithmetischen Mittel der zu Grunde liegenden Daten. Die mittlere absolute Abweichung ist eine Kenngröße, die die Abweichungen der Beobachtungsdaten von deren 69▶Median zur Messung der Streuung innerhalb eines Datensatzes verwendet. Hierzu werden zunächst die Differenzen zwischen jedem Beobachtungswert und dem Median berechnet. Danach werden die Beträge dieser Differenzen, die absoluten Abweichungen, gebildet. Die mittlere absolute Abweichung d berechnet sich mittels der Vorschrift

$$d = \frac{\text{Summe der absoluten Abweichungen}}{\text{Anzahl der Beobachtungsdaten}},$$

d.h. es wird eine Mittelung aller absoluten Abweichungen vorgenommen.

3.3 Streuungsmaße

Definition Mittlere absolute Abweichung | Für einen metrischen Datensatz $x_1, \ldots, x_n$ mit zugehörigem Median $\tilde{x}$ heißt

$$d = \frac{1}{n} \sum_{i=1}^{n} |x_i - \tilde{x}|.$$

mittlere absolute Abweichung d vom Median (der Daten $x_1, \ldots, x_n$).

Beispiel | In einer Stadt werden die Arbeitslosenzahlen (in 1000) im Verlauf mehrerer Jahre bestimmt. Auf der Basis der beobachteten Daten

$$40{,}7 \quad 38{,}2 \quad 34{,}5 \quad 41{,}5 \quad 40{,}2$$

sollen mittels der mittleren absoluten Abweichung die Schwankungen auf dem Arbeitsmarkt beschrieben werden. Der Median dieser Daten ist $\tilde{x}_{0,5} = 40{,}2$, so dass die mittlere absolute Abweichung gegeben ist durch

$$d = \frac{1}{5} \left(|40{,}7 - 40{,}2| + |38{,}2 - 40{,}2| + |34{,}5 - 40{,}2| + |41{,}5 - 40{,}2| \right)$$
$$= \frac{1}{5} (0{,}5 + 2 + 5{,}7 + 1{,}3) = \frac{1}{5} \cdot 9{,}5 = 1{,}9.$$

Regel Berechnung der mittleren absoluten Abweichung mittels einer Häufigkeitsverteilung | Liegen die Daten in Form einer Häufigkeitsverteilung $f_1, \ldots, f_m$ mit verschiedenen Merkmalsausprägungen $u_1, \ldots, u_m$ des betrachteten Merkmals vor, so kann die mittlere absolute Abweichung berechnet werden als

$$d = \sum_{j=1}^{m} f_j |u_j - \tilde{x}|.$$

Die mittlere absolute Abweichung verhält sich wie die empirische Standardabweichung bei einer 70▶linearen Transformation der Ausgangsdaten: Für die mittlere absolute Abweichung d_{neu} der neuen Daten bzw. d_{alt} der Ausgangsdaten besteht also der Zusammenhang

$$d_{neu} = |\text{Faktor}| \cdot d_{alt}.$$

Insbesondere hat auch hier die Addition eines festen Werts keinen Einfluss auf den Wert des Streuungsmaßes, da sie die relative Lage der Daten zueinander nicht verändert.

> **Regel** Mittlere absolute Abweichung bei linearer Transformation der Daten | Seien $x_1, \ldots, x_n$ Beobachtungswerte eines metrischen Merkmals mit zugehöriger mittlerer absoluter Abweichung d_x. Bezeichnet d_y die mittlere absolute Abweichung der durch die lineare Transformation
>
> $$y_i = ax_i + b, \quad i \in \{1, \ldots, n\},$$
>
> mit Konstanten $a, b \in \mathbb{R}$ definierten Werte $y_1, \ldots, y_n$, so gilt
>
> $$d_y = |a| d_x.$$

Nachweis. Zum Nachweis dieser Eigenschaft wird die 71▶Linearität des Medians $\tilde{y} = a\tilde{x} + b$ für metrische Daten benutzt:

$$\begin{aligned}
d_y &= \frac{1}{n} \sum_{i=1}^{n} |y_i - \tilde{y}| = \frac{1}{n} \sum_{i=1}^{n} |(ax_i + b) - (a\tilde{x} + b)| \\
&= \frac{1}{n} \sum_{i=1}^{n} |a(x_i - \tilde{x})| = \frac{1}{n} \sum_{i=1}^{n} |a| \cdot |x_i - \tilde{x}| = |a| \frac{1}{n} \sum_{i=1}^{n} |x_i - \tilde{x}| = |a| d_x. \quad \checkmark
\end{aligned}$$

B **Beispiel** | Die Mieten in einem Wohnblock streuen mit einer mittleren absoluten Abweichung d_x von 200€. In Folge einer Anpassung der Monatsmieten an die Inflationsrate findet eine Erhöhung um den Faktor 1,01 statt. Außerdem verlangt der Vermieter aufgrund einer Verteuerung der Energie zusätzliche Nebenkosten in Höhe von 20€ pro Monat. Die mittlere absolute Abweichung d_{neu} der neuen Mieten liegt dann bei

$$d_{neu} = |1{,}01| \cdot d_{alt} = 202 \, [\text{€}].$$

Die Erhöhung der Nebenkosten hat keinen Einfluss auf die neue mittlere absolute Abweichung. ✗

Werden die mittlere absolute Abweichung und die empirische Standardabweichung für den selben Datensatz ausgewertet, so liefern beide Streuungsmaße Werte in der selben Einheit. Die Streuungsmaße können daher direkt miteinander verglichen werden. In diesem Zusammenhang ist die folgende Ordnungsbeziehung gültig.

> **Regel** Ungleichung zwischen empirischer Standardabweichung und mittlerer absoluter Abweichung | Für die mittlere absolute Abweichung d und die empirische Standardabweichung s eines Datensatzes gilt
>
> $$d \leqslant s.$$

3.3 Streuungsmaße

Nachweis. Die Ungleichung zwischen der mittleren absoluten Abweichung und der empirischen Standardabweichung lässt sich folgendermaßen nachweisen: Zunächst gilt aufgrund der 72▶Minimalitätseigenschaft des Medians die Ungleichung

$$\sum_{i=1}^{n} |x_i - \widetilde{x}| \leq \sum_{i=1}^{n} |x_i - \overline{x}|, \qquad (\clubsuit)$$

wobei auf der rechten Seite der Median $\widetilde{x}$ durch das arithmetische Mittel $\overline{x}$ ersetzt wurde. Aus der 269▶Cauchy-Schwarz-Ungleichung folgt

$$\sum_{i=1}^{n} |a_i b_i| \leq \left(\sum_{i=1}^{n} a_i^2 \right)^{1/2} \left(\sum_{i=1}^{n} b_i^2 \right)^{1/2}.$$

Dies liefert mit $a_i = 1$, $b_i = |x_i - \overline{x}|$, $i \in \{1, \ldots, n\}$, die Abschätzung

$$\sum_{i=1}^{n} |x_i - \overline{x}| \leq \left(\sum_{i=1}^{n} 1 \right)^{1/2} \left(\sum_{i=1}^{n} (x_i - \overline{x})^2 \right)^{1/2} = \sqrt{n} \left(\sum_{i=1}^{n} (x_i - \overline{x})^2 \right)^{1/2}.$$

Aus der Kombination dieser Ungleichung mit ($\clubsuit$) folgt

$$\sum_{i=1}^{n} |x_i - \widetilde{x}| \leq \sqrt{n} \left(\sum_{i=1}^{n} (x_i - \overline{x})^2 \right)^{1/2}.$$

Die behauptete Aussage ergibt sich durch Multiplikation beider Seiten der Ungleichung mit dem Faktor $\frac{1}{n}$. ✓

Beispiel | In drei Gruppen mit je drei Personen ergaben sich die Lebensalter

Gruppe	Alter			Median
1	18	18	18	18
2	17	18	19	18
3	12	18	24	18

Obwohl der Median in allen Gruppen gleich 18 ist, sind die Daten in den einzelnen Gruppen unterschiedlich. Die mittlere absolute Abweichung misst diese Unterschiede: Je größer die Streuung der Daten ist, desto größer ist auch die mittlere absolute Abweichung.

Gruppe	$\|x_i - \tilde{x}\|$			Summe der Abstände	d
1	0	0	0	0	0
2	1	0	1	2	$\frac{2}{3}$
3	6	0	6	12	$\frac{12}{3}$

Beispiel | In der folgenden Tabelle werden die mittleren absoluten Abweichungen und die empirischen Standardabweichungen der Daten aus dem 92▶Beispiel Einkommen einander gegenübergestellt (zum Teil gerundet).

Gruppe	Einkommen			$\tilde{x}$	d	s
1	2 500	2 500	2 500	2 500	0	0
2	2 000	2 500	3 000	2 500	333,33	408,25
3	1 000	2 500	4 000	2 500	1 000,00	1 224,74

Das unterschiedliche Streuungsverhalten der drei Datensätze spiegelt sich in beiden Maßen adäquat wider. Bei der empirischen Standardabweichung treten hierbei grundsätzlich größere Werte auf. Die Streuung wird bei beiden Maßen in der Einheit € gemessen.

Variationskoeffizient

Das letzte, hier vorgestellte Streuungsmaß wird nur für positive Beobachtungsdaten verwendet. Im Gegensatz zu den bisher betrachteten Streuungsmaßen wird beim Variationskoeffizienten die Streuung der Daten in Beziehung zu den absolut gemessenen Werten (in Form von deren Mittelwert) gesetzt. Dies ermöglicht eine Messung der Streuung in Relation zur Lage der Daten. Der Variationskoeffizient V berechnet sich als der Quotient

$$V = \frac{\text{empirische Standardabweichung}}{\text{arithmetisches Mittel}}.$$

▶ **Definition** Variationskoeffizient | Seien $\bar{x}$ arithmetisches Mittel und s empirische Standardabweichung eines metrischen Datensatzes $x_1, \ldots, x_n > 0$. Der Variationskoeffizient V ist definiert durch den Quotienten

$$V = \frac{s}{\bar{x}}.$$

Beispiel | Die 92▶empirische Varianz der beiden Datensätze

$$x_1 = 99, x_2 = 100, x_3 = 101 \quad \text{und} \quad y_1 = 1, y_2 = 2, y_3 = 3$$

3.3 Streuungsmaße

ist gleich: $s_x^2 = s_y^2 = \frac{2}{3}$. Dennoch wird die Streuung im ersten Datensatz als weniger gravierend empfunden als diejenige im zweiten Datensatz. Der Variationskoeffizient berücksichtigt diese Tatsache, indem die jeweiligen empirischen Standardabweichungen in Beziehung zu den entsprechenden arithmetischen Mitteln $\bar{x} = 100$ bzw. $\bar{y} = 2$ gesetzt werden. Für den Variationskoeffizienten V_x des ersten Datensatzes ergibt sich

$$V_x = \frac{s_x}{\bar{x}} = \frac{\sqrt{\frac{2}{3}}}{100} \approx 0{,}008,$$

für den zweiten Datensatz gilt

$$V_y = \frac{s_y}{\bar{y}} = \frac{\sqrt{\frac{2}{3}}}{2} \approx 0{,}408.$$

Die Streuung im ersten Datensatz wird also deutlich niedriger bewertet als die im zweiten. ✗

Der Variationskoeffizient eignet sich besonders zum Vergleich der Streuung von Datensätzen, deren Merkmalsausprägungen sich hinsichtlich der Größenordnung stark unterscheiden. Er ist auch das einzige hier eingeführte Streuungsmaß mit dem Datensätze, die in unterschiedlichen Einheiten gemessen wurden, ohne Umrechnungen verglichen werden können. Die Division bei der Berechnung des Variationskoeffizienten bewirkt, dass sich die jeweiligen Einheiten „kürzen", d.h. der Variationskoeffizient ist eine Zahl „ohne Einheit". Daher wird er auch als dimensionslos bezeichnet.

Beispiel | Die Streuung zweier Aktienkurse innerhalb eines Jahres soll verglichen werden. Hierzu werden die monatlichen Durchschnittskurse der Aktien herangezogen.
Ein amerikanisches Unternehmen notierte mit folgenden Kursen (in US$):

> 12,30   13,40   15,10   12,90   17,10   18,30
> 19,30   16,40   15,70   17,20   15,30   14,10

Das arithmetische Mittel $\bar{x}$ dieser Daten berechnet sich zu $\bar{x} \approx 15{,}59$ [$], für die empirische Standardabweichung gilt $s \approx 2{,}08$ [$], so dass der zugehörige Variationskoeffizient durch $V \approx 0{,}134$ gegeben ist.
Im selben Zeitraum ergeben sich bei einem deutschen Unternehmen die folgenden Daten (in €):

> 100,10   105,20   103,00   110,90   112,20   118,50
> 120,20   114,20   109,00   117,60   123,50   128,80

Deren arithmetisches Mittel ist durch $\bar{x} \approx 113{,}60$ [€] gegeben, die zugehörige Standardabweichung beträgt $s \approx 8{,}21$ [€]. Somit gilt für den Variationskoeffizienten

$V \approx 0{,}072$. Die Streuung des Aktienkurses des deutschen Unternehmens wird also bei Verwendung des Variationskoeffizienten geringer eingeschätzt als die des amerikanischen Unternehmens. Dieser Vergleich konnte durchgeführt werden ohne einen der beiden Datensätze zuvor in die Einheit des anderen umzurechnen. Außerdem bestätigt sich, dass der Variationskoeffizient bei der Streuungsmessung die Lage der Daten berücksichtigt. Die Streuung der Aktienkurse der amerikanischen Firma erscheint bezüglich der beobachteten Größenordnungen stärker als die der Kurse des deutschen Unternehmens. Dies spiegelt sich im Variationskoeffizienten wider. ✗

Standardisierung
Sollen Beobachtungswerte aus verschiedenen Messreihen direkt miteinander verglichen werden, so ist es sinnvoll, zusätzliche Informationen über Lage und Streuung der jeweiligen Daten zu berücksichtigen. Die Verwendung standardisierter Daten bietet sich hier an. Dabei werden neue Werte mittels der Konstruktion

$$\text{neuer Wert} = \frac{\text{alter Wert} - \text{arithmetisches Mittel}}{\text{Standardabweichung}}$$

erzeugt.

▶ **Definition** Standardisierung | Seien $x_1, \ldots, x_n$ Beobachtungswerte mit positiver empirischer Standardabweichung, d.h. es gilt $s_x > 0$, und arithmetischem Mittel $\bar{x}$. Die lineare Transformation

$$z_i = \frac{x_i - \bar{x}}{s_x}, \quad i \in \{1, \ldots, n\},$$

der Daten heißt Standardisierung. Die transformierten Daten $z_1, \ldots, z_n$ werden als standardisiert bezeichnet. ✗

Durch eine Standardisierung können unterschiedliche Datensätze so transformiert werden, dass die arithmetischen Mittelwerte und die Standardabweichungen in allen Datensätzen gleich sind.

Regel Eigenschaften standardisierter Daten | Für standardisierte Beobachtungswerte $z_1, \ldots, z_n$ gilt:

$$\bar{z} = 0 \quad \text{und} \quad s_z = 1.$$

Nachweis. Die Standardisierung ist eine lineare Transformation $z_i = ax_i + b$, $i \in \{1, \ldots, n\}$, der ursprünglichen Beobachtungswerte mit den Werten $a = \frac{1}{s_x}$ und $b = -\frac{\bar{x}}{s_x}$. Die Eigenschaften des arithmetischen Mittels und der empirischen Standardabweichung bezüglich linear transformierter Daten liefern dann:

$$\bar{z} = a\bar{x} + b = \frac{1}{s_x}\bar{x} - \frac{\bar{x}}{s_x} = 0, \quad s_z = |a|s_x = \frac{1}{s_x}s_x = 1.$$

Beispiel | Die Schülerin A möchte ihre Leistung in einer Abiturklausur im Fach Mathematik mit derjenigen des Schülers B vergleichen, der im Vorjahr an einer entsprechenden Klausur teilgenommen hat. In beiden Klausuren wurden 100 Punkte vergeben. Schülerin A hat $x_1 = 75$ Punkte erreicht, während Schüler B ein Ergebnis von $y_1 = 78$ Punkten erzielt hat. Um unterschiedliche äußere Umstände bei der Beurteilung der Leistung zu berücksichtigen, ist es angemessen, auch die Klausurnoten anderer AbiturientInnen in beiden Jahrgängen in Betracht zu ziehen. In diesem Fall wird hierzu eine Standardisierung der Leistungen in beiden Jahrgängen durchgeführt. Hierbei seien $\bar{x} = 62{,}1$ das arithmetische Mittel und $s_x = 20{,}95$ die empirische Standardabweichung der Ergebnisse der Mathematikklausur, an der Schülerin A teilgenommen hat. Die entsprechenden Werte der Vorjahresklausur seien $\bar{y} = 65{,}1$ und $s_y = 23{,}33$. Die standardisierten Werte

$$z_x = \frac{x_1 - \bar{x}}{s_x} \quad \text{und} \quad z_y = \frac{y_1 - \bar{y}}{s_y}$$

bewerten die Leistung von A und B in Relation zum entsprechenden Jahrgang. Dadurch werden äußere Einflüsse (schwierigere Klausur, andere Lehrperson, etc.) in die Bewertung mit einbezogen. Hinter dieser Vorgehensweise verbirgt sich die Annahme, dass sich diese Einflussfaktoren in Lage und Streuung der Klausurnoten widerspiegeln. Werden die angegebenen Werte eingesetzt, so liefert dies

$$z_x \approx 0{,}616 \quad \text{und} \quad z_y \approx 0{,}553.$$

Damit ist die (relative) Leistung der Schülerin A höher zu bewerten, da sie im Vergleich zu den anderen AbiturientInnen ihres Jahrgangs eine bessere Leistung als Schüler B zu denen seines Jahrgangs erbracht hat.

3.4 Box-Plots

Ein Box-Plot ist eine einfache grafische Methode zur Visualisierung der Lage und Streuung eines Datensatzes und eignet sich daher besonders zum optischen Vergleich mehrerer Datensätze. Die Lage- und Streuungsmaße, die im Box-Plot Verwendung finden, können unterschiedlich gewählt werden, so dass die im Folgenden vorgestellten Beispiele nur als Wenige unter Vielen zu betrachten sind.
Ein Box-Plot besteht aus einem Kasten („box") und zwei Linien („whiskers"), die links und rechts von diesem Kasten wegführen. Eine Achse gibt an, welche Ska-

lierung der Daten vorliegt. Bei der Basisvariante des Box-Plots werden der linke Rand des Kastens durch das 73▶untere Quartil $\tilde{x}_{0,25}$, der rechte Rand durch das obere Quartil $\tilde{x}_{0,75}$ festgelegt. Der Abstand zwischen dem linken und rechten Rand des Kastens ist somit gleich dem 90▶Quartilsabstand Q. Im Innern des Kastens wird der 69▶Median $\tilde{x}$ der Beobachtungswerte markiert. Der linke Whisker endet beim 64▶Minimum $x_{(1)}$ des Datensatzes, der rechte beim 64▶Maximum $x_{(n)}$. Der Abstand zwischen den beiden äußeren Enden der Linien ist daher durch die 89▶Spannweite gegeben.

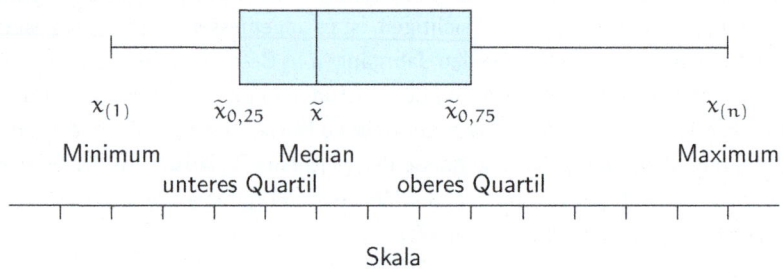

B **Beispiel** Körpergröße | Bei einer Messung der Körpergrößen von Frauen und Männern wurde der folgende zweidimensionale Datensatz ermittelt, in dem in jeder Beobachtung jeweils die erste Komponente die Größe (in cm) und die zweite Komponente das Geschlecht (männlich/weiblich (m/w)) angibt:

(154,w) (181,m) (182,m) (174,m) (166,w)
(166,w) (158,w) (169,w) (175,m) (165,m)
(187,m) (191,m) (192,m) (171,w) (172,w)
(172,w) (168,m) (180,w) (183,w) (183,m)

Für den Datensatz werden – getrennt nach Geschlechtern – die zur Konstruktion des Box-Plots benötigten Lagemaße berechnet.

	Minimum	unteres Quartil	Median	oberes Quartil	Maximum
Frauen	154	166	170	172	183
Männer	165	174	181,5	187	192

Aus einer Darstellung dieser Parameter mittels Box-Plots kann in einfacher Weise ein Überblick über Unterschiede zwischen beiden Gruppen gewonnen werden.

3.4 Box-Plots

Eine Modifikation des einfachen Box-Plots ermöglicht eine Visualisierung von Datenpunkten, die als potentielle 86▶Ausreißer in Frage kommen. Der modifizierte Box-Plot wird so konstruiert, dass die Enden der Whiskers durch den jeweils kleinsten bzw. größten Beobachtungswert x_u bzw. x_o im Bereich von $\tilde{x}_{0,25} - 1{,}5Q$ bis $\tilde{x}_{0,75} + 1{,}5Q$ (einschließlich der Grenzen) definiert werden. Die Beobachtungswerte, die außerhalb dieses Bereichs liegen, werden als Quadrate in die Grafik eingetragen.

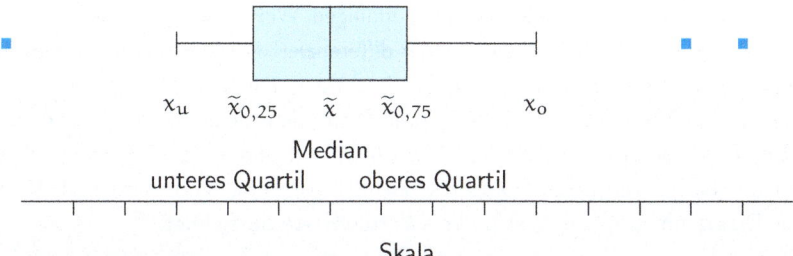

Im Kontext des Box-Plots werden die zu diesen Punkten gehörigen Daten als Ausreißer bezeichnet. Im modifizierten Box-Plot werden diese Beobachtungen optisch ausgezeichnet und können daher für genauere Untersuchungen schnell identifiziert werden. Hierbei ist zu berücksichtigen, dass Ausreißer durchaus korrekt erfasst worden sein und den realen Begebenheiten entsprechen können, auch wenn der Begriff vielleicht Anderes suggeriert.

B **Beispiel** | Für die Beobachtungswerte in der Gruppe der Frauen aus 106▶Beispiel Körpergröße gilt $Q = 6$. Die Grenzen des Bereichs, in dem die Whiskers der modifizierten Variante des Box-Plots verlaufen, sind daher durch $\tilde{x}_{0,25} - 1{,}5Q = 166 - 1{,}5 \cdot 6 = 157$ und $\tilde{x}_{0,75} + 1{,}5Q = 172 + 1{,}5 \cdot 6 = 181$ gegeben. Der linke Whisker des Box-Plots endet dementsprechend bei $x_u = 158$, der rechte bei $x_o = 180$, so dass die Größen 154 und 183 (in cm) gesondert in das Diagramm eingezeichnet werden. Der modifizierte Box-Plot für die Gruppe der Männer ist identisch mit der einfachen Variante.

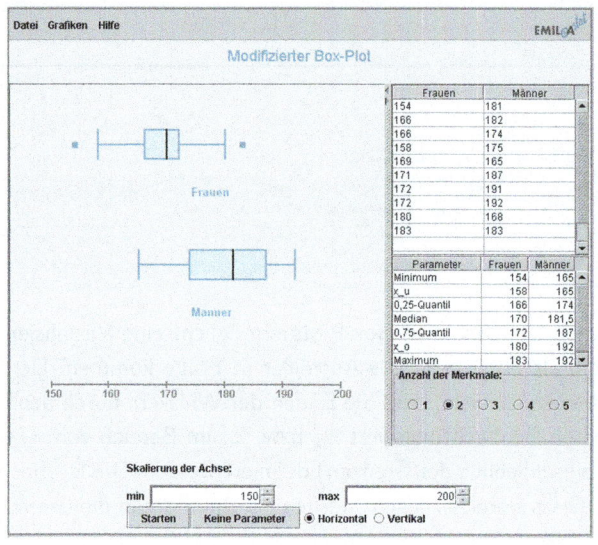

In einem weiteren Schritt können die auffälligen Werte außerhalb des Intervalls $[\tilde{x}_{0,25} - 1{,}5Q, \tilde{x}_{0,75} + 1{,}5Q]$ noch genauer differenziert werden. Hierzu werden zwei Gruppen von Ausreißern eingeführt. Beobachtungen in den Intervallen $[\tilde{x}_{0,25} - 3Q, \tilde{x}_{0,25} - 1{,}5Q)$ und $(\tilde{x}_{0,75} + 1{,}5Q, \tilde{x}_{0,75} + 3Q]$ werden wie in der bereits vorgestellten Box-Plot-Variante als Ausreißer bezeichnet und durch kleine Kreise markiert. Werte, die kleiner als $\tilde{x}_{0,25} - 3Q$ oder größer als $\tilde{x}_{0,75} + 3Q$ sind, werden als Kreuze in das Diagramm eingezeichnet und als Extremwerte bezeichnet.

3.4 Box-Plots

Beispiel (Fortsetzung 61▶Beispiel Drogeriekette) | Die im Beispiel behandelten Merkmale Umsatz der Drogeriekette A (bzw. B, C) können als metrisch eingestuft werden. Zunächst werden die Umsätze der 14 Filialen der Drogeriekette A, d.h. die Daten $x_1, \ldots, x_{14}$ ausgewertet. Die Tabelle zeigt die Originaldaten und die zugehörige Rangwertreihe.

i	1	2	3	4	5	6	7	8	9	10	11	12	13	14	15
x_i	1,4	0,5	1,3	4,9	3,4	2,6	4,5	3,6	1,4	0,9	3,8	1,5	1,2	4,0	10,0
$x_{(i)}$	0,5	0,9	1,2	1,3	1,4	1,4	1,5	2,6	3,4	3,6	3,8	4,0	4,5	4,9	10,0

Das arithmetische Mittel ist

$$\overline{x}_{14} = \frac{1}{14}(1{,}4 + 0{,}5 + \cdots + 4{,}0) = \frac{35}{14} = 2{,}5$$

und wegen

$$\sum_{i=1}^{14} x_i^2 = 1{,}4^2 + 0{,}5^2 + \cdots + 4{,}0^2 = 116{,}34$$

sind $\overline{x^2} = \frac{1}{14} \sum_{i=1}^{14} x_i^2 = \frac{116{,}34}{14} = 8{,}31$ und die empirische Varianz und die empirische Standardabweichung gegeben durch $s_x^2 = \overline{x^2} - \overline{x}^2 = 8{,}31 - 2{,}5^2 = 2{,}06$ bzw. $s_x = \sqrt{s_x^2} \approx 1{,}4353$. Der Median, das untere und das obere Quartil sind bestimmt durch

$$\tilde{x} = \frac{1}{2}(x_{(7)} + x_{(8)}) = \frac{1}{2}(1{,}5 + 2{,}6) = 2{,}05,$$

$$\tilde{x}_{0,25} = x_{(4)} = 1{,}3 \quad \text{und} \quad \tilde{x}_{0,75} = x_{(11)} = 3{,}8.$$

Die mittlere absolute Abweichung hat den Wert

$$d = \frac{1}{14} \sum_{i=1}^{14} |x_i - \tilde{x}| = \frac{18{,}6}{14} \approx 1{,}3286,$$

der Quartilsabstands ist $Q = \tilde{x}_{0,75} - \tilde{x}_{0,25} = 2{,}5$, und die Spannweite ist $R = x_{(14)} - x_{(1)} = 4{,}9 - 0{,}5 = 4{,}4$. Damit sind die Lagemaße arithmetisches Mittel, Median sowie unteres und oberes Quartil bestimmt. Als Streuungsmaße dienen die empirische Varianz und die empirische Standardabweichung (zur Ergänzung des arithmetischen Mittels), die mittlere absolute Abweichung und der Quartilsabstand (zur Ergänzung des Medians) sowie die Spannweite.

Wird für die Drogeriekette A der vollständige Datensatz unter Einschluss des Stammhauses mit dem Datum $x_{15} = 10{,}0$ betrachtet, so ergeben sich die folgenden Kenngrößen. Das arithmetische Mittel kann direkt bestimmt werden

$$\bar{x}_{15} = \frac{1}{15} \sum_{i=1}^{15} x_i = \frac{45}{15} = 3$$

oder mittels der 77▶Regel für das arithmetische Mittel bei gepoolten Datensätzen aus dem bereits bekannten arithmetischen Mittel $\bar{x}_{14}$ erhalten werden:

$$\bar{x}_{15} = \frac{14}{15}\bar{x}_{14} + \frac{1}{15}x_{15} = \frac{14 \cdot 2{,}5 + 10}{15} = 3.$$

Ebenso kann mit $\sum_{i=1}^{15} x_i^2 = 216{,}34$ und $\overline{x^2} = \frac{1}{15} \sum_{i=1}^{15} x_i^2 \approx 14{,}4227$ die empirische Varianz der Daten $x_1, \ldots, x_{15}$ direkt bestimmt werden: $s_x^2 \approx 5{,}4227$. Die empirische Standardabweichung hat somit den Wert $s_x \approx 2{,}3287$. Alternativ kann die Varianz über 95▶Rechenregeln für gepoolte Datensätze mit $n_1 = 14$ und $n_2 = 1$ bestimmt werden:

$$s_{x,15}^2 = \frac{14}{15}s_{x,14}^2 + \frac{1}{15} \cdot 0 + \frac{14}{15}(\bar{x}_{14} - \bar{x}_{15})^2 + \frac{1}{15}(x_{15} - \bar{x}_{15})^2$$

$$= \frac{14}{15} \cdot 2{,}06 + \frac{14}{15}(2{,}5 - 3)^2 + \frac{1}{15}(10 - 3)^2 \approx 5{,}4227.$$

Der Median ist durch $\tilde{x} = x_{(8)} = 2{,}6$, das untere Quartil durch $\tilde{x}_{0,25} = x_{(4)} = 1{,}3$ und das obere Quartil durch $\tilde{x}_{0,75} = x_{(12)} = 4{,}0$ gegeben. Somit gilt für die mittlere absolute Abweichung $d = \frac{26}{15} \approx 1{,}7333$ und für den Quartilsabstand $Q = 2{,}7$. Die Spannweite der Daten ist $R = x_{(15)} - x_{(1)} = 10 - 0{,}5 = 9{,}5$.

Die beiden Datensätze $x_1, \ldots, x_{14}$ und $x_1, \ldots, x_{15}$ unterscheiden sich durch die Hinzunahme des relativ großen Werts x_{15}. Ein solcher Wert hat – wie in diesem Kapitel beschrieben – einen mehr oder weniger starken Einfluss auf die genannten Kenngrößen (siehe insbesondere 86▶Abschnitt 3.2). In diesem Zahlenbeispiel ist der beschriebene Effekt bei arithmetischen Mittelwerten und Medianen jedoch nicht erkennbar:

$$\bar{x}_{14} = 2{,}5, \quad \bar{x}_{15} = 3, \quad \tilde{x}_{14} = 2{,}05, \quad \tilde{x}_{15} = 2{,}6.$$

Bei den Mittelwerten und Medianen ist ein Unterschied in der selben Größenordnung zu erkennen. Dies liegt im Beispiel darin begründet, dass zwischen $x_{(7)}$ und $x_{(8)}$ ein deutlicher Größenunterschied besteht. $\tilde{x}_{15}$, der Median im vollständigen Datensatz, hätte jedoch auch dann den Wert 2,6, wenn das Stammhaus z.B. einen Umsatz von $x_{15} = 50$ gehabt hätte.

3.4 Box-Plots

Dieser Umsatzwert hätte das arithmetische Mittel $\bar{x}_{15}$ sehr stark beeinflusst.
Der Vergleich der Kenngrößen bezüglich der Analysen ohne bzw. mit Berücksichtigung des Umsatzes im Stammhaus zeigt, dass der vergleichsweise hohe Umsatz x_{15} eine deutliche Erhöhung sowohl des arithmetischen Mittels als auch der Standardabweichung zur Folge hat. Die größere Streuung im zweiten Fall ist auch an den anderen Streuungsmaßen abzulesen. Die Spannweite reagiert besonders stark auf den relativ großen Wert x_{15}.

Die Kenngrößen für die Umsätze der Drogeriekette B sind gemeinsam mit allen bisher bestimmten Größen in der nachfolgenden Tabelle zusammengestellt.

	n	arithm. Mittel	emp. Varianz	emp. Stdabw.	Median	mittlere abs. Abweich.
A	14	2,5	2,06	≈1,4353	2,05	≈1,3286
A	15	3,0	≈5,4227	≈ 2,3287	2,6	≈1,7333
B	10	3,5	3,802	≈1,9499	3,35	1,6

	n	oberes Quartil	unteres Quartil	Quartilsabstand	Spannweite
A	14	3,8	1,3	2,5	4,4
A	15	4,0	1,3	2,7	9,5
B	10	5,1	2,2	2,9	6,6

Ein separater Vergleich der Umsatzkenngrößen der Drogeriekette B mit den Filialen von A bzw. mit allen Standorten von A ist sinnvoll, da das Datum x_{15} des Stammhauses – wie oben beschrieben – einen deutlichen Einfluss ausübt. Zum grafischen Vergleich der Merkmale Umsatz der Drogeriekette A und Umsatz der Drogeriekette B bietet sich eine gemeinsame Darstellung der Box-Plots an. Interpretieren Sie diese Grafik auch ohne Zuhilfenahme der Tabelle mit den Werten der Kenngrößen.

Zur Planung einer Fusion der Drogerieketten A und B sollen die Umsätze des vergangenen Jahres aller (gemeinsamen) 25 Standorte analysiert werden. Hier sollen lediglich das arithmetische Mittel, die empirische Varianz und die empirische Standardabweichung des aus $x_1, \ldots, x_{15}$ und $y_1, \ldots, y_{10}$ zusammengesetzten oder gepoolten Datensatzes bestimmt werden. Dazu ist kein Rückgriff auf die Originaldaten notwendig, da die bereits bestimmten Kenngrößen direkt die gewünschten Werte liefern. Gemäß der 77▶Regel zum arithmetischen Mittel bei zusammengesetzten Datensätzen (mit $n_1 = 15$ und $n_2 = 10$) ergibt sich ein durchschnittlicher

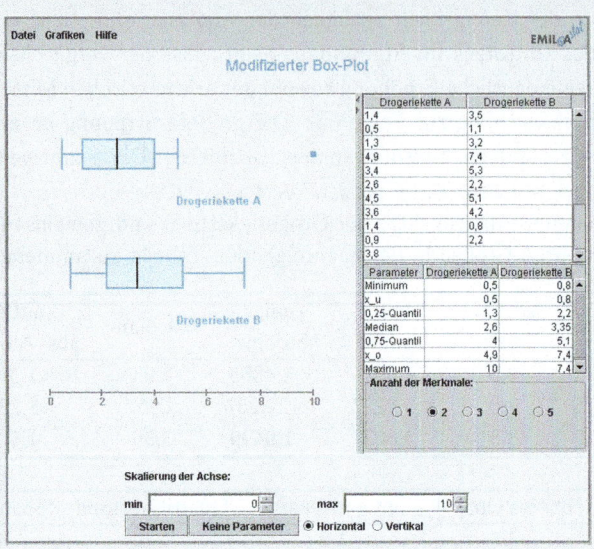

Umsatz von

$$\bar{z} = \frac{15}{25}\bar{x}_{15} + \frac{10}{25}\bar{y}_{10} = \frac{15 \cdot 3{,}0 + 10 \cdot 3{,}5}{25} = 3{,}2.$$

Aus der entsprechenden 95▶Regel für die empirische Varianz folgt mit $s_x^2 \approx 5{,}4227$ und $s_y^2 = 3{,}802$:

$$s_z^2 = \frac{15}{25}s_x^2 + \frac{10}{25}s_y^2 + \frac{15}{25}(\bar{x}_{15} - \bar{z})^2 + \frac{10}{25}(\bar{y}_{10} - \bar{z})^2$$

$$\approx \frac{1}{25}\left(15 \cdot 5{,}4227 + 10 \cdot 3{,}802 + 15 \cdot (3{,}0 - 3{,}2)^2 + 10 \cdot (3{,}5 - 3{,}2)^2\right)$$

$$\approx 4{,}83.$$

Daraus ergibt sich die empirische Standardabweichung $s_z \approx 2{,}20$.
Offensichtlich ist zur Anwendung dieser Regeln nur die Kenntnis der Stichprobenumfänge, der arithmetischen Mittel und der empirischen Varianzen notwendig. Daher können analog auch die Fragen nach dem arithmetischen Mittel, der empirischen Varianz und der empirischen Standardabweichung für die Umsätze aller 30 Standorte der Drogerieketten A, B und C beantwortet werden, denn für die Drogeriekette C sind die Anzahl der Niederlassungen sowie das arithmetische Mittel und die empirische Varianz der Vorjahresumsätze bekannt. Diese Aufgabe bleibt der Leserin und dem Leser zur Übung überlassen.

Kapitel 4
Empirische Verteilungsfunktion

4	**Empirische Verteilungsfunktion**	115
4.1	Berechnung und grafische Darstellung........................	116
4.2	Bestimmung von Quantilen	122

4

4 Empirische Verteilungsfunktion

Beispiel Geschwindigkeitsmessung | Eine Stadtverwaltung lässt das Verhalten der VerkehrsteilnehmerInnen gezielt und mit quantitativen Methoden untersuchen, um eine fundierte Grundlage zur Unterstützung von Entscheidungen zu erhalten. Dazu wurden beispielsweise am späten Abend Radarmessungen an einem Kontrollpunkt innerhalb der Stadt vorgenommen (zulässige Höchstgeschwindigkeit 50 km/h). Messungen an 50 Personenkraftwagen ergaben folgende Urliste:

```
63 47 55 35 54 59 39 51 51 60
43 46 50 48 73 50 55 50 51 51
84 80 51 52 52 61 67 53 48 56
56 53 55 54 58 60 65 60 61 58
71 48 55 52 52 76 54 50 73 43
```

Fragestellungen und Aufgaben

— Eine wesentliche Information beinhalten die Anteile von Fahrzeugen, die eine gewisse Geschwindigkeit (nicht) überschritten haben. Das Datenmaterial soll daher zunächst so visualisiert werden, dass auf der Abszisse die Ausprägungen des Merkmals Geschwindigkeit und auf der Ordinate 35▶kumulierte relative Häufigkeiten abgetragen sind. Die beschreibende Funktion soll also die Eigenschaft haben, dass sie für jede vorgegebene Zahl x den Anteil der Beobachtungen angibt, die höchstens den Wert x haben. In dieser Grafik sollen auch 73▶empirische Quantile abgelesen werden können (z.B. hat das 20%-Quantil die Eigenschaft, dass mindestens 20% aller Daten kleiner oder gleich und mindestens 80% aller Daten größer oder gleich diesem Wert sind).
— Wie hoch ist der Anteil von VerkehrsteilnehmerInnen mit einer Geschwindigkeit von höchstens 50 km/h?
— Wie hoch ist der Anteil von Personenkraftwagen mit einer Geschwindigkeit von mindestens 60 km/h?
— Wie hoch ist der Anteil von VerkehrsteilnehmerInnen mit einer Geschwindigkeit von mehr als 50 km/h und höchstens 55 km/h?
— Welche Werte haben das empirische 20%-Quantil, das 80%-Quantil und das 90%-Quantil?

4. Empirische Verteilungsfunktion

Die empirische Verteilungsfunktion ist ein Hilfsmittel, mit dem 35▶kumulierte Häufigkeiten eines Datensatzes durch eine Funktion beschrieben und durch deren Graf visualisiert werden können. Sie wird für metrische Merkmale eingeführt, wobei sowohl diskrete als auch stetige Merkmale betrachtet werden können.

4.1 Berechnung und grafische Darstellung

Zunächst wird die zur Definition der empirischen Verteilungsfunktion verwendete Summenfunktion eingeführt. Diese ist definiert durch die Vorschrift

$S_n(x)$ = Anzahl der Beobachtungswerte, die kleiner oder gleich x sind,

wobei x die reellen Zahlen durchläuft und n der 31▶Stichprobenumfang des betrachteten Datensatzes ist. Zur formalen Definition der Summenfunktion wird die 64▶Rangwertreihe der verschiedenen, in der Urliste vorliegenden Merkmalsausprägungen verwendet.

▶ **Definition** Summenfunktion | In einem aus n Beobachtungen bestehenden, metrischskalierten Datensatz seien m verschiedene Merkmalsausprägungen $u_1, \ldots, u_m$ mit zugehöriger Rangwertreihe $u_{(1)}, \ldots, u_{(m)}$ aufgetreten. Die absolute Häufigkeit der Ausprägung $u_{(j)}$ werde mit $n_{(j)}$ bezeichnet, $j \in \{1, \ldots, m\}$.
Die abschnittsweise definierte Funktion

$$S_n(x) = \begin{cases} 0, & x < u_{(1)}, \\ \sum_{j=1}^{k} n_{(j)}, & u_{(k)} \leq x < u_{(k+1)}, k \in \{1, \ldots, m-1\}, \\ n, & x \geq u_{(m)}, \end{cases}$$

heißt Summenfunktion. ✗

Die Summenfunktion wird also durch Summation der absoluten Häufigkeiten aller verschiedenen Merkmalsausprägungen, die kleiner oder gleich dem Wert x sind, gebildet.

B **Beispiel** Lebensalter | In einer Gruppe von acht Personen (n = 8) wurden die Lebensalter $x_{(1)}, \ldots, x_{(8)}$ ermittelt:

17 18 18 18 22 22 24 24

Insgesamt liegen vier verschiedene (geordnete) Merkmalsausprägungen

$u_{(1)} = 17, u_{(2)} = 18, u_{(3)} = 22, u_{(4)} = 24$

4.1 Berechnung und grafische Darstellung

vor, deren absolute Häufigkeiten durch

$$n_{(1)} = 1, n_{(2)} = 3, n_{(3)} = 2, n_{(4)} = 2$$

gegeben sind. Die Summenfunktion dieser Daten ist

$$S_8(x) = \begin{cases} 0, & \text{für } x < 17, \\ 1, & \text{für } 17 \leq x < 18, \\ 4, & \text{für } 18 \leq x < 22, \\ 6, & \text{für } 22 \leq x < 24, \\ 8, & \text{für } x \geq 24. \end{cases}$$

✗

Die empirische Verteilungsfunktion ist definiert als Quotient von Summenfunktion und Anzahl aller Beobachtungen

$$F_n(x) = \frac{S_n(x)}{n},$$

wobei x die reellen Zahlen durchläuft. Für eine vorgegebene Zahl x beschreibt der Wert $F_n(x)$ somit den Anteil der Beobachtungen, die höchstens den Wert x haben, d.h. die empirische Verteilungsfunktion gibt den Anteil von Beobachtungen an, die einen gewissen Wert nicht übersteigen.

Aufgrund der Definition von relativen Häufigkeiten lässt sich die empirische Verteilungsfunktion auf der Basis der verschiedenen Beobachtungswerte der Urliste folgendermaßen definieren.

Definition Empirische Verteilungsfunktion | In einem aus n Beobachtungen bestehenden metrischskalierten Datensatz seien m verschiedene Merkmalsausprägungen $u_1, \ldots, u_m$ mit zugehöriger Rangwertreihe $u_{(1)}, \ldots, u_{(m)}$ aufgetreten. Die relative Häufigkeit der Ausprägung $u_{(j)}$ werde mit $f_{(j)}$ bezeichnet, $j \in \{1, \ldots, m\}$.
Die abschnittsweise definierte Funktion

$$F_n(x) = \frac{1}{n} S_n(x) = \begin{cases} 0, & x < u_{(1)}, \\ \sum_{j=1}^{k} f_{(j)}, & u_{(k)} \leq x < u_{(k+1)}, k \in \{1, \ldots, m-1\}, \\ 1, & x \geq u_{(m)}, \end{cases}$$

heißt empirische Verteilungsfunktion.

✗

Aus der Definition ist zu ersehen, dass die empirische Verteilungsfunktion (im Gegensatz zur Summenfunktion) auch berechnet werden kann, wenn nur die relativen Häufigkeiten der unterschiedlichen Beobachtungswerte bekannt sind. Die Anzahl n der Beobachtungswerte wird nur benötigt, wenn die empirische Verteilungsfunktion mittels der Summenfunktion bestimmt wird.

B **Beispiel** Empirische Verteilungsfunktion | Der Graf der empirischen Verteilungsfunktion eines Datensatzes mit den verschiedenen Merkmalsausprägungen $u_{(1)}, u_{(2)}, u_{(3)}, u_{(4)}$ und zugehörigen relativen Häufigkeiten $f_{(1)}, f_{(2)}, f_{(3)}, f_{(4)}$ hat folgendes Aussehen.

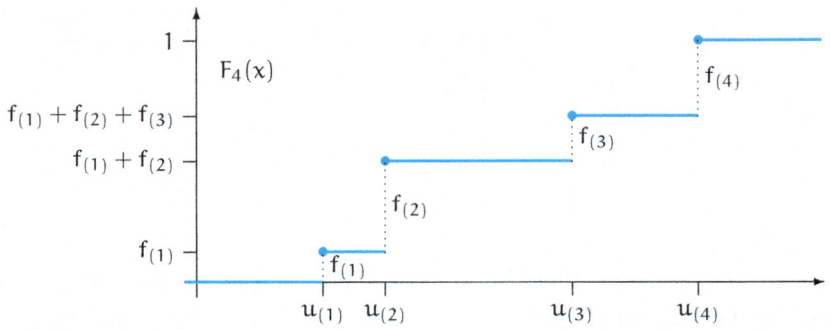

Ein Punkt am (linken) Ende einer Linie deutet an, dass der Funktionswert an dieser Stelle abgelesen wird. Da nur vier Ausprägungen vorliegen, ist die Summe der vier relativen Häufigkeiten gleich Eins, d.h. $f_{(1)} + f_{(2)} + f_{(3)} + f_{(4)} = 1$. ✗

B **Beispiel** | Im 116▶Beispiel Lebensalter wurden die verschiedenen Merkmalsausprägungen

$$u_{(1)} = 17, u_{(2)} = 18, u_{(3)} = 22, u_{(4)} = 24$$

beobachtet. Da die Anzahl aller Beobachtungen im Datensatz durch $n = 8$ gegeben ist, ergeben sich die zugehörigen relativen Häufigkeiten

$$f_{(1)} = \frac{1}{8}, f_{(2)} = \frac{3}{8}, f_{(3)} = \frac{1}{4}, f_{(4)} = \frac{1}{4}.$$

Die zu diesen Daten gehörige empirische Verteilungsfunktion ist daher

$$F_8(x) = \begin{cases} 0, & \text{für} \quad x < 17, \\ \frac{1}{8}, & \text{für } 17 \leq x < 18, \\ \frac{1}{2}, & \text{für } 18 \leq x < 22, \\ \frac{3}{4}, & \text{für } 22 \leq x < 24, \\ 1, & \text{für } 24 \leq x. \end{cases}$$

Der Graf der empirischen Verteilungsfunktion hat folgendes Aussehen.

4.1 Berechnung und grafische Darstellung

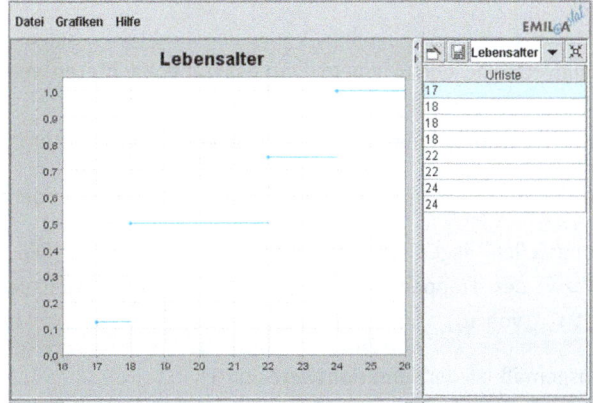

Mittels der empirischen Verteilungsfunktion kann beispielsweise bestimmt werden, dass der Anteil der Personen, die höchstens 20 Jahre alt sind, $\frac{1}{2} = 50\%$ beträgt. Weiterhin ist ersichtlich, dass $\frac{1}{8} = 12{,}5\%$ der Personen höchstens 17 Jahre alt sind.

Am 118▶Beispiel Empirische Verteilungsfunktion können die wichtigsten Eigenschaften der empirischen Verteilungsfunktion direkt abgelesen werden. Aus der Grafik wird deutlich, dass sie eine monoton wachsende Funktion ist, d.h. für Werte $x \leqslant y$ gilt stets $F_n(x) \leqslant F_n(y)$. Dies folgt auch direkt aus ihrer Definition. Weiterhin ist F_n eine Treppenfunktion mit Sprüngen an den beobachteten Merkmalsausprägungen, d.h. F_n „springt" an diesen Stellen von einer Treppenstufe zur nächsten. Die Höhe der Treppenstufe ist die 33▶relative Häufigkeit der zugehörigen Ausprägung im Datensatz. Liegen somit in einem Bereich viele Beobachtungen vor, so wächst die empirische Verteilungsfunktion dort stark, in Bereichen ohne Beobachtungen ist sie konstant. Aus der Definition ergibt sich sofort, dass die empirische Verteilungsfunktion für Werte, die die größte beobachtete Merkmalsausprägung übersteigen, konstant gleich 1 und für Werte, die kleiner als der kleinste Beobachtungswert sind, konstant gleich 0 ist. Das Verhalten der empirischen Verteilungsfunktion wird in der folgenden Regel zusammengefasst.

4. Empirische Verteilungsfunktion

Regel Eigenschaften der empirischen Verteilungsfunktion | Sei $u_{(1)} \leqslant \cdots \leqslant u_{(m)}$ die Rangwertreihe der in einem Datensatz beobachteten verschiedenen Ausprägungen.
Die empirische Verteilungsfunktion F_n hat folgende Eigenschaften:

1. F_n ist eine monoton wachsende und rechtsseitig stetige Treppenfunktion.

2. Die Sprungstellen liegen an den Stellen $u_{(1)}, \ldots, u_{(m)}$. Die Höhe des Sprungs bzw. der Treppenstufe an der Stelle $u_{(j)}$ ist gleich der relativen Häufigkeit $f_{(j)}$ von $u_{(j)}$.

3. Definitionsgemäß ist der Funktionswert von F_n

$$F_n(x) = 0 \text{ für } x < u_{(1)} \quad \text{und} \quad F_n(x) = 1 \text{ für } x \geqslant u_{(m)}.$$

Eine nützliche Eigenschaft der empirischen Verteilungsfunktion liegt in der einfachen Berechnungsmöglichkeit von Anteilen, die bestimmte Merkmalsausprägungen am gesamten Datensatz haben. So liefert die Auswertung der empirischen Verteilungsfunktion F_n an einer Stelle $x \in \mathbb{R}$, d.h. der Wert $F_n(x)$, den Anteil der Beobachtungen, die kleiner oder gleich x sind. Dabei werden die relativen Häufigkeiten der Merkmalsausprägungen summiert, die kleiner oder gleich x sind. Da sich die relativen Häufigkeiten zu Eins summieren, gibt $1 - F_n(x)$ den Anteil aller Beobachtungen an, die strikt größer als x sind. Desweiteren können mit der empirischen Verteilungsfunktion Anteile von zwischen zwei Merkmalsausprägungen liegenden Beobachtungen bestimmt werden.

Regel Rechenregeln für die empirische Verteilungsfunktion | Für reelle Zahlen x, y mit $x < y$ beschreiben
$F_n(x)$ den Anteil der Beobachtungswerte im Intervall $(-\infty, x]$,
$1 - F_n(x)$ den Anteil der Beobachtungswerte im Intervall (x, ∞),
$F_n(y) - F_n(x)$ den Anteil der Beobachtungswerte im Intervall $(x, y]$.

B

Beispiel | In einem kleinen Ferienort werden die Verweildauern (in Tagen) von $n = 40$ Gästen im Monat Juli zusammengestellt. Es ergeben sich die folgenden verschiedenen Ausprägungen

$$u_{(1)} = 2, u_{(2)} = 3, u_{(3)} = 7, u_{(4)} = 10, u_{(5)} = 14, u_{(6)} = 21.$$

Die empirische Verteilungsfunktion der Daten soll zur Klärung der folgenden Fragen verwendet werden:

1. Wie groß ist der Anteil der Gäste, die höchstens 3 Tage bleiben?

2. Wie groß ist der Anteil der Gäste, die mindestens 10 Tage bleiben?

4.1 Berechnung und grafische Darstellung

3. Wie groß ist der Anteil der Gäste, die mehr als 3 und höchstens 9 Tage bleiben?

In der folgenden Tabelle sind die relevanten Daten zusammengefasst. In der ersten Spalte sind die verschiedenen Ausprägungen $u_{(1)}, \ldots, u_{(6)}$ angegeben. In den beiden sich anschließenden Spalten sind die zugehörigen absoluten bzw. relativen Häufigkeiten $n_{(j)}$ bzw. $f_{(j)}$ abgedruckt. Die letzte Spalte enthält in Zeile j die Summe der relativen Häufigkeiten $f_{(1)}, \ldots, f_{(j)}$, d.h. den Wert $F_{40}(u_{(j)}) = \sum_{i=1}^{j} f_{(i)}$ der empirischen Verteilungsfunktion an der Stelle $u_{(j)}$.

Verweildauer	Häufigkeit		
	absolute	relative	kumulierte relative
$u_{(j)}$	$n_{(j)}$	$f_{(j)}$	$F_{40}(u_{(j)}) = \sum_{i=1}^{j} f_{(i)}$
2	6	0,15	0,15
3	2	0,05	0,20
7	12	0,30	0,50
10	6	0,15	0,65
14	10	0,25	0,90
21	4	0,10	1,00

Aus der Definition der empirischen Verteilungsfunktion folgt, dass die Funktion für einen nicht in der Tabelle angegebenen Wert gleich dem Funktionswert des nächst kleineren Beobachtungswerts ist. Daher ergeben sich aus dieser Tabelle die folgenden Antworten auf obige Fragen:

1. Der Anteil der Gäste, die höchstens 3 Tage bleiben, ist durch $F_{40}(3) = 0,2$ gegeben.

2. Der Anteil der Gäste, die mindestens 10 Tage (also mehr als 9 Tage) bleiben, ist gleich $1 - F_{40}(9) = 1 - 0,5 = 0,5$.

3. Mehr als 3 Tage und höchstens 9 Tage bleibt ein Anteil von $F_{40}(9) - F_{40}(3) = 0,5 - 0,2 = 0,3$ der Gäste im Ferienort. ✗

4.2 Bestimmung von Quantilen

Mittels der empirischen Verteilungsfunktion können auch 73▶p-Quantile für metrische Daten bestimmt werden. Da die empirische Verteilungsfunktion nur auf den relativen Häufigkeiten basiert, können mittels des folgenden Verfahrens p-Quantile (und insbesondere Mediane) auch für Datensätze ermittelt werden, von denen nur die Häufigkeitsverteilung bekannt ist. Für ein $p \in (0,1)$ wird das p-Quantil mit Hilfe der zugehörigen empirischen Verteilungsfunktion F_n in folgender Weise bestimmt: Zunächst wird der kleinste Beobachtungswert $x \in \mathbb{R}$ im Datensatz gesucht, der die Ungleichung

$$F_n(x) \geqslant p$$

erfüllt. Falls $F_n(x) > p$ gilt, so definiert dieser Beobachtungswert das p-Quantil, d.h. es wird $\tilde{x}_p = x$ gesetzt. Gilt $F_n(x) = p$, so wird der nächst größere Beobachtungswert y – also die kleinste beobachtete Ausprägung, die strikt größer als x ist – bestimmt. Das p-Quantil wird dann als arithmetisches Mittel von x und y gebildet, d.h. in diesem Fall gilt $\tilde{x}_p = \frac{1}{2}(x+y)$.

Der auf diese Weise bestimmte Wert erfüllt die Anforderung an ein p-Quantil, d.h. mindestens p·100% aller Daten sind kleiner oder gleich und mindestens $(1-p)\cdot 100\%$ aller Daten sind größer oder gleich dem so definierten Wert. Beide Methoden zur Bestimmung von Quantilen (die hier vorgestellte und die aus 73▶Kapitel 3) liefern (bei Kenntnis der Urliste) die selben Werte.

> **Regel** Empirische Verteilungsfunktion und Quantile | In einem aus n Beobachtungen bestehenden, metrischskalierten Datensatz seien verschiedene Merkmalsausprägungen $u_1, \ldots, u_m$ mit zugehöriger Rangwertreihe $u_{(1)}, \ldots, u_{(m)}$ aufgetreten. Seien F_n die empirische Verteilungsfunktion der Daten und $p \in (0,1)$.
>
> 1. Ist $F_n(u_{(1)}) > p$, so gilt $\tilde{x}_p = u_{(1)}$.
>
> 2. Ist $F_n(u_{(1)}) = p$, so gilt $\tilde{x}_p = \frac{1}{2}(u_{(1)} + u_{(2)})$.
>
> 3. Sei $F_n(u_{(1)}) < p$.
>   Ist $j^* \in \{2, \ldots, m\}$ so gewählt, dass
>
> $$F_n(u_{(j^*-1)}) < p \quad \text{und} \quad F_n(u_{(j^*)}) \geqslant p$$
>
>   gilt, dann ist das p-Quantil $\tilde{x}_p$ gegeben durch
>
> $$\tilde{x}_p = \begin{cases} u_{(j^*)}, & \text{falls } F_n(u_{(j^*)}) > p, \\ \frac{1}{2}(u_{(j^*)} + u_{(j^*+1)}), & \text{falls } F_n(u_{(j^*)}) = p. \end{cases}$$

4.2 Bestimmung von Quantilen

Auf einen Nachweis dieser Regel wird verzichtet, allerdings soll zumindest die oben eingeführte Vorgehensweise zur Bestimmung von Quantilen plausibel gemacht werden. Der Index j^* wird so gewählt, dass sowohl

$$F_n(u_{(j^*-1)}) < p \quad \text{als auch} \quad F_n(u_{(j^*)}) \geq p$$

gilt. Zunächst wird der Fall $F_n(u_{(j^*)}) > p$ betrachtet. Aufgrund der 120▶Rechenregeln für die empirische Verteilungsfunktion folgt, dass der Anteil der Beobachtungswerte im Intervall $(-\infty, u_{(j^*)}]$ größer als p ist. Außerdem ergibt sich aus $F_n(u_{(j^*-1)}) < p$ direkt

$$1 - F_n(u_{(j^*-1)}) > 1 - p,$$

d.h. der Anteil der Daten im Intervall $(u_{(j^*-1)}, \infty)$ ist größer als $1-p$. Da der kleinste Beobachtungswert in diesem Intervall gleich $u_{(j^*)}$ ist, stimmen die Anzahlen von Beobachtungen in den Intervallen $(u_{(j^*-1)}, \infty)$ und $[u_{(j^*)}, \infty)$ überein. Insgesamt erfüllt der Beobachtungswert $u_{(j^*)}$ in diesem Fall also die gewünschte Eigenschaft des p-Quantils.

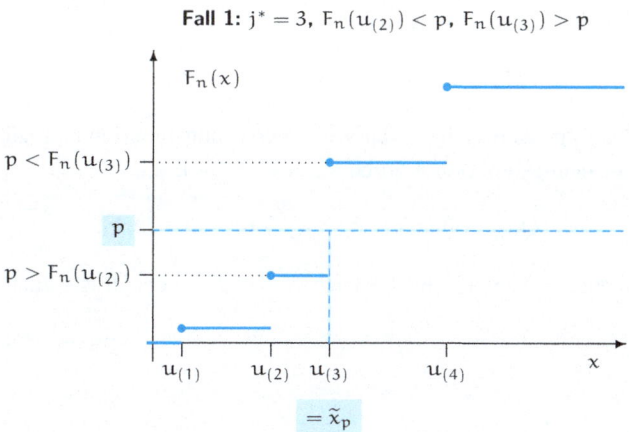

Der Fall $F_n(u_{(j^*)}) = p$ lässt sich in ähnlicher Weise behandeln.

Die beiden Fälle, die bei der Bestimmung des p-Quantils auftreten können, werden mittels der folgenden Grafiken illustriert. Dabei wird jeweils angenommen, dass $F_n(u_{(1)}) < p$ gilt.

Fall 1: $j^* = 3$, $F_n(u_{(2)}) < p$, $F_n(u_{(3)}) > p$

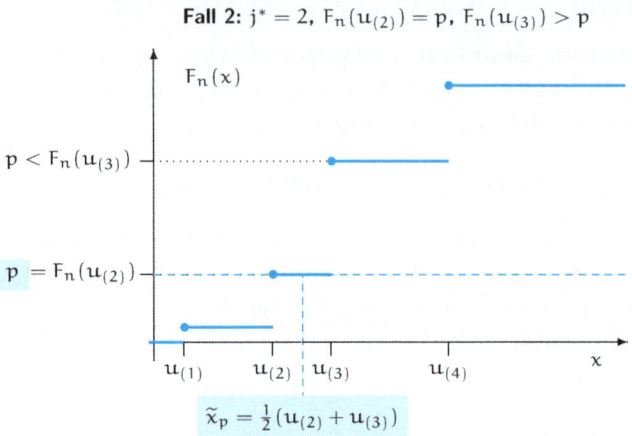

Beispiel | Die folgenden, bereits in Form einer Rangwertreihe vorliegenden Wasserstände eines Flusses wurden zu $n = 10$ Zeitpunkten (in m) gemessen:

$$5{,}6 \quad 5{,}9 \quad 6{,}0 \quad 6{,}5 \quad 6{,}7 \quad 7{,}3 \quad 7{,}7 \quad 7{,}8 \quad 8{,}3 \quad 8{,}5$$

Zur Bestimmung des 0,8-Quantils wird die empirische Verteilungsfunktion herangezogen. Wegen $F_{10}(7{,}7) = 0{,}7$ und $F_{10}(7{,}8) = 0{,}8$, ist das 0,8-Quantil $\tilde{x}_{0,8}$ gegeben durch $\tilde{x}_{0,8} = \frac{1}{2}(7{,}8 + 8{,}3) = 8{,}05$. Somit betragen mindestens 80% aller gemessenen Wasserstände höchstens 8,05m.

An dieser Stelle sei daraufhin gewiesen, dass die Definition des p-Quantils für metrische Daten in der deskriptiven Statistik auf der Basis der empirischen Verteilungsfunktion im Allgemeinen nicht die selben Werte liefert wie das p-Quantil der zu den Daten gehörigen empirischen Verteilungsfunktion im Sinne der e▶Wahrscheinlichkeitsrechnung. Das p-Quantil Q_p einer beliebigen e▶Verteilungsfunktion F ist in der Wahrscheinlichkeitsrechnung definiert als

$$Q_p = \min\{x \in \mathbb{R} | F(x) \geq p\}, \quad p \in (0, 1).$$

Das (empirische) p-Quantil der empirischen Verteilungsfunktion F_n ergibt sich dort, indem die Verteilungsfunktion F durch F_n ersetzt wird, d.h.

$$Q_{n,p} = \min\{x \in \mathbb{R} | F_n(x) \geq p\}, \quad p \in (0, 1).$$

Diese Vorgehensweise liefert ausschließlich Werte, die in der Urliste auch tatsächlich auftreten.

4.2 Bestimmung von Quantilen

Beispiel | Eine Anwendung der obigen Vorgehensweise auf die Daten aus 116▶Beispiel Lebensalter liefert zunächst folgende Arbeitstabelle:

Alter	Häufigkeit		
	absolute	relative	kumulierte relative
17	1	0,125	0,125
18	3	0,375	0,5
22	2	0,25	0,75
24	2	0,25	1

Das obere Quartil $\tilde{x}_{0,75}$ im Sinne der deskriptiven Statistik ist für diese Daten durch $\tilde{x}_{0,75} = \frac{1}{2}(22+24) = 23$ gegeben, denn es gilt $F_8(22) = 0,75$. Das 0,75-Quantil $Q_{10,0,75}$ der empirischen Verteilungsfunktion im Sinne der Wahrscheinlichkeitsrechnung ist aber gleich $Q_{10,0,75} = 22$, denn die kleinste Zahl x mit $F_8(x) \geq 0,75$ hat den Wert 22. ✗

Beispiel (Fortsetzung 115▶Beispiel Geschwindigkeitsmessung) | Für den Datensatz $x_1, \ldots, x_{50}$ werden zunächst die relevanten Größen zur Berechnung der empirischen Verteilungsfunktion in einer Arbeitstabelle zusammengestellt. Dazu werden die gemessenen Geschwindigkeiten aufsteigend geordnet, die Rangwertreihe $u_{(1)}, \ldots, u_{(25)}$ der verschiedenen Merkmalsausprägungen gebildet und diesen die absoluten Häufigkeiten zugeordnet.

j	1	2	3	4	5	6	7	8	9	10
$u_{(j)}$	35	39	43	46	47	48	50	51	52	53
absolute Häufigkeit $n_{(j)}$	1	1	2	1	1	3	4	5	4	2
relative Häufigkeit $f_{(j)}$	0,02	0,02	0,04	0,02	0,02	0,06	0,08	0,10	0,08	0,04
kumulierte relative Häufigkeit $F_{50}(u_{(j)}) = \sum_{k=1}^{j} f_{(k)}$	0,02	0,04	0,08	0,10	0,12	0,18	0,26	0,36	0,44	0,48

11	12	13	14	15	16	17	18	19	20	21	22	23	24	25
54	55	56	58	59	60	61	63	65	67	71	73	76	80	84
3	4	2	2	1	3	2	1	1	1	1	2	1	1	1
0,06	0,08	0,04	0,04	0,02	0,06	0,04	0,02	0,02	0,02	0,02	0,04	0,02	0,02	0,02
0,54	0,62	0,66	0,70	0,72	0,78	0,82	0,84	0,86	0,88	0,90	0,94	0,96	0,98	1,00

Die Punkte $(u_{(j)}, F_{50}(u_{(j)}))$, $j \in \{1, \ldots, 25\}$, werden in ein Koordinatensystem eingetragen und legen die empirische Verteilungsfunktion fest.

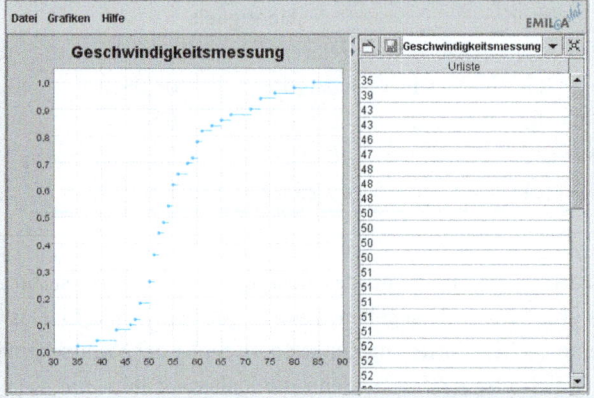

Die nachfolgenden drei Antworten können der Tabelle oder dem Grafen der empirischen Verteilungsfunktion entnommen werden. Der Anteil von Verkehrsteilnehmerlnnen mit einer Geschwindigkeit von höchstens 50 km/h ist durch $F_{50}(50) = 0{,}26$ gegeben; d.h. 26% aller Personenkraftwagen, deren Geschwindigkeit gemessen wurde, fuhren 50 km/h oder langsamer. Der Anteil von Personenkraftwagen mit einer Geschwindigkeit von mindestens 60 km/h, d.h. mit einer Geschwindigkeit von über 59 km/h, ist durch $1 - F_{50}(59) = 1 - 0{,}72 = 0{,}28$ gegeben. Also fuhren 28% der kontrollierten Verkehrsteilnehmer mit einer Geschwindigkeit von 60 km/h und mehr. Der Anteil von Verkehrsteilnehmern mit einer Geschwindigkeit von mehr als 50 km/h und höchstens 55 km/h ist durch $F_{50}(55) - F_{50}(50) = 0{,}62 - 0{,}26 = 0{,}36$ gegeben.

Die Ermittlung der empirischen Quantile erfolgt mit der entsprechenden 122▶Regel. Zur Bestimmung des 20%-Quantils ist mit $p = 0{,}2$ zunächst

$$F_{50}(48) = 0{,}18 < \underbrace{0{,}2}_{=p} \leqslant 0{,}26 = F_{50}(50).$$

Daher ist das 20%-Quantil $\tilde{x}_{0,2}$ gegeben durch $\tilde{x}_{0,2} = 50$. Wegen

$$F_{50}(60) = 0{,}78 < \underbrace{0{,}8}_{=p} \leqslant 0{,}82 = F_{50}(61)$$

hat das 80%-Quantil $\tilde{x}_{0,8}$ den Wert $\tilde{x}_{0,8} = 61$. Das bedeutet, (mindestens) 80% aller gemessenen Geschwindigkeiten sind kleiner oder gleich 61 km/h und (mindestens) 20% der Daten sind größer oder gleich 61 km/h. Das 90%-Quantil ist durch $\tilde{x}_{0,9} = \frac{1}{2}(71 + 73) = 72$ gegeben, denn

$$F_{50}(67) = 0{,}88 < \underbrace{0{,}9}_{=p} = F_{50}(71).$$

Kapitel 5
Klassierte Daten

5

5 Klassierte Daten — 129

5.1 Stamm-Blatt-Diagramm 131
5.2 Klassenbildung 134
5.3 Histogramm 138
5.4 Approximierende empirische Verteilungsfunktion 147
5.5 Lage- und Streuungsmaße 154
5.6 Maße bei bekannten Klassenmittelwerten und -streuungen 165

5 Klassierte Daten

Beispiel (Fortsetzung 3▶Beispiel Befragung der MitarbeiterInnen) | Für den Teilbereich Produktion des Unternehmens (120 Beschäftigte) wurden die monatlichen Bruttogehälter des Monats Juli den Personalunterlagen entnommen. Die Urliste der Daten $x_1, \ldots, x_{120}$ des Merkmals Bruttogehalt wurde bereits aufbereitet und liegt als Rangwertreihe $x_{(1)}, \ldots, x_{(120)}$ vor.

250	250	250	250	250	250	280	280	280	280
325	325	325	325	325	325	325	325	400	400
400	400	400	400	520	610	680	800	890	940
980	980	980	1200	1300	1830	1830	1870	1870	1870
2110	2210	2300	2300	2300	2300	2360	2360	2360	2420
2420	2420	2420	2480	2480	2480	2480	2480	2480	2500
2500	2500	2500	2570	2570	2570	2710	2710	2710	2710
2800	2800	2980	2980	2980	3210	3210	3210	3210	3210
3360	3360	3360	3360	3510	3510	3510	3510	3510	3510
3600	3600	3600	3870	3870	3870	3950	3950	3950	4120
4200	4300	4450	4450	4600	4600	4600	4680	4800	5600
5600	5600	5800	5800	6300	6300	7200	7200	8600	9400

Um einen ersten Überblick zu gewinnen, soll das metrische Merkmal Bruttogehalt (unter Inkaufnahme eines Informationsverlusts durch „Vergröberung") klassiert werden. Die Gehälter werden den Gehaltsklassen $K_1 = [0, 400]$, $K_2 = (400, 1\,000]$, $K_3 = (1\,000, 2\,500]$, $K_4 = (2\,500, 4\,000]$, $K_5 = (4\,000, 6\,000]$ und der Klasse von Gehältern über 6 000€ zugewiesen.

Fragestellungen und Aufgaben

– Die klassierten Daten sollen in einem Histogramm visualisiert werden. Dabei werden Rechtecke in ein Koordinatensystem eingezeichnet, deren Koordinaten auf der Abszisse die jeweiligen Klassengrenzen sind (bis auf die letzte Klasse, die – zunächst – keine obere Grenze hat), und deren Flächen gleich den relativen Häufigkeiten von Gehältern in den Klassen sind. Wie behandeln Sie die letzte (offene) Klasse?

– Welchen Wert haben das arithmetische Mittel und die empirische Standardabweichung basierend auf den Daten $x_1, \ldots, x_{120}$?

– Wenn die Originaldaten nicht (mehr) bekannt wären, jedoch die arithmetischen Mittel und die empirischen Varianzen der Daten innerhalb der Klassen, können dann das arithmetische Mittel und die empirische Standardabweichung der Ausgangsdaten trotzdem angegeben werden? Wenn ja, wie?

- In 19▶Befragungen würde das Merkmal Bruttogehalt (oder Einkommen) üblicherweise nur in Klassen erhoben. Im Rahmen der Fragebogenaktion 3▶Beispiel Befragung der MitarbeiterInnen stünden also nur die klassierten Daten zur Verfügung! Wie beschreiben und bewerten Sie den damit verbundenen Informationsverlust gegenüber der Kenntnis aller 120 Originaldaten? In einer Befragung beantwortet jede Person die Frage nach dem Bruttogehalt also mit der Nennung (dem Ankreuzen) einer Klasse, so dass ein ordinales Merkmal mit den Klassen als Ausprägungen entsteht. Die Bildung des arithmetischen Mittels und der empirischen Standardabweichung für das Merkmal Bruttogehalt ist auf der Basis klassierter Daten nur näherungsweise (und eventuell recht grob) möglich. Welche Schätzwerte können angegeben werden?
- Vergleichen Sie das arithmetische Mittel und die empirische Standardabweichung der Originaldaten mit der obigen Näherung!
- Die vorgegebene Anzahl von sechs Klassen ist zur Visualisierung im Histogramm relativ klein. Ermitteln Sie für die Ausgangsdaten zusätzlich ein Histogramm für die Klasseneinteilung

$$\widetilde{K}_1 = [0, 300], \quad \widetilde{K}_2 = (300, 400], \quad \widetilde{K}_3 = (400, 1\,000],$$
$$\widetilde{K}_4 = (1\,000, 1\,750], \quad \widetilde{K}_5 = (1\,750, 2\,500], \quad \widetilde{K}_6 = (2\,500, 3\,250],$$
$$\widetilde{K}_7 = (3\,250, 4\,000], \quad \widetilde{K}_8 = (4\,000, 5\,000], \quad \widetilde{K}_9 = (5\,000, 6\,000],$$
$$\widetilde{K}_{10} = (6\,000, 10\,000].$$

Welche qualitativen Unterschiede ergeben sich im Vergleich zum obigen Histogramm mit sechs Klassen?
- In welchem Bezug stehen die Ergebnisse im grafischen Vergleich der Histogramme zum Wert des arithmetischen Mittels von $x_1, \ldots, x_{120}$ bzw. der Näherung des arithmetischen Mittels für die klassierten Daten?
- Ermitteln Sie die empirische Verteilungsfunktion auf der Basis der Originaldaten. Mit den klassierten Daten (sechs Klassen) kann die approximierende empirische Verteilungsfunktion berechnet werden. Vergleichen Sie beide Visualisierungen! Was stellen Sie fest? Welche Auswirkungen haben diese Unterschiede etwa auf die Bestimmung von Quantilen?

In 115▶Kapitel 4 wurde die empirische Verteilungsfunktion zur Beschreibung eines metrischen Datensatzes verwendet. Zentraler Aspekt dieses Kapitels sind Methoden zur (grafischen) Aufbereitung quantitativer Daten, die auf einer Klassierung der Urliste beruhen (siehe z.B. das Merkmal S3 im 3▶Beispiel Befragung der MitarbeiterInnen). Dies bedeutet, dass die Beobachtungswerte in Klassen zusammengefasst und die resultierenden Daten dann weiterverarbeitet werden. Ziel ist es, aussage-

5.1 Stamm-Blatt-Diagramm

kräftige Übersichten über die „Verteilung" der Daten zu erhalten. Die Vorgehensweise wird zunächst am Beispiel des Stamm-Blatt-Diagramms erläutert, das eine einfache Methode zur Klassierung von Daten verwendet.

5.1 Stamm-Blatt-Diagramm

Ein Stamm-Blatt-Diagramm (Stem-and-Leaf Diagramm) ist eine Methode zur Darstellung von Beobachtungswerten eines metrischen Merkmals. Basierend auf seiner Dezimaldarstellung wird jedes Datum in drei Teile gegliedert (Stamm, Blatt, Rest). Der durch diese Aufteilung entstandene erste Teil ist der Stammanteil der Dezimalzahl, die erste folgende Ziffer der Blattanteil. Die restlichen Ziffern der Dezimaldarstellung werden vernachlässigt. Durch die Kästchen in der folgenden Grafik wird jeweils eine Dezimalstelle der betrachteten Zahl wiedergegeben. Der Strich repräsentiert die Trennung des Stammanteils vom Blattanteil, die Kreuze symbolisieren die vernachlässigten Stellen. Das Zahlenbeispiel 978,43 bezieht sich auf die Messung der Füllmenge einer 1 000ml Konserve.

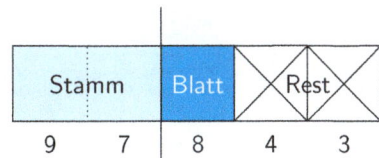

Bei diesem Zugang ist zunächst die Anzahl der Dezimalstellen für den Stammanteil festzulegen. Aus Gründen der Übersichtlichkeit ist zu beachten, dass durch die Wahl des Stamms nicht zu viele verschiedene Zahlenwerte für die Stammanteile der Daten entstehen. Die möglichen Zahlenwerte für den Stammanteil werden dann in einer Liste untereinander und der Größe nach geordnet notiert. Diese Liste repräsentiert den Stamm im Stamm-Blatt-Diagramm. Die zu den Beobachtungswerten gehörigen Blattanteile (also die jeweils ersten Ziffern hinter dem Stammanteil) werden dann rechts von den entsprechenden Werten des Stamms eingetragen. Diese Ziffern stellen die Blätter des Stamms dar. Nach Abarbeiten aller Beobachtungen werden die Ziffern der „Blattseite" zeilenweise der Größe nach geordnet. Wichtig ist, dass jeder Ziffer dabei der selbe Platz eingeräumt wird und die Ziffern direkt aneinander anschließen. Dieses Konstruktionsprinzip des Stamm-Blatt-Diagramms ermöglicht es, sich einen Überblick über die Häufigkeit bestimmter Merkmalsausprägungen zu verschaffen. Je länger eine Zeile im Stamm-Blatt-Diagramm ist, umso mehr Beobachtungen besitzen den zugehörigen Wert im Stamm des Diagramms. Durch die Auflistung der einzelnen Blätter in jeder Zeile wird zudem ein grober Überblick über die Verteilung der Merkmalsausprägungen in den zu diesem Stammanteil gehörigen Blättern gegeben.

B **Beispiel** | Bei Bundesjugendspielen wurden folgende, in Sekunden gemessene Zeiten von 75m-Läufen erreicht:

10,19 11,36 10,53 10,09 9,92 9,93 10,32
10,78 10,18 11,49 9,98 11,41 11,24 9,84
10,51 12,04 11,43 10,22 10,11 12,13

Um einen ersten Überblick über die Daten zu erhalten, wird ein Stamm-Blatt-Diagramm erstellt. Hierzu werden die Dezimalstellen vor dem Komma als Stammanteil und die erste Nachkommastelle als Blattanteil verwendet. Die zweite Nachkommastelle wird gestrichen. Dies führt zum modifizierten Datensatz

10,1 11,3 10,5 10,0 9,9 9,9 10,3 10,7 10,1 11,4
9,9 11,4 11,2 9,8 10,5 12,0 11,4 10,2 10,1 12,1

Die Blätter werden beginnend mit der ersten Beobachtung in die folgende Tabelle eingetragen.

```
 9 | 9998
10 | 150371521
11 | 34424
12 | 01
```

Die Zahlen 9, 10, 11 und 12 stellen hierbei den Stamm des Stamm-Blatt-Diagramms dar. Jeder dieser vier Zahlen werden die Nachkommastellen derjenigen Beobachtungswerte zugeordnet, deren Stammanteil mit der entsprechen Zahl im Stamm übereinstimmt. Da es z.B. genau fünf zum Stamm 11 gehörige Beobachtungen

11 , 3 , 11 , 4 , 11 , 4 , 11 , 2 , 11 , 4

gibt, ergeben sich in der dritten Zeile des Diagramms die Zahlen 34424. Anschließend werden die Ziffern in jeder Zeile der „Blattseite" sortiert, so dass folgende Darstellung entsteht:

```
 9 | 8999
10 | 011123557
11 | 23444
12 | 01
```

5.1 Stamm-Blatt-Diagramm

Die Konstruktion des Stamm-Blatt-Diagramms ist ein Zwei-Schritt-Verfahren:

Regel Erzeugung eines Stamm-Blatt-Diagramms |

1. **Einteilung der Daten in Klassen**

   Durch die Wahl der Anzahl der Dezimalstellen für den Stammanteil werden die Daten in Klassen eingeteilt. Daten mit dem selben Stammanteil liegen in der selben Klasse. Die Klassen werden durch die Zahlenwerte der Stammanteile repräsentiert.

2. **Erstellung eines modifizierten Balkendiagramms auf der Basis der Klassen**

   Die Zahlenwerte der Stammanteile werden in aufsteigender Reihenfolge untereinander aufgelistet. Der auf diese Weise entstehende Stamm beschreibt die verschiedenen Merkmalsausprägungen (die in diesem Fall Klassen repräsentieren) für das modifizierte Balkendiagramm. Die zu jedem Stammanteil gehörigen Blätter (also die jeweils erste Ziffer hinter dem Stammanteil eines Datums) werden rechts davon horizontal in aufsteigender Reihenfolge angegeben. Da jede Ziffer den selben Platz beansprucht, entspricht die Gesamtlänge der Ziffern in jeder Zeile der absoluten Häufigkeit aller Beobachtungswerte, die den jeweiligen Stammanteil haben. Das Diagramm kann daher wie ein 43▶Balkendiagramm interpretiert werden.

Liegen sehr viele Daten vor, so können die einzelnen Zeilen in einem Stamm-Blatt-Diagramm sehr viel Raum beanspruchen, und das Diagramm würde unübersichtlich werden. In diesem Fall kann es sinnvoll sein, jeder Zahl aus dem Stamm zwei Zeilen zuzuordnen. In der ersten Zeile werden die Blätter von 0 bis 4 und in der zweiten die Blätter von 5 bis 9 aufgelistet. Auf diese Weise verbessert sich die Übersicht über die Verteilung der Daten.

Beispiel | Im Rahmen einer Sportveranstaltung nehmen Schüler an einem Kugelstoßwettbewerb teil, bei dem folgende Weiten (in m) gemessen wurden:

```
4,50  6,63  7,34  4,78  5,52  4,85  6,55  5,23  5,45  7,04
8,14  6,89  5,12  7,09  8,20  6,34  6,45  6,80  5,23  5,55
5,90  5,66  7,78  6,12  6,29  4,90  6,77  5,31  5,70  6,83
4,75  5,57  5,72  7,42  7,40  7,86  6,40  6,90  4,32  6,72
```

Auf der Basis dieser Daten wird ein Stamm-Blatt-Diagramm konstruiert. Werden die Dezimalstellen vor dem Komma als Stamm und die erste Nachkommastelle als Blatt verwendet, ergibt sich die Darstellung:

```
4 | 357789
5 | 122345556779
6 | 1234456778889
7 | 0034478
8 | 12
```

Aus der nachfolgenden erweiterten Variante des Stamm-Blatt-Diagramms ist zu ersehen, dass durch die Aufteilung jeder Zeile in die Blätter von 0 bis 4 und die Blätter von 5 bis 9 eine detailliertere Darstellung des Datenmaterials erreicht wird.

```
4 | 3
4 | 57789
5 | 12234
5 | 5556779
6 | 12344
6 | 56778889
7 | 00344
7 | 78
8 | 12
8 |
```

5.2 Klassenbildung

Im vorhergehenden Abschnitt wurden durch Abschneiden von Dezimalstellen Beobachtungswerte zu Klassen zusammengefasst. Diese „Vergröberung" des Datenmaterials diente dazu, eine Übersicht über die Verteilung der Daten, d.h. die räumliche Anordnung der Beobachtungswerte auf dem Zahlenstrahl, zu erhalten. Vom Prinzip entspricht dieser Vorgang der Bildung von Klassen gemäß einer vorgegebenen Zuordnungsvorschrift. Dies wird im Folgenden weiter diskutiert.

Durch die Zusammenfassung von Daten $x_1, \ldots, x_n$ in Klassen $K_1, \ldots, K_M$ entsteht ein Datenmaterial, das als klassiert oder kategorisiert bezeichnet wird. Der zugehörige Datensatz heißt klassierter Datensatz. Die resultierenden Daten selbst werden als klassiert bezeichnet. Wesentlich ist, dass jedes Datum x_i eindeutig einer Klasse K_j zugeordnet werden kann. Dies bedeutet insbesondere, dass der Schnitt zweier Klassen leer sein muss (d.h. sie sind disjunkt) und dass die Vereinigung aller Klassen den 9▶Wertebereich des betrachteten Merkmals überdeckt. Im Hinblick auf die hier vorgestellten grafischen Methoden werden nur Intervalle als Klassen betrachtet, obwohl der Vorgang der Klassierung natürlich allgemeinere Mengen zulässt.

Eine Klassierung kann sinnvoll bei der Darstellung von Daten eines 14▶quantitativen Merkmals eingesetzt werden. Aufgrund der Struktur 17▶stetiger Datensätze eignet

5.2 Klassenbildung

sie sich besonders zur deren Aufbereitung. Eine Strukturierung der Daten erlaubt deren leichtere Analyse und ermöglicht eine aussagekräftige grafische Aufbereitung. Zur Umsetzung der Klassierung wird der Bereich, in dem alle Ausprägungen des betrachteten Merkmals zu finden sind, in eine vorgegebene Anzahl M von Intervallen (Klassen) eingeteilt. Die Längen dieser Intervalle werden als Klassenbreiten bezeichnet. Jedem Datum wird dann diejenige Klasse zugeordnet, in der es enthalten ist. Die auf diese Weise neu konstruierten Daten können als Ausprägungen eines 13▶ordinalskalierten Merkmals mit M möglichen 9▶Merkmalsausprägungen (den Klassen) interpretiert werden. In vielen 19▶Erhebungen sind nur klassierte Daten für gewisse Merkmale verfügbar (z.B. Einkommen).

Im Allgemeinen werden die Beobachtungswerte als in einem abgeschlossenen Intervall $[a, b]$ liegend angesehen. Die Intervalle der einzelnen Klassen werden nach links offen und nach rechts abgeschlossen (also mit Intervallgrenze) gewählt, um das gesamte Intervall abzudecken, d.h. es wird eine Zerlegung des Intervalls $[a, b]$ in M Teilintervalle

$$K_1 = [v_0, v_1], K_2 = (v_1, v_2], \ldots, K_M = (v_{M-1}, v_M]$$

mit $a = v_0$ und $b = v_M$ vorgenommen.

Die erste Klasse nimmt eine besondere Rolle ein, das entsprechende Intervall ist nämlich sowohl nach rechts als auch nach links abgeschlossen. Die Differenzen $b_j = v_j - v_{j-1}$, $j \in \{1, \ldots, M\}$, sind die jeweiligen Klassenbreiten.

Definition Zerlegung | Eine Einteilung des Wertebereichs $[a, b]$ in Intervalle ◀

$$K_1 = [v_0, v_1], K_2 = (v_1, v_2], \ldots, K_M = (v_{M-1}, v_M]$$

mit $a = v_0 < v_1 < \cdots < v_{M-1} < v_M = b$ heißt Zerlegung von $[a, b]$. ✗

Manchmal ist es zweckmäßig, unbeschränkte Intervalle zu betrachten. Kann z.B. ein Merkmal (theoretisch) unbeschränkt große Werte (Jahresumsatz, monatliches Einkommen, etc.) annehmen, so ist es sinnvoll, das Intervall der letzten Klasse als nach oben unbeschränkt, d.h. als ein Intervall der Form $K_M = (v_{M-1}, \infty)$, zu definieren. Analog sind auch Fälle denkbar, in denen die erste Klasse nicht nach unten beschränkt ist und dementsprechend $K_1 = (-\infty, v_1]$ gewählt wird. Klassen, die zu solchen nicht beschränkten Intervallen gehören, werden als offene Klassen bezeichnet.

B   **Beispiel** | Die monatlichen Bruttogehälter in einer Abteilung eines Unternehmens betragen (in €)

     2020   2128   2425   2535   3180   3600   3520   4780   4370   5200   5380

Aus Gründen der Übersichtlichkeit werden zur Analyse drei Gehaltsgruppen (Klassen) gebildet (in €):

$$[0, 2500], (2500, 5000], (5000, \infty).$$

Der zum Ausgangsdatensatz gehörige klassierte Datensatz basierend auf dieser Einteilung ist

$$[0, 2500], [0, 2500], [0, 2500], (2500, 5000], (2500, 5000], (2500, 5000],$$
$$(2500, 5000], (2500, 5000], (2500, 5000], (5000, \infty), (5000, \infty).$$

Diese neuen Daten können als Ausprägungen eines ordinalskalierten Merkmals mit den Ausprägungen $[0, 2500], (2500, 5000]$ und $(5000, \infty)$ aufgefasst werden, die dreimal, sechsmal bzw. zweimal auftreten.   **✗**

Für klassierte Daten werden absolute Häufigkeiten der einzelnen Klassen durch Summierung der 31▶absoluten Häufigkeiten aller verschiedenen Merkmalsausprägungen, die in der jeweiligen Klasse enthalten sind, gebildet. Die absolute Häufigkeit der Klasse K_j ist somit gegeben durch

$$n(K_j) = \text{Anzahl der in } K_j \text{ enthaltenen Beobachtungen.}$$

Die relativen Häufigkeiten der Klassen ergeben sich analog als Summe der entsprechenden 33▶relativen Einzelhäufigkeiten. Die relative Häufigkeit einer Klasse K_j ist

$$f(K_j) = \text{Anteil der in } K_j \text{ enthaltenen Beobachtungen am Datensatz.}$$

▶   **Definition**   Klassenhäufigkeiten | Der Datensatz $x_1, \ldots, x_n$ habe die verschiedenen Merkmalsausprägungen $u_1, \ldots, u_m$ mit absoluten Häufigkeiten $n_1, \ldots, n_m$ und relativen Häufigkeiten $f_1, \ldots, f_m$. Durch Klassenbildung entstehen die Klassen $K_1, \ldots, K_M$.

Die absoluten Häufigkeiten der Klassen $K_1, \ldots, K_M$ sind definiert als

$$n(K_j) = \sum_{k \in \{1, \ldots, m\} : u_k \in K_j} n_k, \quad j \in \{1, \ldots, M\}.$$

Die relativen Häufigkeiten der Klassen $K_1, \ldots, K_M$ sind definiert als

$$f(K_j) = \frac{n(K_j)}{n} = \sum_{k \in \{1, \ldots, m\} : u_k \in K_j} f_k, \quad j \in \{1, \ldots, M\}. \quad \text{✗}$$

5.2 Klassenbildung

Wie bei gewöhnlichen 33▶absoluten und 34▶relativen Häufigkeiten addieren sich auch bei klassierten Daten die absoluten Häufigkeiten zur Anzahl n aller Beobachtungen; die Summe der relativen Häufigkeiten ergibt ebenfalls Eins:

$$\sum_{j=1}^{M} n(K_j) = n, \qquad \sum_{j=1}^{M} f(K_j) = 1.$$

Für $j=1$ ist unter Verwendung der 32▶Indikatorfunktion

$$n(K_1) = \sum_{i=1}^{n} \mathbb{1}_{[v_0, v_1]}(x_i)$$

und für jedes $j \in \{2, \ldots, M\}$ ist

$$n(K_j) = \sum_{i=1}^{n} \mathbb{1}_{(v_{j-1}, v_j]}(x_i).$$

Beispiel | In einem Werkstatttest misst ein Automobilclub die für die Reparatur eines vorgegebenen Defekts jeweils benötigte Zeit (in Minuten):

9 8 12 16 7 6 8 9 14 18 23 15 7 22 10 11

Um einen besseren Überblick über die Daten zu erhalten, werden eine Klassierung in die Intervalle $K_1 = [0, 10], K_2 = (10, 20], K_3 = (20, 30]$ vorgenommen und mittels einer 36▶Strichliste die zugehörigen absoluten und relativen Häufigkeiten in der folgenden Tabelle angegeben.

Nr.	Klasse	Strichliste	Klassenhäufigkeit absolute	relative
j	K_j		$n(K_j)$	$f(K_j)$
1	$[0, 10]$	⊞ ⦀⦀⦀	8	0,5
2	$(10, 20]$	⊞ ⦀	6	0,375
3	$(20, 30]$	⦀	2	0,125

Eine Häufigkeitsverteilung für klassierte Daten wird analog zum entsprechenden 36▶Begriff für die Beobachtungen der Urliste eingeführt, d.h. die Häufigkeitsverteilung eines klassierten Datensatzes ist die Auflistung der relativen Häufigkeiten der aufgetretenen Klassen. Die Häufigkeitsverteilung gibt darüber Aufschluss, wie die Merkmalsausprägungen bezogen auf die gewählte Klasseneinteilung im Datensatz verteilt sind.

B **Beispiel** | Die Einnahmen eines Kiosks innerhalb einer festen Zeitspanne werden für eine Analyse in einer 10▶Urliste festgehalten (in €):

8,73 2,09 8,88 6,48 8,57 1,91 4,22 8,08 2,83 1,98 2,21 3,18
5,04 5,14 4,11 5,52 6,19 8,74 6,45 1,31 1,36 1,98 9,47 2,38
9,90 4,98 7,55 6,76 4,48 6,79 5,41 6,24 7,55 4,37 0,82 8,82
4,41 1,55 3,83 1,52 5,63 2,97 5,20 1,25

Nach Zuordnung der Daten zu den Klassen [0, 2], (2, 4], (4, 6], (6, 8] und (8, 10] wird die Häufigkeitstabelle ermittelt. Es sind sowohl absolute als auch relative Häufigkeiten der Klassen dargestellt, wobei die letzte Spalte die Häufigkeitsverteilung der klassierten Daten repräsentiert.

Klasse	absolute Häufigkeit	relative Häufigkeit (gerundet)
[0, 2]	9	0,205
(2, 4]	7	0,159
(4, 6]	12	0,273
(6, 8]	8	0,182
(8, 10]	8	0,182
	44	1,001

x

5.3 Histogramm

In Datensätzen ist es möglich, dass sehr viele verschiedene Beobachtungswerte vorliegen. Bei der Messung eines stetigen Merkmals ist es beispielsweise nicht ungewöhnlich, dass alle Beobachtungswerte verschieden sind. Für eine grafische Darstellung solcher Daten sind Diagramme, die auf der 36▶Häufigkeitsverteilung der Beobachtungswerte $x_1, \ldots, x_n$ basieren (wie z.B. 37▶Stab- oder 39▶Säulendiagramme), in der Regel ungeeignet. Die Häufigkeitstabelle führt in diesem Fall nicht zu einer komprimierten und damit übersichtlicheren Darstellung der Daten.

Einen Ausweg aus dieser Problematik bildet die Klassierung solcher Daten. Hierbei werden (unter Inkaufnahme eines gewissen Informationsverlusts) die Merkmalsausprägungen in Klassen zusammengefasst. Die Häufigkeiten der einzelnen Klassen können dann für eine grafische Darstellung herangezogen werden. Für Daten eines stetigen Merkmals wurde bereits das Stamm-Blatt-Diagramm in 131▶Abschnitt 5.1 vorgestellt. Für Klassierungen des Wertebereichs in Intervalle steht das Histogramm als grafisches Hilfsmittel zur Verfügung.

Im Folgenden wird eine 135▶Zerlegung des Wertebereichs in Intervalle vorgenommen, wobei die erste und letzte Klasse keine 135▶offenen Klassen sein dürfen. Die

5.3 Histogramm

Klassen seien durch die Intervalle

$$K_1 = [v_0, v_1], K_2 = (v_1, v_2], \ldots, K_M = (v_{M-1}, v_M],$$

deren Klassenbreiten durch $b_1 = v_1 - v_0, \ldots, b_M = v_M - v_{M-1}$ und deren relative Klassenhäufigkeiten durch $f(K_1), \ldots, f(K_M)$ gegeben.

Bezeichnung Histogramm | Ein Diagramm wird als Histogramm bezeichnet, wenn es auf folgende Weise konstruiert wird: Auf einer horizontalen Achse werden die Klassengrenzen $v_0, \ldots, v_M$ der Intervalle abgetragen. Über jedem Intervall K_j wird ein Rechteck gezeichnet, dessen Breite gleich der Länge des Intervalls, also der Klassenbreite b_j, ist. Die Höhe h_j des Rechtecks berechnet sich gemäß der Formel

$$h_j = \frac{\text{relative Häufigkeit der zum Intervall gehörigen Klasse}}{\text{Länge des Intervalls}} = \frac{f(K_j)}{b_j}.$$

Grafisch kann das Konstruktionsprinzip der Histogrammsäulen folgendermaßen dargestellt werden:

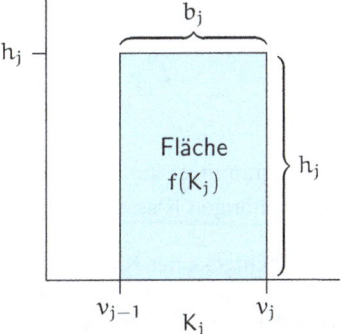

Beispiel | In einer Qualitätskontrolle wird das Gewicht eines Produkts mit einem Sollwert von 5g gemessen. Eine Stichprobe liefert die Urliste (in g):

5,0	4,8	5,3	5,0	5,1	5,0	5,1	4,9	5,1	5,2
4,9	5,1	4,6	5,2	5,1	4,9	5,5	5,0	5,3	5,4
5,1	4,8	5,2	5,0	5,0	4,6	4,8	5,2	5,1	5,2
5,1	5,1	5,0	5,2	5,1	4,6	5,3	5,0	4,8	5,0
5,2	5,0	4,8	4,9	5,1	5,2	4,9	5,1	4,9	5,3

Die Daten sollen in einem Histogramm grafisch dargestellt werden. Zu diesem Zweck wird der Datensatz in die vier Klassen $K_1 = [4,6, 4,8]$, $K_2 = (4,8, 5,0]$, $K_3 = (5,0, 5,2]$, $K_4 = [5,2, 5,5]$ mit den Klassenbreiten $b_1 = b_2 = b_3 = 0,2$ und $b_4 = 0,3$ eingeteilt. Die absoluten Klassenhäufigkeiten $n(K_j)$ und die relativen Klassenhäufigkeiten $f(K_j)$ sind in der folgenden Tabelle aufgelistet. In der letzten Spalte ist die Höhe h_j des entsprechenden Rechtecks angegeben, die sich mittels $h_j = \frac{f(K_j)}{b_j}$ berechnet.

Nr.	Klasse	Häufigkeiten		Klassenbreite	Balkenhöhe
j	K_j	$n(K_j)$	$f(K_j)$	b_j	h_j
1	$[4{,}6, 4{,}8]$	8	0,16	0,2	0,8
2	$(4{,}8, 5{,}0]$	16	0,32	0,2	1,6
3	$(5{,}0, 5{,}2]$	20	0,40	0,2	2,0
4	$(5{,}2, 5{,}5]$	6	0,12	0,3	0,4

Es ist zu beachten, dass die Höhe des letzten Rechtecks im Verhältnis zu den anderen auch deshalb kleiner ausfällt, weil die Klassenbreite der letzten Klasse größer ist als die der restlichen Klassen.

Mit Hilfe dieser Angaben kann das Histogramm gezeichnet werden.

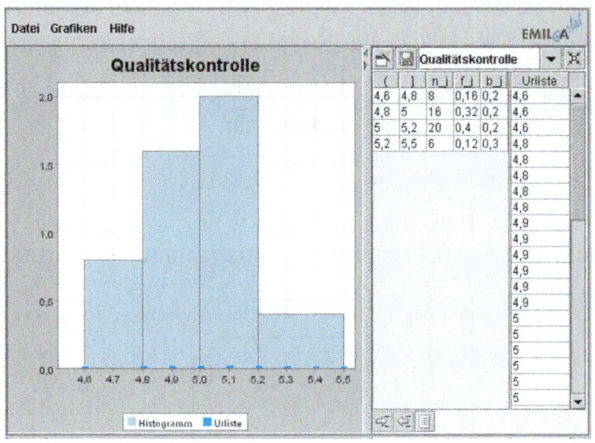

In dem oben konstruierten Histogramm ist der Flächeninhalt eines Rechtecks gleich der relativen Häufigkeit der zugehörigen Klasse:

$$\text{Flächeninhalt des Rechtecks der Klasse } K_j \triangleq b_j h_j = f(K_j).$$

Aus Gründen der Darstellung kann ein Proportionalitätsfaktor $c > 0$ eingeführt werden, der etwa eine Skalierung der Achsen ermöglicht. Unter Verwendung eines Proportionalitätsfaktors sind die Flächeninhalte der Rechtecke proportional zu den relativen Häufigkeiten der Klassen, d.h.

$$\text{Flächeninhalt des Rechtecks der Klasse } K_j \triangleq c b_j h_j = c f(K_j).$$

Dies ist beispielsweise dann der Fall, wenn an Stelle der relativen Klassenhäufigkeiten $f(K_j)$ in der Definition der Höhen der Rechtecke die absoluten Klassenhäufigkeiten $n(K_j)$ verwendet werden. Der Proportionalitätsfaktor c würde dann gleich der Anzahl n aller Beobachtungswerte in der Urliste sein.

Das Histogramm ist ein Flächendiagramm, d.h. die zu visualisierenden Größen (in diesem Fall die Häufigkeiten) werden im Diagramm proportional zu einer Fläche dargestellt. Hierdurch unterscheidet sich das Histogramm von Diagrammformen wie dem 37▶Stab- oder 39▶Säulendiagramm, in denen die relevanten Informationen

5.3 Histogramm

durch Höhen beschrieben werden. Da in Säulendiagrammen alle Säulen die selbe Breite haben, sind sowohl die Höhen als auch die Flächen der Säulen proportional zur relativen Häufigkeit.

Regel Gesamtfläche des Histogramms | In einem Histogramm, das unter Verwendung eines Proportionalitätsfaktors $c > 0$ konstruiert wurde, hat die Gesamtfläche aller Rechtecke im Diagramm den Flächeninhalt c.

Nachweis. Die Summe der Flächeninhalte aller Rechtecke ist gleich

$$\sum_{j=1}^{M} cb_j h_j = c \sum_{j=1}^{M} f(K_j) = c. \qquad \checkmark$$

Ohne Verwendung eines Proportionalitätsfaktors (d.h. für $c = 1$) ist die Gesamtfläche der Säulen des Histogramms gleich Eins. Werden in einem Histogramm die absoluten an Stelle der relativen Häufigkeiten zur Darstellung verwendet, so addieren sich die Flächeninhalte der Rechtecke zur Gesamtzahl aller Beobachtungen auf.

Bei äquidistanten Klassengrenzen (d.h. die Klassenbreiten aller Klassen sind gleich) sind auch die Höhen der Rechtecke proportional zu den Häufigkeiten der Klassen. Mittels Einsetzen der Klassenbreiten $b_1 = b_2 = \cdots = b_M = b$ liefert die obige Formel

$$\text{Flächeninhalt des Rechtecks der Klasse } K_j \mathrel{\hat=} bh_j = f(K_j),$$

so dass die Höhen der Rechtecke $h_j = \frac{1}{b} f(K_j)$ betragen, $j \in \{1, \ldots, M\}$. In diesem Fall ist das Histogramm also auch ein Höhendiagramm. Es unterscheidet sich von einem Säulendiagramm lediglich dadurch, dass die Säulen ohne Zwischenräume gezeichnet werden. Für klassierte Daten (die Klassen zerlegen den Wertebereich und grenzen daher aneinander) ist das Histogramm einem Säulendiagramm vorzuziehen, das sich primär für nominale und ordinale Merkmale eignet.

Beispiel | Die Geschäftsführung eines Unternehmens ist zur Planung des Personalbedarfs an den Fehltagen ihrer 50 MitarbeiterInnen im vergangenen Jahr interessiert (z.B. durch Krankheit oder Fortbildung) und erstellt die folgende Urliste des Merkmals Anzahl Fehltage:

6	0	11	20	4	10	15	10	13	3
5	19	14	2	10	8	12	10	9	6
18	24	16	22	8	13	1	4	12	5
15	10	18	8	14	10	6	16	9	12
7	12	4	14	6	10	0	17	9	11

5. Klassierte Daten

Um einen Überblick über die Daten zu bekommen wird ein Histogramm erstellt. Zu diesem Zweck werden die Daten zunächst den sechs Klassen

$$K_1 = [0,4], K_2 = (4,8], \ldots, K_6 = (20,24]$$

mit den Klassenbreiten $b_1 = \cdots = b_6 = 4$ zugeordnet. Die absoluten bzw. relativen Klassenhäufigkeiten $n(K_j)$ bzw. $f(K_j)$ sind in der folgenden Häufigkeitstabelle zusammengefasst. In der letzten Spalte sind die Höhen h_j der Rechtecke angegeben, die sich als Quotient $\frac{f(K_j)}{b_j}$ aus relativer Häufigkeit $f(K_j)$ und zugehöriger Klassenbreite b_j berechnen.

Nr.	Klasse	Häufigkeiten		Klassenbreite	Klassenhöhe
j	K_j	$n(K_j)$	$f(K_j)$	b_j	h_j
1	[0, 4]	8	0,16	4	0,040
2	(4, 8]	10	0,20	4	0,050
3	(8, 12]	16	0,32	4	0,080
4	(12, 16]	9	0,18	4	0,045
5	(16, 20]	5	0,10	4	0,025
6	(20, 24]	2	0,04	4	0,010

Mit Hilfe dieser Daten wird das folgende Histogramm erstellt.

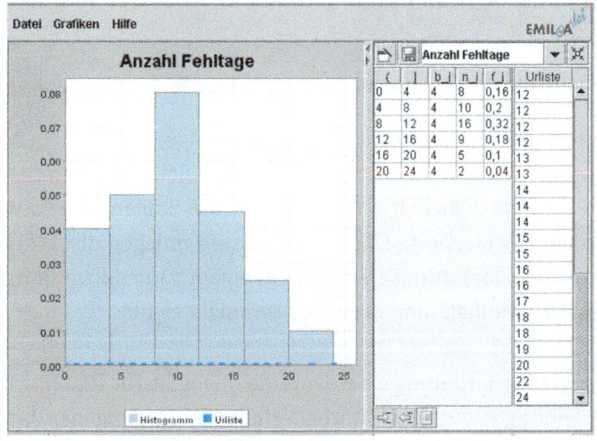

5.3 Histogramm

Liegt die Urliste vor, so können die Beobachtungswerte eines metrischen Merkmals in unterschiedlicher Weise klassiert werden, d.h. die Anzahl der Klassen und die Längen der Intervalle können prinzipiell beliebig gewählt werden (unter Berücksichtigung der Bedingung, dass die Klasseneinteilung das gesamte Datenmaterial überdecken muss). Um eine geeignete Darstellung der Daten zu erhalten, sollten jedoch einige Punkte beachtet werden.

Ist die Anzahl der Klassen zu groß gewählt, so ist es möglich, dass das Diagramm zergliedert wirkt, da viele Klassen keine oder nur wenige Beobachtungen enthalten. Werden jedoch zu wenige Klassen verwendet, tritt eventuell ein großer Informationsverlust auf – die Darstellung ist zu grob. Unterschiedliche Häufungen von Beobachtungswerten in einem Bereich können dann in einer Klasse „verschluckt" werden.

Beispiel Autobahnbaustelle | Im Bereich einer Autobahnbaustelle mit einer erlaubten Höchstgeschwindigkeit von 60km/h wurden auf beiden Fahrspuren Geschwindigkeitsmessungen an insgesamt 100 Fahrzeugen vorgenommen. In der folgenden Urliste gehören die ersten 60 Daten zu Messungen auf der Überholspur, die restlichen 40 Werte wurden auf der rechten Spur gemessen.

```
85 72 82 78 78 98 87 85 78 80
80 83 80 78 88 96 88 82 87 74
77 86 74 73 97 74 72 79 81 77
81 82 88 82 70 94 74 90 73 93
81 85 83 76 83 80 82 84 77 68
90 77 71 76 70 80 71 85 90 77

62 52 60 55 59 75 59 41 58 61
48 60 63 56 48 49 53 53 53 50
59 65 47 58 48 56 52 52 55 69
58 45 44 62 59 56 69 50 55 54
```

Zur Visualisierung aller Daten im Histogramm wird zunächst eine relativ grobe Einteilung der Daten in die Klassen [40, 55], (55,70], (70,85] und (85,100] (jeweils mit der selben Klassenbreite 15) vorgenommen. Auf der Basis der folgenden Klassenhäufigkeiten

Klasse	[40, 55]	(55, 70]	(70, 85]	(85, 100]
absolute Klassenhäufigkeit	20	22	44	14

ergibt sich dieses Histogramm:

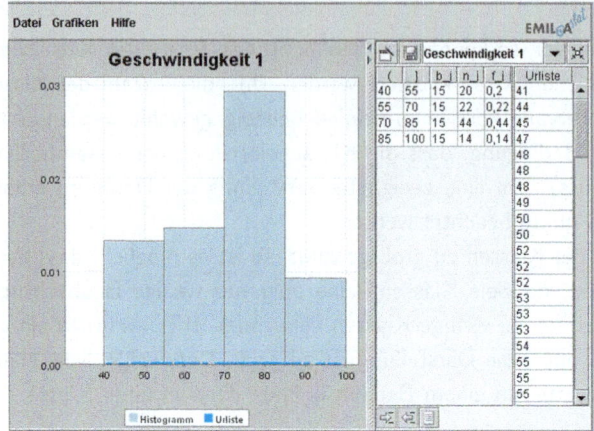

Wird die feinere Klasseneinteilung [40, 44], (44, 48], ..., (96, 100] (jeweils mit gleicher Klassenbreite Vier) gewählt, so resultiert zunächst die Häufigkeitstabelle:

Klasse	[40, 44]	(44, 48]	(48, 52]	(52, 56]	(56, 60]
$n(K_j)$	2	5	6	10	9
Klasse	(60, 64]	(64, 68]	(68, 72]	(72, 76]	(76, 80]
$n(K_j)$	4	2	8	9	15
Klasse	(80, 84]	(84, 88]	(88, 92]	(92, 96]	(96, 100]
$n(K_j)$	12	10	3	3	2

Das Histogramm hat das Aussehen:

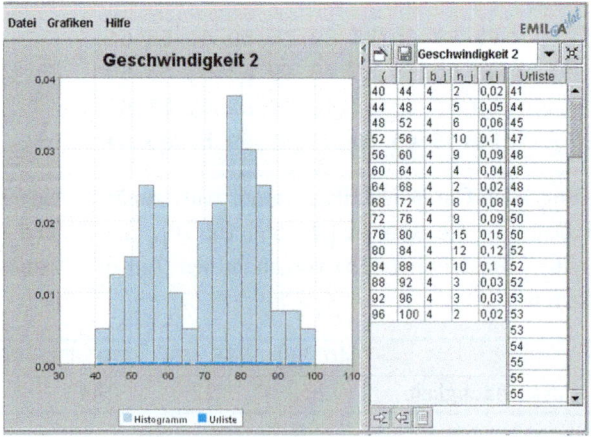

Im Gegensatz zum ersten Histogramm sind deutlich zwei Maxima der Häufigkeitsverteilung zu erkennen, die vorher aufgrund der zu groben Aufteilung verborgen waren. Diese Gestalt des Histogramms kann in diesem Fall damit begründet werden, dass die Geschwindigkeit auf der rechten Spur deutlich geringer ist als auf der Überholspur. Die Häufigkeitsverteilung der Geschwindigkeiten ergibt sich also durch eine Überlagerung zweier Häufigkeitsverteilungen (die jeweils nur ein ausgeprägtes Maximum aufweisen).

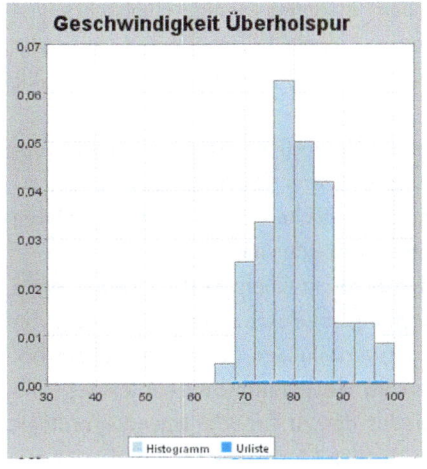
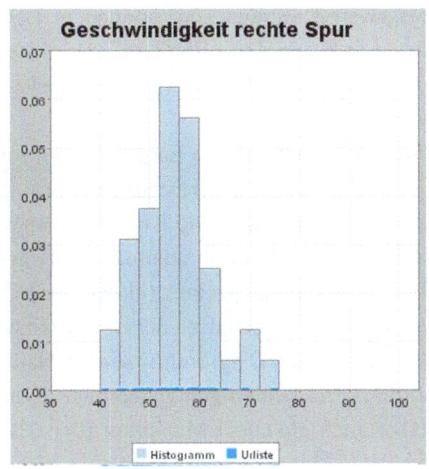

Bei der Wahl der Klassenzahl ist also ein Kompromiss zwischen Übersichtlichkeit und Informationsverwertung zu treffen. Hierfür werden unterschiedliche Faustregeln vorgeschlagen. Eine dieser Regeln besagt, dass die Anzahl der Klassen nicht die Wurzel aus der Anzahl aller Beobachtungswerte übersteigen sollte, d.h. bei n Beobachtungen sollten höchstens $\sqrt{n}$ Klassen betrachtet werden. Eine andere Faustregel basiert auf dem dekadischen e▶Logarithmus $\log_{10}$. Nach dieser Regel sollte als obere Schranke für die Anzahl der Klassen $10 \cdot \log_{10}(n)$ verwendet werden. Zu entsprechenden Aussagen siehe Fahrmeir et al. (2010).

Beispiel | In der folgenden Tabelle sind für einige ausgewählte Stichprobenumfänge die Werte der obigen Faustregeln angegeben.

Anzahl	obere Schranken		Klassenzahl	
n	$\sqrt{n}$	$10 \cdot \log_{10}(n)$	$\sqrt{n}$	$10 \cdot \log_{10}(n)$
20	4,472	13,010	4	13
50	7,071	16,990	7	16
100	10,000	20,000	10	20
200	14,142	23,010	14	23
500	22,361	26,990	22	26

Die Längen der Intervalle, d.h. die Klassenbreiten, sollten zu Beginn einer Analyse gleich gewählt werden, da in diesem Fall die Höhen der Rechtecke proportional zu den Klassenhäufigkeiten sind und das Histogramm daher als Höhendiagramm interpretiert werden kann. Wenn die in den Daten enthaltene Information jedoch besser ausgewertet werden soll, können in Bereichen, in denen wenige Beobachtungen liegen (z.B. an den „Rändern" des Datensatzes), große Klassenbreiten verwendet werden, während in Bereichen mit vielen Beobachtungen kleine Intervalle gewählt werden.

Unabhängig von diesen Empfehlungen sollte im Wesentlichen der unmittelbare optische Eindruck eines Histogramms (aufgrund mehrerer Darstellungen mit unterschiedlichen Klassen und Klassenzahlen) darüber entscheiden, ob die in den Daten enthaltene Information adäquat wiedergegeben wird oder nicht.

Aus der Darstellung eines (klassierten) Datensatzes in einem Histogramm können bestimmte Eigenschaften der Häufigkeitsverteilung abgelesen werden. Abhängig von der Gestalt des Diagramms werden Häufigkeitsverteilungen der Klassen daher bestimmte Bezeichnungen zugeordnet. Existiert im Histogramm nur ein lokales (und daher auch globales) Maximum (der 63▶Modus des zu Grunde liegenden ordinalskalierten Datensatzes ist eindeutig; siehe auch 154▶Modalklasse), d.h. es gibt nur einen Gipfel und sowohl links als auch rechts davon fällt die Häufigkeitsverteilung monoton, so wird von einer unimodalen Häufigkeitsverteilung (auch eingipfligen) gesprochen. Ist dies nicht der Fall, d.h. liegen mehrere lokale Maxima im Histogramm vor, so wird die Häufigkeitsverteilung der Klassen als mehrgipflig (auch multimodal) bezeichnet. Treten genau zwei Gipfel auf, wird speziell auch die Bezeichnung bimodal verwendet.

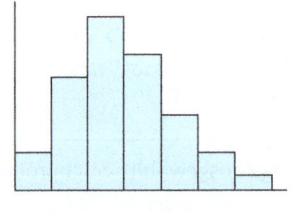 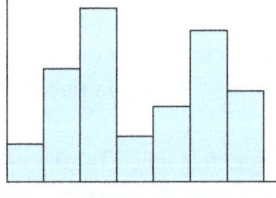

unimodale Häufigkeitsverteilung   bimodale Häufigkeitsverteilung

Bei einer multimodalen Verteilung ist Vorsicht bei der Interpretation von Lagemaßen geboten, da Lagemaße meist der Beschreibung eines Zentrums der Daten dienen. Bei einer bimodalen Verteilung ist es möglich, dass der größte Teil der Beobachtungen um zwei Gipfel konzentriert ist, die sich links und rechts neben dem Wert befinden, der z.B. vom arithmetischen Mittel oder vom Median geliefert wird. Wird also bei der Beschreibung eines Datensatzes auf eine grafische Darstellung verzichtet, so kann eventuell ein falscher Eindruck vom Zentrum der Daten entstehen.

Beispiel | Im 143▶Beispiel Autobahnbaustelle wurde eine bimodale Häufigkeitsverteilung festgestellt, die durch Zusammenfassung zweier Datensätze mit (nahezu) unimodalen Häufigkeitsverteilungen entstand. Für das arithmetische Mittel und den Median dieser Daten ergibt sich $\bar{x} = 70{,}9$ und $\tilde{x} = 74$. Der grafischen Darstellung im Histogramm ist aber zu entnehmen, dass sich die Beobachtungen eher in den Bereichen der Geschwindigkeiten 55 und 80 konzentrieren. Zur Veranschaulichung des Effekts können die Histogramme für die 9▶Teilpopulationen (rechte Spur, Überholspur) herangezogen werden. **✗**

Unimodale Verteilungen können noch detaillierter unterschieden werden. Ist die Darstellung der Häufigkeitsverteilung annähernd spiegelsymmetrisch zu einer senkrechten Achse, so heißt die Verteilung symmetrisch. Ist hingegen ein großer Anteil der Daten eher auf der linken oder rechten Hälfte des Histogramms konzentriert, so wird von einer schiefen Verteilung gesprochen. Sie heißt rechtsschief, falls sich der Gipfel auf der linken Seite des Histogramms befindet und die Häufigkeiten nach rechts abfallen. Im umgekehrten Fall heißt eine Verteilung linksschief.

5.4 Approximierende empirische Verteilungsfunktion

In 115▶Kapitel 4 wurde die empirische Verteilungsfunktion zur Darstellung der Anteile der Daten verwendet, die jeweils einen Wert x nicht übersteigen. Die Vorgehensweise basierte auf der Kenntnis der Urliste bzw. der Häufigkeitsverteilung $f_1, \ldots, f_m$ des Datensatzes $x_1, \ldots, x_n$. Sind diese Informationen nicht verfügbar, so kann die empirische Verteilungsfunktion nicht ermittelt werden.

Ziel dieses Abschnitts ist, eine der empirischen Verteilungsfunktion ähnliche Funktion für klassierte Daten zu konstruieren, die ebenfalls die Anteile der Daten (zumindest approximativ) angibt, die kleiner oder gleich einem Wert x sind. Dabei wird im Folgenden angenommen, dass keine Informationen über die Verteilung der Beobachtungswerte in den einzelnen Klassen vorliegen.

Wie bereits erläutert, können klassierte Datensätze als Beobachtungen eines ordinalen Merkmals (mit den Klassen als Ausprägungen) interpretiert werden. Daher könnte eine auf diese Situation angepasste Verteilungsfunktion in der folgenden Form eingeführt werden: Zu einer gegebenen Klassierung werden die in einer Klasse enthaltenen Daten jeweils mit den oberen Klassengrenzen identifiziert, d.h. die gewöhnliche empirische Verteilungsfunktion basierend auf den oberen Klassengrenzen und den zugehörigen Klassenhäufigkeiten wird ermittelt. Die Verteilungsfunktion würde dann Sprungstellen an den oberen Klassengrenzen der einzelnen Klassen besitzen, deren Höhe entspräche der Häufigkeit der zugehörigen Klasse.

Diese Definition liefert jedoch ein verzerrtes Bild der Daten, da bei diesem Ansatz von der (unrealistischen) Annahme ausgegangen wird, dass alle Beobachtungswerte einer Klasse an der oberen Klassengrenze konzentriert sind. Obwohl dies für feine Klassierungen auch eine brauchbare Approximation an die ursprünglichen Daten liefert, wird der Zugang dem Datenmaterial i.A. nicht gerecht. Die Streuung in der Klasse wird völlig vernachlässigt. Daher wird ein anderer Zugang, der die Verteilung der Daten in den Klassen berücksichtigt, favorisiert.

Bei der Definition der approximierenden empirischen Verteilungsfunktion F_n^* wird von einer „Gleichverteilung" der Beobachtungswerte in den Klassen ausgegangen (Proportionalitätsprinzip). Dies bedeutet, dass für ein ganz in einer Klasse K_j (mit Klassenbreite $b_j = v_j - v_{j-1}$) enthaltenes Intervall $I = [\alpha, \beta] \subseteq K_j$ der Anteil von Beobachtungen in I nur von dessen Länge abhängt und damit proportional zur relativen Klassenhäufigkeit $f(K_j)$ ist. Besitzt also das Intervall I die Länge $L = \beta - \alpha$, so gilt

$$\text{Anteil von Beobachtungen im Intervall } I \triangleq f(K_j)\frac{L}{v_j - v_{j-1}} = h_j(\beta - \alpha).$$

Insbesondere haben also alle in K_j enthaltenen Intervalle gleicher Länge immer die selbe (relative) Häufigkeit. Grafisch bedeutet diese Vereinbarung:

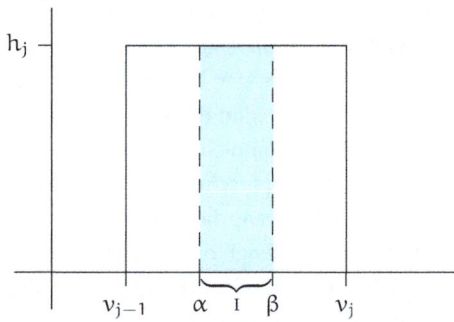

Die blau markierte Fläche hat genau den Anteil $\frac{\beta-\alpha}{v_j-v_{j-1}}$ am Flächeninhalt des Rechtecks.

B **Beispiel** | Die Klassenhäufigkeit der Klasse (75,100] betrage 0,2. Nach dem oben erläuterten Prinzip erhält man somit

Intervall	Länge L	Anteil von Beobachtungen
(75, 80]	5	$0{,}2 \cdot \frac{5}{25} = 0{,}04$
(85, 90]	5	$0{,}2 \cdot \frac{5}{25} = 0{,}04$
(90, 100]	10	$0{,}2 \cdot \frac{10}{25} = 0{,}08$
(75, 100]	25	$0{,}2 \cdot \frac{25}{25} = 0{,}20$

5.4 Approximierende empirische Verteilungsfunktion

Wie die 117▶empirische Verteilungsfunktion F_n bei 14▶metrischen Daten beschreibt die approximierende empirische Verteilungsfunktion F_n^* den Anteil von Beobachtungen, die kleiner oder gleich einem gegebenen Wert $x \in \mathbb{R}$ sind. Zur Konstruktion wird ein klassierter Datensatz mit Klasseneinteilung $K_1 = [v_0, v_1], K_2 = (v_1, v_2], \ldots, K_M = (v_{M-1}, v_M]$ und Häufigkeitsverteilung $f(K_1), \ldots, f(K_M)$ betrachtet.

$$S_j = F_n(v_j) = \sum_{i=1}^{j} f(K_i), \qquad j \in \{1, \ldots, M\},$$

bezeichnet die Summe der relativen Klassenhäufigkeiten von $K_1, \ldots, K_j$, d.h. die relative Häufigkeit des Intervalls

$$[v_0, v_j] = K_1 \cup \cdots \cup K_j = \bigcup_{i=1}^{j} K_i.$$

Zur Definition der approximierenden empirischen Verteilungsfunktion F_n^* werden zwei Fälle unterschieden. Zunächst wird angenommen, dass der Wert x gleich einer Klassengrenze v_j ist. Dann ist der Anteil von Beobachtungen, die kleiner oder gleich x sind, offenbar durch S_j gegeben; denn alle Beobachtungen in den Klassen $K_1, \ldots, K_j$ erfüllen dies, für alle Beobachtungen in den Klassen $K_{j+1}, \ldots, K_M$ gilt dies nicht. Aus diesen Überlegungen resultieren folgende Werte der approximierenden empirischen Verteilungsfunktion:

$$F_n^*(v_1) = f(K_1) = S_1,$$
$$F_n^*(v_2) = f(K_1) + f(K_2) = S_2,$$
$$\vdots$$
$$F_n^*(v_j) = \sum_{i=1}^{j} f(K_i) = S_j, \quad j \in \{1, \ldots, M\},$$
$$\vdots$$
$$F_n^*(v_M) = S_M = 1.$$

Diese Werte sind somit eindeutig durch die vorgegebene Interpretation festgelegt. Zur Bestimmung der Anteile innerhalb einer Klasse wird das bereits erläuterte 148▶Proportionalitätsprinzip herangezogen. Sei dazu $x \in K_j$ mit $v_{j-1} < x < v_j$. Dann lässt sich der Anteil von Beobachtungen, die kleiner oder gleich x sind, schreiben als

Anteil von Beobachtungen kleiner oder gleich v_{j-1}
+ Anteil von Beobachtungen im Intervall $(v_{j-1}, x]$
= $S_{j-1} + \frac{f(K_j)}{v_j - v_{j-1}}(x - v_{j-1})$.

Damit ist die approximierende empirische Verteilungsfunktion im Intervall $[v_{j-1}, v_j]$ eine lineare Funktion mit folgendem Grafen:

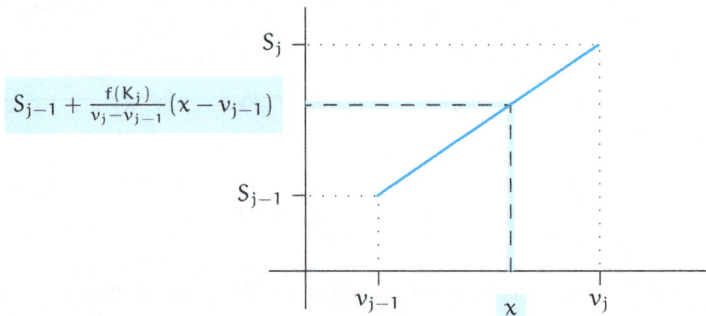

Die approximierende empirische Verteilungsfunktion F_n^* wird also nach folgendem Verfahren konstruiert: Zunächst wird der Punkt $(v_0, 0)$ mit dem Punkt (v_1, S_1) durch eine Strecke verbunden. Dann wird der Punkt (v_1, S_1) mit dem nächsten Punkt (v_2, S_2) verbunden etc. Auf diese Weise ergibt sich der Verlauf der Funktion F_n^* im Intervall $[v_0, v_M]$. Für Werte, die kleiner als die untere Klassengrenze der ersten Klasse sind, wird der Funktionswert der approximierenden empirischen Verteilungsfunktion gleich Null gesetzt. Ist das Argument der Funktion größer als die obere Klassengrenze der letzten Klasse, so wird der Funktionswert Eins verwendet.

▶ **Definition** Approximierende empirische Verteilungsfunktion | $f(K_1), \ldots, f(K_M)$ sei die Häufigkeitsverteilung eines metrischskalierten Datensatzes zur Klasseneinteilung $K_1 = [v_0, v_1], K_2 = (v_1, v_2], \ldots, K_M = (v_{M-1}, v_M]$. $b_1, \ldots, b_M$ seien die zugehörigen Klassenbreiten.
Die Funktion $F_n^* : \mathbb{R} \to [0,1]$ mit

$$F_n^*(x) = \begin{cases} 0, & x \leq v_0, \\ f(K_1)\frac{x - v_0}{b_1}, & v_0 < x \leq v_1, \\ \sum_{i=1}^{j-1} f(K_i) + f(K_j)\frac{x - v_{j-1}}{b_j}, & v_{j-1} < x \leq v_j, j \in \{2, \ldots, M\}, \\ 1, & x > v_M. \end{cases}$$

heißt approximierende empirische Verteilungsfunktion zur Klasseneinteilung $K_1, \ldots, K_M$. ✗

5.4 Approximierende empirische Verteilungsfunktion

In der obigen Definition liegen keine 135▶offenen Klassen vor, d.h. die untere und die obere Grenze v_0 bzw. v_M sind gegebene reelle Zahlen. Für offene Randklassen ist die approximierende empirische Verteilungsfunktion (in diesen Randklassen) nicht definiert. Dieses Problem kann umgangen werden, indem sinnvolle obere und untere Schranken für die Daten eingeführt werden, d.h. auf offene Randklassen wird verzichtet.

Beispiel | Im Fall eines klassierten Datensatzes mit einer Klasseneinteilung $K_1 = [v_0, v_1], K_2 = (v_1, v_2], K_3 = (v_2, v_3], K_4 = (v_3, v_4]$ und den Klassenhäufigkeiten $f(K_1), f(K_2), f(K_3), f(K_4)$ hat der Graf der approximierenden empirischen Verteilungsfunktion folgendes Aussehen.

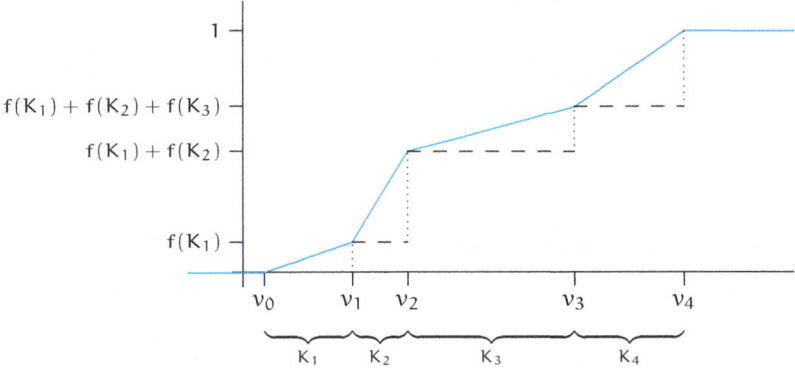

Hierbei ist zu beachten, dass $f(K_1) + f(K_2) + f(K_3) + f(K_4) = 1$ gilt.

Beispiel | In den 50 Filialen einer Supermarktkette wurden im Jahr 2002 die jeweiligen Umsätze (in Mio. €) ermittelt und in sechs Klassen $K_1 = [10, 20], K_2 = (20, 30], \ldots, K_6 = (60, 70]$ eingeteilt. In der folgenden Häufigkeitstabelle sind die absoluten und relativen sowie die kumulierten Häufigkeiten zusammengefasst.

Nr.	Klasse	Häufigkeiten		kumulierte Häufigkeit
j	K_j	$n(K_j)$	$f(K_j)$	$\sum_{k=1}^{j} f(K_k)$
1	[10, 20]	8	0,16	0,16
2	(20, 30]	14	0,28	0,44
3	(30, 40]	14	0,28	0,72
4	(40, 50]	5	0,10	0,82
5	(50, 60]	5	0,10	0,92
6	(60, 70]	4	0,08	1,00

Auf der Basis dieser Informationen kann die empirische Verteilungsfunktion der klassierten Daten gezeichnet werden, indem die Punkte

(10, 0), (20, 0,16), (30, 0,44), (40, 0,72), (50, 0,82), (60, 0,92), (70, 1)

durch Strecken miteinander verbunden werden. Die resultierende Funktion ist gegeben durch

$$F_{50}^*(x) = \begin{cases} 0, & x \leqslant 10 \\ 0{,}16 \cdot \frac{x-10}{10}, & 10 < x \leqslant 20 \\ 0{,}16 + 0{,}28 \cdot \frac{x-20}{10}, & 20 < x \leqslant 30 \\ 0{,}44 + 0{,}28 \cdot \frac{x-30}{10}, & 30 < x \leqslant 40 \\ 0{,}72 + 0{,}10 \cdot \frac{x-40}{10}, & 40 < x \leqslant 50 \\ 0{,}82 + 0{,}10 \cdot \frac{x-50}{10}, & 50 < x \leqslant 60 \\ 0{,}92 + 0{,}08 \cdot \frac{x-60}{10}, & 60 < x \leqslant 70 \\ 1, & 70 < x \end{cases}$$

Der Verlauf der Funktion ist in der folgenden Grafik dargestellt.

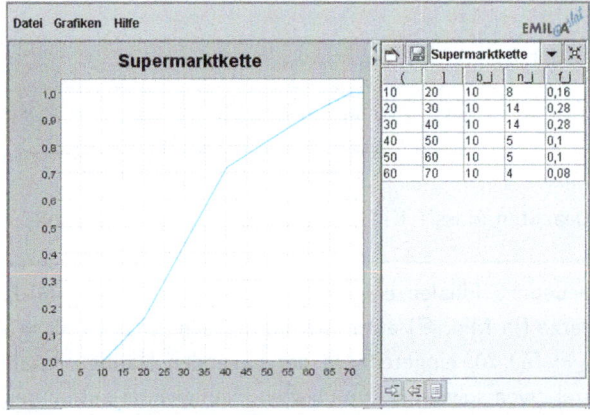

Regel Eigenschaften der approximierenden empirischen Verteilungsfunktion | Die approximierende empirische Verteilungsfunktion F_n^* eines klassierten Datensatzes hat folgende Eigenschaften:

1. F_n^* ist eine stetige, monoton wachsende Funktion, die aus linearen Teilstücken besteht.

2. Die Steigung des linearen Teilstücks innerhalb eines Klassenintervalls K_j ist gegeben durch den Quotienten $\frac{f(K_j)}{b_j}$ der zugehörigen Klassenhäufigkeit $f(K_j)$ und der Klassenbreite b_j.

3. Die approximierende empirische Verteilungsfunktion nimmt für $x \leqslant v_0$ den Wert $F_n^*(x) = 0$ und für $x > v_M$ den Wert $F_n^*(x) = 1$ an.

5.4 Approximierende empirische Verteilungsfunktion

Da die Steigung eines linearen Teilstücks der approximierenden empirischen Verteilungsfunktion innerhalb eines Klassenintervalls der Quotient aus der zum Intervall gehörigen 136▶Klassenhäufigkeit und der entsprechenden 135▶Klassenbreite ist, wächst die Funktion stark, wenn in einem Bereich (in einer Klasse) viele Beobachtungen vorliegen und die zugehörige Klassenbreite klein ist. Ist eine Klasse leer, d.h. im entsprechenden Intervall liegen keine Beobachtungen vor, so ist die approximierende empirische Verteilungsfunktion in diesem Intervall konstant.

Abschließend soll noch auf einen engen Zusammenhang zwischen approximierender empirischer Verteilungsfunktion und Histogramm (ohne Verwendung eines Proportionalitätsfaktors) hingewiesen werden. Der Flächeninhalt des Histogramms im Bereich von v_0 (der unteren Klassengrenze der ersten Klasse) bis zu einem Wert $x \in \mathbb{R}$ ist gleich dem Funktionswert der approximierenden empirischen Verteilungsfunktion an diesem Punkt x.

Regel Zusammenhang approximierende empirische Verteilungsfunktion und Histogramm | Sei H_x der Flächeninhalt des Histogramms über dem Intervall $[v_0, x]$ (mit $H_x = 0$ für $x \leqslant v_0$).
Für die approximierende empirische Verteilungsfunktion der Daten gilt

$$F_n^*(x) = H_x, \quad x \in \mathbb{R}.$$

Nachweis. Diese Beziehung ergibt sich aus der Konstruktion des Histogramms. Das zur Klassierung gehörige Histogramm hat im Intervall K_j die Höhe $h_j = \frac{f(K_j)}{b_j}$. Die Fläche des zur Klasse K_j gehörigen Rechtecks im Histogramm hat den Flächeninhalt $f(K_j)$. Für $x < v_0$ bzw. $x \geqslant v_M$ ist der Flächeninhalt H_x gleich Null bzw. Eins (vergleiche 141▶Gesamtfläche des Histogramms), und stimmt daher mit den entsprechenden Werten von F_n^* überein. Sei nun $x \in K_k, k \in \{1, \ldots, M\}$. Dann berechnet sich H_x als die Summe der Flächeninhalte $f(K_1), \ldots, f(K_{k-1})$ der zu den Intervallen $K_1, \ldots, K_{k-1}$ gehörigen Rechtecke und dem Flächeninhalt unter dem Histogramm im Intervall $[v_{k-1}, x]$. Der letztgenannte Flächeninhalt berechnet sich gemäß $h_j \cdot (x - v_{k-1}) = \frac{f(K_j)}{b_j} \cdot (x - v_{k-1})$. Für $x \in K_k$ folgt damit

$$H_x = \sum_{j=1}^{k-1} f(K_j) + \frac{f(K_j)}{b_j}(x - v_{k-1}) = F_n^*(x). \quad \checkmark$$

Die folgende Grafik zeigt das Histogramm für das 143▶Beispiel Autobahnbaustelle (15 Klassen) und die zugehörige approximierende empirische Verteilungsfunktion. Der angedeutete Flächenanteil im Histogramm kann an der entsprechenden Stelle der Abszisse im unteren Teil der Grafik abgelesen werden.

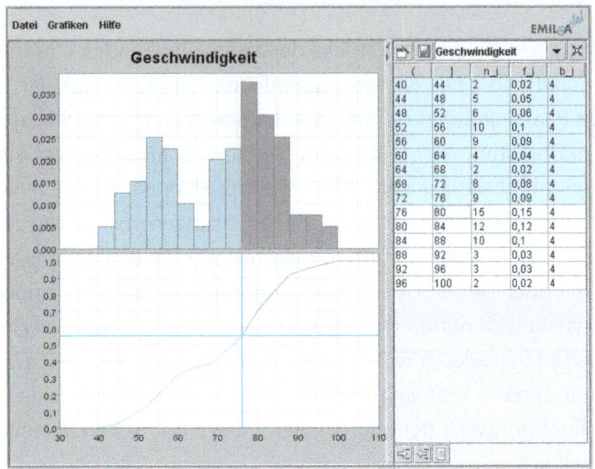

5.5 Lage- und Streuungsmaße

62▶Lage- und 88▶Streuungsmaße können auch für klassierte Daten definiert werden. Im Folgenden wird eine Übersicht über die entsprechenden Begriffe gegeben, wobei stets vorausgesetzt wird, dass ein klassierter Datensatz mit Klasseneinteilung $K_1 = [v_0, v_1], K_2 = (v_1, v_2], \ldots, K_M = (v_{M-1}, v_M]$ vorliegt, dessen Häufigkeitsverteilung durch $f(K_1), \ldots, f(K_M)$ und dessen Klassenbreiten durch $b_1, \ldots, b_M$ gegeben seien. Die approximierende empirische Verteilungsfunktion des Datensatzes wird mit F_n^* bezeichnet.

Liegen Daten in klassierter Form vor, so ist es im Allgemeinen nicht möglich, den 63▶Modus des ursprünglichen Datensatzes zu bestimmen. Um eine Näherung zu konstruieren, wird zunächst der Begriff der Modalklasse benötigt. Hierbei wird auf die Definition des 139▶Histogramms zurückgegriffen.

▶ **Definition** Modalklasse | Seien $h_1, \ldots, h_M$ die Höhen der Säulen im Histogramm des klassierten Datensatzes, d.h. $h_j = \frac{f(K_j)}{b_j}, j \in \{1, \ldots, M\}$. Die Klassen K_j, für die

$$h_j = \max\{h_1, \ldots, h_M\}$$

gilt, heißen Modalklassen und werden jeweils mit K_{mod} bezeichnet.

Es ist durchaus möglich, dass mehrere Klassen die Bedingung an eine Modalklasse erfüllen. Dies ist dann der Fall, wenn mehrere Säulen im Histogramm die selbe (größte) Höhe aufweisen. Sobald dies auftritt, ist jede dieser Klassen Modalklasse. Dies entspricht der Mehrdeutigkeit des 63▶Modus bei nominalen Merkmalen. Aus der Definition geht außerdem hervor, dass bei äquidistanten Klassengrenzen die Modalklassen gerade die Klassen mit der größten (absoluten oder relativen) Klassenhäufigkeit im klassierten Datensatz sind.

5.5 Lage- und Streuungsmaße

Zur Definition des Modus eines klassierten Datensatzes wird die Klassenmitte einer Modalklasse verwendet. Die Klassenmitte einer Klasse berechnet sich mittels der Vorschrift

$$\text{Klassenmitte} = \frac{\text{untere Klassengrenze} + \text{obere Klassengrenze}}{2}.$$

Definition Modus bei klassierten Daten | Die Modalklasse K_{mod} habe die Klassengrenzen v_{j-1} und v_j ($v_{j-1} < v_j$). Die Klassenmitte der Modalklasse

$$x_{mod,klass} = \frac{1}{2}(v_{j-1} + v_j)$$

wird als Modus der klassierten Daten bezeichnet.

Diese Definition des Modus für klassierte Daten liefert nicht notwendig einen eindeutig bestimmten Wert. Stehen mehrere Modalklassen zur Auswahl, so liegen mehrere Modalwerte vor.

Beispiel | An einer Messstation werden täglich Temperaturen gemessen (in °C) und in sechs Gruppen $K_1 = [0, 5], K_2 = (5, 10], \ldots, K_6 = (25, 30]$ zusammengefasst. Für diese Klassen wurden während eines Jahres die folgenden absoluten Häufigkeiten beobachtet.

Klasse	[0, 5]	(5, 10]	(10, 15]	(15, 20]	(20, 25]	(25, 30]
absolute Häufigkeit	38	60	80	110	40	37

Da die Klassengrenzen äquidistant gewählt sind, ist es nicht notwendig, die Höhen der Säulen im zugehörigen Histogramm explizit zu berechnen. Die Klasse der Temperaturen von 15-20°C ist die einzige Modalklasse, da sie die größte (absolute) Klassenhäufigkeit besitzt. Der Modalwert der klassierten Daten ist also $x_{mod,klass} = \frac{1}{2}(15 + 20) = 17{,}5$ [°C]. Für die folgende Verteilung der Temperaturen

Klasse	[0, 5]	(5, 10]	(10, 15]	(15, 20]	(20, 25]	(25, 30]
absolute Häufigkeit	45	70	90	90	40	30

ergeben sich zwei mögliche Modalwerte, $x_{mod,klass} = \frac{1}{2}(10 + 15) = 12{,}5$ [°C] und $x_{mod,klass} = \frac{1}{2}(15 + 20) = 17{,}5$ [°C].

Es ist möglich, dass der Modalwert eines klassierten Datensatzes mit keinem der Beobachtungswerte übereinstimmt. Der Modus der Urliste muss nicht einmal in der zum Modus der klassierten Daten gehörigen Modalklasse liegen. Für große Datensätze mit kleinen Klassenbreiten ergibt sich allerdings bei 17▶diskreten Merkmalen im Allgemeinen eine recht gute Näherung. Für Beobachtungsgrößen mit einem

5. Klassierte Daten

14▶kontinuierlichen Wertebereich gilt dies ebenfalls, wenn der Begriff des Modus auf der Basis einer so genannten e▶Dichtefunktion eingeführt wird.

B **Beispiel** | Der Produktionsausstoß einer Maschine innerhalb einer bestimmten Zeitspanne wird mehrfach während eines Tages gemessen. Folgende Werte wurden ermittelt (in Stück):

21 19 21 14 18 23 8 11 16 21 17

Die Anzahlen der produzierten Güter werden in drei Klassen eingeteilt.

Klasse	[0, 10]	(10, 20]	(20, 30]
absolute Häufigkeit	1	6	4

Damit ist $x_{mod,klass} = \frac{1}{2}(10 + 20) = 15$ der Modalwert der klassierten Daten. Dieser Wert stimmt mit keinem der Beobachtungswerte überein und ist auch nicht mit dem Modalwert der ursprünglichen Beobachtungswerte, nämlich $x_{mod} = 21$, identisch. Für den größeren Datensatz

21 19 21 14 18 23 8 11 16 21 17 23 9 27 17 18 23 22 27 23 11 26

der auf den Beobachtungswerten zweier Tage basiert, ergeben sich die folgenden Häufigkeiten der produzierten Einheiten:

Klasse	[0, 10]	(10, 20]	(20, 30]
absolute Häufigkeit	2	9	11

Der Modalwert der klassierten Daten ist $x_{mod,klass} = \frac{1}{2}(20 + 30) = 25$, derjenige der Urliste ist $x_{mod} = 23$. ✗

Auch für die verschiedenen Mittelwerte lassen sich Näherungen definieren. Gemäß der zu Beginn dieses Kapitels erläuterten 148▶Interpretation wird von einer gleichmäßigen Verteilung der Beobachtungen in jeder Klasse ausgegangen. Deshalb werden die Klassenmitten der einzelnen Klassen als Repräsentanten der Beobachtungen in jeder Klasse verwendet (denn diese sind näherungsweise die arithmetischen Mittel der jeweiligen Werte in den Klassen).

▶ **Definition** Mittelwerte für klassierte Daten | Seien $\bar{v}_j = \frac{1}{2}(v_{j-1} + v_j), j \in \{1, \ldots, M\}$, die Klassenmitten der Klassen $K_1, \ldots, K_M$.
Das arithmetische Mittel der klassierten Daten ist definiert als ein gewichtetes arithmetisches Mittel der Klassenmitten

$$\bar{x}_{klass} = \sum_{j=1}^{M} f(K_j)\bar{v}_j.$$

5.5 Lage- und Streuungsmaße

Das geometrische Mittel der klassierten Daten ist definiert als ein gewichtetes geometrisches Mittel der Klassenmitten

$$\overline{x}_{geo,klass} = \prod_{j=1}^{M} \overline{v}_j^{f(K_j)}.$$

Das harmonische Mittel der klassierten Daten ist definiert als ein gewichtetes harmonisches Mittel der Klassenmitten

$$\overline{x}_{harm,klass} = \frac{1}{\sum_{j=1}^{M} \frac{f(K_j)}{\overline{v}_j}}.$$

Die auf diese Weise bestimmten Mittel für klassierte Daten sind im Allgemeinen nicht mit den Mittelwerten identisch, die auf Basis der Urliste bestimmt werden.

Beispiel | Die zur manuellen Verpackung eines Produkts benötigte Zeit wurde mehrfach gemessen (in Sekunden):

18 22 15 31 34 12 39 17 25 29

Das arithmetische Mittel auf der Basis dieser Daten ist $\overline{x} = 24{,}2\,[s]$. Werden die Daten den Klassen $K_1 = [10, 20], K_2 = (20, 30], K_3 = (30, 40]$ zugeordnet, ergeben sich die Häufigkeiten

Klasse	[10, 20]	(20, 30]	(30, 40]
absolute Häufigkeit	4	3	3

Damit gilt für das arithmetische Mittel der klassierten Daten (unter Verwendung der Klassenmitten)

$$\overline{x}_{klass} = \frac{4}{10} \cdot 15 + \frac{3}{10} \cdot 25 + \frac{3}{10} \cdot 35 = 24\,[s].$$

Beispiel Benzinverbrauch | Im Pkw-Fuhrpark eines Unternehmens wird für jedes der 20 Fahrzeuge der durchschnittliche Benzinverbrauch ermittelt (in $\frac{l}{100\,km}$):

8,46 12,22 10,48 7,72 7,33 10,48 9,17
7,21 15,17 14,19 9,78 9,36 10,73 7,46
8,63 11,58 11,00 8,30 8,98 8,30

Diese Daten werden in die fünf Klassen

$$K_1 = [6, 8], K_2 = (8, 10], K_3 = (10, 12], K_4 = (12, 14], K_5 = (14, 16],$$

eingeteilt. Die Häufigkeiten der einzelnen Klassen sind

Klasse	[6, 8]	(8, 10]	(10, 12]	(12, 14]	(14, 16]
absolute Häufigkeit	4	8	5	1	2

Mit Hilfe der Verbrauchsdaten wird der mittlere Verbrauch der Fahrzeuge mittels des 83▶harmonischen Mittels bestimmt: $\bar{x}_{harm} \approx 9{,}422$.

Sind lediglich die klassierten Daten verfügbar, so kann der mittlere Verbrauch zumindest näherungsweise mit Hilfe der Klassenhäufigkeiten bestimmt werden. Das entsprechende harmonische Mittel der klassierten Daten berechnet sich als mit den relativen Klassenhäufigkeiten $f(K_1) = \frac{1}{5}, f(K_2) = \frac{2}{5}, f(K_3) = \frac{1}{4}, f(K_4) = \frac{1}{20}, f(K_5) = \frac{1}{10}$ gewichtetes harmonisches Mittel der Klassenmitten ($\bar{v}_1 = 7, \bar{v}_2 = 9, \bar{v}_3 = 11, \bar{v}_4 = 13, \bar{v}_5 = 15$). Für den mittleren Verbrauch ergibt sich somit

$$\bar{x}_{harm,klass} = \left(\frac{f(K_1)}{\bar{v}_1} + \frac{f(K_2)}{\bar{v}_2} + \frac{f(K_3)}{\bar{v}_3} + \frac{f(K_4)}{\bar{v}_4} + \frac{f(K_5)}{\bar{v}_5} \right)^{-1}$$

$$= \left(\frac{1}{5} \cdot \frac{1}{7} + \frac{2}{5} \cdot \frac{1}{9} + \frac{1}{4} \cdot \frac{1}{11} + \frac{1}{20} \cdot \frac{1}{13} + \frac{1}{10} \cdot \frac{1}{15} \right)^{-1} \approx 9{,}411 \left[\frac{l}{100km} \right].$$

✗

Auch für p-Quantile können mittels der approximierenden empirischen Verteilungsfunktion Näherungen an die wahren Werte bestimmt werden. Ein p-Quantil (und damit insbesondere auch der Median) eines klassierten Datensatzes wird mit Hilfe der p-Quantilklasse definiert.

▶ **Definition** Quantilklasse | Sei $p \in (0, 1)$. Die p-Quantilklasse $K_{p\text{-Quantil}}$ eines klassierten Datensatzes ist diejenige Klasse $K_j = (v_{j-1}, v_j]$, deren Klassengrenzen die Ungleichungen

$$F_n^*(v_{j-1}) < p \quad \text{und} \quad F_n^*(v_j) \geq p$$

erfüllen. Für $p = 0{,}5$ wird die Bezeichnung Medianklasse K_{med} verwendet. ✗

5.5 Lage- und Streuungsmaße

Aus der Definition der approximierenden empirischen Verteilungsfunktion folgt, dass diese an den Stellen $v_0,\ldots,v_M$ mit der 117▶empirischen Verteilungsfunktion der Urliste übereinstimmt. Aufgrund der 120▶Eigenschaften der empirischen Verteilungsfunktion kann gezeigt werden, dass weniger als $p \cdot 100\%$ der Beobachtungen kleiner oder gleich der unteren Klassengrenze und daher mehr als $(1-p) \cdot 100\%$ der Beobachtungen größer als die untere Klassengrenze der p-Quantilklasse sind. Außerdem sind $p \cdot 100\%$ oder mehr der Beobachtungen kleiner oder gleich deren oberer Klassengrenze. Also liegt das p-Quantil der Urliste in der p-Quantilklasse.

Bei der Verwendung der approximierenden empirischen Verteilungsfunktion in der folgenden Definition des p-Quantils für klassierte Daten wird wiederum implizit auf das 148▶Proportionalitätsprinzip zurückgegriffen, d.h. es wird angenommen, dass sich die ursprünglichen Daten gleichmäßig über die p-Quantilklasse verteilen.

Definition Quantil, Median für klassierte Daten | Seien $p \in (0,1)$ und $K_{\text{p-Quantil}} = K_j$ die zugehörige p-Quantilklasse. Das p-Quantil für klassierte Daten ist definiert durch

$$\widetilde{x}_{p,\text{klass}} = v_{j-1} + \frac{b_j}{f(K_j)}\left(p - F_n^*(v_{j-1})\right).$$

Für $p = 0{,}5$ ergibt sich der Median $\widetilde{x}_{\text{klass}}$ eines klassierten Datensatzes.

Nach Festlegung der Quantilklasse wird der Wert $x \in K_{\text{p-Quantil}}$ gesucht, der die Gleichung $F_n^*(x) = p$ erfüllt. Die Lösung dieser linearen Gleichung führt zum in der Definition genannten Ausdruck für $\widetilde{x}_{p,\text{klass}}$. Diese Vorgehensweise ist in der folgenden Abbildung illustriert.

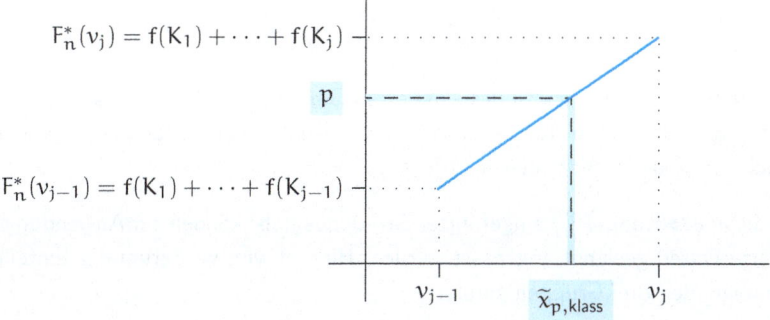

Beispiel Temperatur | Innerhalb eines Jahres werden die Temperaturen an einer Messstation gemessen (in °C) und in folgende Gruppen eingeteilt $K_1 = [0,5], K_2 = (5,10], K_3 = (10,15], K_4 = (15,20], K_5 = (20,25], K_6 = (25,30]$. Die Klassen haben folgende Häufigkeiten:

Klasse	[0, 5]	(5, 10]	(10, 15]	(15, 20]	(20, 25]	(25, 30]
absolute Häufigkeit	31	54	147	85	28	20

Für die approximierende empirische Verteilungsfunktion ergibt sich damit in diesem Fall $n = 365$ und

$$F_n^*(0) = 0,$$
$$F_n^*(5) = \frac{31}{365} \approx 0{,}085,$$
$$F_n^*(10) = \frac{31 + 54}{365} \approx 0{,}233,$$
$$F_n^*(15) = \frac{31 + 54 + 147}{365} \approx 0{,}636,$$
$$F_n^*(20) = \frac{31 + 54 + 147 + 85}{365} \approx 0{,}868,$$
$$F_n^*(25) = \frac{31 + 54 + 147 + 85 + 28}{365} \approx 0{,}945,$$
$$F_n^*(30) = \frac{31 + 54 + 147 + 85 + 28 + 20}{365} = 1$$

Wegen $F_n^*(10) < 0{,}5$ und $F_n^*(15) \geqslant 0{,}5$ ist die Klasse $K_3 = (10, 15]$ die Medianklasse und der Median des obigen Datensatzes somit gegeben durch

$$\widetilde{x}_{0{,}5,\text{klass}} = 10 + \frac{5}{\frac{147}{365}} \left(0{,}5 - \frac{31 + 54}{365} \right) \approx 13{,}3\,[°C].$$

Weiterhin ist wegen $F_n^*(15) < 0{,}75$ und $F_n^*(20) \geqslant 0{,}75$ das Intervall $K_4 = (15, 20]$ die 0,75-Quantilklasse. Dementsprechend liefert

$$\widetilde{x}_{0{,}75,\text{klass}} = 15 + \frac{5}{\frac{85}{365}} \left(0{,}75 - \frac{31 + 54 + 147}{365} \right) \approx 17{,}5\,[°C]$$

den Wert für das 0,75-Quantil des klassierten Datensatzes. Auf der Basis des 0,75-Quantils der klassierten Temperaturen sind deshalb (näherungsweise) 75% aller Temperaturen kleiner oder gleich 17,5 [°C]. ✗

Auch die in 87▶Kapitel 3.3 eingeführten Streuungsmaße können zur Anwendung auf klassierte Daten geeignet angepasst werden. Hierbei wird wiederum der Einteilung in die folgenden drei Gruppen gefolgt:

— Streuungsmaße, die auf der Differenz zweier Lagemaße beruhen,
— Streuungsmaße, die die Abweichung der Beobachtungswerte von einem Lagemaß messen,
— Streuungsmaße, die die Streuung in Beziehung zur Lage der Daten setzen.

In die erste Kategorie fallen die Varianten der Spannweite und des Quartilsabstands für klassierte Daten. Bei klassierten Daten sind 64▶Minimum und 64▶Maximum

5.5 Lage- und Streuungsmaße

des ursprünglichen (nicht klassierten Datensatzes) im Allgemeinen unbekannt. Aus diesem Grund werden die Klassengrenzen zur Berechnung der Spannweite herangezogen. Der Quartilsabstand der klassierten Daten berechnet sich hingegen prinzipiell nach der selben Formel wie der Quartilsabstand der Urliste. Allerdings werden die Quantile der Urliste durch die 159▶Quantile für klassierte Daten ersetzt.

Definition Spannweite, Quartilsabstand für klassierte Daten | Die Spannweite für klassierten Daten ist definiert durch

$$R_{klass} = \max\{v_j | j \in J^*\} - \min\{v_{j-1} | j \in J^*\},$$

wobei $J^* = \{j \in \{1, \ldots, M\} | f(K_j) > 0\}$ die Menge aller Indizes ist, deren zugehörige Klassenhäufigkeiten positiv sind.
Der Quartilsabstand für klassierten Daten ist definiert durch

$$Q_{klass} = \tilde{x}_{0,75,klass} - \tilde{x}_{0,25,klass},$$

wobei $\tilde{x}_{0,25,klass}$ und $\tilde{x}_{0,75,klass}$ die Quartile des klassierten Datensatzes sind.

Beispiel | In einer Dosenfabrik werden die Abweichungen des Dosendurchmessers vom gewünschten Wert erfasst. Die nachstehende Tabelle gibt die Abweichungen in Hundertstel Millimeter [100^{-1} mm] und die zugehörigen Häufigkeiten einer Stichprobe von 100 Dosen wieder, wobei die Daten den Klassen $K_1 = [0, 5], K_2 = (5, 10], \ldots, K_6 = (25, 30]$ zugeordnet wurden.

Nr.	1	2	3	4	5	6
Klasse	[0, 5]	(5, 10]	(10, 15]	(15, 20]	(20, 25]	(25, 30]
Anzahl	5	17	44	20	14	0

Wegen $J^* = \{j \in \{1, \ldots, M\} | f(K_j) > 0\} = \{1, \ldots, 5\}$ und

$$\max\{v_j | j \in J^*\} = v_5 = 25, \quad \min\{v_{j-1} | j \in J^*\} = v_0 = 0$$

beträgt die Spannweite dieses klassierten Datensatzes

$$R = v_5 - v_0 = 25\,[100^{-1}\text{mm}].$$

Beispiel | In einem Versicherungsunternehmen liegen die Schadensummen (in 1 000€) in Klassen $K_1 = [0, 50], K_2 = (50, 100], \ldots, K_5 = (200, 250]$ vor. Aus der Datenbank ergibt sich folgende Häufigkeitstabelle.

Klasse	[0, 50]	(50, 100]	(100, 150]	(150, 200]	(200, 250]
Schadensfälle	303	188	97	56	21

Zur Berechnung des Quartilsabstands dieser klassierten Daten werden die Quartile und die 150▶approximierende empirische Verteilungsfunktion F^*_{665} verwendet. Wegen $F^*_{665}(0) = 0 < 0{,}25$ und $F^*_{665}(50) = \frac{303}{665} \geqslant 0{,}25$ ist das 0,25-Quantil $\widetilde{x}_{0,25,\text{klass}}$ des klassierten Datensatzes durch

$$\widetilde{x}_{0,25,\text{klass}} = 0 + \frac{50}{\frac{303}{665}}(0{,}25 - 0) \approx 27{,}434\,[1\,000€]$$

gegeben. Aus $F^*_{665}(100) = \frac{303+188}{665} < 0{,}75$ und $F^*_{665}(150) = \frac{303+188+97}{665} \geqslant 0{,}75$ folgt, dass das obere Quartil $\widetilde{x}_{0,75,\text{klass}}$ den Wert

$$\widetilde{x}_{0,75,\text{klass}} = 100 + \frac{50}{\frac{97}{665}}\left(0{,}75 - \frac{491}{665}\right) \approx 103{,}995\,[1\,000€]$$

hat. Der Quartilsabstand für den klassierten Datensatz ist somit

$$Q_{\text{klass}} = \widetilde{x}_{0,75,\text{klass}} - \widetilde{x}_{0,25,\text{klass}} \approx 103{,}995 - 27{,}434 = 76{,}561\,[1\,000€].$$ ✗

Nun werden die Varianten der Streuungsmaße, die die Abweichung der Beobachtungswerte von einem Lagemaß beschreiben, betrachtet. Bei der Definition der empirischen Varianz für klassierte Daten wird wiederum auf die Klassenmitten zurückgegriffen. Die empirische Standardabweichung für klassierte Daten berechnet sich (genau wie im Fall metrischer Daten) als Wurzel aus der empirischen Varianz für klassierte Daten. Zur Definition eines Analogons der mittleren absoluten Abweichung für klassierte Daten werden ebenfalls die Klassenmitten herangezogen. Dieses Streuungsmaß wird als ein gewichtetes arithmetisches Mittel der absoluten Abweichungen der Klassenmitten vom 159▶Median der klassierten Daten konstruiert.

▶ **Definition** Empirische Varianz, empirische Standardabweichung, mittlere absolute Abweichung für klassierte Daten | Seien $\overline{v}_j = \frac{1}{2}(v_j + v_{j-1})$, $j \in \{1, \ldots, M\}$, die Klassenmitten der Klassen $K_1, \ldots, K_M$.
Die empirische Varianz für klassierte Daten ist definiert durch

$$s^2_{\text{klass}} = \sum_{j=1}^{M} f(K_j)\,(\overline{v}_j - \overline{x}_{\text{klass}})^2,$$

wobei $\overline{x}_{\text{klass}}$ das arithmetische Mittel für klassierte Daten bezeichnet.

5.5 Lage- und Streuungsmaße

Die empirische Standardabweichung für klassierte Daten ist

$$s_{klass} = \sqrt{s_{klass}^2}.$$

Die mittlere absolute Abweichung vom Median für klassierte Daten ist

$$d_{klass} = \sum_{j=1}^{M} f(K_j)|\bar{v}_j - \tilde{x}_{klass}|,$$

wobei $\tilde{x}_{klass}$ den Median der klassierten Daten bezeichnet.

Beispiel | An einem Einstellungstest nehmen 20 KandidatInnen teil. Die maximal erreichbare Punktzahl liegt bei 100 Punkten. Nach der Korrektur ergibt sich folgende Punkteverteilung:

15 25 42 55 87 79 49 28 11 60 21 57 44 57 63 71 53 37 31 48

Die Daten werden in die fünf Klassen $K_1 = [0, 20], K_2 = (20, 40], K_3 = (40, 60], K_4 = (60, 80], K_5 = (80, 100]$ eingeteilt.

Klasse	[0, 20]	(20, 40]	(40, 60]	(60, 80]	(80, 100]
Häufigkeit	2	5	9	3	1

Auf der Basis dieser klassierten Daten berechnet sich das entsprechende arithmetische Mittel $\bar{x}_{klass}$ gemäß

$$\bar{x}_{klass} = \sum_{j=1}^{5} \bar{v}_j f(K_j) = 10 \cdot \frac{2}{20} + 30 \cdot \frac{5}{20} + 50 \cdot \frac{9}{20} + 70 \cdot \frac{3}{20} + 90 \cdot \frac{1}{20} = 46.$$

Daraus folgen für die Varianz der klassierten Daten

$$s_{klass}^2 = \frac{2}{20} \cdot (10-46)^2 + \frac{5}{20} \cdot (30-46)^2 + \frac{9}{20} \cdot (50-46)^2$$
$$+ \frac{3}{20} \cdot (70-46)^2 + \frac{1}{20} \cdot (90-46)^2 = 384$$

und für die zugehörige Standardabweichung

$$s_{klass} = \sqrt{s_{klass}^2} = \sqrt{384} \approx 19{,}596.$$

Im Vergleich dazu beträgt das arithmetische Mittel der Ausgangsdaten $\bar{x} = 46{,}65$. Die zugehörige empirische Varianz ist durch $s^2 = 407{,}9275$, die empirische Standardabweichung durch $s \approx 20{,}197$ gegeben.

B **Beispiel** | Ein Museum verzeichnet die Anzahl der Besucher pro Tag innerhalb eines Monats. Die Besucherzahlen werden den Klassen $K_1 = [0, 50], K_2 = (50, 100], K_3 = (100, 150], K_4 = (150, 200], K_5 = (200, 250]$ zugeordnet, so dass der folgende klassierte Datensatz resultiert.

Klasse	[0, 50]	(50, 100]	(100, 150]	(150, 200]	(200, 250]
Anzahl	2	4	14	8	3

Der Median dieser klassierten Daten $\tilde{x}_{klass}$ berechnet sich mittels der zugehörigen approximierenden empirischen Verteilungsfunktion F_{31}^*. Wegen $F_{31}^*(100) = \frac{6}{31} < 0{,}5$ und $F_{31}^*(150) = \frac{20}{31} \geq 0{,}5$ gilt

$$\tilde{x}_{klass} = 100 + \frac{50}{\frac{14}{31}}\left(0{,}5 - \frac{6}{31}\right) \approx 133{,}929.$$

Für die mittlere absolute Abweichung der klassierten Werte folgt

$$d_{klass} \approx \frac{2}{31}|25 - 133{,}929| + \frac{4}{31}|75 - 133{,}929| + \frac{14}{31}|125 - 133{,}929|$$
$$+ \frac{8}{31}|175 - 133{,}929| + \frac{3}{31}|225 - 133{,}929|$$
$$\approx 38{,}076.$$ ✗

Als letztes Streuungsmaß wird der Variationskoeffizient für klassierte Daten definiert. Hierbei wird auf die schon eingeführten Begriffe des arithmetischen Mittels und der empirischen Standardabweichung für klassierte Daten zurückgegriffen. Die Berechnung des Variationskoeffizienten ist auch hier nur dann sinnvoll, wenn die Beobachtungswerte ausschließlich positive Werte annehmen.

▶ **Definition** Variationskoeffizient für klassierte Daten | Der Variationskoeffizient V_{klass} für klassierte Daten ist definiert durch

$$V_{klass} = \frac{s_{klass}}{\bar{x}_{klass}},$$

wobei s_{klass} die empirische Standardabweichung und $\bar{x}_{klass}$ das arithmetische Mittel für klassierte Daten sind. ✗

B **Beispiel** | In einer Gruppe von 56 Personen werden die Lebensalter bestimmt. Die Daten werden in die Klassen $K_1 = [0, 20], K_2 = (20, 40], K_3 = (40, 60], K_4 = (60, 80]$ eingeteilt, so dass der folgende klassierte Datensatz entsteht.

Klasse	[0, 20]	(20, 40]	(40, 60]	(60, 80]
Anzahl	16	20	14	6

Um den Variationskoeffizienten dieser Daten zu bestimmen, müssen zunächst das entsprechende arithmetische Mittel $\bar{x}_{\text{klass}}$ und die empirische Standardabweichung s_{klass} der klassierten Daten berechnet werden. Für das arithmetische Mittel folgt

$$\bar{x}_{\text{klass}} = 10 \cdot \frac{16}{56} + 30 \cdot \frac{20}{56} + 50 \cdot \frac{14}{56} + 70 \cdot \frac{6}{56} \approx 33{,}571.$$

Damit berechnet sich die empirische Varianz (mit dem gerundeten Wert von $\bar{x}_{\text{klass}}$) gemäß

$$s_{\text{klass}}^2 \approx \frac{16}{56}(10 - 33{,}571)^2 + \frac{20}{56}(30 - 33{,}571)^2$$
$$+ \frac{14}{56}(50 - 33{,}571)^2 + \frac{6}{56}(70 - 33{,}571)^2 \approx 372{,}959.$$

Also gilt für die Standardabweichung $s_{\text{klass}} = \sqrt{s_{\text{klass}}^2} \approx 19{,}312$. Der Variationskoeffizient ist gegeben durch $V_{\text{klass}} = \frac{s_{\text{klass}}}{\bar{x}_{\text{klass}}} \approx 0{,}575$. ✗

5.6 Maße bei bekannten Klassenmittelwerten und -streuungen

Die Definition von Lage- und Streuungsmaßen in 154▶Kapitel 5.5 beruhte auf der Annahme, dass die exakten Werte der Beobachtungen bzw. die beobachteten Ausprägungen und ihre Häufigkeitsverteilung nicht bekannt sind. Besteht jedoch Zusatzinformation in Form von bekannten Mittelwerten bzw. empirischen Varianzen der Daten in den Klassen, so können die exakten Werte der Mittel und der Varianz berechnet werden.

> **Regel Mittelwerte bei klassierten Daten und bekannten Klassenmittelwerten** | Zu den Klassen $K_1, \ldots, K_M$ seien die relativen Klassenhäufigkeiten $f(K_1), \ldots, f(K_M)$ sowie die arithmetischen Mittel in den einzelnen Klassen $\bar{x}_1, \ldots, \bar{x}_M$ (die geometrischen Mittel $\bar{x}_{\text{geo},1}, \ldots, \bar{x}_{\text{geo},M}$ bzw. die harmonischen Mittel $\bar{x}_{\text{harm},1}, \ldots, \bar{x}_{\text{harm},M}$) gegeben.
> Das arithmetische Mittel der Daten ist gegeben durch
>
> $$\bar{x} = \sum_{i=1}^{M} f(K_i)\bar{x}_i.$$
>
> Das geometrische Mittel der Daten ist gegeben durch
>
> $$\bar{x}_{\text{geo}} = \prod_{i=1}^{M} \bar{x}_{\text{geo},i}^{f(K_i)}.$$

Das harmonische Mittel der Daten ist gegeben durch

$$\overline{x}_{harm} = \frac{1}{\sum_{i=1}^{M} \frac{f(K_i)}{\overline{x}_{harm,i}}}.$$

Die Mittelwerte ergeben sich also als gewichtete Mittel der entsprechenden Mittelwerte in den einzelnen Klassen. In der 156▶Definition der drei Mittelwerte für klassierte Daten werden gerade die entsprechenden Klassenmittelwerte durch die 155▶Klassenmitten ersetzt. Die obige Regel liefert im Nachhinein also auch eine Rechtfertigung für das Vorgehen im klassierten Fall. Es ist noch wichtig zu erwähnen, dass die obige Aussage zum arithmetischen Mittel eine Verallgemeinerung der 77▶Rekursionsformel darstellt, wenn die Daten in den einzelnen Klassen als separate Datensätze betrachtet werden.

Nachweis. Hier wird nur der Fall des arithmetischen Mittels betrachtet, die anderen beiden Aussagen ergeben sich analog. Ausgangspunkt ist ein Datensatz x_{ij}, $j \in \{1, \ldots, n_i\}$, $i \in \{1, \ldots, M\}$, mit Klasseneinteilung $K_1, \ldots, K_M$, wobei $x_{ij} \in K_i$, $j \in \{1, \ldots, n_i\}$, gilt. Dementsprechend beträgt die Anzahl der Beobachtungen in der Klasse K_i gerade n_i. Der Gesamtstichprobenumfang ist durch $n = n_1 + n_2 + \cdots + n_M$ gegeben. Das arithmetische Mittel des gesamten Datensatzes berechnet sich dann folgendermaßen:

$$\overline{x} = \frac{1}{n} \sum_{i=1}^{M} \sum_{j=1}^{n_i} x_{ij} = \frac{1}{n} \sum_{i=1}^{M} n_i \left(\frac{1}{n_i} \sum_{j=1}^{n_i} x_{ij} \right) = \sum_{i=1}^{M} \frac{n_i}{n} \overline{x}_i.$$

Die Ausdrücke $\overline{x}_i$, $i \in \{1, \ldots, M\}$, sind die arithmetischen Mittel der einzelnen Klassen, so dass $\overline{x}$ ein gewichtetes arithmetisches Mittel der Klassenmittelwerte ist. Die behauptete Formel folgt schließlich, da die Quotienten $\frac{n_i}{n} = f(K_i)$ gerade die relativen Klassenhäufigkeiten sind. ✓

B **Beispiel** | Im 157▶Beispiel Benzinverbrauch wurden folgende Verbrauchsdaten (in $\frac{l}{100km}$) angegeben.

8,46 12,22 10,48 7,72 7,33 10,48 9,17
7,21 15,17 14,19 9,78 9,36 10,73 7,46
8,63 11,58 11,00 8,30 8,98 8,30

Der mittlere Verbrauch der Fahrzeuge berechnet sich als harmonisches Mittel der Einzelverbrauchswerte: $\overline{x}_{harm} \approx 9{,}42 \left[\frac{l}{100km}\right]$. Für die Klasseneinteilung

$$K_1 = [6,8], K_2 = (8,10], K_3 = (10,12], K_4 = (12,14], K_5 = (14,16],$$

enthält folgende Tabelle die Klassenhäufigkeiten und die jeweiligen harmonischen Mittel.

5.6 Maße bei bekannten Klassenmittelwerten und -streuungen

Klasse	[6, 8]	(8, 10]	(10, 12]	(12, 14]	(14, 16]
$f(K_i)$	$\frac{1}{5}$	$\frac{2}{5}$	$\frac{1}{4}$	$\frac{1}{20}$	$\frac{1}{10}$
$\overline{x}_{\text{harm},i}$	7,425	8,844	10,839	12,220	14,664

Auf der Basis dieser Angaben kann das harmonische Mittel alternativ via

$$\overline{x}_{\text{harm}} = \left(\frac{f(K_1)}{\overline{x}_{\text{harm},1}} + \frac{f(K_2)}{\overline{x}_{\text{harm},2}} + \frac{f(K_3)}{\overline{x}_{\text{harm},3}} + \frac{f(K_4)}{\overline{x}_{\text{harm},4}} + \frac{f(K_5)}{\overline{x}_{\text{harm},5}} \right)^{-1}$$

$$\approx \left(\frac{1}{5} \cdot \frac{1}{7{,}425} + \frac{2}{5} \cdot \frac{1}{8{,}844} + \frac{1}{4} \cdot \frac{1}{10{,}839} + \frac{1}{20} \cdot \frac{1}{12{,}220} + \frac{1}{10} \cdot \frac{1}{14{,}664} \right)^{-1}$$

$$\approx 9{,}42 \left[\tfrac{l}{100\text{km}} \right]$$

berechnet werden. Dieses Mittel stimmt aufgrund der Regel mit dem direkt aus der Urliste bestimmten harmonischen Mittel überein. ✗

Sind zusätzlich zu den arithmetischen Mitteln der Beobachtungswerte in den einzelnen Klassen auch noch deren empirische Varianzen bekannt, so kann die Gesamtvarianz der Daten auf der Basis des klassierten Datensatzes bestimmt werden. Auch diese Aussage kann als eine Verallgemeinerung eines Ergebnisses aus 95▶Kapitel 3.3 interpretiert werden.

Regel Streuungszerlegung | Für Klassen $K_1, \ldots, K_M$ seien die relativen Klassenhäufigkeiten $f(K_1), \ldots, f(K_M)$ sowie die arithmetischen Mittel in den Klassen $\overline{x}_i$ und die Varianzen s_i^2 in den Klassen (Klassenvarianzen) gegeben, $i \in \{1, \ldots, M\}$.

Die empirische Varianz der Daten berechnet sich mittels

$$s^2 = \sum_{i=1}^M f(K_i) s_i^2 + \sum_{i=1}^M f(K_i) (\overline{x}_i - \overline{x})^2,$$

wobei $\overline{x} = \sum_{i=1}^M f(K_i) \overline{x}_i$ das arithmetische Mittel aller Beobachtungswerte bezeichnet.

Nachweis. Mit den Notationen aus dem Nachweis der entsprechenden 165▶Regel für Mittelwerte lässt sich die Streuungszerlegung der Gesamtvarianz s^2 aller Beobachtungen x_{ij} herleiten. Mit

$$\overline{x}_i = \frac{1}{n_i} \sum_{j=1}^{n_i} x_{ij} \quad \text{und} \quad s_i^2 = \frac{1}{n_i} \sum_{j=1}^{n_i} (x_{ij} - \overline{x}_i)^2$$

gilt

$$s^2 = \frac{1}{n}\sum_{i=1}^{M}\sum_{j=1}^{n_i}(x_{ij}-\overline{x})^2 = \frac{1}{n}\sum_{i=1}^{M}\sum_{j=1}^{n_i}((x_{ij}-\overline{x}_i)+(\overline{x}_i-\overline{x}))^2$$

$$= \frac{1}{n}\sum_{i=1}^{M}\sum_{j=1}^{n_i}(x_{ij}-\overline{x}_i)^2 + \frac{2}{n}\sum_{i=1}^{M}\sum_{j=1}^{n_i}(x_{ij}-\overline{x}_i)(\overline{x}_i-\overline{x}) + \frac{1}{n}\sum_{i=1}^{M}\sum_{j=1}^{n_i}(\overline{x}_i-\overline{x})^2$$

$$= \sum_{i=1}^{M}\frac{n_i}{n}s_i^2 + \frac{2}{n}\sum_{i=1}^{M}(\overline{x}_i-\overline{x})\left(\sum_{j=1}^{n_i}(x_{ij}-\overline{x}_i)\right) + \sum_{i=1}^{M}\frac{n_i}{n}(\overline{x}_i-\overline{x})^2.$$

Wegen $\sum_{j=1}^{n_i}(x_{ij}-\overline{x}_i) = 0$, $i \in \{1,\ldots,M\}$, folgt daraus

$$s^2 = \sum_{i=1}^{M}\frac{n_i}{n}s_i^2 + \sum_{i=1}^{M}\frac{n_i}{n}(\overline{x}_i-\overline{x})^2 = \sum_{i=1}^{M}f(K_i)s_i^2 + \sum_{i=1}^{M}f(K_i)(\overline{x}_i-\overline{x})^2. \quad \checkmark$$

Die obige Berechnungsformel für die empirische Varianz bei bekannten Klassenmittelwerten und -varianzen wird als Streuungszerlegung bezeichnet. Werden die absoluten Klassenhäufigkeiten mit n_i und deren Summe mit n bezeichnet, so kann auch die Darstellung

$$s^2 = \sum_{i=1}^{M}\frac{n_i}{n}s_i^2 + \sum_{i=1}^{M}\frac{n_i}{n}(\overline{x}_i-\overline{x})^2$$

verwendet werden. Die Gesamtvarianz der Daten setzt sich aus einem gewichteten arithmetischen Mittel $\sum_{i=1}^{M}\frac{n_i}{n}s_i^2$ der Klassenvarianzen und einem gewichteten Mittel $\sum_{i=1}^{M}\frac{n_i}{n}(\overline{x}_i-\overline{x})^2$ der quadrierten Abweichungen der Klassenmittelwerte vom Gesamtmittelwert zusammen. Der letzte Term kann als Maß für die Streuung zwischen den einzelnen Klassen angesehen werden. Er kann aber auch als empirische Varianz eines Datensatzes aufgefasst werden, bei dem in jeder Klasse K_i genau n_i <u>identische</u> Beobachtungen mit dem Wert $\overline{x}_i$ vorliegen:

$$\underbrace{\overline{x}_1,\ldots,\overline{x}_1}_{n_1 \text{ Beobachtungen in } K_1} , \underbrace{\overline{x}_2,\ldots,\overline{x}_2}_{n_2 \text{ Beobachtungen in } K_2} , \ldots, \underbrace{\overline{x}_M,\ldots,\overline{x}_M}_{n_M \text{ Beobachtungen in } K_M} .$$

Somit kann die Varianz aller Daten als Summe aus dem Mittel der Streuungen innerhalb der einzelnen Klassen und der Streuung zwischen den Klassen interpretiert werden.

In der Statistik existieren Streuungszerlegungsformeln auch in anderen Zusammenhängen. Als weiteres Beispiel sei hier auf eine 324▶Formel hingewiesen, die im Rahmen der 302▶linearen Regression auftritt.

5.6 Maße bei bekannten Klassenmittelwerten und -streuungen

Beispiel (Fortsetzung 129▶Beispiel Befragung der MitarbeiterInnen) | Für die geordneten Daten $x_{(1)}, \ldots, x_{(120)}$ des Merkmals S7 Bruttogehalt wird mit der angegebenen Klassierung ein Histogramm erstellt. Dabei kann – bei einem entsprechenden Vermerk – die 135▶offene Klasse weggelassen werden. Besser ist es jedoch, eine sinnvolle obere Grenze für die sechste Klasse einzuführen. Im konkreten Fall sind die Ausprägungen bekannt, so dass 10 000 als obere Klassengrenze gewählt werden kann. Sind weitere Analysen mit den selben Klassen (zur besseren Vergleichbarkeit) geplant – etwa zum Vergleich mit anderen Jahren oder anderen Abteilungen des Unternehmens – so ist darauf zu achten, dass diese Klasse groß genug ist, um auch für andere Datensätze die höchsten Gehälter aufzunehmen. Alternativ kann bei Bedarf eine neue Klasse für die „Spitzengehälter" festgelegt werden.

Die für die Erstellung des Histogramms mit den Klassen $K_1 = [0, 400]$, $K_2 = (400, 1\,000]$, $K_3 = (1\,000, 2\,500]$, $K_4 = (2\,500, 4\,000]$, $K_5 = (4\,000, 6\,000]$ und $K_6 = (6\,000, 10\,000]$ notwendigen Höhen der Rechtecke werden in einer Arbeitstabelle ermittelt.

j	K_j	v_j	$n(K_j)$	$f(K_j)$	b_j	h_j
1	[0, 400]	400	24	0,2	400	0,0005
2	(400, 1 000]	1 000	9	0,075	600	0,000125
3	(1 000, 2 500]	2 500	30	0,25	1 500	0,0001667
4	(2 500, 4 000]	4 000	36	0,3	1 500	0,0002
5	(4 000, 6 000]	6 000	15	0,125	2 000	0,0000625
6	(6 000, 10 000]	10 000	6	0,05	4 000	0,0000125

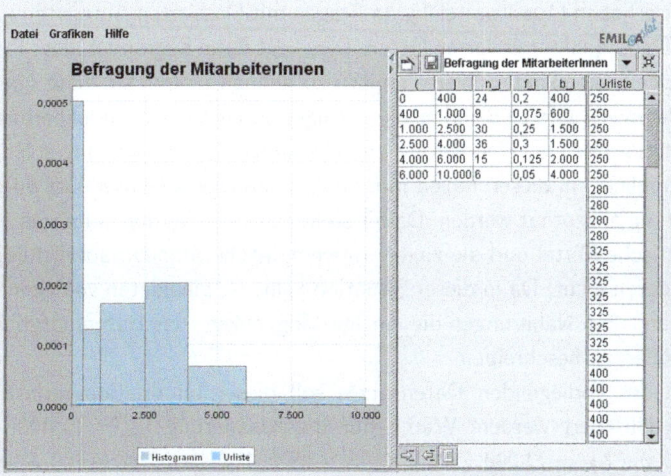

Das 74▶arithmetische Mittel (Durchschnittsbruttogehalt) und die 96▶empirische Standardabweichung sind gegeben durch $\bar{x}_{120} = 2\,650,25$ bzw. $s_x \approx 1\,869,47$.

Stehen statt der Originaldaten nur die relativen Klassenhäufigkeiten und die Klassenmittelwerte zur Verfügung, so kann das arithmetische Mittel für die Originaldaten trotzdem – als gewichtetes Mittel der Mittel in den Teilstichproben – exakt angegeben werden. Mit der 165▶Regel für Mittelwerte bei klassierten Daten und bekannten Klassenmittelwerten ergibt sich

$$\bar{x}_{120} = \sum_{i=1}^{6} f(K_i)\bar{x}_i = 0{,}2 \cdot 317{,}5 + 0{,}075 \cdot 820$$
$$+ 0{,}25 \cdot 2231 + 0{,}3 \cdot 3275 + 0{,}125 \cdot 4880 + 0{,}05 \cdot 7500$$
$$= 63{,}5 + 61{,}5 + 557{,}75 + 982{,}5 + 610 + 375 = 2\,650{,}25.$$

Sind die relativen Klassenhäufigkeiten, die Klassenmittel $\bar{x}_i$ und die Klassenvarianzen s_i^2 bekannt, so können mit der 167▶Regel zur Streuungszerlegung die empirische Varianz und damit die empirische Standardabweichung der Ausgangsdaten ebenfalls exakt bestimmt werden:

$$s^2 = \sum_{i=1}^{6} f(K_i)s_i^2 + \sum_{i=1}^{6} f(K_i)\,(\bar{x}_i - \bar{x})^2 \approx 0{,}2 \cdot 3\,093{,}75 + 0{,}075 \cdot 27\,800$$
$$+ 0{,}25 \cdot 117\,689 + 0{,}3 \cdot 183\,541{,}6667 + 0{,}125 \cdot 351\,720$$
$$+ 0{,}05 \cdot 1\,313\,333{,}3333 + 0{,}2 \cdot 5\,441\,722{,}5625 + 0{,}075 \cdot 3\,349\,815{,}0625$$
$$+ 0{,}25 \cdot 175\,770{,}5625 + 0{,}3 \cdot 390\,312{,}5625 + 0{,}125 \cdot 4\,971\,785{,}0625$$
$$+ 0{,}05 \cdot 23\,520\,075{,}0625$$
$$\approx 196\,820{,}1667 + 3\,298\,093{,}9375 = 3\,494\,914{,}1042.$$

Die empirische Standardabweichung ist somit $s_x \approx 1\,869{,}47$ (siehe oben).
In Fragebögen werden Merkmale zu Einnahmen und Ausgaben üblicherweise klassiert erhoben (19▶Kapitel 1), da Fragen mit klassierten Antworten i.A. eine höhere Datenqualität erwarten lassen. Dies liegt darin begründet, dass Personen dazu neigen, die exakten Werte ungern zu nennen (sofern sie diese überhaupt genau kennen). Oft sind ihnen die nachgefragten Werte nur näherungsweise bekannt, so dass eine Klassierung erst die sinnvolle Beantwortung solcher Fragen ermöglicht. In diesen Fällen muss daher ein Informationsverlust durch eine Klassierung akzeptiert werden. Damit stehen auch Näherungen für das „wahre" arithmetische Mittel und die zugehörige empirische Standardabweichung in einem anderen Licht! Da in dieser Situation keine Originaldaten vorliegen, bilden die behandelten Näherungen die einzige Möglichkeit, das Datenmaterial durch Kenngrößen zu beschreiben.
Anhand des vorliegenden Datensatzes soll dieser Informationsverlust exemplarisch illustriert werden. Wären nur die Klassierung $K_1 = [0, 400]$, $K_2 = (400, 1\,000]$, $K_3 = (1\,000, 2500]$, $K_4 = (2\,500, 4\,000]$, $K_5 = (4\,000, 6\,000]$ und $K_6 = (6\,000, 10\,000]$ für das Merkmal S7 Bruttogehalt und die zugehörigen relativen Häufigkeiten $f(K_1) = 0{,}2$, $f(K_2) = 0{,}075$, $f(K_3) = 0{,}25$, $f(K_4) = 0{,}3$,

5.6 Maße bei bekannten Klassenmittelwerten und -streuungen

$f(K_5) = 0{,}125$, $f(K_6) = 0{,}05$ bekannt, so kann eine Näherung für das arithmetische Mittel mit der 156▶Methode der Mittelwerte für klassierte Daten unter Verwendung der Klassenmitten $\bar{v}_1 = \frac{1}{2}(v_0 + v_1), \ldots, \bar{v}_6 = \frac{1}{2}(v_5 + v_6)$ angegeben werden:

$$\bar{x}_{klass} = \sum_{i=1}^{6} f(K_i)\bar{v}_i = 0{,}2 \cdot 200 + 0{,}075 \cdot 700 + 0{,}25 \cdot 1\,750 + 0{,}3 \cdot 3\,250$$
$$+ 0{,}125 \cdot 5\,000 + 0{,}05 \cdot 8\,000 = 2\,530.$$

Das durchschnittliche Bruttogehalt würde also in diesem Fall mit 2530€ geschätzt. Diese Näherung ist relativ gut, da sie nahe am „wahren" arithmetischen Mittel 2650,25€ liegt. Die nachfolgende Tabelle enthält alle zur Berechnung der genannten Größen relevanten Werte.

Klasse i	1	2	3	4	5	6	Summe
Gewicht $f(K_i)$	0,2	0,075	0,25	0,3	0,125	0,05	1
Klassenmitte $\bar{v}_i$	200	700	1 750	3 250	5 000	8 000	
Klassenmittel x_i	317,5	820	2 231	3 275	4 880	7 500	
$f(K_i)\bar{v}_i$	40	52,5	437,5	975	625	400	2 530
$f(K_i)x_i$	63,5	61,5	557,75	982,5	610	375	2 650,25

Starke Abweichungen zwischen dem exakten Wert und der Näherung entstehen durch die Klassen, in denen die mit den entsprechenden relativen Häufigkeiten multiplizierten Abweichungen von Klassenmittelwerten und Klassenmitten groß sind. In der ersten Klasse ist diese Abweichung zwar groß (wie dies in diesem Beispiel auch für eine bei Null beginnende Klasse zu erwarten ist), der absolute Wert ist aber vergleichbar klein. Einen großen Beitrag zur Differenz zwischen exaktem Mittelwert und Näherung liefert die dritte Klasse. Hier liegt der Effekt vor, dass sich die Originalwerte in der oberen Intervallhälfte der Klasse häufen und damit der Klassenmittelwert nach rechts verschoben ist. Auch für die empirische Standardabweichung der Ausgangsdaten ist eine Näherung auf der Basis einer Klassierung möglich. Unter Verwendung einer 162▶Formel für die empirische Varianz bei klassierten Daten resultiert die Schätzung

$$s^2_{klass} = \sum_{i=1}^{6} f(K_i)(\bar{v}_i - \bar{x}_{klass})^2 = 0{,}2 \cdot 5\,428\,900 + 0{,}075 \cdot 3\,348\,900$$
$$+ 0{,}25 \cdot 608\,400 + 0{,}3 \cdot 518\,400 + 0{,}125 \cdot 6\,100\,900 + 0{,}05 \cdot 29\,920\,900$$
$$= 3\,903\,225$$

und daraus durch Wurzelziehen eine Näherung für die empirische Standardabweichung der Ausgangsdaten $s_{klass} \approx 1\,975{,}66$. Auch diese Näherung ist in diesem Zahlenbeispiel recht gut.

Die vorgegebene Anzahl von sechs Klassen zur Visualisierung der Daten $x_1, \ldots, x_{120}$ für das Merkmal Bruttogehalt ist bei einem Stichprobenumfang von 120 verhältnismäßig klein, so dass Besonderheiten möglicherweise „verwischt" sind. Im Histogramm wird eine feinere Klasseneinteilung gewählt: $\widetilde{K}_1 = [0, 300]$, $\widetilde{K}_2 = (300, 400]$, $\widetilde{K}_3 = (400, 1\,000]$, $\widetilde{K}_4 = (1\,000, 1\,750]$, $\widetilde{K}_5 = (1\,750, 2\,500]$, $\widetilde{K}_6 = (2\,500, 3\,250]$, $\widetilde{K}_7 = (3\,250, 4\,000]$, $\widetilde{K}_8 = (4\,000, 5\,000]$, $\widetilde{K}_9 = (5\,000, 6\,000]$, $\widetilde{K}_{10} = (6\,000, 10\,000]$.

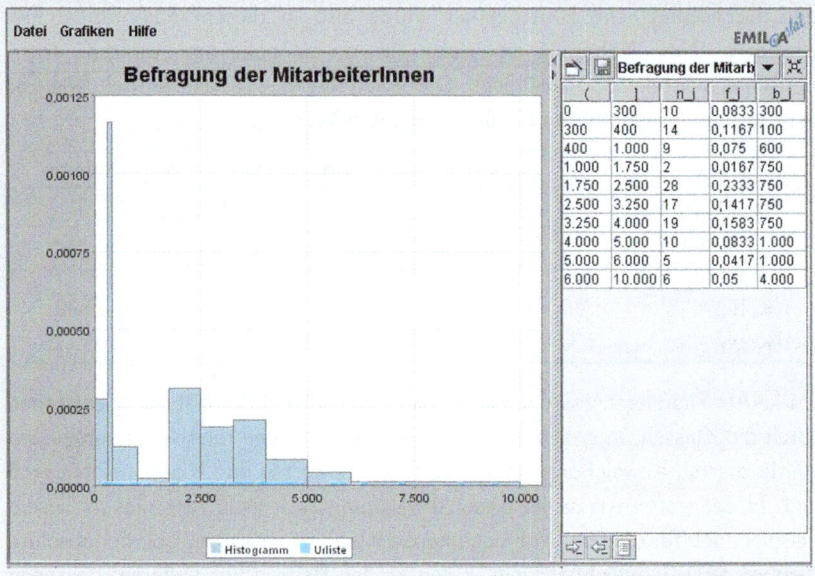

Vergleichen Sie die beiden Histogramme für den selben Datensatz! Das zweite Histogramm zeigt deutlich durch die ungleichen Häufigkeiten der Klassen $\widetilde{K}_4$ und $\widetilde{K}_5$, dass die zunächst der dritten Klasse $K_3 = \widetilde{K}_4 \cup \widetilde{K}_5$ zugeordneten Daten nicht gleichmäßig im Intervall $K_3 = (1\,000, 2\,500]$ verteilt sind.

Da Originaldaten vorhanden sind, würde bei einer weiter gehenden Auswertung die zugehörige empirische Verteilungsfunktion berechnet werden (z.B. um Quantile zu bestimmen). Zur Übung ist es sinnvoll, ebenfalls die approximierende empirische Verteilungsfunktion auf der Basis der klassierten Daten heranzuziehen, um einen Vergleich dieser Funktionen durchzuführen. Dies wirft Fragen auf, wie etwa der Informationsverlust zu bewerten ist, wenn lediglich die approximierende empirische Verteilungsfunktion zur Verfügung steht. Festzuhalten ist, dass die Funktionen an den Klassengrenzen aufgrund ihrer Konstruktion übereinstimmen. Ansonsten ist die approximierende empirische Verteilungsfunktion natürlich „gröber" als die auf den Originaldaten basierende empirische Verteilungsfunktion. Diese Betrachtung sei der Leserin und dem Leser überlassen.

Kapitel 6
Konzentrationsmessung

6	**Konzentrationsmessung**	175
6.1	Lorenz-Kurve	177
6.2	Konzentrationsmaße	183
6.3	Lorenz-Kurve bei klassierten Daten	192

6 Konzentrationsmessung

Beispiel Reiseveranstalter | In einem Marktsegment der Tourismusbranche konkurrierten im Jahr 2001 zehn Anbieter um die Gunst der reiselustigen Kunden. Die Umsätze (in Mio. €) des Jahres 2001 sind in der folgenden Tabelle zusammengestellt.

	2001									
Anbieter	1	2	3	4	5	6	7	8	9	10
Umsatz (in Mio. €)	6	12	22	6	22	32	36	6	36	22

Fragestellungen

- Wie kann diese Situation der Ungleichheit von Werten grafisch dargestellt werden?
- Welcher Anteil des Gesamtumsatzes entfällt auf die 50% umsatzschwächsten Anbieter (d.h. auf diejenigen 50% der Anbieter mit den geringsten Umsätzen)?
- Wie viel Prozent der umsatzschwächsten Anbieter haben zusammen einen Marktanteil von (etwa) 50% (75%)?
- Welcher Anteil am Gesamtumsatz entfällt auf die 20% umsatzstärksten Anbieter?
- Mit welcher (einzelnen) Kenngröße kann die Situation – etwa im Vergleich zu der in anderen Jahren – sinnvoll beschrieben werden?

Im umsatzstarken Jahr 2002 stellte sich die Marktsituation bei nur noch acht Reiseveranstaltern wie folgt dar:

	2002							
Anbieter	1	2	3	4	5	6	7	8
Umsatz (in Mio. €)	6	30	9	30	120	9	90	6

Offenbar hat der Grad der ungleichen Verteilung des Gesamtumsatzes auf die Anbieter zugenommen.

Fragestellungen

- Wie wird dieser Unterschied in der grafischen Darstellung deutlich?
- Wie sind die obigen Fragen nach Anteilen nun zu beantworten?
- Wie äußert sich die Veränderung an den gewählten Kenngrößen?
- Ist der Vergleich der Marktsituationen aufgrund der unterschiedlichen Zahl der Unternehmen zu kritisieren?

In der Wirtschaft wird dann von einer zunehmenden Konzentration in einem Markt oder Marktsegment gesprochen, wenn ein zunehmend größerer Marktanteil auf immer weniger Unternehmen entfällt: einige wenige Anbieter beherrschen den Markt. Im Extremfall gibt es nur einen Anbieter, der den gesamten Markt bedient; es liegt ein Monopol vor. In einer Marktwirtschaft ist es besonders wichtig, Konzentrationstendenzen zu erkennen und starke Konzentrationen in gewissen Märkten mit dem Ziel der Aufrechterhaltung eines Wettbewerbs zu verhindern. Daher ist es für einen Markt oder ein Marktsegment von Bedeutung, wie viel Prozent der Anbieter welchen (einen vorgegebenen) Marktanteil haben, und ob möglicherweise ein großer Teil des Umsatzes auf nur wenige Anbieter entfällt. Andere Anwendungsfelder sind beispielsweise die Verteilung von Umsatz innerhalb einer Unternehmung bzw. eines Konzerns, die Verteilung von Wertpapierbesitz, die Verteilung der Größe landwirtschaftlicher Betriebe, die Verteilung von Einkommen auf eine (Teil-) Bevölkerung, etc. Als ein statistisches Werkzeug zur grafischen Darstellung einer solchen Situation und zur Visualisierung von Konzentrationstendenzen wird die 177▶Lorenz-Kurve verwendet. Zudem ist, z.B. in der Wirtschaftspolitik, die Beschreibung der Konzentration durch eine Maßzahl erwünscht.

Allgemeiner lässt sich sagen, dass die Lorenz-Kurve und zugehörige Konzentrationsmaße dann sinnvoll zur Veranschaulichung der beobachteten Ausprägungen eines Merkmals herangezogen werden können, wenn dieses nicht-negative Daten liefert und extensiv ist. Als extensiv wird ein quantitatives Merkmal bezeichnet, wenn zusätzlich die Summe von erhobenen Daten dieses Merkmals eine eigenständige Bedeutung hat. Beispielsweise hat die Summe aller Umsätze von Unternehmen in einem Marktsegment eine eigene Bedeutung. Die Konzentrationsmaße dienen dann der Messung des Grades der Gleichheit bzw. Ungleichheit der Merkmalswerte.

In diesem Kapitel sei daher stets ein extensives Merkmal X mit beobachteten Ausprägungen $x_1, \ldots, x_n \geq 0$ gegeben. Zusätzlich soll $\sum_{i=1}^{n} x_i > 0$ sein, um den Trivialfall $x_1 = \ldots = x_n = 0$ auszuschließen.

Beispiel Marktentwicklung | In den Jahren 1970, 1980, 1990 und 2000 wurde jeweils der Umsatz von vier Anbietern A, B, C und D in einem Marktsegment erhoben:

Umsätze (in Mio. €)	1970	1980	1990	2000
A	25	20	10	0
B	25	10	10	0
C	25	40	50	100
D	25	30	30	0
Summe	100	100	100	100

In diesem Beispiel bleibt zwar der Gesamtumsatz (hier zur besseren Vergleichbarkeit und zur Vereinfachung) konstant, offensichtlich liegen aber unterschiedliche Marktsituationen in den verschiedenen Jahren vor. Die Situation im Jahr 1970 würde mit „Gleichverteilung" beschrieben, während die Aufteilung im Jahr 1990 einer starken Konzentration gleich käme; denn 50% der umsatzstärksten Anbieter (nämlich C und D) haben einen Anteil von 80% des Umsatzes im betrachteten Marktsegment. Im Jahr 2000 liegt schließlich die Monopolsituation vor. Das Beispiel zeigt somit eine mit der Zeit zunehmende Konzentration. ✗

An diesem Beispiel und seiner Interpretation wird bereits deutlich, dass die Konzentrationsmessung und die grafische Veranschaulichung (in Form der Lorenz-Kurve) dann gewinnbringend eingesetzt werden können, wenn eine relativ große, unübersichtliche Anzahl von Beobachtungswerten eines Merkmals vorliegt. In diesem Kapitel sind bewusst kleine Beispiele gewählt, um die Effekte besser zu verdeutlichen. Zunächst wird die grafische Darstellung zur Beschreibung der Konzentration eingeführt. Daraus wird eine geeignete Kenngröße, der 183▶Gini-Koeffizient, geometrisch abgeleitet und zum Vergleich von Datensätzen mit möglicherweise unterschiedlichen Anzahlen von Beobachtungen (siehe 175▶Beispiel Reiseveranstalter) modifiziert. Da es Situationen gibt, die auf unterschiedliche Lorenz-Kurven, aber auf denselben Wert des Gini-Koeffizienten führen, ist die Einführung weiterer Kenngrößen sinnvoll (z.B. 190▶Herfindahl-Index).

6.1 Lorenz-Kurve

Für Beobachtungen $x_1, \ldots, x_n \geq 0$ eines extensiven Merkmals X (z.B. Umsatz) wird die Lorenz-Kurve folgendermaßen konstruiert.

Bezeichnung Lorenz-Kurve und ihre Konstruktion | ◀

1. Bestimmung der 64▶Rangwertreihe $x_{(1)} \leq x_{(2)} \leq \ldots \leq x_{(n)}$.

2. Für $i \in \{1, \ldots, n\}$ bezeichne

$$s_i = \frac{i}{n}$$

den Anteil der Merkmalsträger (Untersuchungseinheiten) mit Werten kleiner oder gleich $x_{(i)}$.

Berechnung der Summe der i kleinsten Merkmalsausprägungen

$$S_i = x_{(1)} + \ldots + x_{(i)}, \quad i \in \{1, \ldots, n\},$$

und des Anteils der Summe der i kleinsten Werte an der Gesamtsumme (z.B. Anteil der i umsatzschwächsten Unternehmen am Gesamtumsatz der n Anbieter)

$$t_i = \frac{S_i}{S_n} = \frac{x_{(1)} + \ldots + x_{(i)}}{x_{(1)} + \ldots + x_{(n)}}, \quad i \in \{1, \ldots, n\}.$$

3. Zeichnen der Lorenz-Kurve (M. O. Lorenz, 1904) durch lineares Verbinden der $n+1$ Punkte

$$(0,0), (s_1, t_1), \ldots, (s_n, t_n).$$

Die Berechnung der notwendigen Punktepaare zur Konstruktion der Lorenz-Kurve kann übersichtlich in einer Arbeitstabelle vorgenommen werden.

Beispiel (Fortsetzung) | Für die Daten aus 176▶Beispiel Marktentwicklung werden die Lorenz-Kurven der Jahre 1970, 1980, 1990 und 2000 ermittelt. Dazu werden zunächst die zugehörigen Arbeitstabellen erzeugt.

1970

i	$x_{(i)}$	s_i	S_i	t_i
1	25	$\frac{1}{4}$	25	0,25
2	25	$\frac{2}{4}$	50	0,50
3	25	$\frac{3}{4}$	75	0,75
4	25	$\frac{4}{4}$	100	1,00
Summe	100			

1980

i	$x_{(i)}$	s_i	S_i	t_i
1	10	0,25	10	0,1
2	20	0,50	30	0,3
3	30	0,75	60	0,6
4	40	1,00	100	1,0
Summe	100			

1990

i	$x_{(i)}$	s_i	S_i	t_i
1	10	0,25	10	0,1
2	10	0,50	20	0,2
3	30	0,75	50	0,5
4	50	1,00	100	1,0
Summe	100			

2000

i	$x_{(i)}$	s_i	S_i	t_i
1	0	0,25	0	0
2	0	0,50	0	0
3	0	0,75	0	0
4	100	1,00	100	1,0
Summe	100			

Daraus ergibt sich eine Grafik, in der vier Lorenz-Kurven (gemeinsam) eingezeichnet sind.

6.1 Lorenz-Kurve

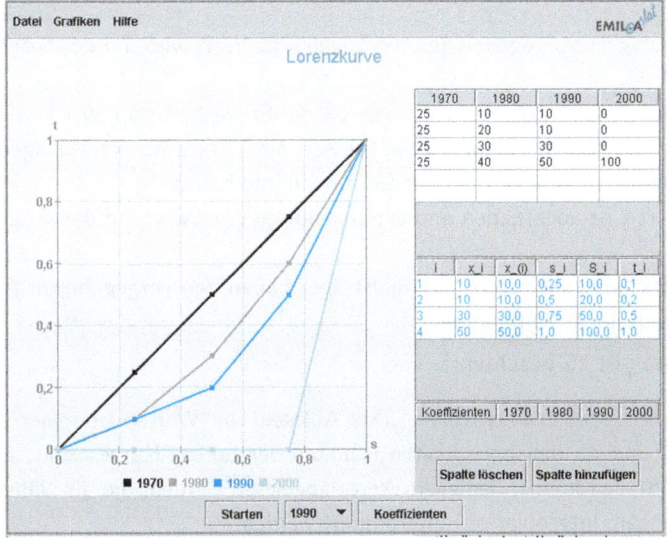

Die Lorenz-Kurve für das Jahr 1970 ist identisch mit der Diagonalen im Einheitsquadrat, da alle Daten für 1970 identisch sind. Weiterhin ist zu erkennen, dass sich die zunehmende Konzentration durch angeordnete Lorenz-Kurven äußert.

Im Beispiel wird deutlich, dass Lorenz-Kurven bei zunehmender Konzentration weiter entfernt von der Diagonalen im Einheitsquadrat sind. Aus dieser Beobachtung wird eine Kenngröße für die Konzentration entwickelt.
Eine Lorenz-Kurve hat die typische Gestalt:

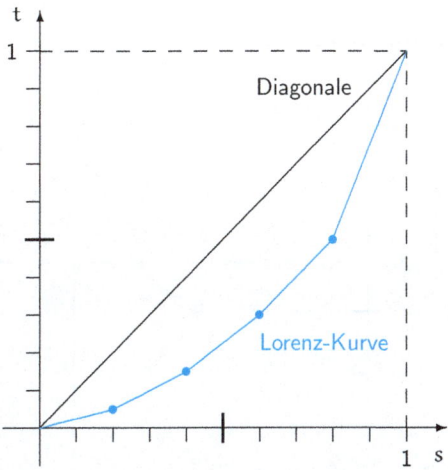

Beim Ablesen von Werten wird – je nach Aufgabenstellung – ein Wert auf der s-Achse oder auf der t-Achse als Ausgangspunkt gewählt. Dabei sind folgende Situationen zu unterscheiden:

- Der Wert s ist vorgegeben und der zugehörige Wert wird auf der t-Achse abgelesen:
  Der Funktionswert der Lorenz-Kurve an der Stelle s gibt an, welchen Anteil die 100 s% kleinsten Merkmalsträger (besser: die 100 s% Merkmalsträger mit den kleinsten Ausprägungen) an der Gesamtsumme haben.
- Der Wert t ist vorgegeben und der zugehörige Wert wird auf der s-Achse abgelesen:
  Die 100 s% der kleinsten Merkmalsträger haben den vorgegebenen Anteil von 100 t% an der Gesamtsumme.

Beim Ablesen ist zu beachten:

Regel Werte der Lorenz-Kurve | Das Ablesen von Werten bei einer Lorenz-Kurve ist nur an den berechneten Punkten der Lorenz-Kurve exakt; an allen anderen Stellen können lediglich Werte abgelesen werden, die als Näherungen (durch lineare Interpolation) interpretiert werden.

Wie bereits zu Beginn erwähnt, ist die Lorenz-Kurve gerade bei einer hohen Anzahl von Beobachtungen eines extensiven Merkmals ein wertvolles Werkzeug. Mit wachsender Anzahl von Beobachtungen ist – wenn die berechneten Punkte nicht markiert werden – kaum zu erkennen, dass die Lorenz-Kurve ein Streckenzug ist. Außerdem wird klar, dass nun ein Ablesen von Werten an jeder Stelle der Lorenz-Kurve zu interpretierbaren Ergebnissen führt, da die Näherungslösung (zwischen berechneten Punkten) relativ genau ist.

Die folgende Abbildung basiert auf 1000 Daten $x_1, \ldots, x_{1000}$. Aufgrund der großen Zahl von Ausprägungen sind die Geradenstücke nicht erkennbar (die Punkte der Lorenz-Kurve sind nicht hervorgehoben).

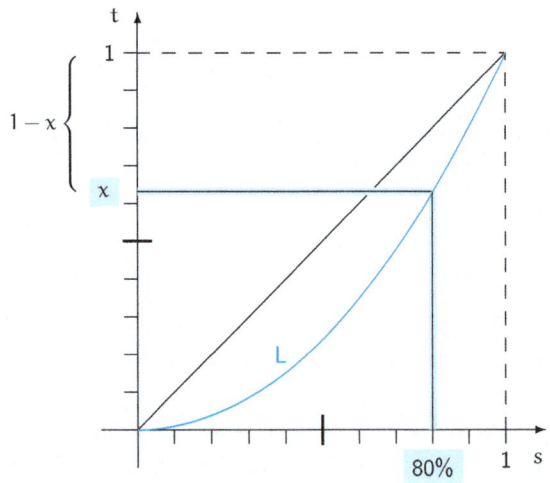

6.1 Lorenz-Kurve

Aus der obigen Grafik lässt sich folgende Frage leicht beantworten:

— Frage: Welchen Anteil am Gesamtumsatz haben die 20% umsatz**stärksten** Anbieter?
— Antwort: Da 80% der umsatzschwächsten Unternehmen einen Anteil von x am gesamten Markt besitzen, haben die 20% umsatzstärksten Unternehmen einen Anteil von $1-x$ am Gesamtmarkt.

Regel Eigenschaften der Lorenz-Kurve |

i) Aufgrund der Berechnungsvorschrift für die Punkte (s_i, t_i) der Lorenz-Kurve gilt:
$$0 \leqslant s_i \leqslant 1, \quad 0 \leqslant t_i \leqslant 1, \quad i \in \{1, \ldots, n\}.$$

ii) Sind die n beobachteten Merkmalsausprägungen alle identisch, d.h. gilt $x_1 = \cdots = x_n$, dann stimmt die Lorenz-Kurve mit der Diagonalen im Einheitsquadrat (i.e., die Strecke, die die Punkte $(0,0)$ und $(1,1)$ verbindet) überein.

iii) Der Wert t_k gibt an, welcher Anteil an der Gesamtsumme aller Werte auf $100 s_k$% der „kleinsten" Merkmalsträger entfällt.

iv) Lorenz-Kurven sind immer monoton wachsend, stückweise linear und konvex, und sie verlaufen unterhalb der Winkelhalbierenden (Diagonalen).

v) Wenn sich Lorenz-Kurven zu vergleichbaren Datensätzen nicht schneiden, gibt die Ordnung der Lorenz-Kurven auch die auf- bzw. absteigende Konzentration in den Datensätzen wieder.

Bei der Interpretation der Lorenz-Kurve ist folgende Vorstellung hilfreich. Wird die Lorenz-Kurve als elastische Schnur betrachtet, die an den Punkten $(0,0)$ und $(1,1)$ befestigt ist und an einigen Stellen (den berechneten Punkten) nach unten „weggezogen" wird, so ist diese Auslenkung umso größer, je größer die Konzentration ist. Beim Vergleich von Lorenz-Kurven liegt dann ein grafisch gut interpretierbarer Fall vor, wenn die Lorenz-Kurven „untereinander liegen" und sich nicht schneiden. Dies wird als Ordnung der Lorenz-Kurven verstanden, und die Situationen können somit direkt verglichen werden. Wenn sich die Lorenz-Kurven schneiden, ist die grafisch basierte Einschätzung des Konzentrationsunterschieds erschwert und eine oder mehrere Kenngrößen sollten ergänzend herangezogen werden.

Nachweis. Es wird lediglich nachgewiesen, dass die Lorenz-Kurve aufgrund ihrer Konstruktion stets eine konvexe Funktion ist (Behauptung iv)). Die übrigen Aussagen sind offensichtlich.

6. Konzentrationsmessung

Der Nachweis der Konvexität ist in der vorliegenden Situation einfach, da die Lorenz-Kurve nur aus Strecken besteht, die (im Ursprung $(0,0)$ beginnend) monoton wachsende Steigungen besitzen. Die Steigung im Intervall $(s_{i-1}, s_i]$, $i \in \{1, \ldots, n\}$, (mit $s_0 = 0$) ist

$$\frac{t_i - t_{i-1}}{s_i - s_{i-1}} = \frac{\frac{S_i}{S_n} - \frac{S_{i-1}}{S_n}}{\frac{1}{n}} = \frac{n}{S_n}(S_i - S_{i-1}) = \frac{n x_{(i)}}{S_n}.$$

Da $x_{(1)} \leqslant \cdots \leqslant x_{(n)}$ gilt, folgt sofort die behauptete Eigenschaft. ✓

Die Steigung der Lorenz-Kurve im Intervall $(s_{i-1}, s_i]$ ist somit durch $\frac{n x_{(i)}}{S_n}$ gegeben. Also ändert sich die Steigung nicht, wenn mehrere Beobachtungen gleich groß sind und mit $x_{(i)}$ übereinstimmen. Ist beispielsweise $x_{(i)} = x_{(i+1)} = x_{(i+2)}$, so hat die Lorenz-Kurve im Intervall

$$(s_{i-1}, s_{i+2}] = (s_{i-1}, s_i] \cup (s_i, s_{i+1}] \cup (s_{i+1}, s_{i+2}]$$

eine konstante Steigung. Dies hat, wie das folgende Beispiel zeigt, eine wesentliche Konsequenz.

B **Beispiel** Identische Lorenz-Kurven | Die Lorenz-Kurven zu den Datensätzen $x_1 = 2$, $x_2 = 3$, $x_3 = 1$ und $x_1 = 2$, $x_2 = 2$, $x_3 = 3$, $x_4 = 3$, $x_5 = 1$, $x_6 = 1$ stimmen überein. ✗

Allgemein gilt, dass die „Vervielfältigung" eines Datensatzes (Kopien) die Lorenz-Kurve nicht ändert. Der Unterschied kann natürlich durch das Einzeichnen der einzelnen Konstruktionspunkte der Lorenz-Kurven kenntlich gemacht werden. Häufig werden die zur Konstruktion benötigten Punkte (s_i, t_i), $i \in \{1, \ldots, n\}$, jedoch nicht in die Lorenz-Kurve eingetragen.

Regel Anzahl Beobachtungen bei der Konstruktion der Lorenz-Kurve | Aus der Lorenz-Kurve selbst kann die Anzahl n der Daten, die dieser zu Grunde liegt, nicht ermittelt werden. Deshalb sollte die Anzahl n zusätzlich zur grafischen Darstellung der Lorenz-Kurve angegeben werden.

Folgender Aspekt unterstreicht diese Aussage: Die Diagonale ist sowohl bei $n = 2$ umsatzgleichen Unternehmen als auch bei $n = 20$ umsatzgleichen Unternehmen gleich der Lorenz-Kurve. Beide Märkte werden daher gleichermaßen als nicht konzentriert betrachtet. Mit der Lorenz-Kurve wird also nur die relative Konzentration dargestellt und bewertet!

6.2 Konzentrationsmaße

Eine geometrisch motivierte Maßzahl für die Konzentration (siehe 176▶Beispiel Marktentwicklung) ergibt sich aus der Beobachtung:

Die Konzentration ist ⟨ hoch / gering ⟩, falls die Fläche zwischen Lorenz-Kurve und Diagonale ⟨ groß / klein ⟩ ist.

Dabei hat der kleinstmögliche Flächeninhalt den Wert Null (Lorenz-Kurve und Diagonale stimmen überein). Der Flächeninhalt ist kleiner als $\frac{1}{2}$, da die Lorenz-Kurve stets innerhalb des Dreiecks $(0,0), (1,0), (1,1)$ verläuft.

Definition Gini-Koeffizient (C. Gini, 1910) | Sei L eine Lorenz-Kurve. Der Gini-Koeffizient ist definiert durch

$$G = \frac{\text{Flächeninhalt zwischen L und Diagonale D}}{\text{Flächeninhalt zwischen Diagonale und s-Achse}}$$

$$= \frac{\text{Flächeninhalt zwischen L und Diagonale D}}{1/2}$$

Die Division des Gini-Koeffizienten durch den Wert $\frac{1}{2}$ liegt darin begründet, dass auf diese Weise eine Maßzahl erzeugt wird, deren Werte nach unten durch Null und nach oben durch Eins beschränkt sind. Diese Vorgehensweise hat somit eine gewisse Normierung der Maßzahl zur Folge.

Beispiel (Fortsetzung) | In 176▶Beispiel Marktentwicklung sind Arbeitstabelle und zugehörige Lorenz-Kurve für das Jahr 1990 gegeben durch:

i	$x_{(i)}$	s_i	S_i	t_i
1	10	0,25	10	0,1
2	10	0,50	20	0,2
3	30	0,75	50	0,5
4	50	1,00	100	1,0

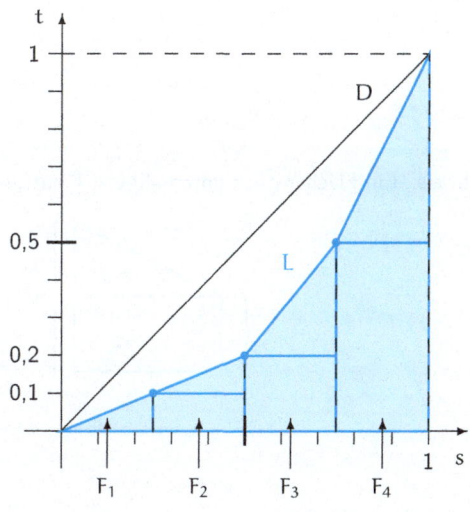

Aus der Grafik ergeben sich die Flächeninhalte $F_1,\ldots,F_4$:

$$F_1 = \quad\triangle\quad = \frac{\overset{\text{Breite}}{0{,}25}\cdot \overset{\text{Höhe}}{0{,}1}}{2} = 0{,}0125$$

$$F_2 = \quad\square\quad = \quad\square\quad + \quad\triangle$$
$$= 0{,}25 \cdot 0{,}1 + \frac{0{,}25 \cdot 0{,}1}{2} = 0{,}0375$$

$$F_3 = 0{,}25 \cdot 0{,}2 + \frac{0{,}25 \cdot 0{,}3}{2} = 0{,}0875$$

$$F_4 = 0{,}25 \cdot 0{,}5 + \frac{0{,}25 \cdot 0{,}5}{2} = 0{,}1875$$

Also hat die blau markierte Fläche zwischen L und s-Achse den Inhalt $F_1 + F_2 + F_3 + F_4 = 0{,}325$. Daraus ergibt sich

   Flächeninhalt zwischen Lorenz-Kurve L und Diagonale D

$=$ Flächeninhalt zwischen Diagonale D und s-Achse

                $-$ Flächeninhalt zwischen Lorenz-Kurve L und s-Achse

$= 0{,}5 - 0{,}325 = 0{,}175$.

Der Gini-Koeffizient hat somit den Wert $G = \frac{0{,}175}{1/2} = 0{,}35$.   ✗

Mit derselben Vorgehensweise wie im obigen Beispiel kann eine allgemeine Formel für den Gini-Koeffizienten hergeleitet werden. Es gilt:

Regel Berechnung des Gini-Koeffizienten | Der Gini-Koeffizient ist gegeben durch

$$G = \frac{n+1-2T}{n} = 1 - \frac{2T-1}{n}, \quad \text{wobei } T = \sum_{i=1}^{n} t_i.$$

Nachweis. Ein Flächenstück unterhalb von L hat die Gestalt ($i \in \{1,\ldots,n\}$):

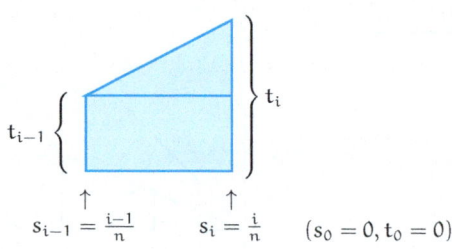

6.2 Konzentrationsmaße

Der Flächeninhalt berechnet sich daher als

$$\square + \triangle = t_{i-1} \underbrace{(s_i - s_{i-1})}_{=1/n} + \frac{(s_i - s_{i-1})(t_i - t_{i-1})}{2}$$

$$= t_{i-1} \cdot \frac{1}{n} + \frac{1}{2n}(t_i - t_{i-1})$$

$$= \frac{1}{2n}(2t_{i-1} + t_i - t_{i-1}) = \frac{1}{2n}(t_{i-1} + t_i).$$

Damit ist der Flächeninhalt der Fläche zwischen L und s-Achse (Summe der Flächenstücke):

$$\underbrace{\frac{1}{2n}(t_0 + t_1)}_{i=1} + \underbrace{\frac{1}{2n}(t_1 + t_2)}_{i=2} + \cdots + \underbrace{\frac{1}{2n}(t_{n-1} + t_n)}_{i=n}$$

$$= \frac{1}{2n}(\underbrace{t_0}_{=0} + \underbrace{t_1 + t_1}_{=2t_1} + \underbrace{t_2 + t_2}_{=2t_2} \cdots + \underbrace{t_{n-1} + t_{n-1}}_{=2t_{n-1}} + \underbrace{t_n}_{=1})$$

$$= \frac{1}{2n}(2(t_1 + t_2 + \cdots + t_{n-1} + t_n) - 1)$$

$$= \frac{2T - 1}{2n} \quad \text{mit} \quad T = t_1 + \cdots + t_n.$$

Also beträgt der Flächeninhalt der Fläche zwischen L und D:

$$\frac{1}{2} - \text{Flächeninhalt zwischen L und s-Achse} \stackrel{s.o.}{=} \frac{1}{2} - \frac{2T - 1}{2n} = \frac{n + 1 - 2T}{2n}.$$

Per Definition entsteht der Gini-Koeffizient mittels Division des Flächeninhalts durch $\frac{1}{2}$, d.h. durch Multiplikation mit 2, so dass

$$G = \frac{n + 1 - 2T}{n}, \text{ wobei } T = t_1 + \cdots + t_n. \quad \checkmark$$

Für den Gini-Koeffizienten kann eine alternative Formel hergeleitet werden.

Regel Alternative Formel des Gini-Koeffizienten | Der Gini-Koeffizient ist gegeben durch

$$G = \frac{2W - (n+1)S_n}{nS_n} = \frac{2W}{nS_n} - \frac{n+1}{n},$$

wobei $W = 1 \cdot x_{(1)} + 2 \cdot x_{(2)} + \cdots + n \cdot x_{(n)} = \sum_{i=1}^{n} ix_{(i)}$.

Nachweis. Zunächst gilt $S_i = S_n \cdot t_i$, $i \in \{1, \ldots, n\}$. Mit der Setzung $S_0 = 0$ ist $x_{(i)} = S_i - S_{i-1}$, $i \in \{1, \ldots, n\}$, so dass

$$W = \sum_{i=1}^{n} ix_{(i)} = \sum_{i=1}^{n} i(S_i - S_{i-1}) = \sum_{i=1}^{n} iS_i - \sum_{i=0}^{n-1}(i+1)S_i$$

6. Konzentrationsmessung

$$= \sum_{i=1}^{n} iS_i - \sum_{i=1}^{n-1} iS_i - \sum_{i=1}^{n-1} S_i$$

$$= nS_n - \sum_{i=1}^{n-1} S_i = (n+1)S_n - \sum_{i=1}^{n} S_i = (n+1)S_n - S_n T.$$

Daraus folgt

$$\frac{2W - (n+1)S_n}{nS_n} = \frac{(n+1)S_n - 2S_n T}{nS_n} = \frac{n+1-2T}{n}. \qquad \checkmark$$

B **Beispiel** (Fortsetzung) | In 176▶Beispiel Marktentwicklung wurde der Gini-Koeffizient G = 0,35 für das Jahr 1990 auf direktem Weg bestimmt. Mittels der allgemeinen Formel unter Verwendung der Arbeitstabelle zur Lorenz-Kurve

i	$x_{(i)}$	S_i	t_i	$ix_{(i)}$
1	10	10	0,1	10
2	10	20	0,2	20
3	30	50	0,5	90
n = 4	50	100	1,0	200
Summe	100		1,8=T	320 =W

resultiert folgende Berechnung des Gini-Koeffizienten:

$$G = \frac{n+1-2T}{n} = \frac{5 - 2 \cdot 1{,}8}{4} = 0{,}35.$$

Unter Verwendung der 185▶alternativen Formel lautet die Rechnung:

$$G = \frac{2W - (n+1)S_n}{nS_n} = \frac{2 \cdot 320 - 5 \cdot 100}{4 \cdot 100} = 0{,}35.$$

Die Gini-Koeffizienten für alle betrachteten Jahre sind in folgender Tabelle zusammengefasst.

Jahr	1970	1980	1990	2000
Gini-Koeffizient	0	0,25	0,35	0,75

Der Gini-Koeffizient für das Jahr 1970 ist Null. Wie schon aus der Interpretation der Lorenz-Kurve hervorgeht (Gleichheit mit der Diagonalen) liegt keine Konzentration vor. Ansonsten legt auch der Gini-Koeffizient eine wachsende Konzentration über die Jahre nahe. Allerdings stellt sich die Frage, warum die maximale Konzentration im Jahr 2000 (Monopol) nicht mit der Maßzahl G = 1 beschrieben wird. ✗

Die maximale Konzentration liegt in einem Datensatz $x_1, \ldots, x_n$ genau dann vor, wenn genau ein Wert x_i von 0 verschieden ist (siehe 176▶Beispiel Marktentwicklung). In einem solchen Fall ist $t_1 = \cdots = t_{n-1} = 0$ und $t_n = 1$. Die zugehörige Lorenz-Kurve hat folgende Gestalt.

6.2 Konzentrationsmaße

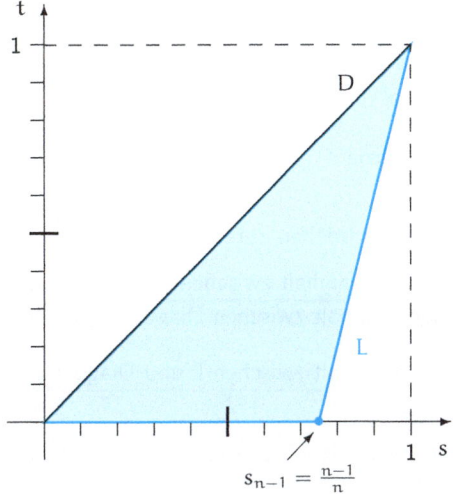

$s_{n-1} = \frac{n-1}{n}$

Der Flächeninhalt der größtmöglichen Fläche, die von einer Lorenz-Kurve und der Diagonalen eingeschlossen werden kann, ergibt sich daher als Differenz der Flächeninhalte der Dreiecke $(0,0), (1,0), (1,1)$ und $(\frac{n-1}{n}, 0), (1,0), (1,1)$. Damit ist der maximal mögliche Gini-Koeffizient G_{max} gegeben durch

$$G_{max} = \frac{\triangle - \triangle}{1/2} = \frac{1/2 - \frac{\frac{1}{n} \cdot 1}{2}}{1/2} = 1 - \frac{1}{n} = \frac{n-1}{n}$$

(< 1 für jedes n).

Regel Eigenschaften des Gini-Koeffizienten | Aus der Konstruktion des Gini-Koeffizienten folgt

$$0 \leqslant G \leqslant \frac{n-1}{n}.$$

Der Wert $G = 0$ wird angenommen, falls $x_1 = \cdots = x_n$ gilt („Gleichverteilung"). Der Wert $G = \frac{n-1}{n}$ wird angenommen, falls genau eines der x_i von Null verschieden ist.

Ein Vergleich von Gini-Koeffizienten für Situationen mit unterschiedlichen Anzahlen von Beobachtungen ist kritisch zu sehen, da G_{max} von der Anzahl n abhängig ist. Zur Anwendung der Maßzahl auf das 175▶Beispiel Reiseveranstalter ist daher eine Modifikation des Gini-Koeffizienten sinnvoll. Da aus Gründen der Interpretation eine Maßzahl mit Werten zwischen 0 und 1 angestrebt wird, wird der Gini-Koeffizient (zur Normierung) durch den maximalen Flächeninhalt zwischen Diagonale und Lorenz-Kurve dividiert.

Definition Normierter Gini-Koeffizient | Die Kenngröße

$$G^\star = \frac{G}{G_{max}} = \frac{n}{n-1}G = \frac{n+1-2T}{n-1} = 1 - \frac{2(T-1)}{n-1}$$

heißt normierter Gini-Koeffizient.

War der Gini-Koeffizient beschrieben durch den Quotienten

$$G = \frac{\text{Flächeninhalt zwischen L und Diagonale}}{\text{Flächeninhalt zwischen Diagonale und } s\text{-Achse}}$$

$$= \frac{\text{Flächeninhalt zwischen L und Diagonale}}{1/2},$$

so gilt für den normierten Gini-Koeffizienten

$$G^\star = \frac{\text{Flächeninhalt zwischen L und Diagonale}}{\text{maximal möglicher Flächeninhalt zwischen L und Diagonale}}$$

$$= \frac{\frac{n+1-2T}{2n}}{\frac{1}{2} - \frac{1}{2n}} = \frac{\frac{n+1-2T}{2n}}{\frac{n-1}{2n}} = \frac{n+1-2T}{n-1}.$$

Regel Wertebereich des normierten Gini-Koeffizienten | Für den normierten Gini-Koeffizienten gilt $0 \leqslant G^\star \leqslant 1$, wobei die Grenzen angenommen werden.

Beispiel (Fortsetzung) | Zum 176▶Beispiel Marktentwicklung gibt die Tabelle jeweils den Gini-Koeffizienten und den normierten Gini-Koeffizienten für die Jahre 1970, 1980, 1990 und 2000 an ($n = 4$).

Jahr	1970	1980	1990	2000
G	0	0,25	0,35	0,75
$G^\star = \frac{4}{3} \cdot G$	0	0,33	0,47	1,00

Wenn sich die zu vergleichenden Lorenz-Kurven nicht schneiden, ist ein Vergleich der Konzentration direkt oder mittels der (normierten) Gini-Koeffizienten möglich. Schneiden sich die Lorenz-Kurven jedoch, so können sich trotz unterschiedlicher Konzentrationssituationen ähnliche oder sogar identische Gini-Koeffizienten ergeben.

Beispiel Identische Gini-Koeffizienten | Die Zahlenwerte im folgenden Beispiel mit drei Anbietern A, B, C und deren Umsätzen (in Mio. €) in den Jahren 1980, 1990 und 2000 sind so konstruiert, dass sich in den verschiedenen Marktsituationen jeweils derselbe Gini-Koeffizient ergibt.

6.2 Konzentrationsmaße

1980

i	$x_{(i)}$	s_i	S_i	t_i
1	20	$\frac{1}{3}$	20	$\frac{2}{9}$
2	20	$\frac{2}{3}$	40	$\frac{4}{9}$
3	50	1	90	1
Summe	90			$\frac{5}{3} = T$

1990

i	$x_{(i)}$	s_i	S_i	t_i
1	10	$\frac{1}{3}$	10	$\frac{1}{9}$
2	40	$\frac{2}{3}$	50	$\frac{5}{9}$
3	40	1	90	1
Summe	90			$\frac{5}{3} = T$

Für die Gini-Koeffizienten gilt: $G_{1980} = \frac{n+1-2T}{n} = \frac{4-2\cdot\frac{5}{3}}{3} = \frac{2}{9} = G_{1990}$.

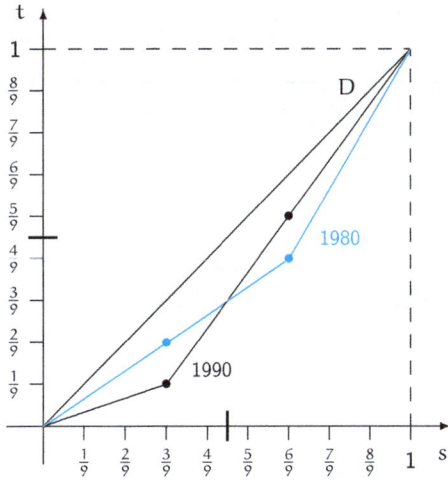

Auch der dritte Datensatz führt zum selben Gini-Koeffizienten:

2000

i	$x_{(i)}$	s_i	S_i	t_i
1	15	$\frac{1}{3}$	15	$\frac{15}{90} = \frac{1}{6}$
2	30	$\frac{2}{3}$	45	$\frac{1}{2}$
3	45	1	90	1
Summe	90			$\frac{5}{3} = T$

Daher gilt auch $G_{2000} = \frac{2}{9}$, obwohl die Zahlenwerte unterschiedliche Konzentrationen andeuten.

	1980	1990	2000
$x_{(1)}$	20	10	15
$x_{(2)}$	20	40	30
$x_{(3)}$	50	40	45

Der direkte Vergleich zeigt, dass die Situationen möglicherweise unterschiedlich bewertet werden. Die Konzentration im Jahr 1980 müsste eventuell höher eingeschätzt werden, obwohl die jeweiligen Gini-Koeffizienten identisch sind.

Das 188▶Beispiel Identische Gini-Koeffizienten zeigt zum Einen, dass eine einzelne Kennziffer oder Maßzahl einen Datensatz natürlich nicht ausreichend beschreibt (vgl. 61▶Kapitel 3). Die grafische Darstellung sollte stets zur Beurteilung hinzugezogen werden. Zum Anderen motiviert das Beispiel dazu, alternative Kenngrößen zur Beschreibung der Konzentration zu entwickeln. In der Literatur zur Wirtschaftsstatistik gibt es eine Vielzahl von Vorschlägen zur Konzentrationsmessung (vgl. z.B. Bamberg et al. (2011), Mosler und Schmid (2009)). Als alternatives Konzentrationsmaß wird hier nur der Herfindahl-Index (O.C. Herfindahl 1950) eingeführt.

▶ **Definition** Herfindahl-Index | Der Herfindahl-Index ist definiert durch

$$H = \frac{x_1^2 + \cdots + x_n^2}{S_n^2}.$$

In den Extremfällen einer „Gleichverteilung" $x_1 = \cdots = x_n$ bzw. eines einzelnen, von Null verschiedenen Wertes (etwa $x_i \neq 0$) gilt

$$H = \frac{nx_1^2}{(nx_1)^2} = \frac{1}{n} \quad \text{bzw.} \quad H = \frac{0 + \cdots + 0 + x_i^2 + 0 + \cdots + 0}{(0 + \cdots + 0 + x_i + 0 + \cdots + 0)^2} = 1.$$

Regel Eigenschaften des Herfindahl-Index | Für den Herfindahl-Index gilt

$$\frac{1}{n} \leqslant H \leqslant 1,$$

wobei die Grenzen angenommen werden. Der Herfindahl-Index kann mittels des 102▶Variationskoeffizienten dargestellt werden:

$$H = \frac{1}{n}(V^2 + 1).$$

Nachweis. Mit der Notation $\overline{x^2} = \frac{1}{n} \sum_{i=1}^{n} x_i^2$ gilt

$$H = \frac{\sum_{i=1}^{n} x_i^2}{\left(\sum_{i=1}^{n} x_i\right)^2} = \frac{\overline{x^2}}{\frac{1}{n}(n\overline{x})^2} = \frac{\overline{x^2} - \overline{x}^2 + \overline{x}^2}{n\overline{x}^2} = \frac{s^2 + \overline{x}^2}{n\overline{x}^2} = \frac{1}{n}(V^2 + 1).$$

Wegen $V^2 \geqslant 0$ folgt sofort $H \geqslant \frac{1}{n}$ mit Gleichheit genau dann, wenn $V = 0$ bzw. $s = 0$, d.h. $x_1 = \cdots = x_n$.

6.2 Konzentrationsmaße

Die obere Schranke folgt aus der Überlegung $H \leqslant 1 \iff \sum_{i=1}^{n} x_i^2 \leqslant \left(\sum_{i=1}^{n} x_i\right)^2$ und

$$\left(\sum_{i=1}^{n} x_i\right)^2 - \sum_{i=1}^{n} x_i^2 = \sum_{i \neq j} x_i x_j \geqslant 0,$$

da $x_i \geqslant 0$, $i \in \{1,\ldots,n\}$. Gleichheit gilt genau dann, wenn es genau eine von Null verschiedene Beobachtung gibt. ✓

Beispiel (Fortsetzung) | Im 176▶Beispiel Marktentwicklung ergibt der Vergleich der jeweiligen Gini-Koeffizienten, normierten Gini-Koeffizienten und Herfindahl-Indizes

Jahr	1970	1980	1990	2000
G	0	0,25	0,35	0,75
G⋆	0	0,33	0,47	1,00
H	0,25	0,30	0,36	1,00

Der Herfindahl-Index zeigt daher auch eine mit den Jahren wachsende Konzentration an. ✗

Beispiel (Fortsetzung) | Im 188▶Beispiel Identische Gini-Koeffizienten resultieren folgende Werte von Gini-Koeffizienten, normierten Gini-Koeffizienten und Herfindahl-Indizes.

Jahr	1980	1990	2000
G	0,22	0,22	0,22
G⋆	0,33	0,33	0,33
H	0,41	0,41	0,39

Für die Jahre 1980 und 1990 führt auch der Herfindahl-Index zu demselben Wert. ✗

Der Herfindahl-Index kann ebenfalls grafisch interpretiert werden. Wegen

$$H = \sum_{i=1}^{n} \left(\frac{x_i}{S_n}\right)^2 = \sum_{i=1}^{n} \left(\frac{x_{(i)}}{S_n}\right)^2 = \sum_{i=1}^{n} \left(\frac{S_i - S_{i-1}}{S_n}\right)^2 = \sum_{i=1}^{n} (t_i - t_{i-1})^2$$

kann der Herfindahl-Index als die Summe der Flächen von Quadraten mit den Seitenlängen $t_i - t_{i-1}$ verstanden werden, $i \in \{1,\ldots,n\}$ ($S_0 = t_0 = 0$).

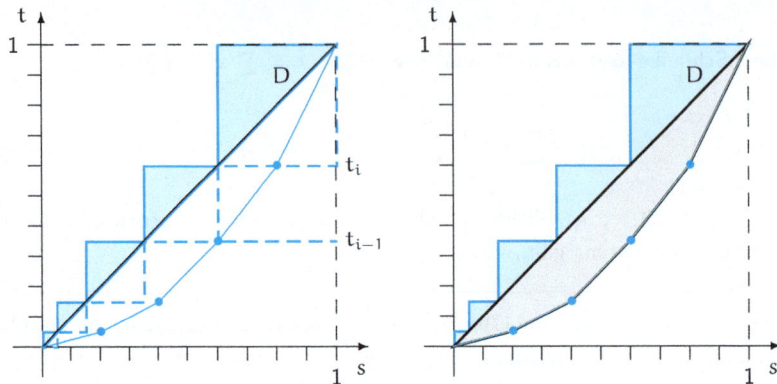

Die obige Beobachtung wird deutlich in der linken Abbildung, d.h. der Flächeninhalt der eingezeichneten Quadrate mit den Seitenlängen $t_i - t_{i-1}$, $i \in \{1, \ldots, n\}$, stimmt mit dem Wert des Herfindahl-Index überein. Da die Werte $\frac{x_i}{S_n}$, $i \in \{1, \ldots, n\}$, die relativen Merkmalswerte sind, entsprechen die Seitenlängen $t_i - t_{i-1} = \frac{x_{(i)}}{S_n}$, $i \in \{1, \ldots, n\}$, den der Größe nach aufsteigend geordneten relativen Merkmalswerten. Der Herfindahl-Index ist somit die Summe der quadrierten relativen Merkmalswerte. Werden zu einem Datensatz – wie in der rechten Abbildung angedeutet – die Lorenz-Kurve und die aus den geordneten relativen Merkmalswerten gebildeten Dreiecke oberhalb der Diagonalen, die eine Treppenfunktion definieren, betrachtet, so ergibt sich folgende Analogie.

Regel

- „Gini-Koeffizient = 2 × Flächeninhalt zwischen Diagonale und Lorenz-Kurve"
- „Herfindahl-Index = 2 × Flächeninhalt zwischen Diagonale und Treppenfunktion"

6.3 Lorenz-Kurve bei klassierten Daten

Häufig liegen die Daten zur Beurteilung der Konzentration in gruppierter Form vor. Beispielsweise werden die Anzahlen der landwirtschaftlichen Betriebe für Klassen angegeben, die gemäß der landwirtschaftlich genutzten Fläche gebildet sind. In jeder Klasse wird dann die genutzte Fläche aller Betriebe in dieser Klasse angegeben.

Die Datensituation ist also wie folgt: In den (aufsteigend) geordneten Klassen $K_1 = [v_0, v_1], K_2 = (v_1, v_2], \ldots, K_M = (v_{M-1}, v_M]$ mit $v_0 < \cdots < v_M$ (in einem Beispiel definiert über Betriebsgrößen in ha) sind jeweils $n(K_1), \ldots, n(K_M)$ Merkmalsträger (im Beispiel landwirtschaftliche Betriebe) zusammengefasst, die (für jede Klasse) eine Merkmalssumme (Summe der beobachteten Merkmalsausprägungen) von $\tilde{x}_1, \ldots, \tilde{x}_M$ (im Beispiel die landwirtschaftlich genutzte Fläche der Betriebe in

6.3 Lorenz-Kurve bei klassierten Daten

den Klassen) aufweisen. Wesentlich ist, dass zunächst angenommen wird, dass die Summen $\tilde{x}_1, \ldots, \tilde{x}_M$ der beobachteten Ausprägungen für alle Klassen bekannt sind. Mittels der Summe $n = \sum_{j=1}^{M} n(K_j)$ aller Beobachtungen (im Beispiel Gesamtzahl der landwirtschaftlichen Betriebe) werden die relativen Klassenhäufigkeiten $f(K_j) = \frac{n(K_j)}{n}$, $j \in \{1, \ldots, M\}$, definiert.

Definition Lorenz-Kurve für klassierte Daten | Die Lorenz-Kurve für klassierte Daten wird gebildet aus dem Streckenzug, der die Punkte $(0,0), (s_1, t_1), \ldots, (s_M, t_M)$ mit $s_j = \sum_{i=1}^{j} f(K_i)$ und $t_j = \frac{\sum_{i=1}^{j} \tilde{x}_i}{\sum_{i=1}^{M} \tilde{x}_i}$, $j \in \{1, \ldots, M\}$, linear verbindet.

Bei dieser Vorgehensweise werden im Gegensatz zur Lorenz-Kurve aus nicht-klassierten Daten die ungeordneten Daten $\tilde{x}_1, \ldots, \tilde{x}_M$ verwendet. Die Klassen sind jedoch per Konstruktion bereits aufsteigend geordnet, und damit sind (aufgrund der Klassierung) alle Beobachtungen in Klasse j größer als alle Beobachtungen in Klasse $j-1$! Die Ausgangswerte sind also nach Klassen geordnet. Im Spezialfall, dass in jeder Klasse jeweils alle beobachteten Werte übereinstimmen, stimmt die Vorgehensweise für klassierte Daten mit der für die Ausgangsdaten überein. Sind nämlich die Daten einer Klasse identisch, so liegen – wie oben beschrieben – die zugehörigen Datenpaare der Lorenz-Kurve zu den nicht-klassierten Daten exakt auf dem zur gesamten Klasse gehörenden Streckenstück der Lorenz-Kurve aus den klassierten Daten. Demnach ist also die Lorenz-Kurve, die aus den klassierten Daten gebildet wird, insbesondere dann eine gute Annäherung an die „wahre" Lorenz-Kurve aus den (unklassierten) Originaldaten (die möglicherweise nicht zur Verfügung stehen), wenn die Daten innerhalb einer jeden Klasse nur wenig voneinander abweichen.

Aus den Überlegungen geht auch hervor, dass eine Lorenz-Kurve auf der Basis gruppierter Daten stets oberhalb der zugehörigen Lorenz-Kurve basierend auf den Originaldaten verläuft, denn Variation in den Daten einer Klasse führt zu einer stärkeren Auslenkung der Lorenz-Kurve. Dies bedeutet, dass aufgrund klassierter Daten die „wahre" Konzentration immer zu niedrig eingeschätzt wird. Dies wird aus folgendem Beispiel klar.

Beispiel Lorenz-Kurve für klassierte Daten | In diesem Beispiel sind die vier Daten $x_1 = 1$, $x_2 = 2$, $x_3 = 3$ und $x_4 = 4$ gegeben. Die zugehörige Lorenz-Kurve wird aus den Einträgen der Arbeitstabelle bestimmt.

i	$x_{(i)}$	s_i	S_i	t_i
1	1	0,25	1	0,1
2	2	0,50	3	0,3
3	3	0,75	6	0,6
4	4	1,00	10	1,0
Summe	10			

Die Klassierung mit $v_0 = 0, v_1 = 2, v_2 = 4$, d.h. $\tilde{x}_1 = 3$, $\tilde{x}_2 = 7$, führt auf eine Lorenz-Kurve (auf der Basis klassierter Daten) durch die Punkte $(0,0)$, $(0,5,0,3)$, $(1,1)$.

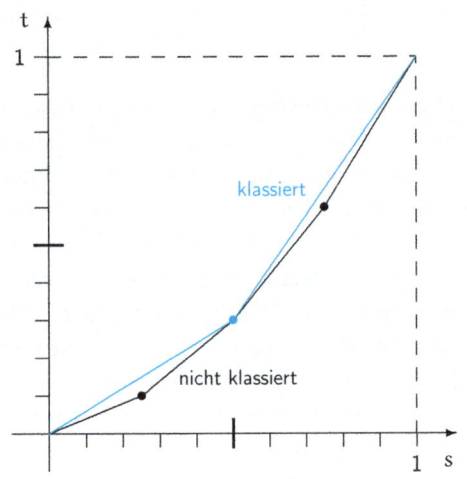

Grundsätzlich gilt aufgrund der Konstruktion, dass sich die Lorenz-Kurve basierend auf klassierten Daten und die Lorenz-Kurve aus den zugehörigen unklassierten Daten an den Klassengrenzen berühren. Da bei Lorenz-Kurven aus klassierten Daten nicht auf die Originaldaten zurückgegriffen wird oder zurückgegriffen werden kann (in vielen praktischen Anwendungen werden nur klassierte Daten erhoben, die Originaldaten sind also unbekannt) werden Anteile (als Näherungen verstanden) an jeder Stelle der Lorenz-Kurve abgelesen.

Sind die Summen der beobachteten Merkmalsausprägungen $\tilde{x}_1, \ldots, \tilde{x}_M$ nicht bekannt, sondern lediglich die absoluten Klassenhäufigkeiten $n(K_1), \ldots, n(K_M)$, so werden die fehlenden Werte durch die Produkte aus Klassenhäufigkeiten und Klassenmitten genähert: $\tilde{x}_j \approx n(K_j) \cdot \frac{v_{j-1}+v_j}{2}$, $j \in \{1, \ldots, M\}$. Allerdings kann die aus diesen Daten bestimmte Lorenz-Kurve aufgrund der verwendeten Approximationen mehr oder weniger stark von der „wahren" Lorenz-Kurve (unter Verwendung der Originaldaten) abweichen!

6.3 Lorenz-Kurve bei klassierten Daten

Beispiel (Fortsetzung 175▶Beispiel Reiseveranstalter) | Aus den Daten für das Jahr 2001 wird die zugehörige Lorenz-Kurve durch die Punkte $(0,0)$ und (s_i, t_i), $i \in \{1, \ldots, 10\}$, mittels einer Arbeitstabelle bestimmt:

		2001			
i	x_i	$x_{(i)}$	s_i	S_i	t_i
1	6	6	0,1	6	0,03
2	12	6	0,2	12	0,06
3	22	6	0,3	18	0,09
4	6	12	0,4	30	0,15
5	22	22	0,5	52	0,26
6	32	22	0,6	74	0,37
7	36	22	0,7	96	0,48
8	6	32	0,8	128	0,64
9	36	36	0,9	164	0,82
n =10	22	36	1,0	200	1,00
Summe	200 = S_n				3,90= T

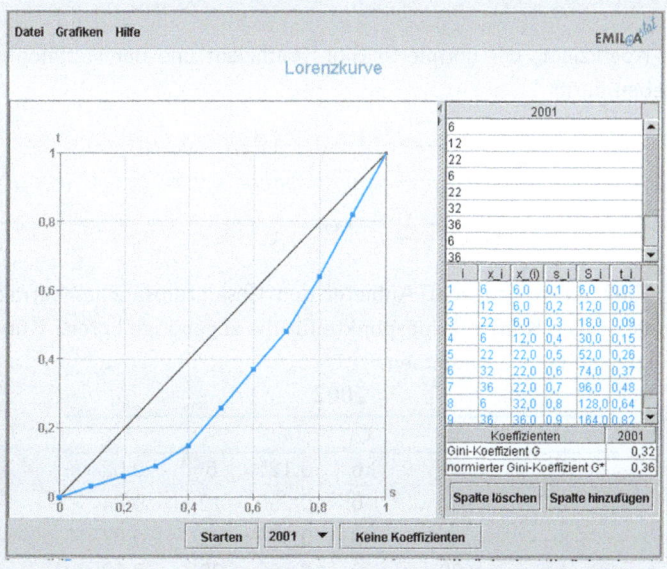

Aus der Lorenz-Kurve für das Jahr 2001 folgt somit, dass

i) ein Anteil von 26% am Gesamtumsatz auf die 50% umsatzschwächsten Anbieter entfällt.

ii) etwa 71% (86%) der umsatzschwächsten Anbieter zusammen einen Marktanteil von 50% (75%) haben.

iii) die 20% umsatzstärksten Anbieter (nämlich Anbieter sieben und neun) zusammen 100% − 64% = 36% des Gesamtumsatzes auf sich vereinen.

Die Angaben unter i) und iii) können auch der Arbeitstabelle direkt entnommen werden. In der Antwort zu ii) ist zu beachten, dass nur an den Konstruktionspunkten der Lorenz-Kurve genau (im Sinne der unmittelbaren Interpretierbarkeit der Originaldaten) abgelesen werden kann. Ansonsten handelt es sich um Näherungen, die insbesondere bei einer großen Anzahl n von Daten Sinn machen. Bei nur zehn Anbietern (wie in dieser Aufgabe) würde die Frage eventuell besser wie folgt beantwortet: Zusammen entfällt auf acht der umsatzschwächsten Anbieter erstmals mehr als die Hälfte des Gesamtumsatzes im Marktsegment; deren Anteil bleibt aber noch unterhalb von 75%. Ein Marktanteil von mehr als 75% wird gemeinsam durch neun umsatzschwächste Anbieter erreicht.

Der Gini-Koeffizient, der normierte Gini-Koeffizient und der Herfindahl-Index sind gegeben durch

$$G_{2001} = 1 - \frac{2T-1}{n} = 1 - \frac{7{,}8-1}{10} = 0{,}32,$$
$$G^*_{2001} = \frac{n}{n-1} G_{2001} = \frac{10}{9} G_{2001} \approx 0{,}36,$$
$$H_{2001} = \frac{\sum_{i=1}^{n} x_i^2}{S_n^2} = \frac{5320}{200^2} = 0{,}133.$$

Im Jahr 2002 teilen sich acht Anbieter den Gesamtumsatz im betrachteten Marktsegment. Die Konstruktionspunkte für die zugehörige Lorenz-Kurve werden der Arbeitstabelle entnommen.

2002

i	x_i	$x_{(i)}$	s_i	S_i	t_i
1	6	6	0,125	6	0,02
2	30	6	0,250	12	0,04
3	9	9	0,375	21	0,07
4	30	9	0,500	30	0,10
5	120	30	0,625	60	0,20
6	9	30	0,750	90	0,30
7	90	90	0,875	180	0,60
8	6	120	1,000	300	1,00
Summe	300 = S_n				2,33 = T

6.3 Lorenz-Kurve bei klassierten Daten

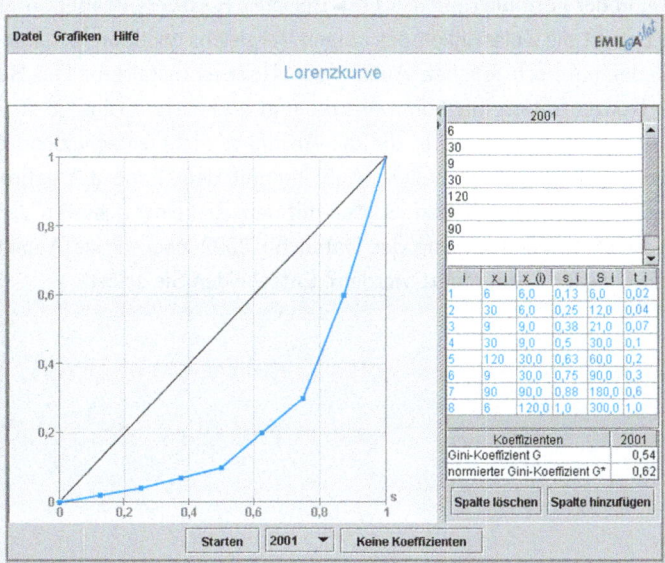

Für das Jahr 2002 ergeben die Daten, dass

i) ein Anteil von 10% am Gesamtumsatz auf die 50% umsatzschwächsten Anbieter entfällt.

ii) etwa 83% (92%) der umsatzschwächsten Anbieter zusammen einen Marktanteil von 50% (75%) haben.

Die Antwort unter i) kann wieder direkt der Arbeitstabelle entnommen werden. Für die Antworten unter ii) gelten die obigen Überlegungen analog. Bei der Frage nach dem Anteil der 20% umsatzstärksten Anbieter am Gesamtumsatz wäre für das Jahr 2002 aufgrund der Lorenz-Kurve nur eine unbefriedigende Antwort möglich, denn ein Anteil von 20% der Anbieter ($20\% \cdot 8 = 1{,}6$) führt nicht auf eine interpretierbare Größe. Bei einer höheren Zahl von Anbietern wäre es sinnvoll, näherungsweise den zu 0,8 gehörenden Funktionswert der Lorenz-Kurve abzulesen. In dieser Aufgabenstellung wäre die Information nützlich, dass der umsatzstärkste Anbieter 40% des Gesamtumsatzes und die beiden umsatzstärksten Anbieter gemeinsam 70% des Marktvolumens abschöpfen.
Die Kenngrößen der Konzentration für das Jahr 2002 haben folgende Werte:

$$G_{2002} = 1 - \frac{2T-1}{n} = 1 - \frac{4{,}66-1}{8} = 0{,}5425,$$
$$G^{\star}_{2002} = \frac{n}{n-1} G_{2002} = \frac{8}{7} G_{2002} = 0{,}62,$$
$$H_{2002} = \frac{\sum_{i=1}^{n} x_i^2}{S_n^2} = \frac{24534}{300^2} = 0{,}2726.$$

6. Konzentrationsmessung

Die letzte, in der Formulierung des 175▶Beispiels Reiseveranstalter aufgeworfene Frage betrifft die Zulässigkeit des obigen Vergleichs der Jahre 2001 und 2002 aufgrund der unterschiedlichen Anzahl von Reiseveranstaltern. Die Beschreibung der Konzentration mit Lorenz-Kurve und normiertem Gini-Koeffizient ist eine relative Vorgehensweise, in die die Anzahl n nicht entscheidend eingeht (s.o.). Sei angenommen, dass zwei Anbieter mit dem Ende des Jahres 2001 ihre Tätigkeit aufgegeben haben. Sollten mit dem Ziel einer besseren Vergleichbarkeit deshalb zur Auswertung der Daten für 2002 zwei fiktive Anbieter mit jeweiligem Umsatz 0 eingeführt werden? Entscheiden Sie selbst!

Kapitel 7
Verhältnis- und Indexzahlen

7	**Verhältnis- und Indexzahlen**	201
7.1	Gliederungs- und Beziehungszahlen	203
7.2	Mess- und Indexzahlen	208
7.3	Preis- und Mengenindizes	216

7 Verhältnis- und Indexzahlen

Beispiel Produktion | In einem Unternehmen sollen die Beschaffungsmengen und Beschaffungskosten der eingesetzten Rohstoffe sowie deren zeitliche Entwicklungen analysiert werden. Die beschafften Mengen der Rohstoffe A, B, C (in Tonnen) in den Jahren 1985 bis 2002 und die Rohstoffpreise (in €/Tonne) in den Jahren 1995 bis 2002 sind folgender Tabelle zu entnehmen:

Jahr	1985	1986	1987	1988	1989	1990	1991	1992	1993
Menge A	3,1	3,2	3,4	3,8	4,3	4,0	3,2	2,7	3,0
Menge B	1,3	1,3	1,5	1,7	2,1	2,0	1,8	1,4	1,8
Menge C	6,8	7,4	7,8	8,5	9,3	9,0	8,3	7,5	7,6
Jahr	1994	1995	1996	1997	1998	1999	2000	2001	2002
Menge A	3,4	3,8	4,2	4,2	4,3	4,4	4,6	4,5	4,8
Menge B	2,0	2,1	2,3	2,4	2,3	2,3	2,5	2,6	2,6
Menge C	6,5	6,2	7,4	7,7	8,3	8,9	9,6	9,3	9,8
Preis A		910	930	940	940	950	960	960	970
Preis B		260	240	230	240	260	280	280	270
Preis C		290	320	340	350	350	340	320	330

Fragestellungen und Aufgaben

— Die Beschaffungsmengen sollen getrennt nach den Rohstoffen A, B, C über die Zeit jeweils mit ihren anteiligen Werten an den 1985 beschafften Mengen dargestellt werden (Beschaffungsmenge 1985 = 100%). Weitere so genannte Messzahlreihen sollen für das Bezugsjahr 1995 erstellt werden. Welche Grafik bietet sich zur Darstellung der Messzahlreihen im zeitlichen Verlauf an? Unterscheiden sich die Verläufe der Messzahlreihen für die Bezugsjahre 1985 bzw. 1995 qualitativ? In welchem Zusammenhang stehen die entsprechenden Anteilswerte bei einem gewählten Rohstoff und einem festgelegten Jahr, beispielsweise dem Jahr 2001?
— Für die Jahre 1995 (Bezugszeit) und 2002 (Berichtszeit) sollen Mengen mit Preisen im „Rohstoffwarenkorb" A, B, C in Bezug gesetzt und verglichen werden. Welche Größen können sinnvoll ins Verhältnis gesetzt werden?
— Beim so genannten Preisindex nach Laspeyres werden die fiktiven Rohstoffkosten der mit den Mengen der Bezugszeit (aller Rohstoffe) gewichteten Preise der Berichtszeit ins Verhältnis zu den Rohstoffkosten der Bezugszeit (Mengen und Preise von 1995) gesetzt. Ermitteln Sie die Preisindizes nach Laspeyres für die Bezugszeit 1995 und die Berichtszeiten 1995 bis 2002, und stellen Sie die zeitliche Entwicklung grafisch dar.

7. Verhältnis- und Indexzahlen

Maßzahlen dienen der kompakten Darstellung von Informationen. Dabei kann es sich sowohl um allgemeine Größenangaben, die als Realisationen eines 14▶quantitativen Merkmals angesehen werden können (z.B. Umsatz eines Unternehmens, Bevölkerungszahl eines Landes, Wert eines 217▶Warenkorbs von Gütern), als auch um statistische Kenngrößen (z.B. absolute Häufigkeit, arithmetisches Mittel, empirische Varianz) handeln. Der Begriff „Größe" wird in diesem Kapitel für numerische Werte (z.B. Merkmalswert, Maßzahl) verwendet.

▶ **Bezeichnung** Verhältniszahl | Der Quotient zweier Maßzahlen wird als Verhältniszahl bezeichnet. ✗

Mit Verhältniszahlen werden unterschiedliche Größen in Beziehung gesetzt. Spezielle Verhältniszahlen sind schon in den vorhergehenden Kapiteln aufgetreten.

B **Beispiel** | 33▶Relative Häufigkeiten können als Verhältniszahlen angesehen werden, da sie als Quotienten

$$\frac{\text{Anzahl der Beobachtungen einer festen Ausprägung}}{\text{Anzahl aller Beobachtungen in einem Datensatz}}$$

definiert sind. Der 102▶Variationskoeffizient wird nach der Vorschrift

$$\frac{\text{empirische Standardabweichung}}{\text{arithmetisches Mittel}}$$

als Quotient aus einem Lage- und einem Streuungsmaß bestimmt und ist daher ebenfalls eine Verhältniszahl. ✗

Verhältniszahlen können dem nachstehenden Schema folgend in unterschiedliche Gruppen aufgeteilt werden (vgl. auch die Einteilungen in Hartung et al. (2009) und Rinne (2008)).

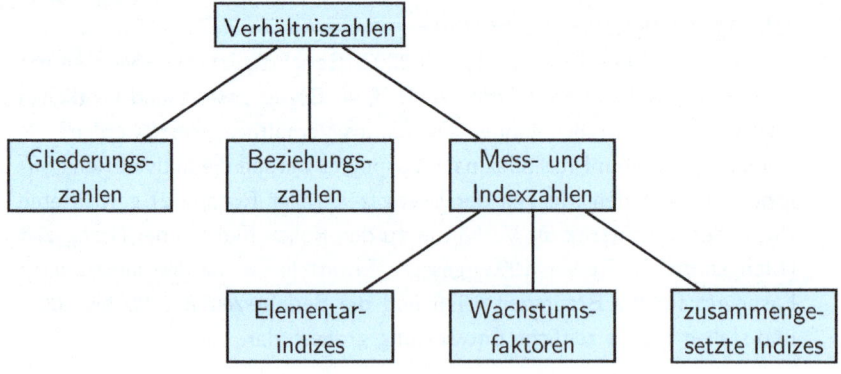

7.1 Gliederungs- und Beziehungszahlen

Gliederungszahlen

Gliederungszahlen setzen eine Teilgröße in Beziehung zu einer Gesamtgröße, d.h. sie setzen eine (fest definierte) Teilmenge von Objekten in Relation zur 6▶Grundgesamtheit aller Objekte.

Bezeichnung Gliederungszahl | Die Grundgesamtheit aller Objekte werde in mehrere Teilmengen zerlegt. Alle Mengen seien durch (Gesamt-, Teil-)Größen beschrieben. Eine Gliederungszahl ist definiert als Quotient einer Teilgröße und der Gesamtgröße:

$$\text{Gliederungszahl} = \frac{\text{Teilgröße}}{\text{Gesamtgröße}}.$$

33▶Relative Häufigkeiten können als Gliederungszahlen interpretiert werden. In diesem Fall sind die Anzahl aller Beobachtungen die Gesamtgröße und die absolute Häufigkeit der jeweiligen betrachteten Merkmalsausprägung die entsprechende Teilgröße.

Beispiel | Die SchülerInnen eines Schulzentrums werden hinsichtlich der einzelnen Schultypen in HauptschülerInnen, RealschülerInnen und GymnasiastInnen differenziert. Die Grundgesamtheit bilden somit alle SchülerInnen des Schulzentrums. Die relevanten Größen sind die Anzahl aller SchülerInnen im Schulzentrum sowie die jeweiligen Anzahlen der SchülerInnen in der Hauptschule, der Realschule bzw. dem Gymnasium. Dann ist z.B. der Quotient

$$\frac{\text{Anzahl der SchülerInnen der Realschule}}{\text{Anzahl der SchülerInnen des Schulzentrums}}$$

eine Gliederungszahl.

Die Kostenrechnungsabteilung eines Unternehmens ordnet die während eines Jahres angefallenen Personalkosten den Abteilungen zu. Die Gesamtgröße entspricht daher der Summe aller Personalkosten, die relevanten Teilgrößen sind die in jeder Abteilung entstandenen Personalkosten. Diese werden in Bezug zu den gesamten Personalausgaben gesetzt und liefern somit die anteiligen Personalausgaben einer Abteilung.

Entsprechend ihrer Definition beschreiben Gliederungszahlen Anteile einer Teilgröße an der Gesamtgröße und haben daher Werte im Intervall [0, 1] bzw. zwischen 0% und 100%. Sie werden häufig in Prozent oder Promille angegeben.

Beispiel | Der Umsatz eines Bekleidungsherstellers wird hinsichtlich der drei Unternehmenssparten Damen-, Herren- und Kinderbekleidung analysiert. In der folgenden Tabelle sind die entsprechenden Zahlen für das Jahr 1999 aufgelistet. Der Gesamtumsatz ergibt sich als Summe der einzelnen Werte.

Bekleidungssparte	Damen	Herren	Kinder
Umsatz (in €)	600 000	800 000	200 000

Die drei Quotienten

$$\frac{\text{Umsatz Damenbekleidung}}{\text{Gesamtumsatz}} = \frac{600\,000}{1\,600\,000} = 0{,}375$$

$$\frac{\text{Umsatz Herrenbekleidung}}{\text{Gesamtumsatz}} = \frac{800\,000}{1\,600\,000} = 0{,}5$$

$$\frac{\text{Umsatz Kinderbekleidung}}{\text{Gesamtumsatz}} = \frac{200\,000}{1\,600\,000} = 0{,}125$$

sind Gliederungszahlen, die die Anteile der Umsätze in den einzelnen Sparten angeben. Zur grafischen Veranschaulichung der Anteile bietet sich ein 44▶Kreisdiagramm an.

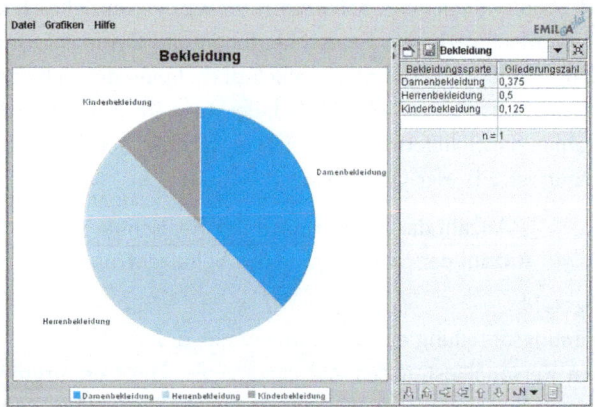

Beziehungszahlen

Mittels einer Beziehungszahl werden zwei prinzipiell unterschiedliche Größen (d.h. es liegt keine Teilgröße-Gesamtgröße-Relation vor), zwischen denen aber ein sachlicher Bezug besteht, in Beziehung zueinander gesetzt.

▶ **Bezeichnung** Beziehungszahl | Der Quotient zweier sachlich zusammenhängender Größen, von denen keine eine Teilgröße der jeweils anderen ist, wird als Beziehungszahl bezeichnet.

7.1 Gliederungs- und Beziehungszahlen

Beispiel | In einer Aktiengesellschaft wird der innerhalb eines Jahres erwirtschaftete Gewinn ermittelt. Der Gewinn pro Aktie ist eine Beziehungszahl:

$$\text{Gewinn pro Aktie} = \frac{\text{Gewinn innerhalb eines Jahres}}{\text{Anzahl der Aktien des Unternehmens}}.$$

Weitere Beispiele für Beziehungszahlen sind Geschwindigkeitsangaben (z.B. in $\frac{m}{s}$), Verbräuche (z.B. in $\frac{l}{100km}$), Einkommen (z.B. in $\frac{€}{\text{Monat}}$) oder Größen wie Leistung$=\frac{\text{Arbeit}}{\text{Zeit}}$, Produktivität$=\frac{\text{produzierte Menge}}{\text{geleistete Arbeitsstunden}}$. Auch eine 62▶statistische Kenngröße wie der Variationskoeffizient kann als Beziehungszahl angesehen werden. Beziehungszahlen können durch Wahl einer passenden Bezugsgröße den Vergleich von Daten ermöglichen.

Beispiel | Die Anzahl der Geburten in den Ländern A und B innerhalb eines Jahres soll verglichen werden. Da sich die Bevölkerungszahlen in beiden Ländern in der Regel unterscheiden werden, ist dies nur in sinnvoller Weise möglich, wenn die Geburtenzahl in Relation zur jeweiligen Gesamtbevölkerung gesetzt wird. Zum Vergleich werden daher die Beziehungszahlen

$$\frac{\text{Zahl der Geburten im Land}}{\text{Bevölkerungszahl des Landes}}$$

verwendet (s. Statistisches Jahrbuch).

Beziehungszahlen lassen sich in zwei Untergruppen aufteilen: Verursachungszahlen und Entsprechungszahlen. Um diese Einteilung erläutern zu können, werden zunächst zwei weitere Begriffe eingeführt.

Bezeichnung Bestandsmasse, Bewegungsmasse | Bestandsmassen sind Größen, die zu einem bestimmten Zeitpunkt erfasst werden. Hierzu wird der Verlauf der Merkmalsausprägungen eines Merkmals beobachtet und zum interessierenden Zeitpunkt festgehalten.
Bewegungsmassen sind Größen, die innerhalb eines Zeitraums erfasst werden. Hierzu wird eine bestimmte Zeitperiode festgelegt, in der die für die Größe relevanten Daten erhoben werden.

Beispiel | Die Wareneingangsabteilung eines Einrichtungshauses führt Buch über die während einer Woche im Möbellager eingehenden Möbelstücke. Die Anzahl eingetroffener Möbelstücke ist eine Bewegungsmasse, da sie die Zugänge in einem Zeitraum (einer Woche) repräsentiert. Der aktuelle Bestand aller Möbelstücke wird am Ende der Woche ermittelt. Diese Größe ist eine Bestandsmasse, da die Anzahl der Möbelstücke zu einem bestimmten Zeitpunkt erfasst wird. Hierbei ist zu beachten, dass die beiden Massen nicht unbedingt gleich sein müssen. Es können nämlich bereits vorher Möbelstücke im Lager gewesen sein. Außerdem ist es möglich, dass im Verlauf der Woche einige der neu eingetroffenen Möbelstücke das Lager wieder verlassen haben.

In einem Experiment wird die Entwicklung von Bakterien in einer Nährlösung beobachtet. Die Anzahl der Bakterien in der Lösung wird am Versuchsende festgestellt. Diese Anzahl ist eine Bestandsmasse.

In der Bundesrepublik Deutschland wird die Anzahl aller Geburten pro Jahr erhoben. Diese Größe ist eine Bewegungsmasse, denn es wird die Anzahl aller Geburten in einem festgelegten Zeitraum erfasst. ✗

Für Bestandsmassen ist also die Angabe eines Zeitpunkts notwendig, während bei Bewegungsmassen ein Zeitraum spezifiziert werden muss. Vereinfacht ausgedrückt kann folgendes festgehalten werden: Bestandsmassen spiegeln einen Status zu einem bestimmten Zeitpunkt wider, Bewegungsmassen beschreiben eine kumulative Entwicklung über einen bestimmten Zeitraum.

Jeder Bestandsmasse können zwei Bewegungsmassen zugeordnet werden: die Bewegungsmasse, die die Zugänge bzw. Zuwächse beschreibt und diejenige, die die Abgänge bzw. Abnahmen erfasst.

Beispiel | Die am Ende eines Jahres bestimmte Anzahl aller Einwohner eines Landes ist eine Bestandsmasse. Die Anzahl aller innerhalb des Jahres neu hinzu gekommenen Einwohner (z.B. durch Einwanderung oder Geburt) sowie die Anzahl der Menschen, die im Verlauf des Jahres nicht mehr den Einwohnern zugeordnet werden (z.B. aufgrund von Auswanderung oder Tod), sind Bewegungsmassen. ✗

Verursachungszahlen
Beziehungszahlen, die Bewegungsmassen in Beziehung setzen zu entsprechenden Bestandsmassen, werden als Verursachungszahlen bezeichnet.

▶ **Bezeichnung** Verursachungszahl | Der Quotient einer Bewegungs- und einer Bestandsmasse, die einen sachlichen Bezug zueinander haben, wird Verursachungszahl genannt:

$$\text{Verursachungszahl} = \frac{\text{Bewegungsmasse}}{\text{Bestandsmasse}}.$$ ✗

Beispiel | Die Größe der Gesamtbevölkerung der BRD am Ende eines Jahres ist eine Bestandsmasse. Die Anzahl der gemeldeten Versicherungsfälle (in der Kfz-

7.1 Gliederungs- und Beziehungszahlen

Versicherung) innerhalb eines Jahres ist eine Bewegungsmasse. Also ist der Quotient

$$\frac{\text{Anzahl der gemeldeten Versicherungsfälle innerhalb eines Jahres}}{\text{Gesamtbevölkerung der BRD}}$$

eine Verursachungszahl.

Die Anzahl der Studierenden einer Universität zu einem Stichtag ist eine Bestandsmasse. Die Anzahl der Studierenden, die ihr Studium innerhalb eines Jahres abbrechen, ist eine Bewegungsmasse. Damit handelt es sich bei dem Quotienten

$$\frac{\text{Anzahl der Studienabbrüche innerhalb eines Jahres}}{\text{Anzahl der Studierenden der Universität}}$$

um eine Verursachungszahl.

Entsprechungszahlen

Entsprechungszahlen sind Quotienten aus zwei Größen, die zwar einen Bezug zueinander haben, aber nicht als eine 205▶Bewegungsmasse und eine 205▶Bestandsmasse angesehen werden können.

Bezeichnung Entsprechungszahl | Beziehungszahlen, die nicht als Verursachungszahlen aufgefasst werden können, heißen Entsprechungszahlen.

Beispiel | Die Bevölkerungsdichte ist der Quotient aus der Gesamtbevölkerung eines Landes (in Personen) und dessen flächenmäßiger Größe:

$$\frac{\text{Bevölkerung eines Landes}}{\text{Größe des Landes}}.$$

Da sowohl Nenner als auch Zähler Bestandsmassen repräsentieren, ist die Bevölkerungsdichte eine Entsprechungszahl.

Die monatlichen Kosten eines Telefonanschlusses sowie die Anzahl der Gesprächsminuten innerhalb eines Monats sind Bewegungsmassen, so dass der Quotient Gesprächskosten pro Minute eine Entsprechungszahl ist:

$$\frac{\text{monatliche Kosten}}{\text{Anzahl der Gesprächsminuten im Monat}}.$$

Auch der Variationskoeffizient ist eine Entsprechungszahl. Die verwendeten Maßzahlen können weder als Bestands- noch als Bewegungsmassen sinnvoll interpretiert werden.

7.2 Mess- und Indexzahlen

Wird ein Quotient aus zwei Maßzahlen gebildet, die prinzipiell den gleichen Sachverhalt beschreiben, sich aber in einer zeitlichen, räumlichen oder sonstigen Komponente unterscheiden, so wird die resultierende Größe als Messzahl bezeichnet. Die auftretenden Maßzahlen können dabei beispielsweise zu zwei unterschiedlichen Zeitpunkten erhoben worden sein oder sich auf zwei unterschiedliche geographische Orte (Länder) beziehen.

Beispiel | In einem Unternehmen werden fortlaufend die Jahresumsätze auf eine Basisperiode bezogen; es entstehen Messzahlen für das Merkmal Umsatz.
Die Besucherzahlen in einem Erlebniszoo werden jeweils auf die des Vorjahres bezogen; es entstehen Messzahlen für den relativen Besucheranstieg bzw. -rückgang.
Das Spendenaufkommen je 100 000 Einwohner wird in unterschiedlichen Regionen (bei festem Zeitraum) verglichen; es entstehen regionalbezogene Messzahlen für das relative Spendenaufkommen. ✗

Im Folgenden werden nur Messzahlen weiterverfolgt, deren Maßzahlen sich durch eine zeitliche Komponente unterscheiden. Dabei werden 208▶einfache Indexzahlen (Elementarindizes), 213▶Wachstumsfaktoren und 216▶zusammengesetzte Indexzahlen als Sonderfälle von Messzahlen unterschieden. Für eine ausführliche Darstellung der Beziehungen sei auf Rinne (2008) verwiesen.

Einfache Indexzahlen (Elementarindizes)

Einfache Indexzahlen sind Quotienten aus Maßzahlen und beschreiben den zeitlichen Verlauf einer Größe. Hierbei werden im Allgemeinen Folgen (siehe auch 344▶Zeitreihe) betrachtet, die die Entwicklung der betrachteten Größe relativ zu einem festen Bezugspunkt darstellen.

▶ **Definition** Einfache Indexzahl, Basiswert, Berichtswert | Für positive Beobachtungswerte $x_0, \ldots, x_s$ eines verhältnisskalierten Merkmals, die den Zeitpunkten $0, \ldots, s$ zugeordnet sind, wird die Aufzählung

$$I_{k,t} = \frac{x_t}{x_k}, \quad t \in \{0, \ldots, s\},$$

als Zeitreihe einfacher Indexzahlen bezeichnet, wobei $k \in \{0, \ldots, s\}$ ein fest gewählter Zeitpunkt ist. Der Wert x_k wird als Basis oder Basiswert, der jeweilige Wert x_t, $t \in \{0, \ldots, s\}$, als Berichtswert bezeichnet. ✗

Das zugehörige Zeitintervall (der Zeitpunkt) des Basiswerts wird auch Basisperiode (Basiszeit), das Zeitintervall (der Zeitpunkt) des jeweiligen Berichtswerts Berichtsperiode (Berichtszeit) genannt. Im jährlich erscheinenden Statistischen Jahrbuch

7.2 Mess- und Indexzahlen

für die Bundesrepublik Deutschland findet sich eine Vielzahl von Beispielen für einfache Indexzahlen.

Beispiel | Eine Stadt hatte im Jahr 2000 eine Einwohnerzahl von 40 000 Personen. 1950 betrug die Einwohnerzahl nur 10 000. Werden diese Einwohnerzahlen in Relation gesetzt, so gibt die Messzahl

$$\frac{\text{Einwohnerzahl im Jahr 2000}}{\text{Einwohnerzahl im Jahr 1950}} = \frac{40\,000}{10\,000} = 4$$

an, dass sich die Bevölkerung der Stadt innerhalb von 50 Jahren vervierfacht hat.

Eine einfache Indexzahl liefert den Anteil des Berichtswerts am Basiswert und kann daher als ein einfaches Hilfsmittel zur Beschreibung einer Entwicklung zwischen zwei Zeitpunkten verwendet werden. Einfache Indexzahlen werden häufig in Prozent oder auch mit Hundert multipliziert als Zahl zwischen 0 und 100 angegeben. Handelt es sich bei den Beobachtungswerten, die für die Konstruktion der einfachen Indexzahlen verwendet werden, um Preise, Mengen oder Umsätze, so wird alternativ auch die Bezeichnung Elementarindizes verwendet.

Beispiel Unternehmensumsatz | Der Umsatz eines Unternehmens wird jährlich bestimmt:

t	Jahr	Umsatz (in €) x_t
0	1998	750 000
1	1999	1 200 000
2	2000	1 500 000
3	2001	900 000
4	2002	1 800 000

Werden als Basiszeitpunkt das Jahr 1998 (d.h. Basisperiode $k = 0$) und damit als Basis $x_0 = 750\,000$ [€] gewählt, dann haben die Elementarindizes folgende Werte:

t	Jahr	Elementarindex $I_{0,t}$
0	1998	1,0
1	1999	1,6
2	2000	2,0
3	2001	1,2
4	2002	2,4

Hieraus kann unter anderem abgelesen werden, dass im Jahr 1999 der Umsatz des Unternehmens um 60% gegenüber dem Vorjahr gestiegen ist. Außerdem hat im Jahr 2000 eine Verdoppelung des Umsatzes im Vergleich zum Jahr 1998 stattgefunden.

In einem Liniendiagramm der Messzahlen können die prozentualen Unterschiede zum Basisjahr grafisch dargestellt werden.

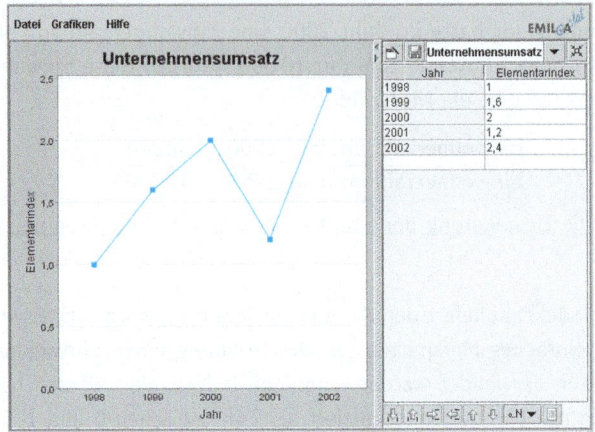

Um die Aussagekraft einfacher Indexzahlen nicht zu verzerren, sollten extreme Beobachtungen nicht als Basiswerte verwendet werden. Da Basiswerte aus der weit zurückliegenden Vergangenheit im Allgemeinen ebenfalls keinen repräsentativen Eindruck einer bestimmten Entwicklung vermitteln, ist es manchmal notwendig, für eine Zeitreihe einfacher Indexzahlen in bestimmten Zeitabständen einen neuen, aktuelleren Basiswert zu wählen. Hierfür ist die folgende Verkettungseigenschaft einfacher Indexzahlen von Bedeutung.

Regel Verkettung einfacher Indexzahlen | Seien $x_0, x_1, \ldots, x_s$ positive, zu den Zeitpunkten $0, \ldots, s$ gehörige Beobachtungswerte eines verhältnisskalierten Merkmals. Für drei Zeitpunkte $k, l, t \in \{0, \ldots, s\}$ gilt

$$I_{k,t} = I_{k,l} \cdot I_{l,t}.$$

Nachweis. Unter Berücksichtigung der Definition einer einfachen Indexzahl ergibt sich sofort:

$$I_{k,t} = \frac{x_t}{x_k} = \frac{x_l}{x_k} \cdot \frac{x_t}{x_l} = I_{k,l} \cdot I_{l,t}. \quad \checkmark$$

Eine Umbasierung kann daher in folgender Weise durchgeführt werden: Soll bei einer vorliegenden Reihe einfacher Indexzahlen $I_{k,0}, \ldots, I_{k,s}$ statt des Basiswerts x_k der neue Basiswert x_l verwendet werden, so kann die Reihe der neuen Indexzahlen mittels der Vorschrift

$$I_{l,t} = \frac{I_{k,t}}{I_{k,l}}, \quad t \in \{0, \ldots, s\},$$

7.2 Mess- und Indexzahlen

bestimmt werden. Die Indexzahlen zur neuen Basis berechnen sich als Quotienten der Indexzahlen zur alten Basis und der Indexzahl, die die neue Basis in Relation zur alten Basis setzt. Die ursprünglichen Beobachtungswerte müssen bei diesem Vorgehen nicht herangezogen werden.

Beispiel | Im 209▶Beispiel Unternehmensumsatz wurde als Basisperiode der einfachen Indexzahlen das Jahr 1998 ($k = 0$) verwendet. Wird ein Basiswechsel mit neuer Basisperiode 2000 ($l = 2$) durchgeführt, so ergeben sich die neuen Indexzahlen, indem die alten Werte durch den Faktor

$$I_{k,l} = \frac{x_2}{x_0} = \frac{1\,500\,000}{750\,000} = 2$$

dividiert werden.

t	Jahr	Elementarindex $I_{2,t}$
0	1998	0,5
1	1999	0,8
2	2000	1,0
3	2001	0,6
4	2002	1,2

Soll hingegen eine Zeitreihe einfacher Indexzahlen mittels eines neuen Beobachtungswerts x_{s+1} fortgeschrieben werden, so kann direkt auf die Verkettungsregel zurückgegriffen werden. Hierfür muss lediglich der letzte Beobachtungswert x_s bekannt sein, ein Rückgriff auf den eigentlichen Basiswert der Zeitreihe ist nicht erforderlich:

$$I_{k,s+1} = I_{k,s} \cdot I_{s,s+1} = I_{k,s} \cdot \frac{x_{s+1}}{x_s}.$$

Beispiel | Im 209▶Beispiel Unternehmensumsatz habe sich zusätzlich für das Jahr 2003 ein Umsatz von $x_5 = 2\,200\,000$ [€] ergeben. Der zugehörige Elementarindex (mit dem Jahr 1998 als Basisperiode) kann dann folgendermaßen berechnet werden:

$$I_{0,5} = I_{0,4} \cdot I_{4,5} = I_{0,4} \cdot \frac{x_5}{x_4} = 2{,}4 \cdot \frac{2\,200\,000}{1\,800\,000} \approx 2{,}933.$$

Aus der 210▶Regel für einfache Indexzahlen ergibt sich durch die spezielle Wahl $k = t$ auch die Eigenschaft

$$I_{t,l} \cdot I_{l,t} = I_{t,t} = 1 \quad \text{bzw.} \quad I_{l,t} = \frac{1}{I_{t,l}}.$$

für zwei Zeitpunkte $l, t \in \{0, \ldots, s\}$. Das bedeutet, dass der Wert einer Indexzahl, die ein Merkmal zum Zeitpunkt t (Berichtsperiode) bezogen auf den Zeitpunkt k (Basisperiode) beschreibt, gleich dem reziproken Wert derjenigen Indexzahl ist, bei der Basis- und Berichtszeitpunkt vertauscht sind. Dieses Verhalten, das auch als Zeitumkehrbarkeit bezeichnet wird, entspricht der Anschauung wie das folgende Beispiel illustriert.

Beispiel | Ein Angestellter vergleicht sein Gehalt von $x_1 = 2400$ [€] im Jahr 2000 mit dem Gehalt von $x_0 = 1800$ [€], das er vier Jahre vorher, also im Jahr 1996, erhalten hat:

$$I_{0,1} = \frac{x_1}{x_0} = \frac{2400}{1800} = \frac{4}{3} \approx 1{,}333.$$

Sein Gehalt im Jahr 2000 beträgt also vier Drittel des Gehalts aus dem Jahr 1996. Die reziproke Messzahl

$$I_{1,0} = \frac{x_0}{x_1} = \frac{1800}{2400} = \frac{3}{4} = 0{,}75$$

besagt gerade, dass sein Gehalt im Jahre 1996 nur drei Viertel des Gehalts aus dem Jahr 2000 betrug. ✗

Die Verkettung und Umbasierung von Elementarindizes lassen sich allgemein in folgenden Schemata darstellen.

	erste Bezugszeit ↓			neue Bezugszeit ↓				
Zeitpunkt	0	1	…	s	s+1	…	t	…
Merkmalswert	x_0	x_1	…	x_s	x_{s+1}	…	x_t	…
Index mit Bezugszeit 0 Indexwert	1	$I_{0,1}$ $\frac{x_1}{x_0}$	…	$I_{0,s}$ $\frac{x_s}{x_0}$	$I_{0,s+1}$ $\frac{x_{s+1}}{x_0}$	…	$I_{0,t}$ $\frac{x_t}{x_0}$	…
Index mit Bezugszeit s Indexwert				1	$I_{s,s+1}$ $\frac{x_{s+1}}{x_s}$	…	$I_{s,t}$ $\frac{x_t}{x_s}$	…

Es gilt also:

$$I_{s,t} = \frac{x_t}{x_s} = \frac{x_t/x_0}{x_s/x_0} = \frac{I_{0,t}}{I_{0,s}},$$

d.h. der Index mit Bezugszeit s ist eine 208▶Messzahl zweier Indizes zur Bezugszeit 0.

7.2 Mess- und Indexzahlen

Liegt nur eine Tabelle vor, in der zu einem gewissen Zeitpunkt s eine Umbasierung stattgefunden hat, so lässt sich mit der Formel zur 210▶Verkettung einfacher Indexzahlen eine durchgehende Reihe von Indexzahlen (zu einer Basis) erzeugen. In Tabellen wird dies häufig durch „s≙100%" bzw. kurz „s=100" kommentiert.

	erste Bezugszeit ↓			neue Bezugszeit ↓				
Zeitpunkt	0	1	...	s	s+1	...	t	...
Merkmalswert	x_0	x_1	...	x_s	x_{s+1}	...	x_t	...
Index mit Bezugszeit 0	1	$I_{0,1}$	...	$I_{0,s}$				
Index mit Bezugszeit s				1	$I_{s,s+1}$	...	$I_{s,t}$	...
Index mit Bezugszeit 0	1	$I_{0,1}$	...	$I_{0,s}$	$I_{0,s+1}$	...	$I_{0,t}$	...

Dabei gilt

$$I_{0,s+i} = I_{0,s} \cdot I_{s,s+i}, \quad i \in \mathbb{N},$$

und speziell $I_{0,s} \cdot I_{s,s+1} = I_{0,s+1}$.

Wachstumskennziffern

Ist bei einer Zeitreihe einfacher Indexzahlen der Basiswert immer der selbe Beobachtungswert, so wird bei einer Zeitreihe von Wachstumsfaktoren immer der unmittelbar vor dem jeweiligen Berichtswert liegende Beobachtungswert als Basiswert verwendet. Ein Wachstumsfaktor liefert grundsätzlich den Anteil des aktuellen Werts (des Berichtswerts) am vorhergehenden Wert (dem Basiswert).

Beispiel | Die Anzahl der am Jahresende als arbeitslos gemeldeten Personen in einer Stadt lag im Jahr 2000 bei 25 000 und im nächsten Jahr bei 20 000 Personen. Daraus errechnet sich ein Wachstumsfaktor von

$$\frac{\text{Anzahl der Arbeitslosen im Jahr 2001}}{\text{Anzahl der Arbeitslosen im Jahr 2000}} = \frac{20\,000}{25\,000} = 0{,}8.$$

Die Zahl der Arbeitslosen ist also im betrachteten Zeitraum auf $\frac{4}{5}$ des Ausgangswerts gesunken. Sie lag somit am 31.12.2001 um 20% niedriger als im Vorjahr. ✗

Da sich die Basis des obigen Quotienten (Nenner) ändert, wenn sich der Wachstumsfaktor auf einen anderen Zeitpunkt bezieht, handelt es sich bei Wachstumsfaktoren um Messzahlen mit einer variablen Basis.

Definition Wachstumsfaktor | Für positive Beobachtungswerte $x_0, x_1, \ldots, x_s$ eines verhältnisskalierten Merkmals, die zu aufeinander folgenden Zeitpunkten $0, \ldots, s$

gehören, heißt die Aufzählung

$$w_t = \frac{x_t}{x_{t-1}}, \quad t \in \{1, \ldots, s\},$$

Zeitreihe der Wachstumsfaktoren.

Beispiel Quartalsumsatz | Ein Unternehmen setzt in den vier Quartalen eines Jahres jeweils eine Menge von

$$x_0 = 30\,000, x_1 = 40\,000, x_2 = 45\,000, x_3 = 30\,000$$

Produkten ab. Die zugehörigen Wachstumsfaktoren der abgesetzten Mengen sind

$$w_1 = \frac{x_1}{x_0} = \frac{40\,000}{30\,000} = \frac{4}{3} \approx 1{,}333,$$
$$w_2 = \frac{x_2}{x_1} = \frac{45\,000}{40\,000} = \frac{9}{8} = 1{,}125,$$
$$w_3 = \frac{x_3}{x_2} = \frac{30\,000}{45\,000} = \frac{2}{3} \approx 0{,}667.$$

Hieran kann unter anderem abgelesen werden, dass der Absatz des Unternehmens im zweiten Quartal auf vier Drittel des Absatzes im vorherigen Quartal gesteigert werden konnte. Im letzten Quartal ist der Absatz auf ca. 67% des Ergebnisses aus dem dritten Quartal gesunken.

Auch das Produkt aus zeitlich aufeinander folgenden Wachstumsfaktoren kann interpretiert werden, wie die folgende Regel zeigt.

Regel Produkte von Wachstumsfaktoren | Seien $x_0, x_1, \ldots, x_s$ positive Beobachtungswerte eines verhältnisskalierten Merkmals, die zu aufeinander folgenden Zeitpunkten $0, \ldots, s$ gehören, und $w_t, t \in \{1, \ldots, s\}$, die zugehörige Zeitreihe der Wachstumsfaktoren. Für zwei Zeitpunkte $k < l$ gilt

$$w_{k+1} \cdot w_{k+2} \cdot \ldots \cdot w_l = \frac{x_l}{x_k}.$$

Nachweis. In der Produktdarstellung

$$w_{k+1} \cdot w_{k+2} \cdot \ldots \cdot w_{l-1} \cdot w_l = \frac{\cancel{x_{k+1}}}{x_k} \cdot \frac{\cancel{x_{k+2}}}{\cancel{x_{k+1}}} \cdot \ldots \cdot \frac{\cancel{x_{l-1}}}{\cancel{x_{l-2}}} \cdot \frac{x_l}{\cancel{x_{l-1}}} = \frac{x_l}{x_k}$$

kürzen sich sukzessive jeweils Zähler und Nenner, so dass schließlich nur noch der angegebene Bruch übrig bleibt. ✓

Aus dieser Regel wird deutlich, dass das Produkt von Wachstumsfaktoren $w_{k+1}, \ldots, w_l$ als ein Wachstumsfaktor mit Berichtswert x_l und Basiswert x_k an-

7.2 Mess- und Indexzahlen

gesehen werden kann. Sollen also Wertänderungen bezüglich länger zurückliegender Zeitpunkte durch einen Wachstumsfaktor beschrieben werden, so können diese durch die Bildung geeigneter Produkte berechnet werden.

Beispiel | Im 214▶Beispiel Quartalsumsatz soll der Umsatz des dritten Quartals auf den des ersten Quartals bezogen werden. Der entsprechende Wachstumsfaktor $w_{0,2}$ berechnet sich gemäß

$$w_{0,2} = w_1 \cdot w_2 = \frac{4}{3} \cdot \frac{9}{8} = 1{,}5.$$

Der Umsatz im dritten Quartal betrug also 150% des Umsatzes im ersten Quartal.

Eine aus dem Wachstumsfaktor abgeleitete Größe ist die Wachstumsrate. Sie berechnet sich, indem vom Wachstumsfaktor der Wert 1 abgezogen wird:

$$\text{Wachstumsrate} = \text{Wachstumsfaktor} - 1.$$

Auf diese Weise entsteht ein Quotient, bei dem die Differenz zweier zeitlich aufeinander folgender Beobachtungswerte auf den zuerst beobachteten Wert bezogen wird.

Beispiel | Der Preis einer Käsesorte lag im Jahr 1999 bei 25€/kg und im Jahr 2000 bei 30€/kg. Damit beträgt die Wachstumsrate (Teuerungsrate) des Käsepreises

$$\frac{\text{Preis im Jahr 2000}}{\text{Preis im Jahr 1999}} - 1 = \frac{30 - 25}{25} = \frac{5}{25} = \frac{1}{5} = 0{,}2.$$

Also hat sich der Käse um 20% gegenüber dem Vorjahr verteuert.

Eine Wachstumsrate beschreibt die Änderung eines Merkmals innerhalb einer Zeitperiode bezogen auf den beobachteten Wert dieses Merkmals zu Beginn dieser Zeitperiode. Einfach ausgedrückt bedeutet dies, dass eine Wachstumsrate die prozentuale Änderung bezüglich des Basiswerts liefert. Wachstumsraten können daher (im Gegensatz zu Wachstumsfaktoren) auch negative Werte annehmen.

Definition Wachstumsrate | Für positive Beobachtungswerte $x_0, x_1, \ldots, x_s$ eines verhältnisskalierten Merkmals, die zu aufeinander folgenden Zeitpunkten $0, \ldots, s$ gemessen wurden, ist die Wachstumsrate r_t definiert durch

$$r_t = \frac{x_t}{x_{t-1}} - 1 = \frac{x_t - x_{t-1}}{x_{t-1}}, \quad t \in \{1, \ldots, s\}.$$

B **Beispiel** | Für die Daten aus 209▶Beispiel Unternehmensumsatz haben die zugehörigen Wachstumsfaktoren und -raten folgende Werte.

t	Jahr	Umsatz in € x_t	Wachstumsfaktor w_t	Wachstumsrate r_t
0	1998	750 000	—	—
1	1999	1 200 000	1,60	0,60
2	2000	1 500 000	1,25	0,25
3	2001	900 000	0,60	−0,40
4	2002	1 800 000	2,00	1,00

Aus der Tabelle kann entnommen werden, dass der Umsatz im Jahr 2002 auf das Doppelte des Vorjahresniveaus ($w_4 = 2$) gestiegen ist bzw. sich um 100% gesteigert hat ($r_4 = 1$). Außerdem ist zu entnehmen, dass er im Jahr 2001 auf drei Fünftel des Vorjahreswerts gesunken ist ($w_3 = 0{,}6$) bzw. sich um 40% des Vorjahreswerts verringert hat ($r_3 = −0{,}4$). ✗

7.3 Preis- und Mengenindizes

In diesem Abschnitt werden Preis-, Mengen- und Umsatzindizes (jeweils nach Laspeyres, Paasche und Fisher) vorgestellt. Eigenschaften werden erläutert und Bezüge zwischen ihnen aufgezeigt. Eine 233▶Zusammenstellung der Indizes findet sich am Ende dieses Kapitels.

Bisher wurden Messzahlen zur Beschreibung der Entwicklung einer Größe über einen bestimmten Zeitraum eingeführt. Häufig ist aber von Interesse, die Entwicklung mehrerer Größen über die Zeit gemeinsam adäquat darzustellen. Im Folgenden werden speziell zur Beschreibung der Entwicklung der Preise und zugehörigen (abgesetzten) Mengen von mehreren Produkten zusammengesetzte Indexzahlen (die auch kurz Indexzahlen oder Indizes genannt werden) definiert.

Mit Hilfe dieser Indizes kann die Entwicklung mehrerer gleichartiger Größen (Mengen, Preise) durch eine einzige Zahl ausgedrückt werden, die dann Anhaltspunkte für den gemeinsamen Verlauf dieser Größen gibt und einen einfachen Vergleich unterschiedlicher Entwicklungen z.B. in verschiedenen Ländern ermöglicht. 218▶Preisindizes können z.B. zur Untersuchung der Kursentwicklung von Aktien eines bestimmten Marktsegments oder des Verlaufs der allgemeinen Lebenshaltungskosten dienen. 226▶Mengenindizes finden bei der Analyse des Konsumverhaltens einer Bevölkerung Anwendung. Aufschluss über die Entwicklung von Umsätzen und Ausgaben gibt der 230▶Umsatzindex, in den sowohl Änderungen von Preisen und (abgesetzten) Mengen einfließen.

Bei der Bestimmung eines Index wird zunächst ein Warenkorb festgelegt, d.h. es wird bestimmt, welche Produkte in welchem Umfang bei der Berechnung des Index Berücksichtigung finden. Mittels einer repräsentativen Auswahl der Güter im Warenkorb kann dabei durch den Index sogar die Entwicklung eines entsprechenden Marktsegments beschrieben werden.

7.3 Preis- und Mengenindizes

Definition Warenkorb | Seien $q_1^k, \ldots, q_n^k$, $k \in \{0, t\}$, die Mengen von n Produkten zu den beiden Zeitpunkten 0 und t. Die Tupel $(q_1^0, \ldots, q_n^0)$ bzw. $(q_1^t, \ldots, q_n^t)$ heißen Warenkorb zum Zeitpunkt 0 bzw. t.

Beispiel Konsum | Um einen Einblick in die Preissteigerung von Nahrungsmitteln zu erhalten, werden zwei Warenkörbe basierend auf den Mengen aus den Jahren 1995 (Zeitpunkt 0) und 2000 (Zeitpunkt t) zusammengestellt. In der dritten Spalte der folgenden Tabelle kann der Warenkorb zum Zeitpunkt 0, in der vierten Spalte derjenige zum Zeitpunkt t abgelesen werden.

j	Produkt	Menge q_j^0 in kg	Menge q_j^t in kg
1	A	200	300
2	B	180	240
3	C	50	60
4	D	400	300

Sind die Preise der Güter im Warenkorb zu den betrachteten Zeitpunkten bekannt, so kann deren Gesamtwert bestimmt werden. Für den Rest dieses Kapitels seien $(q_1^k, \ldots, q_n^k)$, $k \in \{0, t\}$, zwei Warenkörbe für die Zeitpunkte 0 und t. In Analogie zu den vorhergehenden Abschnitten wird von einer Basisperiode 0 und einer Berichtsperiode t gesprochen. Weiterhin seien $p_1^k, \ldots, p_n^k$, $k \in \{0, t\}$, die Preise der n Produkte zur Basis- bzw. Berichtsperiode, d.h. p_i^k und q_i^l geben Preis bzw. Menge von Gut i zum Zeitpunkt k bzw. l an, $k, l \in \{0, t\}$. Dann sind die Werte der Warenkörbe jeweils gewichtete Summen:

$$[\text{Wert des Warenkorbs zur Basisperiode } 0] = \sum_{j=1}^{n} p_j^0 q_j^0,$$

$$[\text{Wert des Warenkorbs zur Berichtsperiode } t] = \sum_{j=1}^{n} p_j^t q_j^t.$$

Beispiel (Fortsetzung Beispiel Konsum) | Im 217▶Beispiel Konsum seien zusätzlich zu den Mengen der Produkte (in kg) auch die folgenden Preise (in €/kg) zur Basisperiode und zur Berichtsperiode bekannt.

	Produkt	Menge (in kg)		Preise (in €/kg)	
j		q_j^0	q_j^t	p_j^0	p_j^t
1	A	200	300	2	4
2	B	180	240	1	3
3	C	50	60	15	25
4	C	400	300	10	8

Die Werte des Warenkorbs zur Basisperiode bzw. Berichtsperiode sind dann

$$\sum_{j=1}^{4} p_j^0 q_j^0 = 5330 \quad \text{bzw.} \quad \sum_{j=1}^{4} p_j^t q_j^t = 5820.$$

Preisindizes

Zunächst werden Indizes (Preisindizes) betrachtet, die einen Eindruck von der Preisentwicklung der Produkte im Marktsegment vermitteln sollen. Bei der Berechnung dieser Indizes werden die Mengen der (verkauften) Produkte auch in Form von Anzahlen und Anteilen im Warenkorb berücksichtigt, um z.B. Massenkonsumgütern ein stärkeres Gewicht zu verleihen bzw. selten gekaufte Güter anteilig einzubinden. Der erste betrachtete Preisindex greift nur auf die abgesetzten Waren der Basisperiode zurück. Der Preisindex P_{0t}^L nach Laspeyres berechnet sich via

$$P_{0t}^L = \frac{\text{(fiktiver) Wert des Warenkorbs der Basisperiode zu Berichtspreisen}}{\text{Wert des Warenkorbs der Basisperiode zu Basispreisen}}$$

und ist demnach interpretierbar als der Anteil des Umsatzes (Wert des Warenkorbs) mit heutigen Preisen (Berichtszeit t) und alten Mengen (Bezugszeit 0) am Umsatz der Bezugszeit.

▶ **Definition** Preisindex nach Laspeyres | Der Preisindex nach Laspeyres P_{0t}^L ist definiert als Quotient

$$P_{0t}^L = \frac{\sum_{j=1}^{n} p_j^t q_j^0}{\sum_{j=1}^{n} p_j^0 q_j^0}.$$

Der Preisindex nach Laspeyres setzt den fiktiven Wert der Waren zum Zeitpunkt t (aktueller Zeitpunkt), der sich aus der mit den verkauften Mengen zum Zeitpunkt 0 gewichteten Summe der aktuellen Preise berechnet, in Beziehung zu dem Gesamtwert der verkauften Waren zum Zeitpunkt 0. Der Preisindex nach Laspeyres gibt also an wie sich die Preise geändert haben, wenn nur der Warenkorb der Basisperiode betrachtet wird.

7.3 Preis- und Mengenindizes

Beispiel | Basierend auf den Daten aus 217▶Beispiel Konsum ergibt sich für den Preisindex nach Laspeyres

$$P_{0t}^L = \frac{\sum_{j=1}^{n} p_j^t q_j^0}{\sum_{j=1}^{n} p_j^0 q_j^0} = \frac{4 \cdot 200 + 3 \cdot 180 + 25 \cdot 50 + 8 \cdot 400}{2 \cdot 200 + 1 \cdot 180 + 15 \cdot 50 + 10 \cdot 400} = \frac{5790}{5330} \approx 1{,}086.$$

Eine Beschreibung der Preisentwicklung mittels des Preisindex nach Laspeyres liefert also eine Preisänderung von 8,6% im Zeitraum von 1995 bis 2000. Diese Preisänderung bezieht sich lediglich auf die Mengenangaben des Jahres 1995. Änderungen der verkauften Mengen im Verlauf des Zeitraums 1995-2000 werden nicht berücksichtigt. ✗

Regel Gleichmäßige Preissteigerung bei Laspeyres | Sind in einem Warenkorb die Preise aller n Produkte von der Bezugszeit 0 bis zur Berichtszeit t um $\alpha \cdot 100\%$ gestiegen, dann gilt:

$$P_{0t}^L = 1 + \alpha.$$

Nachweis. Aus der Voraussetzung $p_j^t = (1+\alpha)p_j^0$, $j \in \{1, \ldots, n\}$, und der Definition des Preisindex von Laspeyres folgt

$$P_{0t}^L = \frac{\sum_{j=1}^{n} p_j^t q_j^0}{\sum_{j=1}^{n} p_j^0 q_j^0} = \frac{(1+\alpha) \sum_{j=1}^{n} p_j^0 q_j^0}{\sum_{j=1}^{n} p_j^0 q_j^0} = 1 + \alpha. \quad \checkmark$$

Da beim Preisindex nach Laspeyres ein Vergleich auf Basis der abgesetzten Waren zum Zeitpunkt 0 durchgeführt wird, sind diese Preisindizes auch für unterschiedliche Zeitpunkte t direkt miteinander vergleichbar. Allerdings wird der Warenabsatz der Basisperiode im Lauf der Zeit immer weniger den realen Verkaufszahlen entsprechen, so dass der Warenkorb in regelmäßigen Abständen aktualisiert werden muss. Hiermit wird garantiert, dass der Index ein der wirklichen Mengen- und Artikelnachfrage sowie der Preisänderung nahe kommendes Ergebnis liefert. Bei Indizes, die z.B. die Lebenshaltungskosten messen, können dabei auch Produkte aus dem Warenkorb durch andere ersetzt werden, um neueren technischen Entwicklungen o.ä. Rechnung zu tragen und eine für das entsprechende Marktsegment aktuelle und repräsentative Struktur aufrechtzuerhalten.

7. Verhältnis- und Indexzahlen

Soll der Warenkorb immer die aktuellen Mengen oder Verkaufszahlen widerspiegeln, so ist ein anderer Index, der Preisindex nach Paasche, zu verwenden. Dieser berechnet sich mittels der Vorschrift

$$P_{0t}^P = \frac{\text{Wert des Warenkorbs der Berichtsperiode zu Berichtspreisen}}{\text{(fiktiver) Wert des Warenkorbs der Berichtsperiode zu Basispreisen}}.$$

▶ **Definition** Preisindex nach Paasche | Der Preisindex nach Paasche P_{0t}^P ist definiert durch

$$P_{0t}^P = \frac{\sum_{j=1}^{n} p_j^t q_j^t}{\sum_{j=1}^{n} p_j^0 q_j^t}.$$

Der Preisindex nach Paasche setzt also den Gesamtwert der verkauften Waren zum Zeitpunkt t in Relation zu einem fiktiven Wert der Waren, der sich aus der mit den verkauften Mengen zum Zeitpunkt t gewichteten Summe der zum Zeitpunkt 0 gegebenen Preise berechnet. Der Preisindex nach Paasche gibt also an wie sich die Preise geändert haben, wenn nur der Warenkorb der Berichtsperiode betrachtet wird.

B **Beispiel** | Für die Daten aus 217▶Beispiel Konsum liefert der Preisindex nach Paasche den Wert

$$P_{0t}^P = \frac{\sum_{j=1}^{n} p_j^t q_j^t}{\sum_{j=1}^{n} p_j^0 q_j^t} = \frac{4 \cdot 300 + 3 \cdot 240 + 25 \cdot 60 + 8 \cdot 300}{2 \cdot 300 + 1 \cdot 240 + 15 \cdot 60 + 10 \cdot 300} = \frac{5820}{4740} \approx 1{,}228.$$

Eine Beschreibung der Preisentwicklung mittels des Preisindex nach Paasche liefert also eine Veränderung von 22,8% im Zeitraum von 1995–2000. Diese Änderung bezieht sich beim Preisindex nach Paasche auf die Mengenangaben des Jahres 2000 und ermöglicht somit einen Preisvergleich auf der Basis der aktuellen Mengenangaben ohne Berücksichtigung der verkauften Mengen zum Basiszeitpunkt.

Die große Abweichung vom Laspeyres-Index liegt hier darin begründet, dass sich gerade die Lebensmittel mit steigendem Konsum (A, B, C) stark verteuert haben, während der rückläufige Konsum von D mit einem Preisrückgang einherging.

Regel Gleichmäßige Preissteigerung bei Paasche | Sind in einem Warenkorb die Preise aller n Produkte von der Bezugszeit 0 bis zur Berichtszeit t um $\alpha \cdot 100\%$ gestiegen, dann gilt:

$$P_{0t}^P = 1 + \alpha.$$

7.3 Preis- und Mengenindizes

Beim Preisindex nach Paasche werden die Verkaufszahlen der Produkte zur aktuellen Zeitperiode t verwendet. Der Warenkorb ist also immer auf dem aktuellen Stand (im Gegensatz zum Preisindex nach Laspeyres). Allerdings sind zwei Paasche-Indizes, die für unterschiedliche Zeitpunkte berechnet wurden, deshalb auch nicht mehr direkt vergleichbar. Bei der Betrachtung zweier unterschiedlicher Zeitpunkte fließen nämlich im Allgemeinen auch unterschiedliche Warenkörbe in den Index ein. Dies spiegelt sich auch in der Tatsache wider, dass eine Änderung des Zeitpunkts t in der Regel auch eine Änderung des Bezugswerts, also des Divisors des Index, nach sich zieht. Ein weiterer Nachteil des Preisindex nach Paasche liegt in der Tatsache begründet, dass die Bestimmung der aktuellen Gewichte häufig einen hohen organisatorischen Aufwand erfordert. Hierfür müssen die Konsumgewohnheiten der Verbraucher regelmäßig analysiert werden. In der Praxis wird daher aufgrund der einfacheren Handhabung oft der Preisindex nach Laspeyres verwendet. In gewissen Zeitabständen kann durch eine Erhebung des Paasche-Index überprüft werden, ob der Warenkorb der Basisperiode das Marktsegment noch ausreichend gut repräsentiert. Treten große Differenzen auf, so muss eine Aktualisierung des Warenkorbs durchgeführt werden.

Die bis jetzt eingeführten Indizes erfüllen nicht die von einfachen Indexzahlen bekannte Eigenschaft der 212▶Zeitumkehrbarkeit. Eine Vertauschung von Basis- und die Berichtsperiode liefert jedoch folgende Beziehungen.

Regel Zusammenhang zwischen den Indizes von Laspeyres und Paasche | Für die Preisindizes nach Laspeyres P_{0t}^L und nach Paasche P_{0t}^P und die durch Vertauschung der Zeitpunkte entstehenden Preisindizes P_{t0}^L und P_{t0}^P gilt:

$$P_{0t}^L \cdot P_{t0}^P = 1 \quad \text{und} \quad P_{0t}^P \cdot P_{t0}^L = 1.$$

Nachweis. Es wird nur die erste Gleichung gezeigt, die zweite folgt analog:

$$P_{0t}^L \cdot P_{t0}^P = \frac{\sum_{j=1}^{n} p_j^t q_j^0}{\sum_{j=1}^{n} p_j^0 q_j^0} \cdot \frac{\sum_{j=1}^{n} p_j^0 q_j^0}{\sum_{j=1}^{n} p_j^t q_j^0} = 1. \quad \checkmark$$

Aus dieser Regel wird ersichtlich, dass sorgfältig zwischen Basis- und Berichtsperiode zu differenzieren ist. Liefert eine Messung der Preisentwicklung mittels des Preisindex nach Laspeyres eine Verdoppelung des Preisniveaus im Zeitraum von 0 bis t (d.h. $P_{0t}^L = 2$), so darf daraus nicht geschlossen werden, dass am Laspeyres-Index für die umgekehrte zeitliche Reihenfolge eine Halbierung des Preisniveaus abgelesen werden kann (es gilt also nicht $P_{t0}^L = \frac{1}{2}$!). Der Preisindex nach Paasche liefert hingegen diese Interpretation (d.h. $P_{t0}^P = \frac{1}{2}$). Dieses Verhalten der Preisindizes kann darauf zurückgeführt werden, dass bei einer Vertauschung von Basis-

und Berichtsperiode auch die Warenkörbe, die zur Berechnung der Indizes verwendet werden, vertauscht werden. Auf diesen Sachverhalt wird am Ende dieses 233▶Kapitels nochmals eingegangen.

Beispiel | Für die Daten aus 217▶Beispiel Konsum gilt

$$P^L_{0t} = \frac{\sum_{j=1}^{n} p^t_j q^0_j}{\sum_{j=1}^{n} p^0_j q^0_j} = \frac{4 \cdot 200 + 3 \cdot 180 + 25 \cdot 50 + 8 \cdot 400}{2 \cdot 200 + 1 \cdot 180 + 15 \cdot 50 + 10 \cdot 400} = \frac{5790}{5330},$$

$$P^P_{0t} = \frac{\sum_{j=1}^{n} p^t_j q^t_j}{\sum_{j=1}^{n} p^0_j q^t_j} = \frac{4 \cdot 300 + 3 \cdot 240 + 25 \cdot 60 + 8 \cdot 300}{2 \cdot 300 + 1 \cdot 240 + 15 \cdot 60 + 10 \cdot 300} = \frac{5820}{4740}.$$

Bei einer Vertauschung der Zeitpunkte 0 und t werden zur Berechnung des Laspeyres-Index der aktuelle Warenkorb und zur Berechnung des Paasche-Index der Warenkorb der Basisperiode verwendet:

$$P^L_{t0} = \frac{\sum_{j=1}^{n} p^0_j q^t_j}{\sum_{j=1}^{n} p^t_j q^t_j} = \frac{4740}{5820}, \qquad P^P_{t0} = \frac{\sum_{j=1}^{n} p^0_j q^0_j}{\sum_{j=1}^{n} p^t_j q^0_j} = \frac{5330}{5790}.$$

Das bedeutet

$$P^L_{0t} \cdot P^L_{t0} = \frac{5790}{5330} \cdot \frac{4740}{5820} = \frac{274\,446}{310\,206} \neq 1,$$

$$P^P_{0t} \cdot P^P_{t0} = \frac{5820}{4740} \cdot \frac{5330}{5790} = \frac{310\,206}{274\,446} \neq 1.$$

Die Preisindizes nach Laspeyres und nach Paasche beschreiben eine Preisentwicklung, indem (reale oder fiktive) Werte von bestimmten Warenkörben zueinander in Beziehung gesetzt werden. Die Indizes können jedoch auch anders motiviert werden. Bei der Bestimmung eines Preisindex liegt es nahe, die Elementarindizes von Preisen

$$\frac{p^t_i}{p^0_i}, \quad i \in \{1, \ldots, n\},$$

zur Beschreibung einer zeitlichen Entwicklung heranzuziehen. Um die gemeinsame Preisentwicklung mehrerer Produkte zu verfolgen, wären diese Messzahlen in geeigneter Weise zu verknüpfen. Die folgende Regel zeigt, dass beide Indizes als ge-

7.3 Preis- und Mengenindizes

wichtete arithmetische und gewichtete harmonische Mittel solcher Elementarindizes interpretiert werden können.

Regel Preisindizes als Mittelwerte |

1. Für den Preisindex nach Laspeyres gilt

$$P_{0t}^L = \sum_{i=1}^n P_i^L \frac{p_i^t}{p_i^0} = \frac{1}{\sum_{i=1}^n \widetilde{P}_i^L \frac{p_i^0}{p_i^t}},$$

mit den Gewichten

$$P_i^L = \frac{p_i^0 q_i^0}{\sum_{j=1}^n p_j^0 q_j^0}, \quad \widetilde{P}_i^L = \frac{p_i^t q_i^0}{\sum_{j=1}^n p_j^t q_j^0}, \quad i \in \{1, \ldots, n\}.$$

2. Für den Preisindex nach Paasche gilt

$$P_{0t}^P = \sum_{i=1}^n P_i^P \frac{p_i^t}{p_i^0} = \frac{1}{\sum_{i=1}^n \widetilde{P}_i^P \frac{p_i^0}{p_i^t}},$$

mit den Gewichten

$$P_i^P = \frac{p_i^0 q_i^t}{\sum_{j=1}^n p_j^0 q_j^t}, \quad \widetilde{P}_i^P = \frac{p_i^t q_i^t}{\sum_{j=1}^n p_j^t q_j^t}, \quad i \in \{1, \ldots, n\}.$$

Nachweis. Hier werden nur die Darstellungen für den Laspeyres-Index nachgewiesen, diejenigen für den Paasche-Index können analog gezeigt werden. Aufgrund der Definition der Gewichte P_i^L und $\widetilde{P}_i^L$ gilt:

$$\sum_{i=1}^n P_i^L \frac{p_i^t}{p_i^0} = \sum_{i=1}^n \left(\frac{p_i^0 q_i^0}{\sum_{j=1}^n p_j^0 q_j^0} \right) \frac{p_i^t}{p_i^0} = \frac{\sum_{i=1}^n p_i^t q_i^0}{\sum_{j=1}^n p_j^0 q_j^0} = P_{0t}^L \quad \text{und}$$

$$\frac{1}{\sum_{i=1}^n \widetilde{P}_i^L \frac{p_i^0}{p_i^t}} = \frac{1}{\sum_{i=1}^n \left(\frac{p_i^t q_i^0}{\sum_{j=1}^n p_j^t q_j^0} \right) \frac{p_i^0}{p_i^t}} = \frac{1}{\frac{\sum_{i=1}^n p_i^0 q_i^0}{\sum_{j=1}^n p_j^t q_j^0}} = \frac{\sum_{j=1}^n p_j^t q_j^0}{\sum_{i=1}^n p_i^0 q_i^0} = P_{0t}^L. \quad \checkmark$$

Aus dieser Regel ergeben sich weitere Interpretationsmöglichkeiten der Indizes. So kann der Preisindex nach Laspeyres beispielsweise als ein mit den jeweiligen Anteilen $\frac{p_i^0 q_i^0}{\sum_{j=1}^n p_j^0 q_j^0}$ der einzelnen Produkte am Gesamtwert $\sum_{j=1}^n p_j^0 q_j^0$ des Warenkorbs zur Basisperiode 78▶gewichtetes arithmetisches Mittel angesehen werden. Der Preisindex nach Paasche ist ein mit den jeweiligen Anteilen $\frac{q_i^t p_i^t}{\sum_{j=1}^n q_j^t p_j^t}$ der einzelnen Produkte am Gesamtwert $\sum_{j=1}^n p_j^t q_j^t$ des Warenkorbs zur Berichtsperiode 84▶gewichtetes harmonisches Mittel. Diese beiden alternativen Darstellungen liefern noch einen weiteren wichtigen Zusammenhang zwischen beiden Indizes.

Regel Ordnung der Preisindizes von Laspeyres und Paasche | Es gelte

$$\frac{p_i^0 q_i^0}{\sum_{j=1}^n p_j^0 q_j^0} = \frac{p_i^t q_i^t}{\sum_{j=1}^n p_j^t q_j^t}, \quad i \in \{1, \ldots, n\}.$$

Dann gilt für Preisindizes nach Laspeyres und Paasche

$$P_{0t}^P \leqslant P_{0t}^L.$$

Nachweis. Gemäß der vorherigen Regel kann P_{0t}^P bzw. P_{0t}^L als ein gewichtetes harmonisches bzw. arithmetisches Mittel dargestellt werden. Unter der angegebenen Voraussetzung sind die Gewichte in beiden Mitteln gleich. Das Resultat folgt daher aus der 85▶Ungleichungskette zwischen den unterschiedlichen Mittelwerten. ✓

Diese Regel kann folgendermaßen interpretiert werden. Sind die jeweiligen Anteile der einzelnen Produkte am Gesamtwert in Basis- und Berichtsperiode (ungefähr) gleich, so wird der Index nach Paasche im allgemeinen kleinere Werte liefern als der Index nach Laspeyres. Diese Voraussetzung ist z.B. näherungsweise erfüllt, wenn eine der beiden folgenden Bedingungen gilt:

- Die Preise aller Produkte steigen um etwa die selben Prozentsätze und das Konsumverhalten, also der Warenkorb, ändert sich im zeitlichen Verlauf nicht.
- Durch das Kaufverhalten der Konsumenten werden Preisänderungen ausgeglichen, d.h. bei steigenden Preisen eines Produkts tritt eine Verringerung des zugehörigen Absatzes ein und umgekehrt.

Bei realen Daten ist daher häufig zu beobachten, dass der Index nach Laspeyres größere Werte liefert als der entsprechende Index nach Paasche.

Abschließend wird noch ein weiterer Index eingeführt, der Preisindex nach Fisher. Er berechnet sich als 80▶geometrisches Mittel der beiden bereits definierten Indizes.

▶ **Definition** Preisindex nach Fisher | Der Preisindex nach Fisher ist definiert durch

$$P_{0t}^F = \sqrt{P_{0t}^L \cdot P_{0t}^P}.$$ ✗

7.3 Preis- und Mengenindizes

Damit stellt der Preisindex nach Fisher durch die Berücksichtigung der abgesetzten Mengen zum Basiszeitpunkt 0 und zum Berichtszeitpunkt t einen Kompromiss zwischen den beiden anderen Indizes dar.

Beispiel | Im 217▶Beispiel Konsum ergaben sich für den Laspeyres-Index P^L_{0t} und für den Paasche-Index P^P_{0t} die Werte

$$P^L_{0t} = \frac{\sum_{j=1}^{n} p^t_j q^0_j}{\sum_{j=1}^{n} p^0_j q^0_j} \approx 1{,}086 \quad \text{und} \quad P^P_{0t} = \frac{\sum_{j=1}^{n} p^t_j q^t_j}{\sum_{j=1}^{n} p^0_j q^t_j} \approx 1{,}228,$$

so dass der Preisindex nach Fisher den Wert

$$P^F_{0t} = \sqrt{P^L_{0t} \cdot P^P_{0t}} \approx \sqrt{1{,}086 \cdot 1{,}228} \approx 1{,}155$$

annimmt. Bei einer Berücksichtigung der abgesetzten Mengen des Jahres 1995 und des Jahres 2000 durch eine Mittelung beider Preisindizes ergibt sich also eine durchschnittliche Preissteigerung von 15,5%. ✗

Da der Preisindex nach Fisher P^F_{0t} sich als geometrisches Mittel des Laspeyres-Index P^L_{0t} und des Paasche-Index P^P_{0t} berechnet, liegt er zwischen diesen beiden Indizes (siehe 85▶Mittelwerteigenschaft).

Regel Ordnung der Preisindizes | Für die Preisindizes nach Laspeyres, Paasche und Fisher gilt entweder

$$P^L_{0t} \leqslant P^F_{0t} \leqslant P^P_{0t} \quad \text{oder} \quad P^L_{0t} \geqslant P^F_{0t} \geqslant P^P_{0t}.$$

Der Fisher-Index erfüllt die Eigenschaft der 212▶Zeitumkehrbarkeit. Trotzdem wird auch er in der Praxis nur selten verwendet, da er vom Preisindex nach Paasche abhängt und daher zu seiner Bestimmung ebenfalls aktuelle Gewichte benötigt werden, also aktuelle Warenkörbe erhoben werden müssen.

Regel Zeitumkehrbarkeit des Preisindex nach Fisher | Für den Preisindex nach Fisher P^F_{0t} und den nach Vertauschung der Zeitpunkte resultierenden Preisindex P^F_{t0} gilt:

$$P^F_{0t} \cdot P^F_{t0} = 1.$$

Nachweis. Zunächst gilt

$$P^F_{0t} \cdot P^F_{t0} = \sqrt{P^L_{0t} \cdot P^P_{0t}} \cdot \sqrt{P^L_{t0} \cdot P^P_{t0}} = \sqrt{P^L_{0t} \cdot P^P_{t0}} \cdot \sqrt{P^P_{0t} \cdot P^L_{t0}}.$$

Die Ausdrücke unter den letzten beiden Wurzeln sind aber wegen des 221▶Zusammenhangs der Preisindizes von Laspeyres und Paasche jeweils gleich 1. ✓

Mengenindizes

Ein Mengenindex ist eine Maßzahl für die mengenmäßige Veränderung mehrerer Produkte in einem Zeitraum. In Analogie zur Konstruktion von 218▶Preisindizes wird eine Gewichtung mit Preisen vorgenommen, um Unterschieden in der Bedeutung einzelner Produkte Rechnung zu tragen. Dabei werden für Basis- und Berichtszeit jeweils die selben Preise zu Grunde gelegt.

Der Mengenindex nach Laspeyres gibt die mengenmäßige Änderung eines Produktionsabsatzes zwischen den Zeitpunkten 0 und t unter Verwendung der Preise der Basisperiode an. Er berechnet sich nach der Vorschrift

$$Q_{0t}^L = \frac{\text{(fiktiver) Wert des Warenkorbs der Berichtsperiode zu Basispreisen}}{\text{Wert des Warenkorbs der Basisperiode zu Basispreisen}}.$$

In die folgende Definition wurden auch alternative Darstellungen als gewichtete Mittelwerte von elementaren Mengenindizes aufgenommen, die sich in ähnlicher Weise wie die entsprechenden 223▶Darstellungen für Preisindizes zeigen lassen.

▶ **Definition** Mengenindex nach Laspeyres | Der Mengenindex nach Laspeyres ist definiert durch

$$Q_{0t}^L = \frac{\sum_{j=1}^{n} p_j^0 q_j^t}{\sum_{j=1}^{n} p_j^0 q_j^0} = \sum_{i=1}^{n} Q_i^L \frac{q_i^t}{q_i^0} = \frac{1}{\sum_{i=1}^{n} \widetilde{Q}_i^L \frac{q_i^0}{q_i^t}},$$

mit den Gewichten

$$Q_i^L = \frac{p_i^0 q_i^0}{\sum_{j=1}^{n} p_j^0 q_j^0}, \quad \widetilde{Q}_i^L = \frac{p_i^0 q_i^t}{\sum_{j=1}^{n} p_j^0 q_j^t}, \quad i \in \{1, \ldots, n\}.$$

✗

Der Mengenindex nach Laspeyres setzt also den fiktiven Wert der Waren, der sich als Summe der mit den Produktpreisen der Basisperiode gewichteten Absatzzahlen zum Zeitpunkt t ergibt, in Relation zum Gesamtwert der Waren zum Zeitpunkt 0, d.h. es wird eine Bewertung der Absatzmengen basierend auf den alten Preisen vorgenommen. Der Mengenindex nach Laspeyres ergibt sich aus dem 218▶Laspeyres-Preisindex durch eine Vertauschung der zeitlichen Rollen von Preisen und Mengen. Daher entspricht die Interpretation des Mengenindex von Laspeyres derjenigen des Preisindex von Laspeyres.

7.3 Preis- und Mengenindizes

Beispiel Warenkorb | Die folgenden Warenkörbe wurden zusammengestellt, um Änderungen im Konsumverhalten der Einwohner einer Kleinstadt zwischen den Jahren 1995 (Zeitpunkt 0) und 2000 (Zeitpunkt t) zu ermitteln.

j	Produkt	q_j^0	q_j^t	p_j^0	p_j^t
1	Bücher	2 000	1 800	8	10
2	Magazine	4 000	4 500	2	3
3	Kraftfahrzeuge	150	110	20 000	25 000
4	Motorräder	20	30	5 000	6 000

Aus diesen Daten wird der Mengenindex nach Laspeyres ermittelt:

$$Q_{0t}^L = \frac{\sum_{j=1}^{n} p_j^0 q_j^t}{\sum_{j=1}^{n} p_j^0 q_j^0} = \frac{8 \cdot 1\,800 + 2 \cdot 4\,500 + 20\,000 \cdot 110 + 5\,000 \cdot 30}{8 \cdot 2\,000 + 2 \cdot 4\,000 + 20\,000 \cdot 150 + 5\,000 \cdot 20}$$

$$= \frac{2\,373\,400}{3\,124\,000} \approx 0{,}760.$$

Der Mengenindex nach Laspeyres besagt also, dass eine (wertmäßige) Verringerung des Produktabsatzes um ca. 24% im Zeitraum von 1995 bis 2000 stattgefunden hat. Diese Wertänderung bezieht sich auf die Preise des Jahres 1995 und ist somit frei von Änderungen der Preisentwicklung über den Zeitraum von 1995 bis 2000. Der starke Rückgang ist hierbei auf einen Einbruch der Verkaufszahlen der Kraftfahrzeuge zurückzuführen, die wegen des hohen Verkaufspreises einen großen Einfluss auf den Index haben.

Regel Gleichmäßige Mengensteigerung bei Laspeyres | Sind in einem Warenkorb die Mengen aller n Produkte von der Bezugszeit 0 bis zur Berichtszeit t um $\alpha \cdot 100\%$ gestiegen, dann gilt:

$$Q_{0t}^L = 1 + \alpha.$$

Der Mengenindex Q_{0t}^P nach Paasche ist das Pendant zum 220▶Preisindex nach Paasche. Er berechnet sich mittels der Vorschrift

$$Q_{0t}^P = \frac{\text{Wert des Warenkorbs der Berichtsperiode zu Berichtspreisen}}{\text{(fiktiver) Wert des Warenkorbs der Basisperiode zu Berichtspreisen}}.$$

> **Definition** Mengenindex nach Paasche | Der Mengenindex nach Paasche ist definiert durch

$$Q_{0t}^P = \frac{\sum_{j=1}^{n} p_j^t q_j^t}{\sum_{j=1}^{n} p_j^t q_j^0} = \sum_{i=1}^{n} Q_i^P \frac{q_i^t}{q_i^0} = \frac{1}{\sum_{i=1}^{n} \widetilde{Q}_i^P \frac{q_i^0}{q_i^t}},$$

mit den Gewichten

$$Q_i^P = \frac{p_i^t q_i^0}{\sum_{j=1}^{n} p_j^t q_j^0}, \quad \widetilde{Q}_i^P = \frac{p_i^t q_i^t}{\sum_{j=1}^{n} p_j^t q_j^t}, \quad i \in \{1, \ldots, n\}.$$

Der Mengenindex nach Paasche setzt also den Wert der Waren zum Zeitpunkt t in Beziehung zu der Summe der mit den Preisen zum Zeitpunkt t gewichteten Absatzzahlen der Basisperiode, d.h. die Bewertung der Absatzzahlen basiert auf den aktuellen Preisen zum Zeitpunkt t. Der Mengenindex nach Paasche ergibt sich aus dem Paasche-Preisindex durch eine Vertauschung der zeitlichen Rollen von Preisen und Mengen.

Beispiel | Für die Daten aus 227▶Beispiel Warenkorb ist der Mengenindex nach Paasche gegeben durch

$$Q_{0t}^P = \frac{\sum_{j=1}^{n} p_j^t q_j^t}{\sum_{j=1}^{n} p_j^t q_j^0} = \frac{10 \cdot 1\,800 + 3 \cdot 4\,500 + 25\,000 \cdot 110 + 6\,000 \cdot 30}{10 \cdot 2\,000 + 3 \cdot 4\,000 + 25\,000 \cdot 150 + 6\,000 \cdot 20}$$

$$= \frac{2\,961\,500}{3\,902\,000} \approx 0{,}759.$$

Der Mengenindex nach Paasche liefert eine Verringerung des Absatzes um ungefähr 24,1% im Zeitraum von 1995 bis 2000. Diese Wertänderung bezieht sich ausschließlich auf die Preise des Jahres 2000.

Regel Gleichmäßige Mengensteigerung bei Paasche | Sind in einem Warenkorb die Mengen aller n Produkte von der Bezugszeit 0 bis zur Berichtszeit t um $\alpha \cdot 100\%$ gestiegen, dann gilt:

$$Q_{0t}^P = 1 + \alpha.$$

7.3 Preis- und Mengenindizes

Der Mengenindex nach Fisher ergibt sich analog zum entsprechenden Preisindex als geometrisches Mittel aus den beiden anderen Mengenindizes.

Definition Mengenindex nach Fisher | Der Mengenindex nach Fisher ist definiert durch

$$Q_{0t}^F = \sqrt{Q_{0t}^L \cdot Q_{0t}^P}.$$

Der Mengenindex nach Fisher ermöglicht also bei der Berechnung der mengenmäßigen Veränderung sowohl eine Berücksichtigung der Preise zum Zeitpunkt 0 als auch zum Zeitpunkt t. Er liegt immer zwischen den beiden anderen Mengenindizes.

Regel Ordnung der Mengenindizes | Für die Mengenindizes von Laspeyres, Paasche und Fisher gilt entweder

$$Q_{0t}^L \leqslant Q_{0t}^F \leqslant Q_{0t}^P \quad \text{oder} \quad Q_{0t}^L \geqslant Q_{0t}^F \geqslant Q_{0t}^P.$$

Beispiel | Im 227▶Beispiel Warenkorb ergaben sich folgende Werte für die Mengenindizes nach Laspeyres und Paasche:

$$Q_{0t}^L = \frac{2\,373\,400}{3\,124\,000} \approx 0{,}760 \quad \text{und} \quad Q_{0t}^P = \frac{2\,961\,500}{3\,902\,000} \approx 0{,}759.$$

Der Mengenindex nach Fisher liefert daher das Ergebnis

$$Q_{0t}^F = \sqrt{Q_{0t}^L \cdot Q_{0t}^P} \approx \sqrt{0{,}760 \cdot 0{,}759} \approx 0{,}759$$

(Die Mengenindizes nach Laspeyres und Paasche stimmen in diesem Zahlenbeispiel nahezu überein). Wird die Änderung des Absatzes mittels des Fisher-Index gemessen, so ergibt sich im betrachteten Zeitraum eine Verringerung um 24,1%.

Die Mengenindizes nach Laspeyres und Paasche haben im Gegensatz zum Mengenindex nach Fisher nicht die Eigenschaft der 212▶Zeitumkehrbarkeit. Es gelten jedoch die folgenden Beziehungen, die analog zu den Resultaten für Preisindizes hergeleitet werden können.

Regel Beziehungen für Mengenindizes | Für die Mengenindizes $Q_{0t}^L, Q_{0t}^P, Q_{0t}^F$ und die durch Vertauschung der Zeitpunkte entstehenden Mengenindizes $Q_{t0}^L, Q_{t0}^P, Q_{t0}^F$ gilt:

$$Q_{0t}^L \cdot Q_{t0}^P = Q_{0t}^P \cdot Q_{t0}^L = Q_{0t}^F \cdot Q_{t0}^F = 1.$$

Wertindex

Der Umsatz- oder Wertindex ist eine Maßzahl für die allgemeine Entwicklung des Werts von Warenkörben zwischen den Zeitpunkten 0 und t. Der Wertindex U_{0t} ist definiert durch

$$U_{0t} = \frac{\text{Wert des Warenkorbs der Berichtsperiode zu Berichtspreisen}}{\text{Wert des Warenkorbs der Basisperiode zu Basispreisen}}.$$

Handelt es sich bei den Elementen der betrachteten Warenkörbe um verkaufte Waren, so können Zähler und Nenner als Umsätze interpretiert werden:

$$U_{0t} = \frac{\text{Umsatz in der Berichtsperiode}}{\text{Umsatz in der Basisperiode}}.$$

Aus der Konstruktion dieses Index ist zu ersehen, dass er auch (im Gegensatz zu den Preis- und Mengenindizes) als 209▶Elementarindex aufgefasst werden kann.

▶ **Definition** Wertindex, Umsatzindex | Der Wertindex (Umsatzindex) U_{0t} ist definiert durch

$$U_{0t} = \frac{\sum_{j=1}^{n} p_j^t q_j^t}{\sum_{j=1}^{n} p_j^0 q_j^0}.$$

Der Umsatzindex kann auch als gewichtetes arithmetisches Mittel

$$U_{0t} = \sum_{j=1}^{n} U_j \frac{p_j^t q_j^t}{p_j^0 q_j^0}$$

der Messzahlen $\frac{p_j^t q_j^t}{p_j^0 q_j^0}$, $j \in \{1, \ldots, n\}$, mit den Gewichten $U_j = \frac{p_j^0 q_j^0}{\sum_{i=1}^{n} p_i^0 q_i^0}$ geschrieben werden.

Der Wertindex kann beispielsweise ausgewertet werden, wenn Aufschluss über die tatsächlichen Ausgaben von Haushalten gewonnen werden soll. Da sowohl die Änderungen der Mengen als auch die Änderungen der Preise in den Index eingehen, kann bei einer Wertveränderung des Index ohne Kenntnis der einzelnen Daten keine Aussage darüber getroffen werden, welche von beiden Entwicklungen hierfür verantwortlich war.

Beispiel | Mit den Warenkörben aus 217▶Beispiel Konsum kann ermittelt werden, wie sich die tatsächlichen Ausgaben für Nahrungsmittel im Zeitraum von 1995–2000 entwickelt haben. Der Wertindex liefert den Wert

$$U_{0t} = \frac{5820}{5330} \approx 1{,}092,$$

d.h. auf Basis der Warenkörbe liegt eine Ausgabensteigerung von ca. 9,2% vor.

7.3 Preis- und Mengenindizes

Beispiel Bekleidung | Ein Hersteller von Bekleidungsartikeln möchte Aufschluss über die Umsatzänderung in der Sparte Herrenoberbekleidung im Zeitraum von 1999 (Basisperiode 0) bis 2000 (Berichtsperiode t) erhalten. Hierzu werden für die einzelnen Produkte (Hemden, T-Shirts, Pullover), die die Firma vertreibt, die verkauften Mengen und die zugehörigen (mittleren) Verkaufspreise bestimmt.

j	Produkt	Menge in Stück q_j^0	q_j^t	Preise (in €) p_j^0	p_j^t
1	Hemden	15 000	13 000	22	23
2	T-Shirts	20 000	24 000	10	10
3	Pullover	8 000	9 000	25	27

Aus dem Umsatzindex

$$U_{0t} = \frac{23 \cdot 13\,000 + 10 \cdot 24\,000 + 27 \cdot 9\,000}{22 \cdot 15\,000 + 10 \cdot 20\,000 + 25 \cdot 8\,000} = \frac{782\,000}{730\,000} \approx 1{,}071$$

kann abgelesen werden, dass der Umsatz im Zeitraum 1999–2000 um ca. 7,1% gestiegen ist. ✗

Der Umsatz U eines Produkts berechnet sich als Produkt aus abgesetzter Menge Q und zugehörigem Preis P, d.h. es gilt $U = P \cdot Q$. Dies legt nahe, dass ein solcher Zusammenhang auch für den Umsatzindex und die vorgestellten Preis- und Mengenindizes gilt. Der folgenden Regel ist aber zu entnehmen, dass nur Fisher-Indizes diese Eigenschaft erfüllen. In den anderen Fällen wird einem Laspeyres-Preisindex ein Paasche-Mengenindex zugeordnet und umgekehrt.

Regel Zusammenhang zwischen Umsatz-, Preis- und Mengenindizes | Seien U_{0t} der Umsatzindex, P_{0t}^L (P_{0t}^P, P_{0t}^F) der Preisindex nach Laspeyres (Paasche, Fisher) und Q_{0t}^L (Q_{0t}^P, Q_{0t}^F) der zugehörige Mengenindex. Dann gilt:

$$U_{0t} = P_{0t}^L \cdot Q_{0t}^P = P_{0t}^P \cdot Q_{0t}^L = P_{0t}^F \cdot Q_{0t}^F.$$

Nachweis. Gemäß den Berechnungsformeln für den Umsatzindex U_{0t}, den Preisindex nach Laspeyres P_{0t}^L und den Mengenindex nach Paasche Q_{0t}^P folgt

$$U_{0t} = \frac{\sum_{i=1}^n p_i^t q_i^t}{\sum_{i=1}^n p_i^0 q_i^0} = \frac{\sum_{i=1}^n p_i^t q_i^0}{\sum_{i=1}^n p_i^0 q_i^0} \cdot \frac{\sum_{i=1}^n p_i^t q_i^t}{\sum_{i=1}^n p_i^t q_i^0} = P_{0t}^L \cdot Q_{0t}^P.$$

Die entsprechende Formel für den Preisindex nach Paasche und den Mengenindex nach Laspeyres kann analog hergeleitet werden. Der Zusammenhang für die Fisher-Indizes wird mit den bereits hergeleiteten Resultaten gezeigt:

$$U_{0t} = \sqrt{U_{0t} \cdot U_{0t}} = \sqrt{P_{0t}^L \cdot Q_{0t}^P \cdot P_{0t}^P \cdot Q_{0t}^L} = \sqrt{P_{0t}^L \cdot P_{0t}^P} \sqrt{Q_{0t}^L \cdot Q_{0t}^P} = P_{0t}^F \cdot Q_{0t}^F. \quad \checkmark$$

Diese Regel wird zur so genannten Preisbereinigung oder Deflationierung verwendet, d.h. aus einem Umsatzindex soll ein Mengenindex berechnet werden. Aufgrund der obigen Beziehung kann beispielsweise der Mengenindex nach Laspeyres mittels der Formel

$$Q_{0t}^L = \frac{U_{0t}}{P_{0t}^P}$$

berechnet werden, wenn sowohl der Umsatzindex als auch der entsprechende Preisindex nach Paasche bekannt sind.

B   **Beispiel** | Der Bekleidungsartikelhersteller aus 231▶Beispiel Bekleidung ist daran interessiert, einen Eindruck von der mengenmäßigen Absatzentwicklung seiner Produkte zu erhalten, wobei die Preise aus dem Jahr 1999 (Basisperiode) zu Grunde gelegt werden sollen. Vorher wurde bereits der Paasche-Preisindex der Daten

$$P_{0t}^P = \frac{23 \cdot 13000 + 10 \cdot 24000 + 27 \cdot 9000}{22 \cdot 13000 + 10 \cdot 24000 + 25 \cdot 9000} = \frac{782}{751} \approx 1{,}041$$

zum Vergleich mit der allgemeinen Preisentwicklung berechnet. Der Mengenindex nach Laspeyres berechnet sich daher gemäß

$$Q_{0t}^L = \frac{U_{0t}}{P_{0t}^P} = \frac{782}{730} \cdot \frac{751}{782} = \frac{751}{730} \approx 1{,}029.$$

Die Maßzahl liefert also eine Steigerung der abgesetzten Mengen (unter Berücksichtigung der unterschiedlichen Bedeutung der Produkte) um 2,9%. ✘

Einfache Indexzahlen besitzen die 210▶Verkettungseigenschaft, die nun auch für zusammengesetzte Indexzahlen eingeführt wird.

▶ **Definition** Verkettung zusammengesetzter Indexzahlen | Eine zusammengesetzte Indexzahl ZI heißt verkettbar, falls für drei Zeitpunkte $k, l, t \in \{0, \ldots, s\}$ stets gilt:

$$ZI_{k,t} = ZI_{k,l} \cdot ZI_{l,t}. \quad ✘$$

Aus der Verkettbarkeit folgt insbesondere die 212▶Zeitumkehrbarkeit der Indexzahl, d.h. dann gilt stets

$$ZI_{k,l} = \frac{1}{ZI_{l,k}}.$$

7.3 Preis- und Mengenindizes

Für die betrachteten Preis-, Mengen- und Umsatzindizes gilt: Die Preis- und Mengenindizes nach Laspeyres, Paasche und Fisher sind im Allgemeinen <u>nicht</u> verkettbar. Ebenso ist die Zeitumkehrbarkeit für die Indizes nach Laspeyres und Paasche in der Regel verletzt, sie gilt jedoch für den 225▶Preis- und 229▶Mengenindex nach Fisher.

Der Umsatzindex ist die einzige vorgestellte verkettbare Indexzahl, denn

$$U_{k,l} \cdot U_{l,t} = \frac{\sum_{j=1}^{n} p_j^l q_j^l}{\sum_{j=1}^{n} p_j^k q_j^k} \cdot \frac{\sum_{j=1}^{n} p_j^t q_j^t}{\sum_{j=1}^{n} p_j^l q_j^l} = U_{k,t}.$$

Dies folgt zusammen mit der 210▶Regel zur Verkettung einfacher Indexzahlen auch bereits aus der Feststellung, dass der Umsatzindex als 230▶Elementarindex verstanden werden kann.

Übersicht Indexzahlen

Die vorgestellten Indexzahlen sind in der folgenden Tabelle zusammengefasst.

	Preisindex	Mengenindex	Umsatzindex
Laspeyres	$P_{0t}^L = \dfrac{\sum_{j=1}^{n} p_j^t q_j^0}{\sum_{j=1}^{n} p_j^0 q_j^0}$	$Q_{0t}^L = \dfrac{\sum_{j=1}^{n} p_j^0 q_j^t}{\sum_{j=1}^{n} p_j^0 q_j^0}$	$U_{0t}^L = U_{0t} = \dfrac{\sum_{j=1}^{n} p_j^t q_j^t}{\sum_{j=1}^{n} p_j^0 q_j^0}$
Paasche	$P_{0t}^P = \dfrac{\sum_{j=1}^{n} p_j^t q_j^t}{\sum_{j=1}^{n} p_j^0 q_j^t}$	$Q_{0t}^P = \dfrac{\sum_{j=1}^{n} p_j^t q_j^t}{\sum_{j=1}^{n} p_j^t q_j^0}$	$U_{0t}^P = U_{0t} = \dfrac{\sum_{j=1}^{n} p_j^t q_j^t}{\sum_{j=1}^{n} p_j^0 q_j^0}$
Fisher	$P_{0t}^F = \sqrt{P_{0t}^L P_{0t}^P}$	$Q_{0t}^F = \sqrt{Q_{0t}^L Q_{0t}^P}$	$U_{0t}^F = U_{0t} = \dfrac{\sum_{j=1}^{n} p_j^t q_j^t}{\sum_{j=1}^{n} p_j^0 q_j^0}$ $= P_{0t}^F \cdot Q_{0t}^F$

Beispiel (Fortsetzung 201▶Beispiel Produktion) | In den Tabellen der Aufgabenstellung sind die Beschaffungsmengen der Rohstoffe A, B, C für den Zeitraum 1985–2002 gegeben. Die zeitliche Entwicklung der Steigerungen bzw. Abnahmen kann durch eine Messzahlreihe einfacher Indizes dargestellt werden. Dabei dienen die Mengen der Jahre 1985 bzw. 1995 als Basiswerte, d.h. die Werte der Elementarindizes im Jahr 1985 (1995) haben in den Messzahlreihen mit der Basiszeit 1985 (1995) jeweils den Wert Eins. Die einfachen Indizes werden also an den Basiszeitpunkten auf den Wert 100% gesetzt.

Für die Rohstoffe A, B, C ergeben sich folgende (gerundete) Messzahlreihen:

Jahr	1985	1986	1987	1988	1989	1990	1991	1992	1993
Menge A	3,1	3,2	3,4	3,8	4,3	4,0	3,2	2,7	3,0
Index Bezugszeit 1985	1,000	1,032	1,097	1,226	1,387	1,290	1,032	0,871	0,968
Index Bezugszeit 1995	0,816	0,842	0,895	1,000	1,132	1,053	0,842	0,711	0,789
Jahr	1994	1995	1996	1997	1998	1999	2000	2001	2002
Menge A	3,4	3,8	4,2	4,2	4,3	4,4	4,6	4,5	4,8
Index Bezugszeit 1985	1,097	1,226	1,355	1,355	1,387	1,419	1,484	1,452	1,548
Index Bezugszeit 1995	0,895	1,000	1,105	1,105	1,132	1,158	1,211	1,184	1,263

Jahr	1985	1986	1987	1988	1989	1990	1991	1992	1993
Menge B	1,3	1,3	1,5	1,7	2,1	2,0	1,8	1,4	1,8
Index Bezugszeit 1985	1,000	1,000	1,154	1,308	1,615	1,538	1,385	1,077	1,385
Index Bezugszeit 1995	0,619	0,619	0,714	0,810	1,000	0,952	0,857	0,667	0,857
Jahr	1994	1995	1996	1997	1998	1999	2000	2001	2002
Menge B	2,0	2,1	2,3	2,4	2,3	2,3	2,5	2,6	2,6
Index Bezugszeit 1985	1,538	1,615	1,769	1,846	1,769	1,769	1,923	2,000	2,000
Index Bezugszeit 1995	0,952	1,000	1,095	1,143	1,095	1,095	1,190	1,238	1,238

Jahr	1985	1986	1987	1988	1989	1990	1991	1992	1993
Menge C	6,8	7,4	7,8	8,5	9,3	9,0	8,3	7,5	7,6
Index Bezugszeit 1985	1,000	1,088	1,147	1,250	1,368	1,324	1,221	1,103	1,118
Index Bezugszeit 1995	1,097	1,194	1,258	1,371	1,500	1,452	1,339	1,210	1,226
Jahr	1994	1995	1996	1997	1998	1999	2000	2001	2002
Menge C	6,5	6,2	7,4	7,7	8,3	8,9	9,6	9,3	9,8
Index Bezugszeit 1985	0,956	0,912	1,088	1,132	1,221	1,309	1,412	1,368	1,441
Index Bezugszeit 1995	1,048	1,000	1,194	1,242	1,339	1,435	1,548	1,500	1,581

7.3 Preis- und Mengenindizes

Die Messzahlreihen können sehr gut durch 44▶Liniendiagramme dargestellt werden. Für den Rohstoff A ergibt sich folgende Grafik für die Bezugszeiten 1985 bzw. 1995.

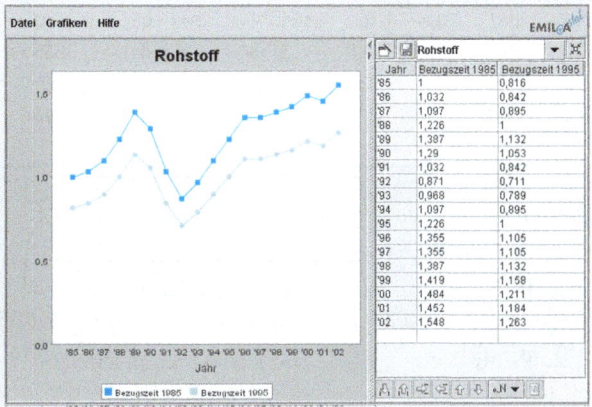

Qualitativ unterscheiden sich die beiden Darstellungen nicht, denn die zugehörigen Werte der Messzahlreihen unterscheiden sich nach der 210▶Verkettungsregel für einfache Indexzahlen nur um eine multiplikative Konstante. Beim Wechsel der Basiszeit von 1985 auf 1995 wird eine 210▶Umbasierung vorgenommen:

$$I_{1995,t} = \frac{I_{1985,t}}{I_{1985,1995}} \approx \frac{I_{1985,t}}{1{,}226}, \quad t \in \{1985,\ldots,2002\}.$$

Speziell ergibt sich für das Jahr 2001: $I_{1995,2001} = \frac{I_{1985,2001}}{I_{1985,1995}} \approx \frac{1{,}452}{1{,}226} \approx 1{,}184$ (vgl. Tabelle).

Zur Kostenanalyse von Warenkörben stehen 218▶Preis- und 226▶Mengenindizes sowie der 230▶Umsatzindex zur Verfügung. Für den Rohstoffwarenkorb A, B, C werden die Indizes nach Laspeyres, Paasche und Fisher ermittelt. In einer Arbeitstabelle werden aus den Mengen und Preisen für die Bezugszeit 1995 und die Berichtszeit 2002 die folgenden Größen bestimmt:

– Wert des Warenkorbs der Basisperiode zu Basispreisen (Wert des Warenkorbs im Jahr 1995),
– (fiktiver) Wert des Warenkorbs der Berichtsperiode zu Basispreisen,
– (fiktiver) Wert des Warenkorbs der Basisperiode zu Berichtspreisen,
– Wert des Warenkorbs der Berichtsperiode zu Berichtspreisen (Wert des Warenkorbs im Jahr 2002).

	Preis		Menge		Produkte von Preisen und Mengen			
	1995	2002	1995	2002				
	p_{95}	p_{02}	q_{95}	q_{02}	$p_{95} \cdot q_{95}$	$p_{95} \cdot q_{02}$	$p_{02} \cdot q_{95}$	$p_{02} \cdot q_{02}$
A	910	970	3,8	4,8	3458	4368	3686	4656
B	260	270	2,1	2,6	546	676	567	702
C	290	330	6,2	9,8	1798	2842	2046	3234
Summe					5802	7886	6299	8592

Aus diesen Werten werden die genannten 233▶Indizes berechnet:

$$P_{95,02}^L = \frac{\sum\limits_{j=1}^{3} p_j^{02} q_j^{95}}{\sum\limits_{j=1}^{3} p_j^{95} q_j^{95}} \approx 1{,}086 \qquad Q_{95,02}^L = \frac{\sum\limits_{j=1}^{3} p_j^{95} q_j^{02}}{\sum\limits_{j=1}^{3} p_j^{95} q_j^{95}} \approx 1{,}359$$

$$P_{95,02}^P = \frac{\sum\limits_{j=1}^{3} p_j^{02} q_j^{02}}{\sum\limits_{j=1}^{3} p_j^{95} q_j^{02}} \approx 1{,}090 \qquad Q_{95,02}^P = \frac{\sum\limits_{j=1}^{3} p_j^{02} q_j^{02}}{\sum\limits_{j=1}^{3} p_j^{02} q_j^{95}} \approx 1{,}364$$

$$P_{95,02}^F = \sqrt{P_{95,02}^L P_{95,02}^P} \approx 1{,}088 \qquad Q_{95,02}^F = \sqrt{Q_{95,02}^L Q_{95,02}^P} \approx 1{,}362$$

$$U_{95,02} = U_{95,02}^L = U_{95,02}^P = U_{95,02}^F = \frac{\sum\limits_{j=1}^{3} p_j^{02} q_j^{02}}{\sum\limits_{j=1}^{3} p_j^{95} q_j^{95}} \approx 1{,}481.$$

Schließlich soll die Preisentwicklung des Rohstoffwarenkorbs A, B, C mit Preisindizes nach Laspeyres für die Berichtszeiten 1995 bis 2002 zur Basiszeit 1995 ermittelt und grafisch dargestellt werden (Der Laspeyres-Index für das Jahr 1995 hat natürlich den Wert Eins). Die dazu benötigten Größen werden wieder in einer Arbeitstabelle ermittelt. Die Mengen im Bezugsjahr 1995 werden mit q_{95}, die Preise der Jahre 1995 bis 2002 mit p_{xy} bezeichnet.

	q_{95}	p_{95}	$p_{95} \cdot q_{95}$	p_{96}	$p_{96} \cdot q_{95}$	p_{97}	$p_{97} \cdot q_{95}$	p_{98}	$p_{98} \cdot q_{95}$
A	3,8	910	3458	930	3534	940	3572	940	3572
B	2,1	260	546	240	504	230	483	240	504
C	6,2	290	1798	320	1984	340	2108	350	2170
Summe			5802		6022		6163		6246
Index			1,000		1,038		1,062		1,077

7.3 Preis- und Mengenindizes

	q_{95}	p_{99}	$p_{99} \cdot q_{95}$	p_{00}	$p_{00} \cdot q_{95}$	p_{01}	$p_{01} \cdot q_{95}$	p_{02}	$p_{02} \cdot q_{95}$
A	3,8	950	3610	960	3648	960	3648	970	3686
B	2,1	260	546	280	588	280	588	270	567
C	6,2	350	2170	340	2108	320	1984	330	2046
Summe			6326		6344		6220		6299
Index			1,090		1,093		1,072		1,086

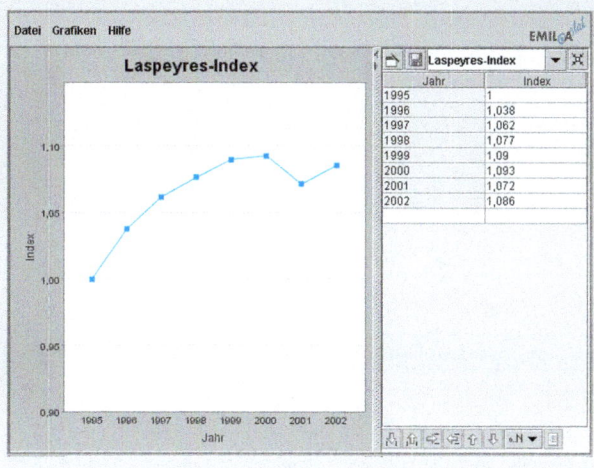

Kapitel 8

Zusammenhangsmaße

8	**Zusammenhangsmaße**	241
8.1	Nominale Merkmale	242
8.2	Metrische Merkmale	263
8.3	Ordinale Merkmale	277
8.4	Punktbiserialer Korrelationskoeffizient	286

8 Zusammenhangsmaße

Beispiel (Fortsetzung 3▶Beispiel Befragung der MitarbeiterInnen) | In der Personalabteilung des Unternehmens nahmen 15 Beschäftigte an der Fragebogenerhebung teil. Einen Ausschnitt des entstandenen Datensatzes für die Merkmale P1 Geschlecht (Kodierung: 0 männlich, 1 weiblich), P4 Dauer der Betriebszugehörigkeit (in Monaten), B1 Zufriedenheit mit dem Arbeitsplatz (Kodierung: 1 überhaupt nicht, 2 weniger, 3 im Allgemeinen, 4 überwiegend, 5 sehr), B2 Betriebsklima (Kodierung: 1 schlecht, 2 weniger gut, 3 gut, 4 sehr gut) und G2 Güte von Transparenz und Informationsfluss (in %) zeigt die folgende Tabelle.

Nummer	1	2	3	4	5	6	7	8	9	10	11	12	13	14	15
P1	0	0	0	0	0	0	0	1	1	1	1	1	1	1	1
P4	126	164	112	73	183	110	46	75	32	22	115	58	43	14	29
B1	4	4	3	5	3	4	5	3	4	2	5	3	4	1	2
B2	3	4	2	4	3	3	4	2	3	2	4	3	3	2	2
G2	75	80	85	60	90	75	30	90	45	25	90	65	50	15	25

Die Geschäftsleitung ist insbesondere an Zusammenhängen zwischen diesen Merkmalen interessiert.

Fragestellungen

– Wie kann ein möglicher Zusammenhang zwischen den Merkmalen P1 Geschlecht und B2 Betriebsklima beschrieben werden?
– Kann eine „Kopplung" der Merkmale P4 Dauer der Betriebszugehörigkeit und G2 Güte von Transparenz und Informationsfluss anhand eines Zusammenhangsmaßes belegt werden?
– Besteht ein (starker) Zusammenhang zwischen den Merkmalen B1 Zufriedenheit mit dem Arbeitsplatz und B2 Betriebsklima?
– Ist ein Zusammenhang der Merkmale P1 Geschlecht und P4 Dauer der Betriebszugehörigkeit erkennbar?
– Welche Interpretationen sind aufgrund der Ergebnisse möglich? Welche Vermutungen oder Schlussfolgerungen liegen nahe?

In Anwendungen wird in der Regel nicht nur ein Merkmal einer 7▶statistischen Einheit gemessen, sondern mehrere (z.B. Geschlecht, Körpergröße, Körpergewicht, Blutdruck von Personen etc.). Die gemeinsame Erhebung der Merkmale hat den Vorteil, dass im Datenmaterial auch Informationen über Zusammenhänge der Merkmale enthalten sind. Eine statistische Analyse der Daten kann daher auch Aufschluss über Zusammenhänge zwischen Größen geben. In der deskriptiven Statistik ermöglichen Zusammenhangsmaße eine Quantifizierung solcher Zusammenhänge, wobei deren Anwendbarkeit – wie bei 62▶Lage- und 88▶Streuungsmaßen – vom 11▶Merkmalstyp der betrachteten Größen abhängig ist. Im Folgenden wird daher angenommen, dass die untersuchten Größen das selbe Skalenniveau haben. Die Größen an sich können dabei durchaus unterschiedlich skaliert sein; die Beobachtungsgröße mit dem geringsten Messniveau bestimmt dann die zu verwendende Methode. Eine Ausnahme von dieser Vereinbarung bildet der 287▶punktbiseriale Korrelationskoeffizient, der für die asymmetrische Situation eines metrischen und eines 12▶dichotomen Merkmals konstruiert ist.

In den bisherigen Kapiteln wurden die statistischen Konzepte stets nach ansteigendem Messniveau (nominal, ordinal, metrisch) eingeführt. Bei der Vorstellung der Zusammenhangsmaße wird von dieser Vorgehensweise abgewichen: nach nominalen Merkmalen werden zunächst metrische Merkmale betrachtet. Dies ist dadurch bedingt, dass das hier eingeführte Zusammenhangsmaß für ordinale Daten aus dem für metrische abgeleitet werden kann und die Eigenschaften übertragen werden.

8.1 Nominale Merkmale

Liegen nominale Merkmale vor, so gibt es wegen der fehlenden Ordnung der Daten weder monotone noch konkrete funktionale Zusammenhänge zwischen beiden Merkmalen (im Gegensatz zur Zusammenhangsmessung für Daten auf einem höheren Messniveau). Daher können zur Quantifizierung des Zusammenhangs nur die absoluten bzw. relativen Häufigkeiten herangezogen werden, d.h. entsprechende Maße können nur die in der (gemeinsamen) Häufigkeitsverteilung zweier Merkmale enthaltene Information nutzen. Um Zusammenhangsmaße für nominale Merkmale von Merkmalen eines höheren Messniveaus abzugrenzen, wird daher im Folgenden die Bezeichnung Assoziationsmaße verwendet.

Bis auf den 254▶Assoziationskoeffizienten von Yule basieren die hier vorgestellten Assoziationsmaße auf der mittels absoluter Häufigkeiten definierten 248▶χ^2-Größe (Chi-Quadrat-Größe). Ehe auf diese Maße näher eingegangen wird, werden zunächst Darstellungsmöglichkeiten von relativen Häufigkeiten für mehrdimensionale Daten vorgestellt und einige zugehörige Begriffe eingeführt.

Kontingenztafel

Eine Kontingenztafel ist eine tabellarische Darstellung der Häufigkeiten eines Datensatzes, der aus Beobachtungen eines 20▶mehrdimensionalen Merkmals mit nominalem Skalenniveau besteht. Da im Folgenden nur Zusammenhangsmaße für zwei Merkmale X und Y betrachtet werden, wird auch die Betrachtung der Darstellungsmöglichkeiten weitgehend auf den bivariaten Fall eingeschränkt. In dieser Situation werden die (verschiedenen) Merkmalsausprägungen von (X, Y) als Paa-

8.1 Nominale Merkmale

re (x_i, y_j) notiert und die zugehörige absolute Häufigkeit im Datensatz mit n_{ij} bezeichnet, $i \in \{1, \ldots, p\}$, $j \in \{1, \ldots, q\}$. Diese Häufigkeiten werden dann in einer Kontingenztafel oder Kontingenztabelle zusammengefasst (eine Kontingenztafel mit relativen Häufigkeiten wird später vorgestellt).

	y_1	y_2	$\cdots$	y_q	Summe
x_1	n_{11}	n_{12}	$\cdots$	n_{1q}	$n_{1\bullet}$
x_2	n_{21}	n_{22}	$\cdots$	n_{2q}	$n_{2\bullet}$
$\vdots$	$\vdots$	$\vdots$	$\ddots$	$\vdots$	$\vdots$
x_p	n_{p1}	n_{p2}	$\cdots$	n_{pq}	$n_{p\bullet}$
Summe	$n_{\bullet 1}$	$n_{\bullet 2}$	$\cdots$	$n_{\bullet q}$	n

Gelegentlich wird die Dimension der Kontingenztafel in die Notation aufgenommen und die Bezeichnung verwendet. Dies betont, dass die Kontingenztabelle p Zeilen und q Spalten besitzt und die zugehörigen Merkmale somit p bzw. q Merkmalsausprägungen haben.

Die Bestandteile der Kontingenztafel werden nun detaillierter erläutert: Die verschiedenen Ausprägungen der Merkmale werden in der Vorspalte (X) bzw. der Kopfzeile (Y) aufgelistet. Die absolute Häufigkeit n_{ij} der Beobachtung (x_i, y_j) ist in der i-ten Zeile der j-ten Spalte zu finden.

In einer weiteren Spalte bzw. weiteren Zeile werden die absoluten Randhäufigkeiten angegeben. Die Randhäufigkeit $n_{i\bullet} = n_{i1} + \cdots + n_{iq}$ in der i-ten Zeile ist die Summe der zu den Merkmalsausprägungen $(x_i, y_1), \ldots, (x_i, y_q)$ gehörigen Häufigkeiten (mit festem x_i). Die Randhäufigkeit $n_{\bullet j} = n_{1j} + \cdots + n_{pj}$ der j-ten Spalte ist die Summe der Häufigkeiten der Merkmalsausprägungen $(x_1, y_j), \ldots, (x_p, y_j)$ (mit festem y_j). Der Punkt im Index der Häufigkeiten deutet also an, über welchen Index summiert wurde.

	y_1	y_2	$\cdots$	y_q	
$\vdots$					
x_i	n_{i1}	n_{i2}	$\cdots$	n_{iq}	$n_{i\bullet}$
$\vdots$					

	$\cdots$	y_j	$\cdots$	$\cdots$
x_1		n_{1j}		
x_2		n_{2j}		
$\vdots$		$\vdots$		
x_p		n_{pj}		
		$n_{\bullet j}$		

Die Randhäufigkeiten geben an, wie oft die jeweilige Ausprägung (des univariaten Merkmals), die in der zugehörigen Zeile bzw. Spalte steht, in der gesamten Stichprobe vorkommt. Demzufolge ist in der rechten Spalte die Häufigkeitsverteilung des ersten Merkmals zu finden (hier X). In der untersten Zeile steht die Häufigkeitsverteilung des zweiten Merkmals (hier Y).

				y_1	y_2	$\cdots$	y_q
x_1	$n_{1\bullet}$	
x_2	$n_{2\bullet}$	
$\vdots$	$\vdots$	
x_p	$n_{p\bullet}$			$n_{\bullet 1}$	$n_{\bullet 2}$	$\cdots$	$n_{\bullet q}$

Die Anzahl n aller Beobachtungen wird in die untere rechte Ecke der Kontingenztafel eingetragen. Da sie die Summe über die absoluten Häufigkeiten aller Ausprägungen des ersten bzw. des zweiten Merkmals ist, wird gelegentlich auch die Schreibweise $n_{\bullet\bullet}$ verwendet:

$$n_{1\bullet} + n_{2\bullet} + \cdots + n_{p\bullet} = n_{\bullet 1} + n_{\bullet 2} + \cdots + n_{\bullet q} = n_{\bullet\bullet} = n.$$

Die Darstellung der Häufigkeiten in einer Kontingenztabelle ist im Allgemeinen nur dann sinnvoll, wenn die Merkmale wenige Ausprägungen haben. Bei 14▶stetigen Merkmalen sind die absoluten Häufigkeiten n_{ij} in der Regel klein (oft Null), so dass Kontingenztafeln in dieser Situation kein sinnvolles Mittel zur Datenkomprimierung sind. Durch eine 134▶Klassierung des Datensatzes werden sie jedoch auch für quantitative Daten interessant.

Kontingenztafeln können ebenso zur Darstellung relativer Häufigkeiten verwendet werden. Mit der Bezeichnung $f_{ij} = \frac{n_{ij}}{n}$ für die relative Häufigkeit der Merkmalsausprägung (x_i, y_j) werden entsprechende Notationen eingeführt:

$$f_{i\bullet} = f_{i1} + f_{i2} + \cdots + f_{iq}, \quad i \in \{1, \ldots, p\},$$
$$f_{\bullet j} = f_{1j} + f_{2j} + \cdots + f_{pj}, \quad j \in \{1, \ldots, q\}.$$

Die Gesamtsummen ergeben

$$f_{1\bullet} + f_{2\bullet} + \cdots + f_{p\bullet} = f_{\bullet 1} + f_{\bullet 2} + \cdots + f_{\bullet q} = f_{\bullet\bullet} = 1,$$

8.1 Nominale Merkmale

so dass die auf relativen Häufigkeiten basierende Kontingenztafel gegeben ist durch

	y_1	y_2	$\cdots$	y_q	
x_1	f_{11}	f_{12}	$\cdots$	f_{1q}	$f_{1\bullet}$
x_2	f_{21}	f_{22}	$\cdots$	f_{2q}	$f_{2\bullet}$
$\vdots$	$\vdots$	$\vdots$	$\ddots$	$\vdots$	$\vdots$
x_p	f_{p1}	f_{p2}	$\cdots$	f_{pq}	$f_{p\bullet}$
	$f_{\bullet 1}$	$f_{\bullet 2}$	$\cdots$	$f_{\bullet q}$	1

Beispiel Partnervermittlung | Im Aufnahmeantrag einer Partnervermittlung wird neben dem Geschlecht einer Person zusätzlich deren Augenfarbe vermerkt. Die Auswertung von 14 Anträgen ergibt folgenden Datensatz, wobei der erste Eintrag das Geschlecht (männlich/weiblich (m/w)) und der zweite die Augenfarbe (Blau (1), Grün (2), Braun (3)) angeben:

(m,1) (m,2) (w,1) (m,2) (w,1) (w,3) (m,2)
(m,1) (w,1) (m,3) (m,2) (w,2) (w,3) (m,1)

Die Kontingenztabellen dieser Daten mit absoluten bzw. relativen Häufigkeiten sind gegeben durch:

	1	2	3	
m	3	4	1	8
w	3	1	2	6
	6	5	3	14

	1	2	3	
m	$\frac{3}{14}$	$\frac{2}{7}$	$\frac{1}{14}$	$\frac{4}{7}$
w	$\frac{3}{14}$	$\frac{1}{14}$	$\frac{1}{7}$	$\frac{3}{7}$
	$\frac{3}{7}$	$\frac{5}{14}$	$\frac{3}{14}$	1

Eine tabellarische Darstellung mehrerer nominaler Merkmale ist in ähnlicher Weise möglich. Exemplarisch werden drei Merkmale X,Y,Z mit Ausprägungen $x_1,\ldots,x_p$, $y_1,\ldots,y_q$ und $z_1,\ldots,z_r$ betrachtet. Die absolute bzw. relative Häufigkeit der Ausprägung (x_i,y_j,z_k) wird mit n_{ijk} bzw. f_{ijk} bezeichnet. Entsprechend werden 243▶Randhäufigkeiten gebildet:

$$n_{\bullet jk} = \sum_{i=1}^{p} n_{ijk}, \quad n_{i\bullet k} = \sum_{j=1}^{q} n_{ijk}, \quad n_{ij\bullet} = \sum_{k=1}^{r} n_{ijk}.$$

Analog sind z.B. die Notationen $n_{i\bullet\bullet}$, $n_{\bullet j\bullet}$, $n_{\bullet\bullet k}$ zu verstehen. In einer Kontingenztabelle können die Häufigkeiten folgendermaßen dargestellt werden (ohne Randhäufigkeiten).

8. Zusammenhangsmaße

		Z						
		z_1		...		z_r		
		Y		...		Y		
		y_1	...	y_q	y_1 ... y_q	y_1	...	y_q
X	x_1	n_{111}	...	n_{1q1}	... ...	n_{11r}	...	n_{1qr}
	⋮	⋮		⋮	⋮	⋮		⋮
	x_p	n_{p11}	...	n_{pq1}	... ...	n_{p1r}	...	n_{pqr}

Bedingte Häufigkeiten

Ein zentraler Häufigkeitsbegriff ist die bedingte Häufigkeitsverteilung. Zu deren Definition werden z.B. die Häufigkeiten des Merkmals X unter der Voraussetzung betrachtet, dass Y eine bestimmte Ausprägung y_j hat. Im 245▶Beispiel Partnervermittlung bedeutet dies etwa, dass die Häufigkeitsverteilung des Merkmals Augenfarbe innerhalb der Gruppe der Frauen betrachtet wird.

Die bedingte Häufigkeitsverteilung ergibt sich, indem die absoluten Häufigkeiten $n_{1j}, \ldots, n_{pj}$ der Tupel $(x_1, y_j), \ldots, (x_p, y_j)$ auf die Gesamthäufigkeit $n_{1j} + \cdots + n_{pj} = n_{\bullet j}$ der Beobachtung y_j in den Daten – also der absoluten Häufigkeit aller Tupel, die die Ausprägung y_j enthalten – bezogen werden:

$$\frac{\text{Häufigkeit der Beobachtung } (x_i, y_j)}{\text{Häufigkeit der Beobachtung } y_j} = \frac{n_{ij}}{n_{\bullet j}}, \quad i \in \{1, \ldots, p\}.$$

Da sich die relativen Häufigkeiten einer Kontingenztafel nur durch einen konstanten Faktor (der Stichprobengröße n) von den entsprechenden absoluten Häufigkeiten unterscheiden, können die obigen Ausdrücke auch als Quotienten von relativen Häufigkeiten berechnet werden.

▶ **Definition** Bedingte Häufigkeit |

— Sei $n_{\bullet j} > 0$. Der Quotient

$$f_{X=x_i|Y=y_j} = \frac{n_{ij}}{n_{\bullet j}} = \frac{f_{ij}}{f_{\bullet j}}, \quad i \in \{1, \ldots, p\},$$

heißt bedingte Häufigkeit (von $X = x_i$ unter der Bedingung $Y = y_j$). Die zugehörige Häufigkeitsverteilung

$$f_{X=x_1|Y=y_j}, \ldots, f_{X=x_p|Y=y_j}$$

wird als bedingte Häufigkeitsverteilung (von X unter der Bedingung $Y = y_j$) bezeichnet.

8.1 Nominale Merkmale

— Sei $n_{i\bullet} > 0$. Der Quotient

$$f_{Y=y_j|X=x_i} = \frac{n_{ij}}{n_{i\bullet}} = \frac{f_{ij}}{f_{i\bullet}}, \quad j \in \{1, \ldots, q\},$$

heißt bedingte Häufigkeit (von $Y = y_j$ unter der Bedingung $X = x_i$). Die zugehörige Häufigkeitsverteilung

$$f_{Y=y_1|X=x_i}, \ldots, f_{Y=y_q|X=x_i}$$

wird als bedingte Häufigkeitsverteilung (von Y unter der Bedingung $X = x_i$) bezeichnet. ✗

Die Bedingungen $n_{i\bullet} > 0$, $n_{\bullet j} > 0$ in der Definition der bedingten Häufigkeiten können so interpretiert werden, dass eine bedingte Häufigkeit bzgl. einer gegebenen Ausprägung nur dann sinnvoll ist, wenn diese auch tatsächlich beobachtet worden ist.

Beispiel Schädlingsbefall | In einem Experiment wird die Schädlingsanfälligkeit von Erbsensorten untersucht. Hierzu werden die Erbsensorten A, B und C auf 15 Testfeldern angebaut und nach einer vorgegebenen Zeit auf Schädlingsbefall untersucht (Kodierung ja/nein (j/n)). Resultat des Versuchs ist der zweidimensionale Datensatz

$$\begin{array}{ccccc}
(A,j) & (B,j) & (A,j) & (C,j) & (C,n) \\
(A,n) & (B,n) & (A,n) & (C,j) & (A,j) \\
(A,n) & (C,n) & (A,n) & (B,j) & (A,n)
\end{array}$$

wobei der erste Eintrag die Erbsensorte (Merkmal X) und der zweite die Existenz von Schädlingen (Merkmal Y) bezeichnen. Die zu diesem Datensatz gehörige Kontingenztafel der absoluten Häufigkeiten ist somit

	j	n	
Sorte A	3	5	8
Sorte B	2	1	3
Sorte C	2	2	4
	7	8	15

Die bedingte Häufigkeitsverteilung

$$f_{X=A|Y=j} = \frac{n_{11}}{n_{\bullet 1}} = \frac{3}{7}, f_{X=B|Y=j} = \frac{n_{21}}{n_{\bullet 1}} = \frac{2}{7}, f_{X=C|Y=j} = \frac{n_{31}}{n_{\bullet 1}} = \frac{2}{7},$$

beschreibt die Häufigkeiten der einzelnen Erbsensorten unter der Bedingung, dass ein Schädlingsbefall aufgetreten ist. Dies bedeutet allerdings nicht, dass Sorte A im Vergleich zu den anderen Sorten anfälliger für Schädlinge ist. Es bedeutet nur, dass unter allen Feldern mit Schädlingsbefall diejenigen mit Sorte A am stärksten vertreten waren. Hierbei ist zu berücksichtigen, dass Sorte A im Vergleich zu den anderen Erbsensorten am häufigsten ausgesät wurde. Auf Basis des Datenmaterials kann sogar davon ausgegangen werden, dass Sorte A weniger anfällig gegenüber Schädlingen ist als die anderen Sorten. Wird nämlich für jede Sorte separat untersucht, wie hoch der jeweilige Anteil an befallenen Feldern ist, so ergibt sich:

$$f_{Y=j|X=A} = \frac{n_{11}}{n_{1\bullet}} = \frac{3}{8}, f_{Y=j|X=B} = \frac{n_{21}}{n_{2\bullet}} = \frac{2}{3}, f_{Y=j|X=C} = \frac{n_{31}}{n_{3\bullet}} = \frac{1}{2}.$$

Es waren also nur $\frac{3}{8} = 37{,}5\%$ aller Felder mit Sorte A von Schädlingen befallen, während bei Sorte B bzw. Sorte C zwei Drittel bzw. die Hälfte aller Felder einen Befall aufwiesen.

Die Idee der bedingten Häufigkeitsverteilung wurde implizit bereits bei der Definition des 41▶Gruppendiagramms verwendet, in der für eine 9▶Teilpopulation jeweils getrennt eine Häufigkeitsverteilung bestimmt wurde. Die bedingte Verteilung in der Gesamtpopulation entspricht somit einer üblichen Häufigkeitsverteilung in der Teilpopulation.

Regel Bedingte Häufigkeitsverteilung | Für die bedingten Häufigkeitsverteilungen eines Datensatzes (x_i, y_j), $i \in \{1, \ldots, p\}$, $j \in \{1, \ldots, q\}$, gilt

$$\sum_{i=1}^{p} f_{X=x_i|Y=y_j} = 1, \qquad \sum_{j=1}^{q} f_{Y=y_j|X=x_i} = 1.$$

χ^2-Größe

Ziel dieses Abschnitts ist es, einfache Assoziationsmaße zur Zusammenhangsmessung bereitzustellen. Diese basieren bis auf den 254▶Assoziationskoeffizienten von Yule auf der χ^2-Größe, die auf den Einträgen der Kontingenztafel beruht. Bei der Definition wird zunächst angenommen, dass alle Randhäufigkeiten $n_{i\bullet}, n_{\bullet j}$ positiv sind.

▶ **Definition** χ^2-Größe | Bei positiven Randhäufigkeiten $n_{i\bullet}, n_{\bullet j}$ wird die χ^2-Größe χ^2 definiert durch

$$\chi^2 = \sum_{i=1}^{p} \sum_{j=1}^{q} \frac{(n_{ij} - v_{ij})^2}{v_{ij}} \quad \text{mit } v_{ij} = \frac{n_{i\bullet} n_{\bullet j}}{n}, i \in \{1, \ldots, p\}, j \in \{1, \ldots, q\}.$$

Gemäß der obigen Definition ist die χ^2-Größe nicht definiert, falls die Kontingenztafel eine Nullzeile bzw. -spalte enthält, eine Randhäufigkeit also den Wert Null hat. Eine entsprechende 251▶Erweiterung der Definition wird später vorgenommen. Außerdem ist es wichtig zu betonen, dass zur Bestimmung der χ^2-Größe die Anzahl

8.1 Nominale Merkmale

n aller Beobachtungen bekannt sein muss; mittels einer auf relativen Häufigkeiten basierenden 242▶Kontingenztafel kann sie nicht ermittelt werden.

Zunächst werden einige Eigenschaften der χ^2-Größe vorgestellt, die insbesondere dazu dienen, die Verwendung als Assoziationsmaß zu rechtfertigen. Aus der Definition der χ^2-Größe ist die Nicht-Negativität dieser Maßzahl unmittelbar einsichtig.

Regel Nicht-Negativität der χ^2-Größe | Für die χ^2-Größe gilt $\chi^2 \geqslant 0$.

Der Begriff der empirischen Unabhängigkeit ist zentral für das Verständnis der χ^2-Größe.

Definition Empirische Unabhängigkeit | Die Merkmale X und Y heißen empirisch unabhängig, wenn für die absoluten Häufigkeiten gilt:

$$\frac{n_{ij}}{n} = \frac{n_{i\bullet}}{n} \frac{n_{\bullet j}}{n} \quad \text{für alle } i \in \{1, \ldots, p\} \text{ und für alle } j \in \{1, \ldots, q\}.$$

Aus der Definition ist sofort die folgende Formulierung mittels relativer Häufigkeiten klar.

Regel Empirische Unabhängigkeit | Die empirische Unabhängigkeit von X und Y ist äquivalent zu

$$f_{ij} = f_{i\bullet} f_{\bullet j} \quad \text{für alle } i \in \{1, \ldots, p\} \text{ und } j \in \{1, \ldots, q\}.$$

Sind zwei Merkmale empirisch unabhängig, so sind also die Häufigkeiten der Merkmalsausprägungen des zweidimensionalen Datensatzes durch die Randhäufigkeiten vollständig bestimmt. Der Begriff der empirischen Unabhängigkeit lässt sich folgendermaßen motivieren: Angenommen, es gäbe <u>keinen</u> Zusammenhang zwischen beiden Merkmalen. Dann müssten die 246▶bedingten Häufigkeitsverteilungen des Merkmals X bei jeweils gegebenem $Y = y_j$ mit der (unbedingten) Häufigkeitsverteilung von X übereinstimmen, d.h. für beliebige $i \in \{1, \ldots, p\}$, $j \in \{1, \ldots, q\}$ müsste gelten:

bedingte Häufigkeit von x_i unter y_j = relative Häufigkeit von x_i im Datensatz

In diesem Fall hätte das zu den Ausprägungen y_j, $j \in \{1, \ldots, q\}$, gehörige Merkmal Y offenbar keinerlei Einfluss auf das Merkmal X. Dies bedeutet, dass für jedes $j \in \{1, \ldots, q\}$ der Zusammenhang

$$f_{X=x_i|Y=y_j} = \frac{n_{ij}}{n_{\bullet j}} = \frac{n_{i\bullet}}{n} = f_{i\bullet} \quad \text{für alle } i \in \{1, \ldots, p\}$$

gilt bzw. äquivalent dazu

$$f_{ij} = \frac{n_{ij}}{n} = \frac{n_{i\bullet} n_{\bullet j}}{n^2} = f_{i\bullet} f_{\bullet j} \quad \text{für alle } i \in \{1,\ldots,p\} \text{ und } j \in \{1,\ldots,q\}.$$

Diese Forderung entspricht aber gerade der definierenden Eigenschaft der empirischen Unabhängigkeit. Die empirische Unabhängigkeit ist somit ein notwendiges Kriterium, damit zwischen zwei Merkmalen kein Zusammenhang besteht. Die obige Motivation gilt aus Symmetriegründen auch für den umgekehrten Fall eines Einflusses des Merkmals X auf das Merkmal Y.

Durch die Klärung des Begriffs der empirischen Unabhängigkeit wird auch verständlich, wie die χ^2-Größe eine Beziehung zwischen zwei Merkmalen misst. Die χ^2-Größe vergleicht die tatsächlich beobachteten Häufigkeiten n_{ij} mit den (absoluten) Häufigkeiten bei Vorliegen der empirischen Unabhängigkeit

$$v_{ij} = n f_{i\bullet} f_{\bullet j} = \frac{n_{i\bullet} n_{\bullet j}}{n},$$

d.h. es werden die tatsächliche und die Kontingenztafel „bei Unabhängigkeit"

	y_1	y_2	$\cdots$	y_q
x_1	n_{11}	n_{12}	$\cdots$	n_{1q}
$\vdots$	$\vdots$	$\vdots$		$\vdots$
		n_{ij}		
$\vdots$	$\vdots$	$\vdots$		$\vdots$
x_p	n_{p1}	n_{p2}	$\cdots$	n_{pq}

	y_1	y_2	$\cdots$	y_q
x_1	v_{11}	v_{12}	$\cdots$	v_{1q}
$\vdots$	$\vdots$	$\vdots$		$\vdots$
		v_{ij}		
$\vdots$	$\vdots$	$\vdots$		$\vdots$
x_p	v_{p1}	v_{p2}	$\cdots$	v_{pq}

verglichen. Die Randverteilungen stimmen in beiden Fällen überein, denn es gilt für $i \in \{1,\ldots,p\}$ bzw. $j \in \{1,\ldots,q\}$:

$$v_{i\bullet} = \sum_{j=1}^{q} v_{ij} = \sum_{j=1}^{q} \frac{n_{i\bullet}}{n} n_{\bullet j} = \frac{n_{i\bullet}}{n} n_{\bullet\bullet} = n_{i\bullet} \quad \text{bzw.}$$

$$v_{\bullet j} = \sum_{i=1}^{p} v_{ij} = \sum_{i=1}^{p} n_{i\bullet} \frac{n_{\bullet j}}{n} = n_{\bullet\bullet} \frac{n_{\bullet j}}{n} = n_{\bullet j}.$$

An dieser Stelle ist es wichtig anzumerken, dass die Forderung der empirischen Unabhängigkeit die zugehörige Kontingenztafel eindeutig festlegt, sofern die Randverteilungen der Merkmale gegeben sind. Hierbei ist zu beachten, dass die „theoretischen Häufigkeiten" $v_{ij} = \frac{n_{i\bullet} n_{\bullet j}}{n}$ keine natürlichen Zahlen sein müssen.

In Analogie zur Definition von 88▶Streuungsmaßen werden die beiden Häufigkeitsverteilungen mittels eines quadratischen Abstands verglichen, d.h. die quadrierten Abstände der Ausdrücke n_{ij} und $v_{ij} = \frac{n_{i\bullet} n_{\bullet j}}{n}$ werden zur Untersuchung eines Zu-

8.1 Nominale Merkmale

sammenhangs der Merkmale betrachtet. Das resultierende Maß ist die χ^2-Größe

$$\chi^2 = \sum_{i=1}^{p}\sum_{j=1}^{q} \frac{(n_{ij} - v_{ij})^2}{v_{ij}},$$

bei deren Definition zunächst angenommen wird, dass die im Nenner auftretenden Werte v_{ij} positiv sind. Letzteres ist äquivalent zu $n_{i\bullet} > 0$ und $n_{\bullet j} > 0$ für alle i und j, d.h. die zu Grunde liegende Kontingenztabelle hat weder eine Nullzeile noch eine Nullspalte. Gilt hingegen $n_{i\bullet} = 0$ für ein i oder $n_{\bullet j} = 0$ für ein j, so haben beide oben abgebildeten Tafeln die selbe Nullzeile oder -spalte, so dass dort beide Verteilungen übereinstimmen. Die entsprechenden Indizes werden in der Berechnung der χ^2-Größe daher nicht berücksichtigt, d.h.

$$\chi^2 = \sum_{i,j:v_{ij}>0} \frac{(n_{ij} - v_{ij})^2}{v_{ij}}.$$

Da die zugehörigen Merkmalsausprägungen im vorliegenden Datenmaterial nicht aufgetreten sind, kann die jeweilige Merkmalsausprägung von X bzw. Y vernachlässigt werden. Im Folgenden kann daher angenommen werden, dass die Kontingenztafel weder Nullzeilen noch -spalten enthält.

Beispiel Schrifterkennung | Die Leistung eines Computerprogramms zur Schrifterkennung soll genauer untersucht werden. Dazu wird die Erkennung des Buchstabens **B** einer detaillierten Prüfung unterzogen.

Im Test werden 60 Personen gebeten, einen vorgegebenen Text, der 10 **B**'s enthält, handschriftlich mittels eines Tablet-Computers einzugeben. Hierbei werden zwei gleich große Gruppen gebildet, die jeweils unterschiedliche Schreibweisen der **B**'s, nämlich einen von zwei festgelegten Schriftzügen, verwenden sollen. Die möglichen Ergebnisse eines Erkennungsversuchs werden in vier Kategorien eingeteilt: der Buchstabe wird korrekt erkannt (ke), dem Schriftzug wird ein falscher Buchstabe zugeordnet (fzb), dem Schriftzug wird eine Ziffer zugeordnet (fzz) oder das Programm kann überhaupt keine Zuordnung zu einem Muster durchführen und liefert einen Fehler (f). Nach Durchführung des Versuchs liegt folgende Kontingenztafel vor.

	ke	fzb	fzz	f	
Gruppe 1	244	36	20	0	300
Gruppe 2	132	42	126	0	300
	376	78	146	0	600

Der letzte Fall ist im Test offenbar nicht aufgetreten, d.h. das Programm konnte immer eine (möglicherweise falsche) Zuordnung treffen. Mittels der χ^2-Größe wird diese Kontingenztafel mit der (theoretischen) Kontingenztafel (bei Unabhängigkeit)

	ke	fzb	fzz	f	
Gruppe 1	188	39	73	0	300
Gruppe 2	188	39	73	0	300
	376	78	146	0	600

verglichen. Auch hier ergibt sich für die letzte Spalte eine Nullspalte. Die χ^2-Größe hat den Wert $\chi^2 \approx 110{,}782$. ✗

Die χ^2-Größe hat die Eigenschaft genau dann die untere Schranke des Wertebereichs, d.h. den Wert Null, anzunehmen, wenn beide Merkmale empirisch unabhängig sind.

Regel χ^2-Größe und empirische Unabhängigkeit | Für die χ^2-Größe gilt:

$$\chi^2 = 0 \quad \Longleftrightarrow \quad X \text{ und } Y \text{ sind empirisch unabhängig.}$$

Nachweis. Diese Eigenschaft folgt aus der Rechnung:

$$\chi^2 = \sum_{i=1}^{p} \sum_{j=1}^{q} \frac{(n_{ij} - v_{ij})^2}{v_{ij}} = 0$$

$$\Longleftrightarrow (n_{ij} - v_{ij})^2 = 0 \quad \text{für alle } i \in \{1, \ldots, p\} \text{ und } j \in \{1, \ldots, q\}$$

$$\Longleftrightarrow n_{ij} = \frac{n_{i\bullet} n_{\bullet j}}{n} \quad \text{für alle } i \in \{1, \ldots, p\} \text{ und } j \in \{1, \ldots, q\}$$

$$\Longleftrightarrow \frac{n_{ij}}{n} = \frac{n_{i\bullet} n_{\bullet j}}{n^2} \quad \text{für alle } i \in \{1, \ldots, p\} \text{ und } j \in \{1, \ldots, q\}. \quad \checkmark$$

Dieses Resultat kann folgendermaßen angewendet werden: Nimmt χ^2 kleine Werte an, so besteht vermutlich kein Zusammenhang zwischen den Merkmalen X und Y. Der Fall $\chi^2 = 0$ selbst wird in Anwendungen allerdings nur selten auftreten. Es ist sogar möglich, dass bei gegebenen Randhäufigkeiten die Quotienten $\frac{n_{i\bullet} n_{\bullet j}}{n}$ keine natürlichen Zahlen sind, d.h. es gibt keine Kontingenztafel mit absoluten Häufigkeiten, die zur empirischen Unabhängigkeit der Merkmale führt (s. z.B. 247▶Beispiel Schädlingsbefall)!

Zur Berechnung der χ^2-Größe wird eine alternative Formel angegeben, die häufig einfacher handhabbar ist.

Regel Alternative Formel für die χ^2-Größe | Für die χ^2-Größe gilt:

$$\chi^2 = n \left(\sum_{i=1}^{p} \sum_{j=1}^{q} \frac{n_{ij}^2}{n_{i\bullet} n_{\bullet j}} \right) - n.$$

8.1 Nominale Merkmale

Nachweis. Diese Formel ergibt sich mittels einiger Umformungen:

$$\chi^2 = \sum_{i=1}^{p}\sum_{j=1}^{q} \frac{\left(n_{ij} - \frac{n_{i\bullet}n_{\bullet j}}{n}\right)^2}{\frac{n_{i\bullet}n_{\bullet j}}{n}}$$

$$= \sum_{i=1}^{p}\sum_{j=1}^{q} \frac{n}{n_{i\bullet}n_{\bullet j}}\left(n_{ij}^2 - 2n_{ij}\frac{n_{i\bullet}n_{\bullet j}}{n} + \left(\frac{n_{i\bullet}n_{\bullet j}}{n}\right)^2\right)$$

$$= \sum_{i=1}^{p}\sum_{j=1}^{q}\left(\frac{nn_{ij}^2}{n_{i\bullet}n_{\bullet j}} - 2n_{ij} + \frac{n_{i\bullet}n_{\bullet j}}{n}\right)$$

$$= n\sum_{i=1}^{p}\sum_{j=1}^{q}\frac{n_{ij}^2}{n_{i\bullet}n_{\bullet j}} - 2\underbrace{\sum_{i=1}^{p}\sum_{j=1}^{q}n_{ij}}_{=n} + \frac{1}{n}\underbrace{\left(\sum_{i=1}^{p}n_{i\bullet}\right)}_{=n}\underbrace{\left(\sum_{j=1}^{q}n_{\bullet j}\right)}_{=n}$$

$$= n\left(\sum_{i=1}^{p}\sum_{j=1}^{q}\frac{n_{ij}^2}{n_{i\bullet}n_{\bullet j}}\right) - n. \qquad \checkmark$$

Beispiel | Auf der Basis der Kontingenztafel aus 251▶Beispiel Schrifterkennung ergeben sich für die in der alternativen Formel verwendeten Quotienten die Werte (ohne Berücksichtigung der Nullspalte):

$\frac{n_{ij}^2}{n_{i\bullet}n_{\bullet j}}$	y_1	y_2	y_3
x_1	0,5278	0,0554	0,0091
x_2	0,1545	0,0754	0,3625

Eine Berechnung der χ^2-Größe unter Verwendung der gerundeten Werte liefert

$$\chi^2 = n\left(\sum_{i=1}^{2}\sum_{j=1}^{3}\frac{n_{ij}^2}{n_{i\bullet}n_{\bullet j}} - 1\right) \approx 600 \cdot (1{,}1847 - 1) = 110{,}82. \qquad \textbf{✗}$$

Im Spezialfall $p = q = 2$ lässt sich die Berechnungsvorschrift vereinfachen.

Regel χ^2-Größe für 2×2-Kontingenztafeln | Gilt $p = q = 2$, so folgt

$$\chi^2 = n\frac{(n_{11}n_{22} - n_{12}n_{21})^2}{n_{1\bullet}n_{2\bullet}n_{\bullet 1}n_{\bullet 2}}.$$

Nachweis. Zunächst gilt

$$n \cdot n_{11} - n_{1\bullet}n_{\bullet 1} = (n_{\bullet 1} + n_{\bullet 2})n_{11} - n_{1\bullet}n_{\bullet 1} = n_{\bullet 1}(n_{11} - n_{1\bullet}) + n_{11}n_{\bullet 2}$$
$$= -n_{\bullet 1}n_{12} + n_{11}n_{\bullet 2} = -n_{11}n_{12} - n_{21}n_{12} + n_{11}n_{12} + n_{11}n_{22}$$
$$= n_{11}n_{22} - n_{21}n_{12}.$$

Durch analoge Rechnung folgt

$$(n \cdot n_{ij} - n_{i\bullet} n_{\bullet j})^2 = (n_{11} n_{22} - n_{21} n_{12})^2 \quad \text{für alle } i, j \in \{1,2\},$$

so dass sich für die χ^2-Größe ergibt

$$\begin{aligned}
\chi^2 &= \frac{1}{n}\left(\frac{(n \cdot n_{11} - n_{1\bullet} n_{\bullet 1})^2}{n_{1\bullet} n_{\bullet 1}} + \frac{(n \cdot n_{12} - n_{1\bullet} n_{\bullet 2})^2}{n_{1\bullet} n_{\bullet 2}}\right. \\
&\qquad \left. + \frac{(n \cdot n_{21} - n_{2\bullet} n_{\bullet 1})^2}{n_{2\bullet} n_{\bullet 1}} + \frac{(n \cdot n_{22} - n_{2\bullet} n_{\bullet 2})^2}{n_{2\bullet} n_{\bullet 2}}\right) \\
&= \frac{(n_{11} n_{22} - n_{21} n_{12})^2}{n}\left(\frac{1}{n_{1\bullet} n_{\bullet 1}} + \frac{1}{n_{1\bullet} n_{\bullet 2}} + \frac{1}{n_{2\bullet} n_{\bullet 1}} + \frac{1}{n_{2\bullet} n_{\bullet 2}}\right) \\
&= \frac{(n_{11} n_{22} - n_{21} n_{12})^2}{n_{1\bullet} n_{2\bullet} n_{\bullet 1} n_{\bullet 2}} \cdot \frac{1}{n} (n_{2\bullet} n_{\bullet 2} + n_{2\bullet} n_{\bullet 1} + n_{1\bullet} n_{\bullet 2} + n_{1\bullet} n_{\bullet 1}) \\
&= \frac{(n_{11} n_{22} - n_{21} n_{12})^2}{n_{1\bullet} n_{2\bullet} n_{\bullet 1} n_{\bullet 2}} \cdot \frac{1}{n} (n_{2\bullet} n + n_{1\bullet} n) \\
&= n \frac{(n_{11} n_{22} - n_{21} n_{12})^2}{n_{1\bullet} n_{2\bullet} n_{\bullet 1} n_{\bullet 2}}. \qquad \checkmark
\end{aligned}$$

Beispiel (Fortsetzung) | Werden in 251▶Beispiel Schrifterkennung die Gruppen, die eine fehlerhafte Zuordnung des Buchstaben beschreiben (fzb, fzz, f), zu einer einzigen Gruppe fz zusammengefasst, so ergibt sich eine 2 × 2-Kontingenztafel.

	ke	fz	
Gruppe 1	244	56	300
Gruppe 2	132	168	300
	376	224	600

Mittels der vereinfachten Formel der χ^2-Größe für 2 × 2-Tafeln resultiert der Wert

$$\chi^2 = 600 \cdot \frac{(244 \cdot 168 - 56 \cdot 132)^2}{300^2 \cdot 376 \cdot 224} \approx 89{,}36.$$

Assoziationskoeffizient von Yule

Eine Alternative zur χ^2-Größe für 2 × 2-Tafeln (Vierfeldertafeln) bietet der Assoziationskoeffizient von Yule, wobei die Abweichung wie bei der χ^2-Größe mittels der Differenz $n_{11} n_{22} - n_{12} n_{21}$ bewertet wird.

▶ **Definition** Assoziationskoeffizient von Yule | Für eine 2 × 2-Kontingenztafel, die weder eine Nullzeile noch eine Nullspalte enthält, ist der Assoziationskoeffizient von Yule definiert durch

$$A = \frac{n_{11} n_{22} - n_{12} n_{21}}{n_{11} n_{22} + n_{12} n_{21}}.$$

8.1 Nominale Merkmale

Beispiel | Im 254▶Beispiel Schrifterkennung ergibt sich für den Yuleschen Assoziationskoeffizienten

$$A = \frac{244 \cdot 168 - 56 \cdot 132}{244 \cdot 168 + 56 \cdot 132} \approx 0{,}694.$$

Der Yulesche Assoziationskoeffizient nimmt nur Werte im Intervall $[-1, 1]$ an, denn

$$-1 \leqslant A \leqslant 1 \iff -(n_{11}n_{22} + n_{12}n_{21}) \leqslant n_{11}n_{22} - n_{12}n_{21} \leqslant n_{11}n_{22} + n_{12}n_{21}$$
$$\iff -2n_{11}n_{22} \leqslant 0 \leqslant 2n_{12}n_{21}.$$

Er basiert auf dem Kreuzproduktverhältnis $c = \frac{n_{11}n_{22}}{n_{12}n_{21}}$, denn A kann geschrieben werden als

$$A = \frac{c-1}{c+1}.$$

Wie bei der 252▶χ^2-Größe ist die 249▶empirische Unabhängigkeit der Merkmale äquivalent zu $A = 0$. Hat ein Eintrag der Vierfeldertafel den Wert Null, so gilt $|A| = 1$. Zu weiteren Eigenschaften des Assoziationskoeffizienten und alternativer Assoziationsmaße sei auf Hartung et al. (2009) verwiesen.

Eigenschaften der χ^2-Größe

Bisher wurde nur eine untere Schranke für den Wertebereich der χ^2-Größe angegeben. Deren Wertebereich ist auch nach oben beschränkt, wobei die Schranke allerdings von der Stichprobengröße n abhängt.

Regel Obere Schranke für die χ^2-Größe | Für die χ^2-Größe gilt

$$\chi^2 \leqslant n \cdot \min\{p-1, q-1\}.$$

Nachweis. Aufgrund der 252▶alternativen Berechnungsformel für die χ^2-Größe und der Gleichung $\min\{p-1, q-1\} = \min\{p, q\} - 1$ gelten folgende Äquivalenzen:

$$\chi^2 \leqslant n \cdot \min\{p-1, q-1\} \iff n\left(\sum_{i=1}^{p}\sum_{j=1}^{q} \frac{n_{ij}^2}{n_{i\bullet}n_{\bullet j}} - 1\right) \leqslant n \cdot (\min\{p, q\} - 1)$$
$$\iff \sum_{i=1}^{p}\sum_{j=1}^{q} \frac{n_{ij}^2}{n_{i\bullet}n_{\bullet j}} \leqslant \min\{p, q\}.$$

Es genügt also, die letzte Ungleichung nachzuweisen. Wegen

$$\frac{n_{ij}}{n_{\bullet j}} = \frac{n_{ij}}{\sum_{k=1}^{p} n_{kj}} \leqslant 1$$

kann die Summe folgendermaßen abgeschätzt werden:

$$\sum_{i=1}^{p}\sum_{j=1}^{q}\frac{n_{ij}^2}{n_{i\bullet}n_{\bullet j}} = \sum_{i=1}^{p}\sum_{j=1}^{q}\frac{n_{ij}}{n_{i\bullet}} \cdot \underbrace{\frac{n_{ij}}{n_{\bullet j}}}_{\leqslant 1} \leqslant \sum_{i=1}^{p}\sum_{j=1}^{q}\frac{n_{ij}}{n_{i\bullet}} = \sum_{i=1}^{p} 1 = p.$$

Analog gilt mit $\frac{n_{ij}}{n_{i\bullet}} \leqslant 1$ auch $\sum_{i=1}^{p}\sum_{j=1}^{q}\frac{n_{ij}^2}{n_{i\bullet}n_{\bullet j}} \leqslant q$, so dass die gewünschte Ungleichung und damit die obere Schranke für die χ^2-Größe bewiesen ist. ✓

Enthält die Kontingenztafel Nullzeilen oder Nullspalten, so spielen diese bei der Berechnung der χ^2-Größe keine Rolle (sie werden ignoriert). In diesem Fall reduziert sich der maximale Wert, so dass die obere Schranke lautet

$$n \cdot (\min\{p - \text{Anzahl Nullzeilen}, q - \text{Anzahl Nullspalten}\} - 1).$$

Für kleine Werte der χ^2-Größe kann davon ausgegangen werden, dass nur ein schwacher Zusammenhang zwischen den betrachteten Merkmalen besteht. Im Folgenden wird sich zeigen, dass für Werte nahe der oberen Schranke der χ^2-Größe hingegen von einem ausgeprägten Zusammenhang zwischen beiden Merkmalen auszugehen ist. Die obere Schranke wird nämlich nur angenommen, wenn die Kontingenztafel eine Gestalt aufweist, die als vollständige Abhängigkeit interpretiert werden kann. Gilt $p \geqslant q$, d.h. gibt es mindestens so viele Ausprägungen von X wie von Y, so legt bei vollständiger Abhängigkeit die Ausprägung x_i von X die Ausprägung von Y eindeutig fest. Für $p \leqslant q$ legt eine Beobachtung von Y den Wert von X fest. Diese „völlige Abhängigkeit" kann somit als Gegenstück zur empirischen Unabhängigkeit interpretiert werden.

> **Regel** Völlige Abhängigkeit in einer p × q-Kontingenztafel | Für die χ^2-Größe gilt $\chi^2 = n \cdot \min\{p-1, q-1\}$ genau dann, wenn eine der folgenden Bedingungen für die zugehörige Kontingenztafel erfüllt ist:
>
> 1. Es gilt $p < q$ und in jeder Spalte sind die Häufigkeiten in genau einem Feld konzentriert.
>
> 2. Es gilt $p = q$ und in jeder Zeile und in jeder Spalte sind die Häufigkeiten in genau einem Feld konzentriert.
>
> 3. Es gilt $p > q$ und in jeder Zeile sind die Häufigkeiten in genau einem Feld konzentriert.

Nachweis. Sei $p \leqslant q$. Enthält die Kontingenztafel eine Nullzeile oder -spalte, so kann diese gestrichen und das Problem mit der verkleinerten Tabelle behandelt werden. Hierbei ist zu beachten, dass sich die obere Schranke evtl. verringert. Daher kann $n_{i\bullet} > 0$, $i \in \{1, \ldots, p\}$,

8.1 Nominale Merkmale

und $n_{\bullet j} > 0$, $j \in \{1, \ldots, q\}$ vorausgesetzt werden. Aus dem Nachweis der oberen Schranke ergibt sich

$$\chi^2 = p \iff \frac{n_{ij}}{n_{\bullet j}} = 1 \text{ für alle } i \in \{1, \ldots, p\}, j \in \{1, \ldots, q\} \text{ mit } n_{ij} > 0 \quad (\clubsuit)$$

bzw.

$$n_{ij} = n_{\bullet j} \text{ für alle } i \in \{1, \ldots, p\}, j \in \{1, \ldots, q\} \text{ mit } n_{ij} > 0.$$

Für ein festes j hat die Gleichung

$$n_{ij} = n_{\bullet j} = n_{1j} + \cdots + n_{ij} + \cdots + n_{pj}$$

zur Folge, dass alle n_{ij} bis auf eines gleich Null sein müssen. Somit gibt es in jeder Spalte j genau einen von Null verschiedenen Eintrag mit Wert $n_{\bullet j}$. Andererseits erfüllt eine Kontingenztafel dieser Gestalt stets die Bedingung ($\clubsuit$). Daraus ergibt sich die Behauptung. Zum Nachweis des Falls $p \geq q$ werden die Rollen von Zeilen und Spalten vertauscht. Beide Fälle zusammengefasst liefern die Behauptung für $p = q$. ✓

Beispiel | Für $p = q = 5$ und $n_1, \ldots, n_5 > 0$ mit $n_1 + \cdots + n_5 = n$ ist eine Kontingenztafel, die den maximalen Wert $4n$ der χ^2-Größe annimmt, gegeben durch

	y_1	y_2	y_3	y_4	y_5	
x_1	0	n_1	0	0	0	n_1
x_2	0	0	0	n_2	0	n_2
x_3	n_3	0	0	0	0	n_3
x_4	0	0	0	0	n_4	n_4
x_5	0	0	n_5	0	0	n_5
	n_3	n_1	n_5	n_2	n_4	n

In den Fällen $p < q$ bzw. $p > q$ ergeben sich ähnliche Kontingenztafeln, wobei zusätzlich noch $q - p$ weitere Spalten bzw. $p - q$ weitere Zeilen auftreten, die ebenfalls jeweils genau eine positiv besetzte Zelle enthalten. Die folgende Tabelle ist ein Beispiel einer 4×5-Kontingenztafel mit maximaler χ^2-Größe ($= 3n$).

	y_1	y_2	y_3	y_4	y_5	
x_1	0	n_1	0	0	0	n_1
x_2	0	0	0	n_2	0	n_2
x_3	n_3	0	n_5	0	0	$n_3 + n_5$
x_4	0	0	0	0	n_4	n_4
	n_3	n_1	n_5	n_2	n_4	n

✗

Bei Werten der χ^2-Größe nahe an der oberen Grenze des Wertebereichs ist von einem ausgeprägten Zusammenhang der Merkmale auszugehen. Dies lässt sich folgendermaßen motivieren ($q \leq p$): Wird die obere Schranke durch die χ^2-Größe angenommen, so bedeutet dies, dass in der zugehörigen Kontingenztafel in jeder Zeile alle Beobachtungen in einem einzigen Feld konzentriert sind, d.h. bei Beobachtung des Merkmals X kann sofort auf die Ausprägung des Merkmals Y geschlossen werden. Beide Merkmale hängen also direkt voneinander ab. Weicht die χ^2-Größe nur geringfügig von der oberen Schranke ab, so wird eine solche Beziehung zumindest noch näherungsweise gegeben sein.

Mittels der χ^2-Größe kann daher ein Spektrum von Unabhängigkeit bis zur völligen Abhängigkeit quantifiziert werden. Die χ^2-Größe hat jedoch einige Nachteile bzgl. ihres Wertebereichs, die die Interpretation ihrer Werte erschweren: Die obere Schranke variiert mit der Anzahl der Beobachtungen und ist unbeschränkt in dem Sinne, dass sie bei wachsendem Stichprobenumfang n beliebig groß werden kann.

Beispiel Unbeschränktheit der χ^2-Größe | Die Unbeschränktheit der χ^2-Größe lässt sich bereits an einer 2×2-Kontingenztafel einsehen:

	y_1	y_2	
x_1	1	0	1
x_2	0	N	N
	1	N	N+1

Für diese Kontingenztafel ergibt sich mittels der 253▶vereinfachten Formel für 2×2-Kontingenztafeln

$$\chi^2 = n\frac{(n_{11}n_{22} - n_{12}n_{21})^2}{n_{1\bullet}n_{2\bullet}n_{\bullet 1}n_{\bullet 2}} = (N+1)\frac{N^2}{N \cdot N} = N+1.$$

Da $N \in \mathbb{N}$ beliebig groß gewählt werden kann und diese Kontingenztabelle als Teil einer mit Nullen aufzufüllenden $p \times q$-Kontingenztafel interpretiert werden kann, folgt die Behauptung der Unbeschränktheit. ✗

Diese Unbeschränktheit ist problematisch, wenn eine Aussage über die Stärke des Zusammenhangs getroffen werden soll. Für eine konkrete Kontingenztafel muss immer die obere Schranke der χ^2-Größe berechnet werden, ehe deren Wert interpretiert werden kann. Daher wird die χ^2-Größe im Allgemeinen nicht direkt zur Untersuchung des Zusammenhangs zweier Merkmale verwendet. Mittels der Größe können jedoch Maßzahlen konstruiert werden, deren Wertebereich nicht mehr vom Stichprobenumfang n abhängt. Zunächst wird der Kontingenzkoeffizient nach Pearson eingeführt.

Kontingenzkoeffizienten

Definition Kontingenzkoeffizient nach Pearson | Der Kontingenzkoeffizient C nach Pearson ist definiert durch

$$C = \sqrt{\frac{\chi^2}{n + \chi^2}}.$$

✗

8.1 Nominale Merkmale

Im Gegensatz zur χ^2-Größe hängt der Kontingenzkoeffizient nach Pearson nicht vom Stichprobenumfang n ab und kann daher auch aus den relativen Häufigkeiten ermittelt werden.

Regel Kontingenzkoeffizient nach Pearson bei relativen Häufigkeiten | Liegt eine Kontingenztafel mit relativen Häufigkeiten vor, so berechnet sich der Kontingenzkoeffizient C mittels

$$C = \sqrt{\frac{\phi^2}{1+\phi^2}} \quad \text{mit} \quad \phi^2 = \frac{\chi^2}{n} = \sum_{i=1}^{p}\sum_{j=1}^{q} \frac{(f_{ij} - f_{i\bullet}f_{\bullet j})^2}{f_{i\bullet}f_{\bullet j}}.$$

Die in der Definition auftretende Größe ϕ^2 wird als mittlere quadratische Kontingenz bezeichnet. Sie ist unabhängig von der Stichprobengröße n.

Beispiel | Zur Behandlung einer Krankheit werden drei Therapien verwendet. Zwei Ärzte werden hinsichtlich ihrer Anwendung der verschiedenen Methoden analysiert, d.h. es wird untersucht, ob ein Zusammenhang zwischen Arzt und verwendeter Therapie vorliegt. Die Daten liegen in einer Kontingenztafel vor.

	1	2	3	Summe
Arzt A	23	41	10	74
Arzt B	16	20	14	50
Summe	39	61	24	124

Zur 252▶Ermittlung der χ^2-Größe werden zunächst die folgenden Quotienten berechnet:

$\frac{n_{ij}^2}{n_{i\bullet}n_{\bullet j}}$	y_1	y_2	y_3
x_1	0,1833	0,3724	0,0563
x_2	0,1313	0,1311	0,1633

Mit den gerundeten Werten folgt dann

$$\chi^2 = n\left(\sum_{i=1}^{2}\sum_{j=1}^{3} \frac{n_{ij}^2}{n_{i\bullet}n_{\bullet j}} - 1\right) \approx 124\,(1{,}0377 - 1) = 4{,}6748.$$

Daraus ergibt sich für den Kontingenzkoeffizienten nach Pearson der Wert

$$C = \sqrt{\frac{\chi^2}{124 + \chi^2}} \approx 0{,}19.$$

Wie bereits erwähnt hängt der Wertebereich des Kontingenzkoeffizienten C nicht von der Stichprobengröße ab. Allerdings treten in der folgenden oberen Schranke noch die Dimensionen p und q der zugehörigen Kontingenztafel auf.

8. Zusammenhangsmaße

Regel Obere Schranke für den Kontingenzkoeffizienten | Für den Kontingenzkoeffizienten C nach Pearson gilt

$$0 \leqslant C \leqslant \sqrt{\frac{\min\{p-1, q-1\}}{\min\{p, q\}}} < 1.$$

Nachweis. Die Nicht-Negativität des Kontingenzkoeffizienten folgt sofort aus der 249▶Nicht-Negativität der χ^2-Größe. Weiterhin folgt mit der 255▶oberen Schranke für die χ^2-Größe

$$\chi^2 \leqslant n(\min\{p, q\} - 1) \iff \frac{n}{\chi^2} + 1 \geqslant \frac{1}{\min\{p, q\} - 1} + 1$$

$$\iff \frac{n + \chi^2}{\chi^2} \geqslant \frac{\min\{p, q\}}{\min\{p, q\} - 1}.$$

Aus der letzten Ungleichung ergibt sich durch Kehrwertbildung und Wurzelziehen

$$C = \sqrt{\frac{\chi^2}{n + \chi^2}} \leqslant \sqrt{\frac{\min\{p-1, q-1\}}{\min\{p, q\}}}. \qquad \checkmark$$

Der Kontingenzkoeffizient nach Pearson erbt die Eigenschaften der χ^2-Größe bezüglich der Zusammenhangsmessung, d.h. für Werte nahe bei Null gibt es Anhaltspunkte für die empirische Unabhängigkeit der Merkmale, für Werte nahe der oberen Schranke ist ein ausgeprägter Zusammenhang der untersuchten Merkmale plausibel. Da der Wertebereich des Kontingenzkoeffizienten jedoch von den Dimensionen der betrachteten Kontingenztabelle abhängt, ist der Vergleich zweier Datensätze mit Kontingenztafeln unterschiedlicher Dimension mit Hilfe dieses Assoziationsmaßes problematisch. Eine normierte Variante des Kontingenzkoeffizienten, der korrigierte Kontingenzkoeffizient nach Pearson, schafft Abhilfe. Die selbe Idee führt in völlig anderem Kontext zur Definition des 188▶normierten Gini-Koeffizienten.

▶ **Definition** Korrigierter Kontingenzkoeffizient | Der korrigierte Kontingenzkoeffizient C_* nach Pearson ist definiert durch

$$C_* = C \cdot \sqrt{\frac{\min\{p, q\}}{\min\{p, q\} - 1}}. \qquad \times$$

Aus den Eigenschaften des Kontingenzkoeffizienten C und der χ^2-Größe ergeben sich sofort diejenigen des korrigierten Kontingenzkoeffizienten C_*.

8.1 Nominale Merkmale

Regel Eigenschaften des korrigierten Kontingenzkoeffizienten | Für den korrigierten Kontingenzkoeffizienten C_* gilt

$$0 \leq C_* \leq 1.$$

Das Verhalten des korrigierten Kontingenzkoeffizienten an den Grenzen des Wertebereichs lässt sich folgendermaßen charakterisieren:

- Es gilt $C_* = 0$ genau dann, wenn die betrachteten Merkmale X und Y empirisch unabhängig sind.
- Es gilt $C_* = 1$ genau dann, wenn eine der folgenden Bedingungen für die zugehörige Kontingenztafel erfüllt ist:

  1. Es gilt $p < q$ und in jeder Spalte sind die Häufigkeiten in genau einem Feld konzentriert.
  2. Es gilt $p = q$ und in jeder Zeile und in jeder Spalte sind die Häufigkeiten in genau einem Feld konzentriert.
  3. Es gilt $p > q$ und in jeder Zeile sind die Häufigkeiten in genau einem Feld konzentriert.

Nachweis. Die Aussage zum Wertebereich folgt aus der entsprechenden 260▶Eigenschaft des Kontingenzkoeffizienten C. Die Charakterisierung des minimalen Werts $C_* = 0$ folgt aus

$$C_* = 0 \iff C = \sqrt{\frac{\chi^2}{n + \chi^2}} = 0 \iff \chi^2 = 0$$

und dem Zusammenhang zwischen 252▶empirischer Unabhängigkeit und χ^2-Größe. Andererseits gilt

$$C_* = 1 \iff C = \sqrt{\frac{\min\{p, q\} - 1}{\min\{p, q\}}} \iff \chi^2 = n \cdot \min\{p - 1, q - 1\},$$

so dass auch für den Fall $C_* = 1$ auf eine 255▶Eigenschaft der χ^2-Größe zurückgegriffen werden kann. ✓

Da der Wertebereich von C_* nicht von den Dimensionen der betrachteten Kontingenztafel abhängt, ist auch ein Vergleich unterschiedlich dimensionierter Tafeln mittels C_* möglich.

Beispiel | In einer Befragung von BürgerInnen einer Stadt wird die Meinung zur Umgestaltung der Fußgängerzone eingeholt (Antworten Ja/Nein). Es soll untersucht werden, ob ein Zusammenhang zwischen Geschlecht und Meinung zu den Umgestaltungsplänen besteht. Die folgende Kontingenztafel gibt die Verteilung einer Stichprobe von 2600 Befragten wieder.

	Frauen	Männer	Summe
Ja	1400	400	1800
Nein	100	700	800
Summe	1500	1100	2600

Für die χ^2-Größe ergibt sich mittels der 253▶vereinfachten Formel bei 2×2-Kontingenztafeln

$$\chi^2 = n\frac{(n_{11}n_{22} - n_{12}n_{21})^2}{n_{1\bullet}n_{2\bullet}n_{\bullet 1}n_{\bullet 2}} = 2600\frac{(1400 \cdot 700 - 400 \cdot 100)^2}{1500 \cdot 1100 \cdot 1800 \cdot 800} \approx 966{,}9.$$

Der korrigierte Kontingenzkoeffizient nach Pearson hat somit den Wert

$$C_* = \sqrt{\frac{\chi^2}{n+\chi^2} \cdot \frac{\min\{2,2\}}{\min\{2,2\}-1}} \approx \sqrt{\frac{966{,}9}{2600+966{,}9} \cdot 2} \approx 0{,}736.$$

Damit kann zunächst ein Zusammenhang zwischen Geschlecht und Meinung zur Umgestaltung vermutet werden. Der Kontingenzkoeffizient ermöglicht jedoch keine Aussage über die Art des Zusammenhangs. Aufgrund der Daten ist aber offensichtlich, dass Frauen in höherem Maße für eine Umgestaltung votieren als Männer. Dies unterstützen die 246▶bedingten Häufigkeitsverteilungen

	Frauen		Männer	
Meinung	Ja	Nein	Ja	Nein
Häufigkeitsverteilung	$\frac{14}{15}$	$\frac{1}{15}$	$\frac{4}{11}$	$\frac{7}{11}$
	0,933	0,067	0,364	0,636

Zur Erhärtung einer solchen Vermutung ist es jedoch notwendig, weitere Untersuchungen mit Methoden der e▶statistischen Testtheorie (einem Teilgebiet der induktiven Statistik) durchzuführen. ✘

Abschließend sei betont, dass die vorgestellten Assoziationsmaße lediglich Anhaltspunkte für die Stärke eines Zusammenhangs liefern. Aussagen über ein explizites Änderungsverhalten der Merkmale untereinander sind nicht möglich. Dies erfordert Daten eines höheren Messniveaus, die die Verwendung von Zusammenhangsmaßen wie z.B. dem 277▶Rangkorrelationskoeffizienten nach Spearman oder dem 268▶Korrelationskoeffizienten nach Bravais-Pearson ermöglichen.

Entgegen der bisher üblichen Vorgehensweise werden zunächst Zusammenhangsmaße für metrische Daten betrachtet, ehe auf entsprechende Maße für ordinale Daten eingegangen wird. Dies erleichtert sowohl das Verständnis der Zusammenhangsmessung als auch die Herleitung einiger Aussagen.

8.2 Metrische Merkmale

Ziel dieses Abschnitts ist die Einführung des Korrelationskoeffizienten nach Bravais-Pearson, einem Zusammenhangsmaß für Daten eines 21▶bivariaten Merkmals (X, Y), dessen Komponenten X und Y auf metrischem Niveau gemessen werden. Anders als der 258▶Kontingenzkoeffizient basiert er nicht auf den Häufigkeiten der Merkmalsausprägungen von (X, Y), sondern direkt auf den Beobachtungswerten. In diesem Abschnitt sei daher $(x_1, y_1), \ldots, (x_n, y_n)$ eine 21▶gepaarte Messreihe der Merkmale X und Y. Ehe die Zusammenhangsmessung von metrischen Merkmalen thematisiert wird, werden zunächst Streudiagramme zur grafischen Darstellung von metrischen Datensätzen vorgestellt.

Streudiagramme

Ein Streudiagramm (gebräuchlich ist auch die englische Bezeichnung Scatterplot) ist eine grafische Darstellung der Beobachtungswerte eines 21▶zweidimensionalen Merkmals (X, Y), das aus zwei metrisch skalierten Merkmalen X und Y besteht. Die Beobachtungspaare werden dabei in einem zweidimensionalen Koordinatensystem als Punkte markiert. Hierzu werden auf der horizontalen Achse im Diagramm die Ausprägungen des ersten Merkmals und auf der vertikalen die des zweiten Merkmals abgetragen. Die Visualisierung von Daten mittels eines Streudiagramms kann bereits Hinweise auf mögliche Zusammenhänge zwischen beiden Merkmalen geben.

Beispiel   Gewicht und Körpergröße | Im Rahmen einer Untersuchung wurden Gewicht (in kg) und Körpergröße (in cm) von 32 Personen gemessen:

(50,160) (65,170) (73,170) (88,185) (76,170) (50,168) (56,159) (68,182)
(71,183) (87,190) (60,171) (52,160) (65,187) (78,178) (73,182) (88,176)
(75,164) (59,170) (67,189) (89,192) (53,167) (66,180) (68,181) (60,153)
(71,183) (65,165) (71,189) (73,167) (65,184) (79,191) (70,175) (61,181)

Das zu diesen Daten gehörige Streudiagramm hat folgendes Aussehen.

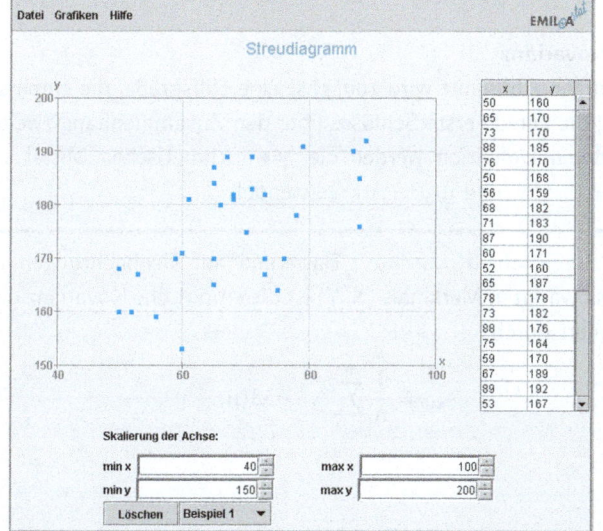

8. Zusammenhangsmaße

Eine Möglichkeit zur grafischen Darstellung mehrdimensionaler metrischer Datensätze und eine direkte Verallgemeinerung von Streudiagrammen sind Streudiagrammmatrizen (Scatterplotmatrizen), in der Streudiagramme von je zwei Merkmalen gemeinsam dargestellt sind.

Beispiel | Bei zwölf männlichen Probanden im Alter zwischen 20 und 25 Jahren werden die Merkmale Gewicht (X), Körpergröße (Y) und Schuhgröße (Z) erhoben. Der dreidimensionale Datensatz $(x_1, y_1, z_1), \ldots, (x_{12}, y_{12}, z_{12})$ für das Merkmal (X, Y, Z)

(77,180,44) (89,195,49) (96,192,45) (101,198,52) (86,187,46) (81,175,42)
(86,183,45) (84,194,48) (88,186,46) (74,178,43) (78,184,44) (95,196,47)

wird in einer Streudiagrammmatrix visualisiert.

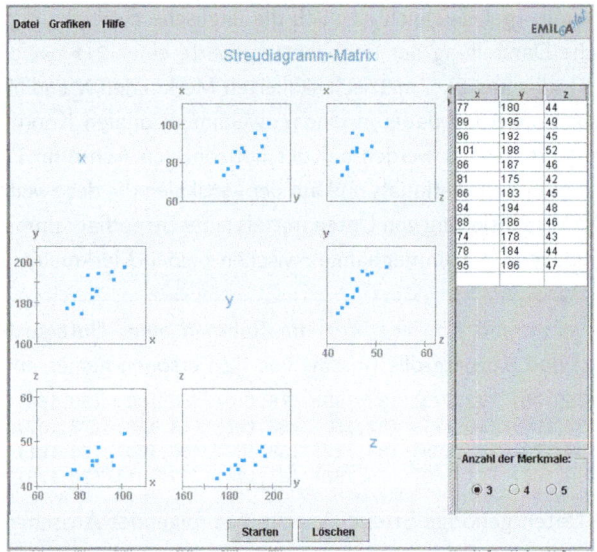

Empirische Kovarianz

Wie im vorherigen Abschnitt wird zunächst eine Hilfsgröße, die empirische Kovarianz, definiert, die bereits erste Schlüsse über den Zusammenhang zweier Merkmale erlaubt. Zu deren Definition werden die 74▶arithmetischen Mittel $\bar{x}$ und $\bar{y}$ der Messreihen $x_1, \ldots, x_n$ und $y_1, \ldots, y_n$ verwendet.

▶ **Definition** Empirische Kovarianz | Basierend auf Beobachtungen $(x_1, y_1), \ldots, (x_n, y_n)$ eines bivariaten Merkmals (X, Y) ist die empirische Kovarianz der Merkmale X und Y definiert durch

$$s_{xy} = \frac{1}{n} \sum_{i=1}^{n} (x_i - \bar{x})(y_i - \bar{y}).$$

8.2 Metrische Merkmale

Ehe der Korrelationskoeffizient vorgestellt wird, werden einige Eigenschaften der empirischen Kovarianz hergeleitet, die einerseits die Berechnung erleichtern und andererseits den Nachweis von Eigenschaften des Korrelationskoeffizienten erlauben.

Die 92▶empirische Varianz kann als Spezialfall der empirischen Kovarianz aufgefasst werden: Wird zweimal die selbe Messreihe verwendet (wird also das „bivariate" Merkmal (X, X) betrachtet), so liefert die empirische Kovarianz die Varianz der Messreihe; d.h. mit der Setzung $y_i = x_i$, $i \in \{1, \ldots, n\}$, ergibt sich die empirische Varianz s_x^2 der Daten $x_1, \ldots, x_n$.

> **Regel** Zusammenhang von Kovarianz und Varianz | Die Kovarianz der Beobachtungswerte $(x_1, x_1), \ldots, (x_n, x_n)$ ist gleich der Varianz der Daten $x_1, \ldots, x_n$:
> $$s_{xx} = s_x^2.$$

Die Kovarianz verhält sich ähnlich wie die Varianz bei linearer Transformation der Daten.

> **Regel** Kovarianz bei linear transformierten Daten | Seien $(x_1, y_1), \ldots, (x_n, y_n)$ Beobachtungswerte eines zweidimensionalen Merkmals (X, Y) mit zugehöriger Kovarianz s_{xy}. Mittels linearer Transformationen werden die Daten
> $$x_i^* = ax_i + b, \quad a, b \in \mathbb{R}, \quad \text{und} \quad y_i^* = cy_i + d, \quad c, d \in \mathbb{R},$$
> für $i \in \{1, \ldots, n\}$ erzeugt.
> Die Kovarianz $s_{x^*y^*}$ der Daten $(x_1^*, y_1^*), \ldots, (x_n^*, y_n^*)$ berechnet sich gemäß
> $$s_{x^*y^*} = ac\, s_{xy}.$$

Nachweis. Das Resultat ergibt sich durch Nachrechnen:

$$s_{x^*y^*} = \sum_{i=1}^{n}(x_i^* - \overline{x^*})(y_i^* - \overline{y^*}) = \sum_{i=1}^{n}(ax_i + b - (a\overline{x} + b))(cy_i + d - (c\overline{y} + d))$$

$$= ac\sum_{i=1}^{n}(x_i - \overline{x})(y_i - \overline{y}) = ac\, s_{xy}. \quad \checkmark$$

Die empirische Kovarianz kann mittels relativer Häufigkeiten bestimmt werden, wobei die Kontingenztafel der <u>verschiedenen</u> Beobachtungswerte (w_i, z_j), $i \in \{1, \ldots, p\}$, $j \in \{1, \ldots, q\}$, zu Grunde gelegt wird. Bezeichnen f_{ij} die relativen Häufigkeiten von (w_i, z_j) (vergleiche 242▶Abschnitt 8.1), so gilt

$$s_{xy} = \sum_{i=1}^{p}\sum_{j=1}^{q} f_{ij}(w_i - \overline{w})(z_j - \overline{z}),$$

wobei $\overline{w} = \sum_{i=1}^{p} f_{i\bullet} w_i$ und $\overline{z} = \sum_{j=1}^{q} f_{\bullet j} z_j$ die arithmetischen Mittel bezeichnen.

8. Zusammenhangsmaße

Analog zur 92▶empirischen Varianz lässt sich auch für die empirische Kovarianz eine im Allgemeinen leichter zu berechnende Darstellung angeben.

Regel Alternative Berechnungsformel für die empirische Kovarianz | Für die empirische Kovarianz s_{xy} gilt

$$s_{xy} = \frac{1}{n}\sum_{i=1}^{n} x_i y_i - \overline{x}\cdot\overline{y} = \overline{xy} - \overline{x}\cdot\overline{y},$$

wobei $\overline{xy}$ das arithmetische Mittel der Produkte $x_1 y_1, \ldots, x_n y_n$ bezeichnet.

Nachweis. Die Umformungen erfolgen analog zum Nachweis der entsprechenden 94▶Formel für die empirische Varianz:

$$s_{xy} = \frac{1}{n}\sum_{i=1}^{n}(x_i - \overline{x})(y_i - \overline{y}) = \frac{1}{n}\sum_{i=1}^{n}(x_i y_i - x_i \overline{y} - \overline{x} y_i + \overline{x}\cdot\overline{y})$$

$$= \frac{1}{n}\sum_{i=1}^{n} x_i y_i - \left(\frac{1}{n}\sum_{i=1}^{n} x_i\right)\overline{y} - \overline{x}\left(\frac{1}{n}\sum_{i=1}^{n} y_i\right) + \overline{x}\cdot\overline{y}$$

$$= \overline{xy} - \overline{x}\cdot\overline{y} - \overline{x}\cdot\overline{y} + \overline{x}\cdot\overline{y} = \overline{xy} - \overline{x}\cdot\overline{y}. \quad\checkmark$$

B **Beispiel** | Der folgende Datensatz wurde im Rahmen einer Untersuchung des Zusammenhangs von Alter (Merkmal X) und Körpergröße (Merkmal Y) bei männlichen Jugendlichen erhoben.

Alter (in Jahren)	14	16	16	12	15	17
Größe (in m)	1,60	1,75	1,80	1,50	1,55	1,80

Das arithmetische Mittel der ersten Messreihe ist $\overline{x} = 15$, das der zweiten beträgt $\overline{y} = \frac{10}{6} \approx 1{,}667$. Für den Mittelwert der Produkte der Beobachtungswerte ergibt sich

$$\overline{xy} = \frac{1}{6}(14\cdot 1{,}6 + 16\cdot 1{,}75 + 16\cdot 1{,}8$$
$$+ 12\cdot 1{,}5 + 15\cdot 1{,}55 + 17\cdot 1{,}8) = 25{,}175.$$

Also gilt für die empirische Kovarianz des obigen Datensatzes

$$s_{xy} = \overline{xy} - \overline{x}\cdot\overline{y} \approx 25{,}175 - 15\cdot 1{,}667 = 0{,}17. \quad\times$$

Die empirische Kovarianz wird zur Beschreibung eines Zusammenhangs zwischen zwei Merkmalen herangezogen. Die folgende Grafik verdeutlicht, warum sie dazu geeignet ist.

8.2 Metrische Merkmale

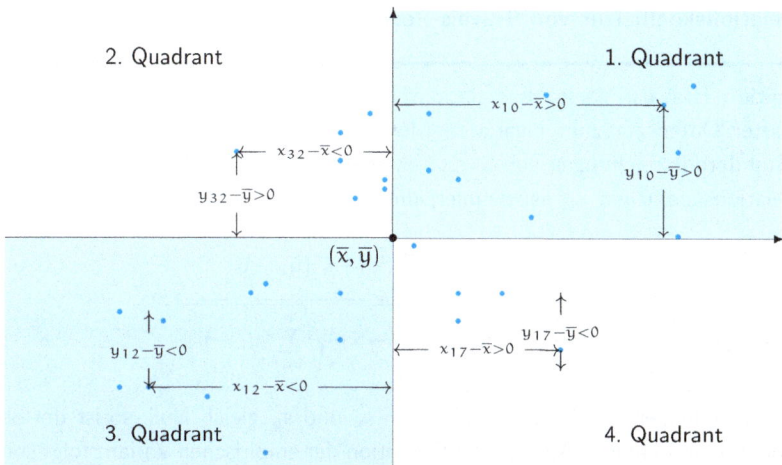

Dargestellt sind die Messwerte $(x_1, y_1), \ldots, (x_{32}, y_{32})$ des Merkmalpaars (X, Y) aus 263▶Beispiel Gewicht und Körpergröße in einem Koordinatensystem (263▶Scatterplot) mit Zentrum $(\bar{x}, \bar{y})$. Für Datenpunkte, die sich im ersten und dritten Quadranten befinden, ist der Beitrag zur Kovarianz positiv. In diesem Fall finden sich bei großen Merkmalsausprägungen des Merkmals X auch große Ausprägungen des Merkmals Y bzw. bei kleinen Ausprägungen des Merkmals X auch kleine Ausprägungen des Merkmals Y. Für Daten im zweiten und vierten Quadranten ist der Beitrag negativ. Also deutet ein positiver Wert der Kovarianz ein gleichsinniges Ordnungsverhalten der Merkmale an, d.h. nehmen die Merkmalsausprägungen des Merkmals X zu, so gilt dies auch für die Merkmalsausprägungen von Y. Bei negativer Kovarianz kann von einem gegensinnigen Ordnungsverhalten ausgegangen werden, d.h. abnehmende Merkmalsausprägungen des Merkmals X gehen mit wachsenden Ausprägungen des Merkmals Y einher. Hat die empirische Kovarianz jedoch einen Wert nahe Null, so liegen keine Anhaltspunkte für einen der oben erwähnten Zusammenhänge vor. Die Beobachtungswerte verteilen sich dann etwa gleichmäßig auf alle vier Quadranten.

Ein Nachteil der empirischen Kovarianz ist, dass ihre Werte von der Größe der betrachteten Beobachtungswerte abhängen. Diese Maßzahl gibt daher lediglich (anhand des Vorzeichens) einen Hinweis auf das gemeinsame Wachstumsverhalten beider Merkmale, sie erlaubt aber keine Aussage über die Stärke des Zusammenhangs. Aus diesem Grund wird (ähnlich wie bei der 260▶χ^2-Größe) eine Normierung durchgeführt. Das resultierende Maß ist der Bravais-Pearson-Korrelationskoeffizient (oder kurz Korrelationskoeffizient, Korrelation). Zu seiner Berechnung werden zusätzlich die empirischen Standardabweichungen s_x und s_y der Messreihen $x_1, \ldots, x_n$ und $y_1, \ldots, y_n$ verwendet.

Korrelationskoeffizient von Bravais-Pearson

▶ **Definition** Bravais-Pearson-Korrelationskoeffizient | Seien $(x_1, y_1), \ldots, (x_n, y_n)$ ein gepaarter Datensatz zum bivariaten Merkmal (X, Y) und $s_x > 0$ bzw. $s_y > 0$ die Standardabweichungen von $x_1, \ldots, x_n$ bzw. $y_1, \ldots, y_n$. Der Bravais-Pearson-Korrelationskoeffizient r_{xy} ist definiert durch

$$r_{xy} = \frac{s_{xy}}{s_x s_y} = \frac{\sum_{i=1}^{n}(x_i - \overline{x})(y_i - \overline{y})}{\sqrt{\sum_{i=1}^{n}(x_i - \overline{x})^2}\sqrt{\sum_{i=1}^{n}(y_i - \overline{y})^2}}.$$

Ist eine der beiden Standardabweichungen s_x und s_y gleich Null, so ist der obige Quotient nicht definiert. Aus der 92▶Definition der empirischen Varianz folgt sofort, dass $s_x = 0$ die Gleichheit $x_1 = \cdots = x_n$ aller zugehörigen Beobachtungswerte impliziert. Dies bedeutet $x_i = \overline{x}$ für alle $i \in \{1, \ldots, n\}$, so dass auch $s_{xy} = 0$ gilt. Entsprechendes gilt natürlich für die Messreihe $y_1, \ldots, y_n$. Da diese Situationen in Anwendungen in der Regel nicht auftreten, wird im Folgenden stets $s_x > 0$ und $s_y > 0$ angenommen.

Der Korrelationskoeffizient kann auch für Beobachtungsdaten, die in Form einer Kontingenztafel relativer Häufigkeiten vorliegen, berechnet werden. In diesem Fall sind die entsprechenden Varianten der empirischen Kovarianz s_{xy} und der empirischen Standardabweichungen s_x und s_y in die Formel einzusetzen, wobei zur Bestimmung der Standardabweichungen die relativen Randhäufigkeiten $f_{i\bullet}$ und $f_{\bullet j}$ heranzuziehen sind. Mit der oben eingeführten Notation liefert dies die Darstellung:

$$r_{xy} = \frac{\sum_{i=1}^{p}\sum_{j=1}^{q} f_{ij}(w_i - \overline{w})(z_j - \overline{z})}{\sqrt{\sum_{i=1}^{p} f_{i\bullet}(w_i - \overline{w})^2}\sqrt{\sum_{j=1}^{q} f_{\bullet j}(z_j - \overline{z})^2}}.$$

Desweiteren können natürlich die alternativen Darstellungen der 266▶empirischen Kovarianz und 94▶Varianz bei der Berechnung des Bravais-Pearson-Korrelationskoeffizienten verwendet werden.

Das Verhalten von empirischer Varianz und Kovarianz bei 70▶linearen Transformationen der Beobachtungswerte wirkt sich unmittelbar auf den Bravais-Pearson-Korrelationskoeffizienten aus.

8.2 Metrische Merkmale

Regel Korrelation bei linear transformierten Daten | Seien $(x_1, y_1), \ldots, (x_n, y_n)$ Beobachtungswerte eines bivariaten Merkmals (X, Y) mit zugehörigem Bravais-Pearson-Korrelationskoeffizienten r_{xy}. Mittels linearer Transformationen werden die Daten

$$x_i^* = ax_i + b, \quad a \neq 0, b \in \mathbb{R}, \quad \text{und} \quad y_i^* = cy_i + d, \quad c \neq 0, d \in \mathbb{R},$$

für $i \in \{1, \ldots, n\}$ erzeugt.
Der Korrelationskoeffizient $r_{x^*y^*}$ der Daten $(x_1^*, y_1^*), \ldots, (x_n^*, y_n^*)$ berechnet sich gemäß

$$r_{x^*y^*} = \frac{ac}{|ac|} r_{xy} = \begin{cases} r_{xy}, & \text{falls } ac > 0 \\ -r_{xy}, & \text{falls } ac < 0 \end{cases}.$$

Eine lineare Transformation der Daten kann somit lediglich eine Änderung des Vorzeichens von r_{xy} bewirken.

Nachweis. Aus den Eigenschaften von 265▶empirischer Kovarianz und 98▶empirischer Standardabweichung bei linearen Transformationen folgt:

$$r_{x^*y^*} = \frac{s_{x^*y^*}}{s_{x^*} \cdot s_{y^*}} = \frac{ac s_{xy}}{|a|s_x \cdot |c|s_y} = \frac{ac}{|ac|} r_{xy}.$$

Aus dieser Eigenschaft folgt wegen $\frac{ac}{|ac|} \in \{-1, 1\}$, dass sich der Korrelationskoeffizient bei linearer Transformation der Daten nur hinsichtlich des Vorzeichens ändern kann. Sein absoluter Wert bleibt gleich. ✓

In der Definition des Korrelationskoeffizienten wird die empirische Kovarianz auf die jeweiligen Standardabweichungen der einzelnen Messreihen beider Merkmale bezogen. Dies hat zur Folge, dass der Wertebereich nicht mehr von der Größenordnung der Beobachtungswerte abhängt und beschränkt ist. Um dies zu zeigen, wird die Ungleichung von Cauchy-Schwarz verwendet.

Regel Ungleichung von Cauchy-Schwarz | Für Zahlen $a_1, \ldots, a_n \in \mathbb{R}$ und $b_1, \ldots, b_n \in \mathbb{R}$ gilt die Ungleichung

$$\left(\sum_{i=1}^{n} a_i b_i \right)^2 \leq \sum_{i=1}^{n} a_i^2 \cdot \sum_{i=1}^{n} b_i^2.$$

In dieser Ungleichung liegt Gleichheit genau dann vor, wenn ein $c \in \mathbb{R}$ existiert, so dass

$a_i = c \cdot b_i$ für alle $i \in \{1, \ldots, n\}$ oder $b_i = c \cdot a_i$ für alle $i \in \{1, \ldots, n\}$.

8. Zusammenhangsmaße

Nachweis. Die Rechnung

$$\sum_{i=1}^{n}\sum_{j=1}^{n}(a_ib_j - a_jb_i)^2 = \sum_{i=1}^{n}\sum_{j=1}^{n}\left((a_ib_j)^2 - 2(a_ib_j)(a_jb_i) + (a_jb_i)^2\right)$$

$$= \sum_{i=1}^{n}\left(\sum_{j=1}^{n}a_i^2b_j^2 - 2\sum_{j=1}^{n}a_ib_ja_jb_i + \sum_{j=1}^{n}a_j^2b_i^2\right)$$

$$= \sum_{i=1}^{n}\left(a_i^2\sum_{j=1}^{n}b_j^2\right) - \sum_{i=1}^{n}\left(2a_ib_i\sum_{j=1}^{n}b_ja_j\right) + \sum_{i=1}^{n}\left(b_i^2\sum_{j=1}^{n}a_j^2\right)$$

$$= \left(\sum_{i=1}^{n}a_i^2\right)\left(\sum_{j=1}^{n}b_j^2\right) - 2\left(\sum_{i=1}^{n}a_ib_i\right)\left(\sum_{j=1}^{n}a_jb_j\right) + \left(\sum_{i=1}^{n}b_i^2\right)\left(\sum_{j=1}^{n}a_j^2\right)$$

$$= 2\left(\left(\sum_{i=1}^{n}a_i^2\right)\left(\sum_{j=1}^{n}b_j^2\right) - \left(\sum_{i=1}^{n}a_ib_i\right)^2\right)$$

liefert die Gleichung

$$\frac{1}{2}\sum_{i=1}^{n}\sum_{j=1}^{n}(a_ib_j - a_jb_i)^2 = \left(\sum_{i=1}^{n}a_i^2\right)\left(\sum_{j=1}^{n}b_j^2\right) - \left(\sum_{i=1}^{n}a_ib_i\right)^2.$$

Da die linke Seite der Gleichung nicht-negativ ist, folgt die behauptete Ungleichung. Gleichheit liegt genau dann vor, wenn die linke Seite den Wert Null annimmt. Dies ist genau dann der Fall, wenn

$$a_ib_j - a_jb_i = 0 \quad \text{für alle } i,j \in \{1,\ldots,n\}$$

gilt. Nun werden zwei Fälle unterschieden. Existiert ein $j_* \in \{1,\ldots,n\}$ mit $b_{j_*} \neq 0$, so folgt mit $c = \frac{a_{j_*}}{b_{j_*}}$ die Beziehung

$$a_i = \frac{a_{j_*}}{b_{j_*}} \cdot b_i = c \cdot b_i, \quad i \in \{1,\ldots,n\}.$$

Gilt hingegen $b_j = 0$ für alle $j \in \{1,\ldots,n\}$, so folgt die Behauptung (mit $c = 0$) wegen

$$b_i = 0 \cdot a_i, \quad i \in \{1,\ldots,n\}.$$

Zum Nachweis der Umkehrung der Aussage ist lediglich zu zeigen, dass die linke und die rechte Seite der Ungleichung von Cauchy-Schwarz gleich sind, wenn die beiden angegebenen Beziehungen gelten. Dies kann leicht nachgerechnet werden. ✓

Die folgende Regel zeigt, dass das Intervall $[-1, 1]$ Wertebereich des Korrelationskoeffizienten ist. Wie im Fall des 260▶korrigierten Kontingenzkoeffizienten sind auch hier die Bedingungen, unter denen die Randwerte des Intervalls angenommen werden, der Schlüssel zum Verständnis der Art der Zusammenhangsmessung.

8.2 Metrische Merkmale

Regel Wertebereich des Bravais-Pearson-Korrelationskoeffizienten | Für den Bravais-Pearson-Korrelationskoeffizienten gilt

$$-1 \leqslant r_{xy} \leqslant 1.$$

Das Verhalten des Bravais-Pearson-Korrelationskoeffizienten an den Grenzen des Wertebereichs lässt sich folgendermaßen charakterisieren:

— Der Bravais-Pearson-Korrelationskoeffizient nimmt genau dann den Wert 1 an, wenn die Beobachtungswerte auf einer Geraden mit positiver Steigung liegen:

$$r_{xy} = 1 \iff \text{Es gibt ein } a > 0 \text{ und ein } b \in \mathbb{R} \text{ mit } y_i = ax_i + b, \quad i \in \{1, \ldots, n\}.$$

— Der Wert -1 wird genau dann angenommen, wenn die Beobachtungswerte auf einer Geraden mit negativer Steigung liegen:

$$r_{xy} = -1 \iff \text{Es gibt ein } a < 0 \text{ und ein } b \in \mathbb{R} \text{ mit } y_i = ax_i + b, \quad i \in \{1, \ldots, n\}.$$

Nachweis. Die Aussage zum Wertebereich ergibt sich aus der 269▶Cauchy-Schwarz-Ungleichung, in die die speziellen Werte $a_i = x_i - \overline{x}$ und $b_i = y_i - \overline{y}$ eingesetzt werden:

$$\left(\sum_{i=1}^{n}(x_i - \overline{x})(y_i - \overline{y})\right)^2 \leqslant \sum_{i=1}^{n}(x_i - \overline{x})^2 \cdot \sum_{i=1}^{n}(y_i - \overline{y})^2.$$

Nach Multiplikation mit dem Faktor $\frac{1}{n^2}$ kann dies auch in der Form $s_{xy}^2 \leqslant s_x^2 s_y^2$ geschrieben werden. Daher kann der Wertebereich des Korrelationskoeffizienten r_{xy} wegen

$$0 \leqslant r_{xy}^2 = \frac{s_{xy}^2}{s_x^2 s_y^2} \leqslant 1$$

maximal das Intervall $[-1, 1]$ umfassen.

Es verbleibt, die Fälle zu charakterisieren, in denen die Intervallgrenzen angenommen werden. Hier wird nur die erste Aussage hergeleitet, die zweite folgt analog. Gilt $r_{xy} = 1$, so ist dies äquivalent zu

$$\sum_{i=1}^{n}(x_i - \overline{x})(y_i - \overline{y}) = \sqrt{\sum_{i=1}^{n}(x_i - \overline{x})^2 \cdot \sum_{i=1}^{n}(y_i - \overline{y})^2}. \qquad (\clubsuit)$$

Daraus folgt

$$\left(\sum_{i=1}^{n}(x_i - \overline{x})(y_i - \overline{y})\right)^2 = \sum_{i=1}^{n}(x_i - \overline{x})^2 \cdot \sum_{i=1}^{n}(y_i - \overline{y})^2,$$

so dass in der Cauchy-Schwarz-Ungleichung Gleichheit vorliegt. Dies ist genau dann der Fall, wenn ein $a \in \mathbb{R}$ existiert, so dass jeweils für alle $i \in \{1, \ldots, n\}$ entweder

$$y_i - \overline{y} = a(x_i - \overline{x}) \quad \text{oder} \quad x_i - \overline{x} = a(y_i - \overline{y})$$

gilt. Der Fall $a = 0$ kann nicht eintreten, da dies entweder $y_i = \overline{y}$ für alle i (und damit $s_y = 0$) oder $x_i = \overline{x}$ für alle i (und damit $s_x = 0$) implizieren würde. Dies wurde zu Beginn jedoch ausgeschlossen. Im Folgenden kann daher angenommen werden, dass es ein $a \in \mathbb{R} \setminus \{0\}$ gibt mit

$$y_i - \overline{y} = a(x_i - \overline{x}), \quad i \in \{1, \ldots, n\}.$$

Unter Verwendung dieser Beziehung liefert (♣) die Gleichung

$$\sum_{i=1}^{n} a(x_i - \overline{x})^2 = \sqrt{a^2 \left(\sum_{i=1}^{n}(x_i - \overline{x})^2\right)^2},$$

aus der $a = \sqrt{a^2} = |a|$ und damit $a > 0$ gefolgert werden kann. Zusammengefasst gilt also

$$y_i = ax_i + b, \quad i \in \{1, \ldots, n\},$$

mit $a > 0$ und $b = \overline{y} - a\overline{x} \in \mathbb{R}$. Damit ist eine Richtung der Behauptung gezeigt.
Zum Nachweis der Umkehrung wird nachgerechnet, dass der Korrelationskoeffizient den Wert Eins liefert, wenn $y_i = ax_i + b$ mit $a > 0$ und $b \in \mathbb{R}$ eingesetzt wird. Wegen $s_y = |a|s_x$ bzw. $s_{xy} = as_{xx} = as_x^2$ folgt

$$r_{xy} = \frac{as_x^2}{s_x|a|s_x} \stackrel{a \geq 0}{=} 1.$$

Damit ist die Aussage für den Fall $r_{xy} = 1$ bewiesen. ✓

Die Extremwerte des Korrelationskoeffizienten werden also genau dann angenommen, wenn die Beobachtungswerte im 263▶Streudiagramm auf einer Geraden $y = ax + b$ mit einer von Null verschiedenen Steigung a liegen. Für $a > 0$ bedeutet dies, dass das zu den Ausprägungen $y_1, \ldots, y_n$ gehörige Merkmal Y um a Einheiten steigt, wenn das zu den Merkmalsausprägungen $x_1, \ldots, x_n$ gehörige Merkmal X um eine Einheit wächst. Ist $a < 0$, so fällt das Merkmal Y um a Einheiten, wenn das Merkmal X um eine Einheit wächst. Der Korrelationskoeffizient nach Bravais-Pearson misst somit lineare Zusammenhänge. Diese Art des Zusammenhangs wird als Korrelation bezeichnet. Hiermit erklären sich die folgenden Bezeichnungen (und auch der Name der Maßzahl).

▶ **Definition** Korrelation | Die Merkmale X und Y heißen

> positiv korreliert,   falls $r_{xy} > 0$,
> unkorreliert,   falls $r_{xy} = 0$,
> negativ korreliert, falls $r_{xy} < 0$.

✗

8.2 Metrische Merkmale

In der Praxis werden die Beobachtungswerte zweier Merkmale aufgrund von natürlicher Streuung oder (Mess-)Fehlern bei der Erfassung nur selten in einem exakten linearen Zusammenhang stehen. Allerdings kann mit Hilfe des Bravais-Pearson-Korrelationskoeffizienten untersucht werden, ob zumindest näherungsweise ein linearer Zusammenhang besteht. Nimmt der Korrelationskoeffizient Werte nahe 1 oder −1 an, so gibt es einen Anhaltspunkt für einen linearen Zusammenhang zwischen beiden Merkmalen. Auch wenn der Korrelationskoeffizient nicht Werte in der Nähe der Ränder des Wertebereichs annimmt, so vermittelt er doch aufgrund der Eigenschaften der empirischen Kovarianz einen Eindruck vom Verhalten der Punktwolke der Daten im Streudiagramm. Für unterschiedliche Größenordnungen der Kenngröße werden daher folgende Sprechweisen eingeführt.

Bezeichnung Stärke der Korrelation | Die Merkmale X und Y heißen

schwach korreliert,   falls $0 \leqslant |r_{xy}| < 0{,}5$,
stark korreliert,   falls $0{,}8 \leqslant |r_{xy}| \leqslant 1$.

In den folgenden Streudiagrammen sind verschiedene zweidimensionale Datensätze in Form von Punktwolken dargestellt. Darunter ist jeweils der Wert des Bravais-Pearson-Korrelationskoeffizienten angegeben. Anhand der Grafiken wird deutlich, dass der Betrag des Korrelationskoeffizienten sich umso mehr dem Wert Eins nähert, je stärker die Punktwolke um eine Gerade konzentriert ist. Außerdem ist ersichtlich, dass das Vorzeichen des Korrelationskoeffizienten von der Steigung dieser Geraden abhängt.

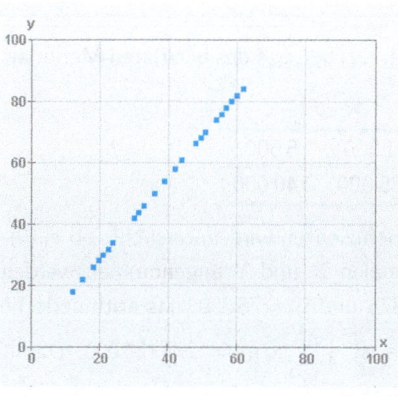

$r_{xy} = 1$

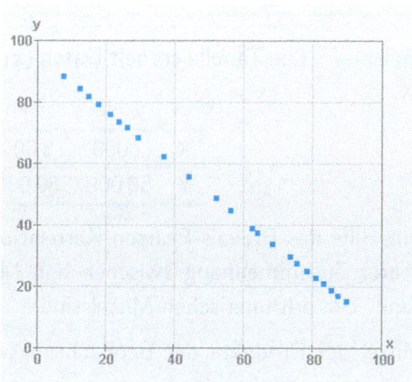

$r_{xy} = -1$

8. Zusammenhangsmaße

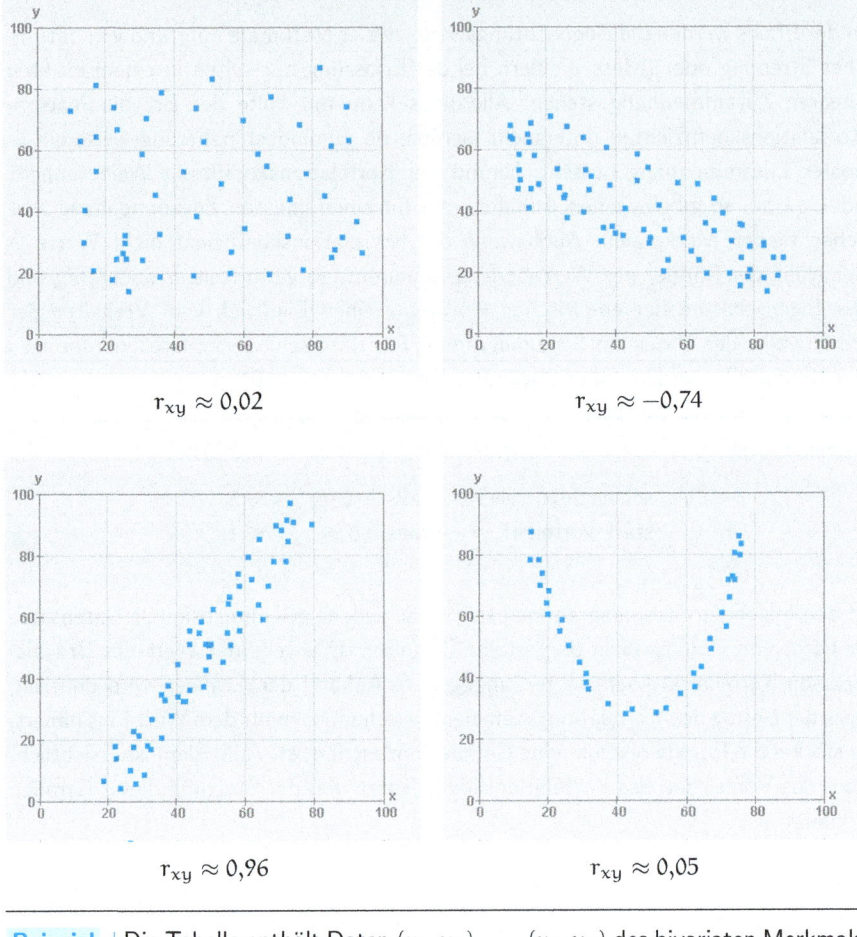

$r_{xy} \approx 0{,}02$

$r_{xy} \approx -0{,}74$

$r_{xy} \approx 0{,}96$

$r_{xy} \approx 0{,}05$

Beispiel | Die Tabelle enthält Daten $(x_1, y_1), \ldots, (x_4, y_4)$ des bivariaten Merkmals (X, Y):

X	2 000	3 000	1 500	5 000
Y	50 000	80 000	35 000	140 000

Mit Hilfe des Bravais-Pearson-Korrelationskoeffizienten wird untersucht, ob ein linearer Zusammenhang zwischen den Merkmalen X und Y angenommen werden kann. Die arithmetischen Mittel sind $\overline{x} = 2\,875$ und $\overline{y} = 76\,250$, das arithmetische Mittel der Produkte der Beobachtungswerte ist $\frac{1}{4} \sum_{i=1}^{4} x_i y_i = 273\,125\,000$. Damit folgt für die empirische Kovarianz des Datensatzes

$$s_{xy} = \frac{1}{4} \sum_{i=1}^{4} x_i y_i - \overline{x} \cdot \overline{y} = 273\,125\,000 - 2\,875 \cdot 76\,250 = 53\,906\,250.$$

8.2 Metrische Merkmale

Die Varianzen s_x^2 und s_y^2 sind gegeben durch

$$s_x^2 = \overline{x^2} - \overline{x}^2 = 1\,796\,875, \qquad s_y^2 = \overline{y^2} - \overline{y}^2 = 1\,617\,187\,500,$$

so dass der Korrelationskoeffizient den Wert Eins hat:

$$r_{xy} = \frac{s_{xy}}{s_x s_y} = \frac{53\,906\,250}{\sqrt{1\,617\,187\,500} \cdot \sqrt{1\,796\,875}} = 1.$$

Also liegt ein exakter linearer Zusammenhang zwischen den beobachteten Größen vor. Eine genauere Untersuchung zeigt, dass alle Werte auf der Geraden $y = 30 \cdot x - 10\,000$ liegen. ✗

Beispiel | Die arithmetischen Mittel des Datensatzes

j	1	2	3	4	5	6
x_j	3	4	5	6	7	8
y_j	9,5	13	16	20	20,5	23

sind gegeben durch $\overline{x} = 5{,}5$ und $\overline{y} = 17$. Die zugehörigen empirischen Varianzen sind $s_x^2 \approx 2{,}917$ und $s_y^2 = 21{,}75$, die empirischen Standardabweichungen $s_x = \sqrt{s_x^2} \approx 1{,}708$ und $s_y = \sqrt{s_y^2} \approx 4{,}664$. Wegen $s_{xy} \approx 7{,}833$ ist der Korrelationskoeffizient gegeben durch

$$r_{xy} = \frac{s_{xy}}{s_x s_y} \approx 0{,}983.$$

Es gibt also Anhaltspunkte für einen ausgeprägten linearen Zusammenhang der Daten, die Merkmale sind stark positiv korreliert. ✗

Abschließend sei noch auf einen wichtigen Punkt bei der Messung eines Zusammenhangs mittels des Korrelationskoeffizienten hingewiesen. Diese Kenngröße liefert lediglich Aufschluss über lineare Zusammenhänge. Anders geartete Zusammenhänge können damit nicht gemessen werden. Falls der Korrelationskoeffizient gleich Null ist, bedeutet dies insbesondere nicht zwingend, dass überhaupt kein Zusammenhang zwischen beiden Merkmalen existiert. Es bedeutet lediglich, dass anhand des Datenmaterials kein <u>linearer</u> Zusammenhang nachgewiesen werden kann. Die obigen Grafiken verdeutlichen, dass von einem Wert des Korrelationskoeffizienten nahe Null nicht auf eine „diffuse Punktwolke" geschlossen werden kann (vgl. 334▶Kapitel 9.7).

Beispiel Quadratischer Zusammenhang | Mittels des folgenden Zahlenbeispiels soll illustriert werden, dass zwischen zwei Merkmalen auch dann ein Zusammenhang bestehen kann, wenn der Bravais-Pearson-Korrelationskoeffizient nicht darauf schließen lässt:

j	1	2	3	4	5	Summe
x_j	−2	−1	0	1	2	0
y_j	4	1	0	1	4	10
$x_j y_j$	−8	−1	0	1	8	0

Die zugehörige empirische Kovarianz beträgt wegen $\overline{x} = 0$ und $\overline{xy} = 0$

$$s_{xy} = \overline{xy} - \overline{x} \cdot \overline{y} = 0,$$

so dass auch der Korrelationskoeffizient r_{xy} der Datenreihen gleich Null ist. Die Daten stehen aber offensichtlich in einem quadratischen Zusammenhang, d.h. es gilt $y_j = x_j^2$, $j \in \{1, \ldots, 5\}$. ✗

Selbst wenn der Korrelationskoeffizient auf einen Zusammenhang zwischen zwei Merkmalen hindeutet, ist es grundsätzlich nicht möglich, nur anhand der Daten eine Aussage darüber zu treffen, welches Merkmal das jeweils andere beeinflusst. Dies wird bereits aus der Tatsache ersichtlich, dass diese Kenngröße symmetrisch in den Daten der Merkmale X und Y ist. Eine Vertauschung beider Merkmale lässt dessen Wert unverändert. Eine Entscheidung über die Richtung des Zusammenhangs kann nur auf Basis des sachlichen Kontexts, in dem die Merkmale zueinander stehen, getroffen werden. Weitere Aspekte, die in diesem Kontext diskutiert werden müssen, sind die so genannte Scheinkorrelation und Korrelationen, die aufgrund einer parallelen Entwicklung von nicht in Zusammenhang stehenden Merkmalen entstehen. Eine Scheinkorrelation zwischen Merkmalen X und Y entsteht, wenn der Zusammenhang von X und Y durch eine dritte Variable Z induziert wird, mit der X und Y jeweils sinnvoll korreliert werden können. Im Rahmen einer Korrelationsanalyse ist somit darauf zu achten, dass ein sachlogischer Zusammenhang zwischen den betrachteten Merkmalen besteht. Für weitere Details sei auf Bamberg et al. (2011) und Hartung et al. (2009) verwiesen.

Beispiel | Es ist unmittelbar einsichtig, dass Körpergröße X und Körpergewicht Y einer Person voneinander abhängen, da mit einer wachsenden Körpergröße eine größere Masse einhergeht und somit ein höheres Gewicht verursacht wird. Andererseits ist die Schuhgröße Z einer Person (d.h., letztlich die Fußlänge) ein Merkmal, dass mit wachsendem Gewicht zunehmen wird. Dies ist jedoch weniger durch das Gewicht als durch die Körpergröße bedingt. Somit hängen Y und Z nur scheinbar

8.3 Ordinale Merkmale

voneinander ab, d.h. der Zusammenhang von Y und Z wird durch deren Abhängigkeit von X erzeugt.
Eine unsinnige Korrelation entsteht z.B., wenn die Anzahl brütender Storchenpaare und die Anzahl der Geburten in einer Region in Beziehung gesetzt werden. ✗

8.3 Ordinale Merkmale

In diesem Abschnitt wird der Rangkorrelationskoeffizient nach Spearman definiert, der durch den Bravais-Pearson-Korrelationskoeffizienten motiviert ist und auch aus ihm abgeleitet werden kann. Er ist ein Zusammenhangsmaß für bivariate Merkmale (X, Y), wobei X und Y mindestens ordinales Messniveau haben. Zur Berechnung des Rangkorrelationskoeffizienten wird nur auf die 65▶Ränge der Beobachtungsdaten der einzelnen Merkmale zurückgegriffen, d.h. es werden ausschließlich die Reihenfolgen der Beobachtungswerte verwendet, die tatsächlichen Werte sind irrelevant. Für Beobachtungswerte (x_j, y_j), $j \in \{1, \ldots, n\}$, des Merkmals (X,Y) bezeichne $R(x_j)$ den Rang der Beobachtung x_j in der Messreihe $x_1, \ldots, x_n$, $R(y_j)$ den Rang der Beobachtung y_j in der Messreihe $y_1, \ldots, y_n$. Um Trivialfälle auszuschließen wird angenommen, dass jeweils in beiden Messreihen nicht alle Beobachtungswerte gleich sind. Dies impliziert insbesondere, dass auch deren jeweilige Ränge nicht alle übereinstimmen. Damit ist der Nenner des Quotienten in der folgenden Definition immer positiv und der Quotient definiert.

Definition Rangkorrelationskoeffizient nach Spearman | Der Rangkorrelationskoeffizient nach Spearman r_{Sp} ist definiert durch

$$r_{Sp} = \frac{\sum_{i=1}^{n} (R(x_i) - \overline{R}(x))(R(y_i) - \overline{R}(y))}{\sqrt{\sum_{i=1}^{n} (R(x_i) - \overline{R}(x))^2} \sqrt{\sum_{i=1}^{n} (R(y_i) - \overline{R}(y))^2}},$$

wobei $\overline{R}(x) = \frac{1}{n} \sum_{i=1}^{n} R(x_i)$ bzw. $\overline{R}(y) = \frac{1}{n} \sum_{i=1}^{n} R(y_i)$ die arithmetischen Mittelwerte der Ränge $R(x_1), \ldots, R(x_n)$ bzw. $R(y_1), \ldots, R(y_n)$ bezeichnen. ✗

Der Rangkorrelationskoeffizient stimmt mit dem 268▶Bravais-Pearson-Korrelationskoeffizienten überein, wenn an Stelle der Originaldaten (x_j, y_j) die Rangpaare $(R(x_j), R(y_j))$ verwendet werden.

Regel Zusammenhang zwischen Rangkorrelationskoeffizient und Bravais-Pearson-Korrelationskoeffizient | Der Rangkorrelationskoeffizient nach Spearman der Beobachtungswerte $(x_1, y_1), \ldots, (x_n, y_n)$ ist identisch mit dem Bravais-Pearson-Korrelationskoeffizienten der zugehörigen Rangdaten $(R(x_1), R(y_1)), \ldots, (R(x_n), R(y_n))$:

$$r_{Sp} = r_{R(x)R(y)}.$$

Der Rangkorrelationskoeffizient kann also tatsächlich als eine Maßzahl für die Korrelation der Ränge der Beobachtungsdaten beider Merkmale angesehen werden. Dabei ist zu berücksichtigen, dass sich mittels des Rangkorrelationskoeffizienten sicherlich keine genau spezifizierten funktionalen Zusammenhänge (wie lineare Zusammenhänge beim Bravais-Pearson-Korrelationskoeffizient) zwischen den Merkmalen aufdecken lassen. Es wird sich zeigen, dass aufgrund des niedrigeren Messniveaus mittels des Rangkorrelationskoeffizienten nur allgemeine Monotoniebeziehungen zwischen den Merkmalen beschrieben werden können.

Ehe jedoch näher auf die Eigenschaften des Rangkorrelationskoeffizienten eingegangen wird, werden zunächst zwei Summenformeln angegeben, die dessen Berechnung erleichtern bzw. zu einer alternativen Berechnungsmöglichkeit führen. Zur Vereinfachung der Notation wird die 64▶Rangwertreihe der Beobachtungswerte in Teile mit gleichen Werten gegliedert: Liegen genau k verschiedene Ausprägungen mit absoluten Häufigkeiten $u_1, \ldots, u_k$ in der Urliste $x_1, \ldots, x_n$ vor, so ergibt sich die folgende Einteilung der Rangwertreihe:

$$\underbrace{x_{(1)} = \cdots = x_{(u_1)}}_{u_1 \text{ Werte}} < \underbrace{x_{(u_1+1)} = \cdots = x_{(u_1+u_2)}}_{u_2 \text{ Werte}} < x_{(u_1+u_2+1)} = \cdots < \cdots \cdots$$

$$\cdots \cdots < \cdots = x_{(u_1+\cdots+u_{k-1})} < \underbrace{x_{(u_1+\cdots+u_{k-1}+1)} = \cdots = x_{(n)}}_{u_k \text{ Werte}}.$$

Auf diese Weise werden die 65▶Bindungen im Datensatz zusammengefasst. $n - k$ bezeichnet die Anzahl von Bindungen, die Zahlen $u_1, \ldots, u_k$ geben jeweils deren Ordnung an. Zur Vereinfachung der Notation bezeichnen $m_j = u_1 + \cdots + u_j$, $j \in \{1, \ldots, k\}$, die Stellen m_j, an denen die Rangwertreihe zu einem größeren Wert wechselt (weiterhin sei $m_0 = 0$):

$$\underbrace{x_{(m_0+1)} = \cdots = x_{(m_1)}}_{u_1 \text{ Werte}} < \underbrace{x_{(m_1+1)} = \cdots = x_{(m_2)}}_{u_2 \text{ Werte}} < x_{(m_2+1)} = \cdots < \cdots \cdots$$

$$\cdots \cdots < \cdots = x_{(m_{k-1})} < \underbrace{x_{(m_{k-1}+1)} = \cdots = x_{(m_k)}}_{u_k \text{ Werte}}.$$

8.3 Ordinale Merkmale

Regel Summenformeln | Mit $u = \frac{1}{12} \sum_{i=1}^{k} u_i(u_i^2 - 1)$ gilt

$$\sum_{i=1}^{n} R(x_i) = \frac{n(n+1)}{2} \quad \text{und} \quad \sum_{i=1}^{n} (R(x_i))^2 = \frac{n(n+1)(2n+1)}{6} - u.$$

Nachweis. Aus der obigen Darstellung der Rangwertreihe ergibt sich die Häufigkeitsverteilung der Ränge:

Rang	$R(x_{(m_1)})$	$\cdots$	$\cdots$	$R(x_{(m_k)})$
absolute Häufigkeit	u_1	$\cdots$	$\cdots$	u_k

wobei $R(x_{(m_j)})$ 65▶mittlerer Rang von $x_{(m_{j-1}+1)} = \cdots = x_{(m_j)}$ ist:

$$R(x_{(m_j)}) = \frac{1}{u_j} \sum_{i=m_{j-1}+1}^{m_j} i = m_{j-1} + \frac{u_j + 1}{2}, \quad j \in \{1, \ldots, k\}. \quad (\clubsuit)$$

Unter Verwendung der Summenformel $\sum_{i=1}^{n} i = \frac{n(n+1)}{2}$ folgt zunächst

$$\sum_{i=1}^{n} R(x_i) = \sum_{i=1}^{n} R(x_{(i)}) = \sum_{j=1}^{k} u_j R(x_{(m_j)}) = \sum_{j=1}^{k} \sum_{i=m_{j-1}+1}^{m_j} i = \sum_{i=1}^{n} i = \frac{n(n+1)}{2}.$$

Weiterhin ergibt sich

$$\sum_{i=1}^{n} (R(x_i))^2 = \sum_{i=1}^{n} (R(x_{(i)}))^2 = \sum_{j=1}^{k} u_j (R(x_{(m_j)}))^2 = \sum_{j=1}^{k} u_j \left(\frac{1}{u_j} \sum_{i=m_{j-1}+1}^{m_j} i \right)^2,$$

so dass aus ($\clubsuit$) folgt

$$\sum_{i=1}^{n} (R(x_{(i)}))^2 = \sum_{j=1}^{k} u_j \left(m_{j-1} + \frac{u_j + 1}{2} \right)^2$$

$$= \sum_{j=1}^{k} u_j \left(m_{j-1}^2 + m_{j-1}(u_j + 1) + \left(\frac{u_j + 1}{2} \right)^2 \right).$$

Andererseits ergibt sich mit $\sum_{i=1}^{r} i^2 = \frac{r(r+1)(2r+1)}{6}$

$$\sum_{i=1}^{u_j} (m_{j-1} + i)^2 = \sum_{i=1}^{u_j} (m_{j-1}^2 + 2i\, m_{j-1} + i^2)$$

$$= u_j m_{j-1}^2 + 2m_{j-1} \frac{u_j(u_j+1)}{2} + \frac{u_j(u_j+1)(2u_j+1)}{6}$$

$$= u_j \left(m_{j-1}^2 + m_{j-1}(u_j + 1) + \frac{(u_j+1)(2u_j+1)}{6} \right)$$

8. Zusammenhangsmaße

und mit $\sum_{i=m_{j-1}+1}^{m_j} i^2 = \sum_{i=1}^{u_j}(i+m_{j-1})^2$

$$\frac{n(n+1)(2n+1)}{6} = \sum_{i=1}^{n} i^2 = \sum_{j=1}^{k} \sum_{i=m_{j-1}+1}^{m_j} i^2 = \sum_{j=1}^{k} \sum_{i=1}^{u_j}(m_{j-1}+i)^2$$

$$= \sum_{j=1}^{k} u_j \left(m_{j-1}^2 + m_{j-1}(u_j+1) + \frac{(u_j+1)(2u_j+1)}{6} \right).$$

Die Differenz dieser Ausdrücke beträgt

$$\frac{n(n+1)(2n+1)}{6} - \sum_{i=1}^{n}(R(x_i))^2 = \sum_{j=1}^{k} u_j \left(\frac{(u_j+1)(2u_j+1)}{6} - \left(\frac{u_j+1}{2}\right)^2 \right)$$

$$= \sum_{j=1}^{k} \frac{u_j(u_j+1)}{2} \left(\frac{2u_j+1}{3} - \frac{u_j+1}{2} \right)$$

$$= \sum_{j=1}^{k} \frac{u_j(u_j+1)}{2} \left(\frac{4u_j+2-3u_j-3}{6} \right)$$

$$= \sum_{j=1}^{k} \frac{1}{12} u_j(u_j+1)(u_j-1)$$

$$= \frac{1}{12} \sum_{j=1}^{k} u_j(u_j^2-1) = u.$$

Daraus folgt schließlich die zweite Behauptung. ✓

Aus der ersten Formel dieser Regel folgt, dass das arithmetische Mittel der Ränge (unabhängig davon, ob Bindungen vorliegen oder nicht) immer den selben Wert hat. In der 277▶Definition des Rangkorrelationskoeffizienten können daher folgende Ersetzungen vorgenommen werden:

$$\overline{R}(x) = \overline{R}(y) = \frac{n+1}{2}.$$

Die zweite Formel liefert eine alternative Berechnungsmöglichkeit für den Rangkorrelationskoeffizienten. Dabei reduziert sich die Bestimmung im Wesentlichen auf das Auszählen der Bindungen in beiden Messreihen und die Berechnung der quadrierten Abweichungen $(R(x_i) - R(y_i))^2$, $i \in \{1, \ldots, n\}$, der Ränge. In der folgenden Darstellung repräsentieren die Größen $v_1, \ldots, v_l$ die Entsprechungen zu den oben eingeführten Häufigkeiten u_i, d.h. sie sind die absoluten Häufigkeiten der verschiedenen Beobachtungswerte in der Rangwertreihe $y_{(1)} \leqslant \cdots \leqslant y_{(n)}$.

8.3 Ordinale Merkmale

Regel Alternative Formel für den Rangkorrelationskoeffizienten | Der Rangkorrelationskoeffizient nach Spearman kann mittels der Formel

$$r_{Sp} = \frac{\frac{n}{6}(n^2-1) - \sum_{i=1}^{n}(R(x_i) - R(y_i))^2 - (u+v)}{\sqrt{\left(\frac{n}{6}(n^2-1) - 2u\right)\left(\frac{n}{6}(n^2-1) - 2v\right)}}$$

berechnet werden, wobei $u = \frac{1}{12}\sum_{i=1}^{k} u_i(u_i^2 - 1)$ und $v = \frac{1}{12}\sum_{i=1}^{l} v_i(v_i^2 - 1)$ gilt.

Nachweis. Zum Nachweis der Regel wird zunächst der Ausdruck

$$\sum_{i=1}^{n}(R(x_i) - \overline{R}(x))^2$$

im Nenner des Rangkorrelationskoeffizienten betrachtet. Dieser entspricht (bis auf den Faktor $\frac{1}{n}$) der empirischen Varianz der Ränge $R(x_1), \ldots, R(x_n)$, d.h. gemäß der 94▶alternativen Berechnungsformel für die empirische Varianz gilt

$$\sum_{i=1}^{n}(R(x_i) - \overline{R}(x))^2 = \sum_{i=1}^{n}(R(x_i))^2 - n(\overline{R}(x))^2.$$

Mit den 279▶Identitäten für die Summen der (quadrierten) Ränge gilt

$$\sum_{i=1}^{n}(R(x_i) - \overline{R}(x))^2 = \frac{n(n+1)(2n+1)}{6} - u - n\frac{(n+1)^2}{4}$$

$$= n(n+1)\left(\frac{2(2n+1) - 3(n+1)}{12}\right) - u$$

$$= \frac{n(n+1)(n-1)}{12} - u = \frac{n(n^2-1)}{12} - u.$$

Analog ergibt sich für die Ränge der Beobachtungswerte $y_1, \ldots, y_n$ die Beziehung

$$\sum_{i=1}^{n}(R(y_i) - \overline{R}(y))^2 = \frac{n}{12}(n^2 - 1) - v.$$

Wegen $\overline{R}(x) = \overline{R}(y)$ und

$$\left(R(x_i) - \overline{R}(x)\right)^2 + \left(R(y_i) - \overline{R}(y)\right)^2 - 2\left(R(x_i) - \overline{R}(x)\right)\left(R(y_i) - \overline{R}(y)\right)$$
$$= \left[(R(x_i) - \overline{R}(x)) - (R(y_i) - \overline{R}(y))\right]^2 = (R(x_i) - R(y_i))^2$$

folgt durch Summation beider Seiten bzgl. des Index i

$$2\sum_{i=1}^{n}\left(R(x_i) - \overline{R}(x)\right)\left(R(y_i) - \overline{R}(y)\right)$$
$$= \sum_{i=1}^{n}\left(R(x_i) - \overline{R}(x)\right)^2 + \sum_{i=1}^{n}\left(R(y_i) - \overline{R}(y)\right)^2 - \sum_{i=1}^{n}(R(x_i) - R(y_i))^2.$$

Also ergibt sich mit den oben angegebenen Formeln für die ersten beiden Summanden auf der rechten Seite der Gleichung die folgende Darstellung für den Rangkorrelationskoeffizienten

$$r_{Sp} = \frac{\sum_{i=1}^{n} \left(R(x_i) - \overline{R}(x)\right)\left(R(y_i) - \overline{R}(y)\right)}{\sqrt{\sum_{i=1}^{n}\left(R(x_i) - \overline{R}(x)\right)^2 \sum_{i=1}^{n}\left(R(y_i) - \overline{R}(y)\right)^2}}$$

$$= \frac{\frac{1}{2}\left(\frac{n}{12}(n^2-1) - u + \frac{n}{12}(n^2-1) - v - \sum_{i=1}^{n}(R(x_i) - R(y_i))^2\right)}{\sqrt{\left(\frac{n}{12}(n^2-1) - u\right)\left(\frac{n}{12}(n^2-1) - v\right)}}$$

$$= \frac{\frac{n}{6}(n^2-1) - \sum_{i=1}^{n}(R(x_i) - R(y_i))^2 - (u+v)}{\sqrt{\left(\frac{n}{6}(n^2-1) - 2u\right)\left(\frac{n}{6}(n^2-1) - 2v\right)}}. \quad \checkmark$$

Als Nebenprodukt des obigen Resultats ergibt sich die folgende Vereinfachung, wenn keine Bindungen vorliegen.

Regel Rangkorrelationskoeffizient bei verschiedenen Rängen | Sind die Beobachtungswerte in den jeweiligen Datenreihen $x_1, \ldots, x_n$ und $y_1, \ldots, y_n$ jeweils paarweise verschieden, d.h. gilt

$$x_i \neq x_j, \quad y_i \neq y_j \quad \text{für alle } i \neq j, i, j \in \{1, \ldots, n\},$$

so kann der Rangkorrelationskoeffizient nach Spearman berechnet werden mittels

$$r_{Sp} = 1 - \frac{6}{n(n^2-1)} \sum_{i=1}^{n} (R(x_i) - R(y_i))^2.$$

Nachweis. Sind die Beobachtungswerte in den einzelnen Datenreihen verschieden, so gilt für die Größen in der Darstellung gemäß der 281▶alternativen Berechnungsmethode für den Rangkorrelationskoeffizienten $u_i = v_i = 1$, $i \in \{1, \ldots, n\}$, und damit $u = v = 0$. Das Resultat folgt daher aus

$$r_{Sp} = \frac{\frac{n}{6}(n^2-1) - \sum_{i=1}^{n}(R(x_i) - R(y_i))^2}{\sqrt{\left(\frac{n}{6}(n^2-1)\right)\left(\frac{n}{6}(n^2-1)\right)}} = 1 - \frac{\sum_{i=1}^{n}(R(x_i) - R(y_i))^2}{\frac{n}{6}(n^2-1)}. \quad \checkmark$$

Aufgrund der 278▶Übereinstimmung mit dem Bravais-Pearson-Korrelationskoeffizienten ist zu erwarten, dass das Intervall $[-1, 1]$ Wertebereich des Rangkorrelationskoeffizienten ist. Diese Eigenschaft lässt sich direkt ableiten. Wie im Fall des Bravais-Pearson-Korrelationskoeffizienten können die Bedingungen angegeben werden, unter denen die Randwerte des Intervalls angenommen werden. Hierbei zeigt

8.3 Ordinale Merkmale

sich, dass die Ränge in beiden Messreihen entweder identisch sind oder in umgekehrter Reihenfolge auftreten.

Regel Wertebereich des Rangkorrelationskoeffizienten | Für den Rangkorrelationskoeffizienten nach Spearman gilt

$$-1 \leqslant r_{Sp} \leqslant 1.$$

Das Verhalten des Rangkorrelationskoeffizienten nach Spearman an den Grenzen des Wertebereichs lässt sich folgendermaßen charakterisieren:

- Der Rangkorrelationskoeffizient nach Spearman nimmt genau dann den Wert 1 an, wenn die Ränge in beiden Datenreihen übereinstimmen:

$$r_{Sp} = 1 \iff R(x_i) = R(y_i) \text{ für alle } i \in \{1,\ldots,n\}.$$

- Der Rangkorrelationskoeffizient nach Spearman nimmt genau dann den Wert -1 an, wenn die Ränge der einzelnen Datenreihen untereinander ein gegenläufiges Verhalten aufweisen:

$$r_{Sp} = -1 \iff R(x_i) = n + 1 - R(y_i) \text{ für alle } i \in \{1,\ldots,n\}.$$

Nachweis. Da der Rangkorrelationskoeffizient nach Spearman als 268▶Bravais-Pearson-Korrelationskoeffizient der (Rang-)Daten $(R(x_i), R(y_i))$, $i \in \{1,\ldots,n\}$, aufgefasst werden kann, folgt die Aussage zum Wertebereich sofort aus der entsprechenden 271▶Regel für den Korrelationskoeffizienten. Bei der Charakterisierung der Bedingungen, unter denen die Ränder des Wertebereichs angenommen werden, wird zuerst der Fall $r_{Sp} = 1$ behandelt. Die Eigenschaften des Bravais-Pearson-Korrelationskoeffizienten liefern

$$r_{Sp} = 1 \iff R(y_i) = aR(x_i) + b \text{ für alle } i \in \{1,\ldots,n\} \text{ mit } a > 0, b \in \mathbb{R}.$$

Die rechte Seite der Äquivalenz besagt, dass zwei Ränge $R(x_i)$ und $R(x_j)$ genau dann gleich sind, wenn die entsprechenden Ränge $R(y_i)$ und $R(y_j)$ übereinstimmen. Wegen der für einen Datensatz $x_1,\ldots,x_n$ gültigen Äquivalenz

$$R(x_i) = R(x_j) \iff x_i = x_j$$

für $i, j \in \{1,\ldots,n\}$ bedeutet dies, dass die Zahlen u_i und v_i, die die absoluten Häufigkeiten der verschiedenen Beobachtungswerte in den jeweiligen Rangwertreihen angeben, ebenfalls übereinstimmen, d.h. es gilt $k = l$ und $u_i = v_i$ für alle $i \in \{1,\ldots,k\}$. Die 281▶alternative Formel für den Rangkorrelationskoeffizienten vereinfacht sich deshalb zu

$$r_{Sp} = 1 - \frac{\sum_{i=1}^{n} (R(x_i) - R(y_i))^2}{\frac{n}{6}(n^2 - 1) - 2u}. \qquad (\clubsuit)$$

Aus dieser Darstellung folgt:

$$r_{Sp} = 1 \iff \frac{\sum\limits_{i=1}^{n}(R(x_i) - R(y_i))^2}{\frac{n}{6}(n^2-1) - 2u} = 0$$

$$\iff (R(x_i) - R(y_i))^2 = 0 \text{ für alle } i \in \{1,\ldots,n\}.$$

Also sind die Aussagen $r_{Sp} = 1$ und $R(x_i) = R(y_i)$ für alle $i \in \{1,\ldots,n\}$ äquivalent. Der Fall $r_{Sp} = -1$ wird in ähnlicher Weise unter Verwendung der (zu (♣) analogen) Darstellung

$$r_{Sp} = -1 + \frac{\sum\limits_{i=1}^{n}(R(x_i) - (n+1-R(y_i)))^2}{\frac{n}{6}(n^2-1) - 2u}$$

für den Korrelationskoeffizienten hergeleitet. ✓

Aus dieser Eigenschaft wird deutlich, welche Art von Zusammenhängen durch den Rangkorrelationskoeffizienten erfasst werden. $r_{Sp} = 1$ gilt genau dann, wenn die Ränge der Beobachtungswerte die Bedingung $R(x_i) = R(y_i)$, $i \in \{1,\ldots,n\}$, erfüllen. Das bedeutet, dass aus $x_i < x_j$ für die zugehörigen y-Werte $y_i < y_j$ und dass aus $x_i = x_j$ für die y-Werte $y_i = y_j$ folgt. Nimmt der Rangkorrelationskoeffizient eines Datensatzes also Werte nahe Eins an, so kann davon ausgegangen werden, dass ein „synchrones" Wachstum beider Merkmale vorliegt.

$r_{Sp} = -1$ gilt genau dann, wenn die Ränge die Gleichungen $R(x_i) = n + 1 - R(y_i)$, $i \in \{1,\ldots,n\}$, erfüllen. Also ergibt sich aus $x_i < x_j$ für die zugehörigen y-Werte $y_i > y_j$, und aus $x_i = x_j$ folgt für die y-Werte $y_i = y_j$, wobei $i,j \in \{1,\ldots,n\}$ und $i \neq j$. Werte bei -1 legen daher ein gegenläufiges Verhalten beider Merkmale nahe. Zusammenfassend kann festgestellt werden, dass der Rangkorrelationskoeffizient ein Maß für das monotone Änderungsverhalten zweier Merkmale ist.

B **Beispiel** | Der Zusammenhang zwischen erreichten Punktzahlen bei der Bearbeitung von Übungsaufgaben (Merkmal Y) und in einer Examensklausur (Merkmal X) soll untersucht werden. Dazu liegen folgende Daten vor.

Studierende	1	2	3	4	5	6	7	8
Klausurpunkte	34	24	87	45	72	69	91	38
Punkte in den Übungsaufgaben	13	8	60	34	58	61	64	50

Für die Ränge der Klausurpunkte x_i, $i \in \{1,\ldots,n\}$, und der Punkte in den Übungsaufgaben y_i, $i \in \{1,\ldots,n\}$, ergibt sich somit:

8.3 Ordinale Merkmale

Studierende	1	2	3	4	5	6	7	8
Rang der Klausur	2	1	7	4	6	5	8	3
Rang der Übungsaufgaben	2	1	6	3	5	7	8	4
Differenz der Ränge	0	0	1	1	1	−2	0	−1

Da alle Punkte in der Klausur bzw. in den Übungsaufgaben verschieden sind, kann die 282▶vereinfachte Formel zur Berechnung des Rangkorrelationskoeffizienten benutzt werden. Es gilt

$$r_{Sp} = 1 - \frac{6}{n(n^2-1)} \sum_{i=1}^{n} (R(x_i) - R(y_i))^2$$

$$= 1 - \frac{6}{8(8^2-1)}(0+0+1+1+1+4+0+1) \approx 0{,}905.$$

Dieses Ergebnis spiegelt die Einschätzung wider, dass die Leistung in Klausur und Übung ähnlich ist, d.h. bei einer guten Leistung im Übungsbetrieb ist ein gutes Resultat in der Prüfungsklausur anzunehmen und umgekehrt. Es beweist jedoch nicht, dass eine gute Bearbeitung der Übungen eine gute Klausur impliziert. Weiterhin kann auch die Behauptung, dass es nicht möglich ist, eine gute Klausur ohne eine entsprechende Bearbeitung der Übungsaufgaben zu schreiben, nicht mit Hilfe des Rangkorrelationskoeffizienten belegt werden. ✗

Der Bravais-Pearson-Korrelationskoeffizient konnte bei linearer Transformation der Daten aus dem ursprünglichen Koeffizienten leicht berechnet werden. Da der Rangkorrelationskoeffizient nur über die Ränge von den Messwerten abhängt, kann er sogar bei beliebigen streng monotonen Transformationen der Messreihen ohne Rückgriff auf die Originaldaten ermittelt werden.

Regel Rangkorrelationskoeffizient bei monotoner Transformation der Daten | Seien $x_1, \ldots, x_n$ und $y_1, \ldots, y_n$ Beobachtungen zweier ordinalskalierter Merkmale mit Rangkorrelationskoeffizient r_{Sp}.
Sind f und g streng monotone Funktionen, dann gelten die folgenden Zusammenhänge für den Rangkorrelationskoeffizienten $r_{Sp}^{f,g}$ der transformierten Daten $f(x_1), \ldots, f(x_n)$ und $g(y_1), \ldots, g(y_n)$:

− Sind beide Funktionen f und g entweder wachsend oder fallend, dann gilt

$$r_{Sp}^{f,g} = r_{Sp}.$$

− Sind f fallend und g wachsend bzw. liegt die umgekehrte Situation vor, so gilt

$$r_{Sp}^{f,g} = -r_{Sp}.$$

Nachweis. Bei einer Transformation des ersten Datensatzes mittels einer streng monoton wachsenden Funktion f ändern sich die Ränge nicht, d.h. es gilt

$$R(f(x_j)) = R(x_j), \quad j \in \{1, \ldots, n\}.$$

Im Fall einer streng monoton fallenden Funktion f gilt für die Ränge

$$R(f(x_j)) = n + 1 - R(x_j), \quad j \in \{1, \ldots, n\}.$$

Entsprechende Ergebnisse gelten für den zweiten Datensatz. Mit Hilfe dieser Aussagen kann das behauptete Verhalten des Rangkorrelationskoeffizienten nach Spearman gezeigt werden. Exemplarisch wird hier

$$r_{Sp}^{f,g} = -r_{Sp}$$

nachgewiesen, wobei f streng monoton wachsend und g streng monoton fallend sei. Wegen

$$\overline{R}(g(y)) = \frac{n+1}{2} = n + 1 - \frac{n+1}{2} = n + 1 - \overline{R}(y)$$

folgt

$$R(g(y_i)) - \overline{R}(g(y)) = (n + 1 - R(y_i)) - (n + 1 - \overline{R}(y)) = -(R(y_i)) - \overline{R}(y)).$$

Da die Transformation mit f keine Änderung der Ränge bewirkt, ergibt sich

$$r_{Sp}^{f,g} = \frac{\sum_{i=1}^{n} \left(R(f(x_i)) - \overline{R}(f(x))\right) \left(R(g(y_i)) - \overline{R}(g(y))\right)}{\sqrt{\sum_{i=1}^{n} \left(R(f(x_i)) - \overline{R}(f(x))\right)^2 \sum_{i=1}^{n} \left(R(g(y_i)) - \overline{R}(g(y))\right)^2}}$$

$$= \frac{\sum_{i=1}^{n} \left(R(x_i) - \overline{R}(x)\right) \left[-(R(y_i) - \overline{R}(y))\right]}{\sqrt{\sum_{i=1}^{n} \left(R(x_i) - \overline{R}(x)\right)^2 \sum_{i=1}^{n} \left(-(R(y_i) - \overline{R}(y))\right)^2}} = -r_{Sp}. \quad \checkmark$$

8.4 Punktbiserialer Korrelationskoeffizient

Bei den bisher eingeführten Zusammenhangsmaßen war ohne Bedeutung, welches der betrachteten Merkmale mit X und welches mit Y bezeichnet wurde. Die vorgestellten Kenngrößen sind symmetrisch in den betrachteten Messreihen, weil beide Merkmale das selbe Messniveau haben. Der punktbiseriale Korrelationskoeffizient ermöglicht die Messung eines Zusammenhangs zwischen einem 12▶dichotomen und einem metrischen Merkmal. Im Folgenden bezeichne X das dichotome Merkmal, dessen Ausprägungen durch 0 und 1 kodiert werden. Y sei das metrische Merkmal, wobei angenommen wird, dass die empirische Standardabweichung s_y der Messreihe $y_1, \ldots, y_n$ positiv ist. n_0 bezeichne die Anzahl der Beobachtungswerte im Daten-

8.4 Punktbiserialer Korrelationskoeffizient

satz $(x_1, y_1), \ldots, (x_n, y_n)$, deren erste Komponente den Wert 0 annimmt, n_1 sei die entsprechende Anzahl für den Wert 1. Außerdem wird vorausgesetzt, dass $n_0 > 0$ und $n_1 > 0$ gilt, da sonst nur eine Ausprägung des Merkmals X beobachtet worden und daher keine sinnvolle Grundlage zur Bestimmung eines Zusammenhangs zwischen X und Y gegeben wäre. Mit den Bezeichnungen

$$N_0 = \{i \in \{1, \ldots, n\} | x_i = 0\} \quad \text{bzw.} \quad N_1 = \{i \in \{1, \ldots, n\} | x_i = 1\}$$

(mit $|N_0| = n_0$ und $|N_1| = n_1$) seien

$$\bar{y}_0 = \frac{1}{n_0} \sum_{i \in N_0} y_i \quad \text{bzw.} \quad \bar{y}_1 = \frac{1}{n_1} \sum_{i \in N_1} y_i$$

die arithmetischen Mittel aller Werte der Messreihe $y_1, \ldots, y_n$, deren zugehörige Beobachtungswerte im Datensatz $(x_1, y_1), \ldots, (x_n, y_n)$ in der ersten Komponente die Ausprägung 0 bzw. 1 aufweisen.

Definition Punktbiserialer Korrelationskoeffizient | Der punktbiseriale Korrelationskoeffizient r_{pb} ist definiert durch

$$r_{pb} = \frac{\bar{y}_1 - \bar{y}_0}{s_y} \frac{\sqrt{n_0 n_1}}{n}.$$

Bezeichnen $z_1, \ldots, z_q$ die verschiedenen Beobachtungswerte des Merkmals Y, so kann der punktbiseriale Korrelationskoeffizient auch mit relativen Häufigkeiten

	z_1	z_2	...	z_q	
0	f_{11}	f_{12}	...	f_{1q}	$f_{1\bullet}$
1	f_{21}	f_{22}	...	f_{2q}	$f_{2\bullet}$
	$f_{\bullet 1}$	$f_{\bullet 2}$	...	$f_{\bullet q}$	1

berechnet werden, wenn in der obigen Formel folgende Ausdrücke verwendet werden:

$$\bar{y}_0 = \sum_{j=1}^{q} f_{1j} z_j, \quad \bar{y}_1 = \sum_{j=1}^{q} f_{2j} z_j, \quad s_y = \sum_{j=1}^{q} f_{\bullet j} (z_j - \bar{z})^2,$$

$$\frac{n_0}{n} = f_{1\bullet}, \quad \frac{n_1}{n} = f_{2\bullet}.$$

Entscheidend für die weiteren Ausführungen ist, dass der punktbiseriale Korrelationskoeffizient als 268▶Bravais-Pearson-Korrelationskoeffizient r_{xy} der Daten $(x_1, y_1), \ldots, (x_n, y_n)$ interpretiert werden kann. Hierbei ist zu berücksichtigen, dass r_{xy} nur für metrische Merkmale und damit insbesondere nicht für Merkmale mit nur dichotomen Ausprägungen eingeführt wurde. Er kann aber formal für solche

Datensätze berechnet werden und besitzt in der betrachteten speziellen Situation eine sinnvolle Interpretation.

Regel Zusammenhang zwischen punktbiserialem Korrelationskoeffizient und Bravais-Pearson-Korrelationskoeffizient | Der punktbiseriale Korrelationskoeffizient ist identisch mit dem Bravais-Pearson-Korrelationskoeffizienten der Daten $(x_1, y_1), \ldots, (x_n, y_n)$:

$$r_{pb} = r_{xy}.$$

Nachweis. Der Bravais-Pearson-Korrelationskoeffizient berechnet sich gemäß $r_{xy} = \frac{s_{xy}}{s_x s_y}$. Die Ausdrücke s_x und s_{xy} lassen sich aufgrund der speziellen Situation vereinfachen. Zunächst gelten wegen $x_i \in \{0, 1\}$, $i \in \{1, \ldots, n\}$, die Beziehungen

$$\overline{x^2} = \frac{1}{n} \sum_{i=1}^{n} x_i^2 = \frac{n_1}{n}, \qquad \overline{x} = \frac{1}{n} \sum_{i=1}^{n} x_i = \frac{n_1}{n}.$$

Für die empirische Varianz s_x^2 ergibt sich daher mit $n = n_0 + n_1$

$$s_x^2 = \overline{x^2} - \overline{x}^2 = \frac{n_1}{n} - \left(\frac{n_1}{n}\right)^2 = \frac{n_1}{n}\left(1 - \frac{n_1}{n}\right) = \frac{n_1}{n} \frac{n - n_1}{n} = \frac{n_1 n_0}{n^2}.$$

Die empirische Kovarianz vereinfacht sich zu

$$s_{xy} = \overline{xy} - \overline{x} \cdot \overline{y} = \frac{1}{n} \sum_{i \in N_1} y_i - \frac{n_1}{n} \overline{y} = \frac{n_1}{n} \overline{y}_1 - \frac{n_1}{n} \overline{y} = \frac{n_1}{n}(\overline{y}_1 - \overline{y}).$$

Wegen

$$\overline{y}_1 - \overline{y} = \overline{y}_1 - \left(\frac{1}{n} \sum_{i=1}^{n} y_i\right) = \overline{y}_1 - \frac{1}{n}\left(\sum_{i \in N_0} y_i + \sum_{i \in N_1} y_i\right)$$

$$= \overline{y}_1 - \frac{n_0}{n} \overline{y}_0 - \frac{n_1}{n} \overline{y}_1 = \overline{y}_1 \frac{n - n_1}{n} - \frac{n_0}{n} \overline{y}_0 = \frac{n_0}{n}(\overline{y}_1 - \overline{y}_0)$$

folgt weiterhin für die empirische Kovarianz

$$s_{xy} = \frac{n_1}{n}(\overline{y}_1 - \overline{y}) = \frac{n_1 n_0}{n^2}(\overline{y}_1 - \overline{y}_0).$$

Also liefert der Bravais-Pearson-Korrelationskoeffizient für die Beobachtungswerte $(x_1, y_1), \ldots, (x_n, y_n)$ das Ergebnis:

$$r_{xy} = \frac{\frac{n_1 n_0}{n^2}(\overline{y}_1 - \overline{y}_0)}{\sqrt{\frac{n_1 n_0}{n^2}} \cdot s_y} = \frac{\overline{y}_1 - \overline{y}_0}{s_y} \cdot \sqrt{\frac{n_1 n_0}{n^2}} = r_{pb}. \qquad \checkmark$$

Die Eigenschaften des punktbiserialen Korrelationskoeffizienten können aufgrund dieses Zusammenhangs direkt aus denen des Korrelationskoeffizienten nach Bravais-Pearson abgeleitet werden. Dies führt zu folgender Regel.

8.4 Punktbiserialer Korrelationskoeffizient

Regel Wertebereich des punktbiserialen Korrelationskoeffizienten | Für den punktbiserialen Korrelationskoeffizienten gilt

$$-1 \leqslant r_{pb} \leqslant 1.$$

Das Verhalten des punktbiserialen Korrelationskoeffizienten an den Grenzen des Wertebereichs lässt sich folgendermaßen charakterisieren:

— Der punktbiseriale Korrelationskoeffizient nimmt genau dann den Wert 1 an, wenn den beiden Ausprägungen des dichotomen Merkmals X jeweils die selben Ausprägungen $a_0, a_1 \in \mathbb{R}$ ($a_0 < a_1$) des Merkmals Y zugeordnet werden:

$$r_{pb} = 1 \iff \text{Es gibt } a_0 < a_1 \text{ mit } y_i = \begin{cases} a_0, & \text{falls } x_i = 0, \\ a_1, & \text{falls } x_i = 1, \end{cases} \text{für}$$

alle $i \in \{1, \ldots, n\}$.

— Der punktbiseriale Korrelationskoeffizient nimmt genau dann den Wert -1 an, wenn den beiden Ausprägungen des dichotomen Merkmals X jeweils die selben Ausprägungen $a_0, a_1 \in \mathbb{R}$ ($a_0 > a_1$) des Merkmals Y zugeordnet werden:

$$r_{pb} = -1 \iff \text{Es gibt } a_0 > a_1 \text{ mit } y_i = \begin{cases} a_0, & \text{falls } x_i = 0, \\ a_1, & \text{falls } x_i = 1, \end{cases} \text{für}$$

alle $i \in \{1, \ldots, n\}$.

Nachweis. Die Aussage zum Wertebereich folgt sofort aus der entsprechenden 271▶Regel für den Korrelationskoeffizienten nach Bravais-Pearson. Bei der Charakterisierung der Bedingungen unter denen die Grenzen des Wertebereichs angenommen werden, wird hier nur der erste Fall betrachtet, der zweite folgt analog. Für den Korrelationskoeffizienten nach Bravais-Pearson gilt

$$r_{xy} = 1 \iff \text{Es gibt } a > 0, b \in \mathbb{R} \text{ mit } y_i = ax_i + b \text{ für alle } i \in \{1, \ldots, n\}.$$

Mit Hilfe der vorherigen Regel folgt daher für den punktbiserialen Korrelationskoeffizienten:

$$r_{pb} = 1 \iff \text{Es gibt } a > 0, b \in \mathbb{R} \text{ mit } y_i = \begin{cases} b, & \text{falls } x_i = 0, \\ a+b, & \text{falls } x_i = 1, \end{cases}$$

für alle $i \in \{1, \ldots, n\}$.

Mit den Definitionen $a_0 = b, a_1 = a + b$ ergibt sich die behauptete Aussage. ✓

Der Regel ist zu entnehmen, dass im Fall $r_{pb} \in \{-1, 1\}$ von einer Ausprägung des Merkmals X direkt auf die Ausprägung des Merkmals Y geschlossen werden kann und umgekehrt. In diesem Fall liegt also ein direkter Zusammenhang zwischen beiden Merkmalen vor. Nimmt der punktbiseriale Korrelationskoeffizient Werte nahe 1 oder −1 an, so kann dementsprechend davon ausgegangen werden, dass die Beobachtungen des Merkmals Y in zwei Gruppen zerfallen, wobei die Ausprägungen in der einen Gruppe gehäuft zusammen mit der Ausprägung 0 des Merkmals X auftreten und die in der anderen Gruppe eher zusammen mit der Ausprägung 1 beobachtet werden. Ist r_{pb} dabei positiv, so sind die Ausprägungen in der ersten Gruppe eher kleiner als die in der zweiten Gruppe. Für negative Werte von r_{pb} liegt die umgekehrte Situation vor. Der Wert $r_{pb} = 0$ ist dadurch charakterisiert, das $\bar{y}_0 = \bar{y}_1$ gilt. Dies bedeutet, dass in den beiden Gruppen kein Unterschied in den mittleren Werten vorliegt.

B

Beispiel | An einer Universität sind im Rahmen einer Veranstaltung Übungsaufgaben zu bearbeiten. Ein Prüfungszulassung wird erworben, falls mindestens 50% aller Aufgaben korrekt gelöst werden. In einer Untersuchung wird der Frage nachgegangen, ob ein Zusammenhang zwischen Zulassung zur Prüfung und Bearbeitungsdauer der Übungsaufgaben besteht. Als Maß für die Bearbeitungsdauer wird der durchschnittliche Zeitaufwand pro Übungsblatt verwendet. Aus einer Befragung der Studierenden ergibt sich folgender Datensatz:

(1, 4,5) (1, 5,1) (0, 0,2) (1, 6,5) (0, 0,7)
(0, 1,7) (1, 2,9) (0, 2,5) (1, 3,1) (1, 3,3)
(0, 3,5) (1, 7,1) (0, 1,1) (0, 1,0) (1, 2,5)
(0, 0,3) (1, 3,4) (0, 0,9) (0, 2,4) (1, 4,3)

Die Daten können als Beobachtungswerte eines zweidimensionalen Merkmals (X, Y) aufgefasst werden. Hierbei steht die Ausprägung 1 des dichotomen Merkmals X für den Erwerb der Prüfungszulassung. Die Ausprägung 0 bedeutet hingegen, dass die Zulassung nicht erreicht wurde. Das Merkmal Y gibt die durchschnittliche Bearbeitungszeit pro Übungsblatt in Stunden an. Auf der Basis dieser Daten kann eine Untersuchung mittels des punktbiserialen Korrelationskoeffizienten durchgeführt werden.

Hierzu wird zunächst der Mittelwert $\bar{y}_0$ aller Beobachtungswerte des Merkmals Y, die zusammen mit der Ausprägung 0 des Merkmals X gemessen wurden, aus den folgenden $n_0 = 10$ Werten berechnet

0,2 0,7 1,7 2,5 3,5 1,1 1,0 0,3 0,9 2,4

Deren Mittelwert ist durch $\bar{y}_0 = 1{,}430$ gegeben. Der Mittelwert $\bar{y}_1$ aller Beobachtungswerte des Merkmals Y, die zusammen mit der Ausprägung 1 des Merkmals X gemessen wurden, wird auf der Basis der $n_1 = 10$ Beobachtungswerte

4,5 5,1 6,5 2,9 3,1 3,3 7,1 2,5 3,4 4,3

berechnet. Es ergibt sich $\bar{y}_1 = 4{,}270$. Für die empirische Standardabweichung der Beobachtungswerte $y_1, \ldots, y_{20}$ des Merkmals Y errechnet sich der Wert $s_y \approx 1{,}904$.

8.4 Punktbiserialer Korrelationskoeffizient

Da der Datensatz insgesamt $n = 20$ Beobachtungswerte umfasst, liefert der punktbiseriale Korrelationskoeffizient den Wert

$$r_{pb} = \frac{\overline{y}_1 - \overline{y}_0}{s_y} \frac{\sqrt{n_0 n_1}}{n} \approx \frac{4{,}270 - 1{,}430}{1{,}904} \frac{\sqrt{10 \cdot 10}}{20} \approx 0{,}746.$$

Das Resultat deutet auf einen Zusammenhang zwischen dem Erwerb der Prüfungszulassung und der Bearbeitungsdauer der Übungsaufgaben hin. Studierende, die sich länger mit den Übungsaufgaben auseinander setzen, liefern eher korrekte Lösungen ab, als Studierende, die weniger Zeit in die Bearbeitung der Übungen investieren.

✗

Beispiel (Fortsetzung 241▶Befragung der MitarbeiterInnen) | Der Ausschnitt aus dem Datensatz zur Fragebogenerhebung in der Personalabteilung ermöglicht die Bearbeitung der gestellten Fragen. Die erste Frage zielt auf den Zusammenhang der nominalen Merkmale P1 Geschlecht und B2 Betriebsklima ab (B2 ist auch ordinal). Daher kann eine Kontingenztafel mit den zugehörigen Randhäufigkeiten erstellt werden.

P1 \ B2	1	2	3	4	
0	0	1	3	3	7
1	0	4	3	1	8
	0	5	6	4	15

In dieser Kontingenztafel entsteht eine 248▶Nullspalte, da die Ausprägung 1 des Merkmals B2 nicht beobachtet wurde, d.h. niemand hat die Frage nach dem Betriebsklima mit „schlecht" beantwortet. Somit wird die erste Spalte in der Berechnung der 251▶χ^2-Größe nicht berücksichtigt. Dies ist in der folgende Arbeitstabelle, die die Zahlen $v_{ij} = \frac{n_{i\bullet} n_{\bullet j}}{n}$, $i \in \{1, 2\}$, $j \in \{2, 3, 4\}$, enthält, durch eine blaue Spalte angedeutet:

v_{ij}	1	2	3	4	
0		2,3333	2,8	1,8667	7
1		2,6667	3,2	2,1333	8
		5	6	4	15

Die 251▶χ^2-Größe hat den Wert

$$\chi^2 = \sum_{i,j:v_{ij}>0} \frac{(n_{ij} - v_{ij})^2}{v_{ij}} \approx 2{,}75,$$

der jedoch (einfacher) über die 252▶alternative Formel für die χ^2-Größe berechnet werden kann:

$$\chi^2 = 15 \left(\sum_{i=1}^{2} \sum_{j=2}^{4} \frac{n_{ij}^2}{n_{i\bullet} n_{\bullet j}} \right) - 15 \approx 2{,}7455.$$

Eine 255►obere Schranke für χ^2 ist $n(\min\{2, 4 - 1\} - 1) = 15$, wobei auch hier zu beachten ist, dass die Kontingenztafel eine Nullspalte hat. Da die χ^2-Größe aufgrund schlechter Vergleichbarkeit als Zusammenhangsmaß wenig geeignet ist, ist der 260►korrigierte Kontingenzkoeffizient nach Pearson C_* zu bevorzugen. Er berechnet sich mittels des 258►Kontingenzkoeffizienten nach Pearson $C = \sqrt{\frac{\chi^2}{n+\chi^2}}$, so dass in diesem Beispiel wegen $C \approx 0{,}39$ gilt $C_* = \sqrt{\frac{\min\{p,q-1\}}{\min\{p,q-1\}-1}} C \approx 0{,}56$. Diese Zahl unterstützt die Beobachtung, dass in der Kontingenztafel ein leichter Trend erkennbar scheint: das Merkmal B2 Betriebsklima wird von den männlichen Beschäftigten positiver bewertet als von den weiblichen Beschäftigten.

Die Merkmale P4 Dauer der Betriebszugehörigkeit und G2 Güte von Transparenz und Informationsfluss sind metrisch. Zur Quantifizierung des Zusammenhangs wird zunächst die 264►empirische Kovarianz der Merkmale über die 266►alternative Berechnungsformel für die Kovarianz bestimmt:

$$s_{xy} = \overline{xy} - \overline{x} \cdot \overline{y} = 5901 - \frac{1202}{15} \cdot 60 = 5901 - 1202 \cdot 4 = 1093.$$

Da sich die empirische Kovarianz – wie die χ^2-Größe – wegen ihrer Unbeschränktheit schlecht interpretieren lässt, wird eine normierte Größe, der 268►Bravais-Pearson-Korrelationskoeffizient r_{xy} (hier $r_{P4\,G2}$), mit Wertebereich $[-1, 1]$ als Zusammenhangsmaß verwendet. Wie beim normierten Kontingenzkoeffizienten werden die Grenzen angenommen und können ebenso im Sinne eines Zusammenhangs sinnvoll interpretiert werden. Für die Merkmale P4 Dauer der Betriebszugehörigkeit und G2 Güte von Transparenz und Informationsfluss ergibt sich mit der Bezeichnung $x_1, \ldots, x_{15}$ für die Beobachtungen von P4 und $y_1, \ldots, y_{15}$ für die von G2 der Wert $r_{P4\,G2} = \frac{s_{xy}}{s_x s_y} = \frac{1093}{25{,}6905 \cdot 50{,}7528} \approx 0{,}84$. Beide Merkmale sind also stark positiv korreliert. Aufgrund dieses Wertes kann daher angenommen werden, dass es einen ausgeprägten linearen Zusammenhang der Merkmale gibt, d.h. eine lange Betriebszugehörigkeit geht einher mit einer hohen Bewertung der Güte von Transparenz und Informationsfluss im Unternehmen. Daraus könnte die Geschäftsleitung z.B. den Schluss ableiten (der natürlich noch zu verifizieren wäre), dass der Informationsfluss deutlich zu verbessern ist (die Beschäftigten mit einer relativ kurzen Betriebszugehörigkeit fühlen sich schlecht informiert und Informationen scheinen sich erst im Laufe der Zeit „herumzusprechen").

8.4 Punktbiserialer Korrelationskoeffizient

Die Merkmale Zufriedenheit mit dem Arbeitsplatz B1 und Betriebsklima B2 sind ordinal, so dass Zusammenhänge über Ränge erkannt werden können. Werden mit $x_1, \ldots, x_{15}$ die Beobachtungen von B1 und mit $y_1, \ldots, y_{15}$ die von B2 bezeichnet, so ist folgende Arbeitstabelle zur Quantifizierung des Zusammenhangs nützlich.

i	1	2	3	4	5	6	7	8	9	10	11	12	13	14	15
x_i	4	4	3	5	3	4	5	3	4	2	5	3	4	1	2
y_i	3	4	2	4	3	3	4	2	3	2	4	3	3	2	2
$R(x_i)$	10	10	5,5	14	5,5	10	14	5,5	10	2,5	14	5,5	10	1	2,5
$R(y_i)$	8,5	13,5	3	13,5	8,5	8,5	13,5	3	8,5	3	13,5	8,5	8,5	3	3

Der Zusammenhang der Merkmale B1 Zufriedenheit mit dem Arbeitsplatz und B2 Betriebsklima kann mit dem 277▶Rangkorrelationskoeffizienten nach Spearman gemessen werden

$$r_{Sp} = \frac{\sum_{i=1}^{15}(R(x_i) - \overline{R}(x))(R(y_i) - \overline{R}(y))}{\sqrt{\sum_{i=1}^{15}(R(x_i) - \overline{R}(x))^2 \sum_{i=1}^{15}(R(y_i) - \overline{R}(y))^2}} \approx 0{,}89,$$

der einen starken positiven Zusammenhang der Merkmale anzeigt. Dieser Zusammenhang konnte im Vorfeld vermutet werden und wird durch die statistische Analyse bestätigt.

Schließlich sollen die Merkmale P1 Geschlecht und P4 Dauer der Betriebszugehörigkeit bzgl. des Zusammenhangs untersucht werden. Da ein 12▶dichotomes und ein metrisches Merkmal betrachtet werden, steht der 287▶punktbiseriale Korrelationskoeffizient als Maß zur Verfügung. Bezeichnen $y_1, \ldots, y_{15}$ die Daten des Merkmals P4, so gilt zunächst $n_0 = 7$, $n_1 = 8$, $\overline{y}_0 = \frac{1}{7}\sum_{i=1}^{7} y_i = \frac{814}{7} \approx 116{,}2857$, $\overline{y}_1 = \frac{1}{8}\sum_{i=8}^{15} y_i = \frac{388}{8} = 48{,}5$. Der Korrelationskoeffizient ist daher

$$r_{pb} = \frac{\overline{y}_1 - \overline{y}_0}{s_y} \frac{\sqrt{n_0 n_1}}{n} \approx \frac{48{,}5 - 116{,}2857}{50{,}7528} \frac{\sqrt{7 \cdot 8}}{15} \approx -0{,}67.$$

Der punktbiseriale Korrelationskoeffizient deutet daher einen (nicht sehr stark ausgeprägten) Zusammenhang der Merkmale P1 Geschlecht und P4 Dauer der Betriebszugehörigkeit an. Aus diesem Ergebnis und der durchschnittlichen Betriebszugehörigkeit der Männer mit ca. 116,3 Monaten und der der Frauen mit 48,5 Monaten folgt, dass männliche Beschäftigte eine deutlich längere Betriebszugehörigkeit als weibliche Beschäftigte aufweisen. Dies kann z.B. darin begründet sein, dass die weiblichen Beschäftigten im Vergleich zu den männlichen Beschäftigten (meist) ein geringeres Lebensalter haben. Ist dies nicht der Fall, sollte eine Geschäftsleitung nach Gründen für diese Beobachtung suchen.

Kapitel 9
Regressionsanalyse

9	**Regressionsanalyse**	297
9.1	Methode der kleinsten Quadrate..............................	300
9.2	Lineare Regression	302
9.3	Transformation auf lineare Zusammenhänge	314
9.4	Umkehrregression	315
9.5	Lineare Regression durch einen vorgegebenen Punkt.....	319
9.6	Bewertung der Anpassung.......................................	322
9.7	Weitere Regressionsmodelle....................................	334

9 Regressionsanalyse

Beispiel Stadtfeste | Für die Planungen der jährlichen Stadtfeste möchte eine Stadtverwaltung klären, wie stark der Zusammenhang zwischen der jeweiligen Besucherzahl und den Kosten für die Stadtreinigung ausgeprägt ist. Die Beziehung zwischen dem Merkmal X Besucherzahl und dem Merkmal Y Reinigungskosten soll möglichst durch eine Funktion quantitativ beschrieben werden. Für die Analyse des (bivariaten) Merkmals (X, Y) stehen die Datenpaare $(x_1, y_1), \ldots, (x_{10}, y_{10})$ der vergangenen zehn Stadtfeste zur Verfügung. Die Daten $x_1, \ldots, x_{10}$ sind in der Einheit 10 000, die Daten $y_1, \ldots, y_{10}$ in der Einheit 1 000€ angegeben.

x_i	2,1	1,3	1,2	1,9	3,0	0,8	1,4	2,2	2,5	1,6
y_i	5,0	2,7	2,3	4,2	6,7	2,1	3,1	3,8	6,2	2,9

Fragestellungen und Aufgaben
- Der Datensatz soll in einem 263▶Streudiagramm visualisiert werden, wobei die Ausprägungen des Merkmals X auf der Abszisse abgetragen werden.
- Kann aufgrund des Streudiagramms ein linearer Zusammenhang vermutet werden? Wenn ja, so soll eine bestmögliche Gerade zur Anpassung (Regressionsgerade) an die Datenpunkte bestimmt und eingezeichnet werden.
- Wie kann die Anpassungsgüte der Geraden an das Datenmaterial mit einer Maßzahl quantifiziert werden?
- Mit der Regressionsgeraden sollen als Eckdaten für die Planung Schätzwerte für die Reinigungskosten bei Besucherzahlen von 15 000 (dieser Wert liegt innerhalb der bisher beobachteten Besucherzahlen) und von 32 000 (dies wäre ein neuer Besucherrekord) angegeben werden. Mit welchen Kosten ist (näherungsweise) zu rechnen?
- Eine Nachprüfung der Daten hat ergeben, dass (die Schätzungen) der Besucherzahlen, d.h. die Daten $x_1, \ldots, x_{10}$, alle um 10% zu hoch angesetzt waren. Ferner muss ein Fixkostenanteil von 600€ jedem Wert $y_1, \ldots, y_{10}$ zur korrekten Kostenzuweisung zugeschlagen werden. Muss die Regression auf der Basis der modifizierten Ausgangsdaten vollständig neu berechnet werden, oder kann sie aus der Regression der Merkmale X und Y für die Ausgangsdaten ermittelt werden? Wie lautet die Regressionsgerade für die korrigierten Merkmalsausprägungen, und welche Güte hat diese Anpassung?

– Versuchsweise soll für die umgekehrte Fragestellung, d.h. aus den Reinigungskosten soll auf die Besucherzahl des Stadtfestes geschlossen werden, ebenfalls eine Regression (die so genannte Umkehrregression) durchgeführt werden. Wie lautet die resultierende Regressionsgerade? Kann mit den berechneten Geraden ein weiteres Maß für die Anpassungsgüte formuliert werden?

In Kapitel 8 wurden Zusammenhangsmaße (z.B. der 268▶Bravais-Pearson-Korrelationskoeffizient) dazu verwendet, die Stärke des Zusammenhangs mittels einer Maßzahl zu quantifizieren. In Erweiterung dieses Zugangs behandelt die deskriptive Regressionsanalyse die Beschreibung einer (funktionalen) Abhängigkeitsbeziehung zweier metrischer Merkmale X und Y. Anhaltspunkte für eine bestimmte Abhängigkeitsstruktur von X und Y ergeben sich oft aus theoretischen Überlegungen oder empirisch durch Auswertung eines Zusammenhangsmaßes oder Zeichnen eines Streudiagramms. Ein hoher Wert (nahe Eins) des Bravais-Pearson-Korrelationskoeffizienten beispielsweise legt einen positiven, linearen Zusammenhang zwischen den Merkmalen nahe. In dieser Situation wird daher (zunächst) oft angenommen, dass X und Y in linearer Form voneinander abhängen: $Y = f(X) = a + bX$, wobei mindestens einer der Parameter a und b nicht bekannt ist. Die einzige verfügbare Information zur Bestimmung von Schätzwerten für a und b ist die beobachtete gepaarte Messreihe $(x_1, y_1), \ldots, (x_n, y_n)$.

Beispiel Werbeaktionen | In der Marketingabteilung eines Unternehmens werden die Kosten der letzten n Werbeaktionen für ein Produkt den jeweils folgenden Monatsumsätzen gegenübergestellt. Zur Analyse der Daten wird angenommen, dass die Umsätze (linear) vom Werbeaufwand abhängen. Der funktionale Zusammenhang zwischen dem Merkmal X (Werbeaufwand) und dem (abhängigen) Merkmal Y (Monatsumsatz) soll durch eine Gerade (Umsatzfunktion)

$$Y = a + bX$$

beschrieben werden. Der (unbekannte) Parameter b gibt die Steigung der Geraden an und beschreibt den direkten Einfluss des Werbeaufwands. Der (ebenfalls unbekannte) Parameter a gibt den Ordinatenabschnitt der Geraden an und damit den vom Werbeaufwand unabhängigen Bestandteil des Umsatzes. Mittels der Daten $(x_1, y_1), \ldots, (x_n, y_n)$ können Informationen über die Parameter a und b gewonnen werden. ◼

Ziel der Regressionsanalyse ist es, einen funktionalen Zusammenhang zwischen einem abhängigen Merkmal Y und einem erklärenden Merkmal X basierend auf einer

9. Regressionsanalyse

gepaarten Messreihe zu beschreiben. Hierzu wird (z.B. auf der Basis theoretischer Überlegungen aus der Fachwissenschaft oder Praxiserfahrungen) unterstellt, dass sich das Merkmal Y als Funktion

$$Y = f(X)$$

des Merkmals X schreiben lässt, wobei die Funktion f zumindest teilweise unbekannt ist. In den nachfolgenden Ausführungen wird stets davon ausgegangen, dass f nur von einem oder mehreren unbekannten Parametern abhängt, die die Funktion f eindeutig festlegen (im obigen Beispiel sind dies a und b). Das Problem der Regressionsrechnung besteht darin, diese Unbekannten möglichst gut zu bestimmen. Mittels eines Datensatzes $(x_1, y_1), \ldots, (x_n, y_n)$ des bivariaten Merkmals (X, Y) werden Informationen über die Funktion f, die die Abhängigkeitsstruktur der Merkmale beschreibt, gewonnen.

Bezeichnung Regressor, Regressand, Regressionsfunktion, Regressionswert | In der obigen Situation wird das Merkmal X als Regressor oder erklärende Variable (auch exogene Variable, Einflussfaktor) bezeichnet. Das Merkmal Y heißt Regressand oder abhängige Variable (auch endogene Variable, Zielvariable). Die Funktion f wird Regressionsfunktion genannt. Die Funktionswerte $\hat{y}_i = f(x_i)$, $i \in \{1, \ldots, n\}$, heißen Regressionswerte. ✗

In der Realität wird die Gültigkeit der Gleichung $Y = f(X)$ oft nicht gegeben sein. Die Funktion f ist zwar nur teilweise spezifiziert, d.h. es liegen unbekannte Parameter vor, die von der betrachteten Situation abhängen, aber trotzdem wird für die Regressionswerte in der Regel $\hat{y}_i \neq y_i$ gelten, d.h. die Funktionswerte $\hat{y}_1, \ldots, \hat{y}_n$ von f werden im Allgemeinen an den Stellen $x_1, \ldots, x_n$ von den tatsächlich gemessenen Werten abweichen. Ursache sind z.B. Messfehler und Messungenauigkeiten bei der Beobachtung von X und Y oder natürliche Schwankungen in den Eigenschaften der statistischen Einheiten. Das dem funktionalen Zusammenhang zu Grunde liegende Modell ist außerdem oft nur eine Idealisierung der tatsächlich vorliegenden Situation, so dass die Funktion f (bzw. die Menge von Funktionen f) nur eine Approximation des wirklichen Zusammenhangs darstellt. Um dieser Tatsache Rechnung zu tragen, wird in der Regel die Gültigkeit einer Beziehung

$$Y = f(X) + \varepsilon$$

unterstellt, wobei der additive Fehlerterm ε alle möglichen Fehlerarten repräsentiert. Dieses Modell wird als Regressionsmodell bezeichnet. Aus diesem Ansatz ergibt sich bei Beobachtung der Paare $(x_1, y_1), \ldots, (x_n, y_n)$ dann für jedes Datenpaar die

Beziehung

$$y_i = f(x_i) + \varepsilon_i, \quad i \in \{1, \ldots, n\},$$

mit dem Fehlerterm ε_i, der die Abweichung von $f(x_i)$ zum Messwert y_i beschreibt. Um einen konkreten funktionalen Zusammenhang zwischen den Merkmalen zu ermitteln und dabei gleichzeitig diese Abweichungen zu berücksichtigen, wird im Regressionsmodell versucht, die Regressionsfunktion f in der gewählten Klasse von Funktionen möglichst gut anzupassen. Im Folgenden wird die zur Erzeugung einer Näherung $\widehat{f}$ verwendete Methode der kleinsten Quadrate ausführlich erläutert.

Aus der so ermittelten Schätzung $\widehat{f}$ für die Regressionsfunktion f kann dann mit $\widehat{f}(x)$ ein Schätzwert – eine „Prognose" – für den zu einem nicht beobachteten x-Wert gehörigen y-Wert bestimmt werden. Für $x \in I = [x_{(1)}, x_{(n)}]$ ist dies sicher eine sinnvolle Vorgehensweise, da dort Informationen über den Verlauf von f vorliegen. Das Verfahren ist aber insbesondere auch für außerhalb von I liegende x-Werte interessant und wird in diesem Sinne oft zur Abschätzung zukünftiger Entwicklungen verwendet. Für eine gute Prognose sollten die Datenqualität und die Anpassung durch die Regressionsfunktion hinreichend gut sein, sowie die zur Prognose verwendeten Werte des Merkmals X nicht „zu weit außerhalb" des Intervalls I liegen.

9.1 Methode der kleinsten Quadrate

Vor Anwendung der Methode der kleinsten Quadrate ist zunächst eine Klasse $\mathcal{H}$ von Funktionen zu wählen, von der angenommen wird, dass zumindest einige der enthaltenen Funktionen den Einfluss des Merkmals X auf das Merkmal Y gut beschreiben. Wie zu Beginn erwähnt, werden hier nur parametrische Klassen betrachtet. Beispiele hierfür sind die Menge der linearen Funktionen $f_{a,b}(x) = a + bx$ mit den Parametern a und b (302▶lineare Regression)

$$\mathcal{H} = \{f_{a,b}(x) = a + bx, x \in \mathbb{R} \mid a, b \in \mathbb{R}\}$$

oder die Menge der quadratischen Polynome $f_{a,b,c}(x) = a + bx + cx^2$ mit den Parametern a, b und c (334▶quadratische Regression)

$$\mathcal{H} = \{f_{a,b,c}(x) = a + bx + cx^2, x \in \mathbb{R} \mid a, b, c \in \mathbb{R}\}.$$

Allgemeiner kann auch die Menge der Polynome p-ten Grades betrachtet werden, die bei geeigneter Wahl von $p \in \mathbb{N}_0$ die genannten Klassen umfasst:

$$\mathcal{H} = \{f_{a_0, a_1, \ldots, a_p}(x) = a_0 + a_1 x + a_2 x^2 + \cdots + a_p x^p, x \in \mathbb{R} \mid a_0, \ldots, a_p \in \mathbb{R}\}.$$

Die Methode der kleinsten Quadrate liefert ein Kriterium, um aus der jeweiligen Klasse $\mathcal{H}$ diejenigen Funktionen auszuwählen, die den Zusammenhang zwischen X

9.1 Methode der kleinsten Quadrate

und Y auf Basis des vorliegenden Datenmaterials in einem gewissen Sinn am besten beschreiben. Basierend auf der quadratischen Abweichung von y_i und $f(x_i)$

$$Q(f) = \sum_{i=1}^{n} (y_i - f(x_i))^2 = \sum_{i=1}^{n} \varepsilon_i^2$$

wird eine Funktion $\widehat{f} \in \mathcal{H}$ gesucht, die die geringste Abweichung zu den Daten $y_1, \ldots, y_n$ hat:

$$Q(\widehat{f}) \leqslant Q(f) \quad \text{für alle } f \in \mathcal{H}.$$

Eine Lösung $\widehat{f}$ dieses Optimierungsproblems minimiert also die Summe der quadrierten Abweichungen ε_i und besitzt unter allen Funktionen $f \in \mathcal{H}$ die kleinste auf diese Weise gemessene Gesamtabweichung zu den beobachteten Daten $y_1, \ldots, y_n$ an den Stellen $x_1, \ldots, x_n$. Für parametrische Funktionen $f_{b_1, \ldots, b_j}$ aus einer Klasse, die durch j Parameter $b_1, \ldots, b_j \in \mathbb{R}$ ($j \in \mathbb{N}$) beschrieben wird, reduziert sich die obige Minimierungsaufgabe auf die Bestimmung eines Minimums der e▶Funktion mehrerer Variablen

$$Q(b_1, \ldots, b_j) = \sum_{i=1}^{n} (y_i - f_{b_1, \ldots, b_j}(x_i))^2.$$

Gesucht wird in dieser Situation ein Tupel $(\widehat{b}_1, \ldots, \widehat{b}_j) \in \mathbb{R}^j$ mit

$$Q(\widehat{b}_1, \ldots, \widehat{b}_j) \leqslant Q(b_1, \ldots, b_j) \quad \text{für alle } (b_1, \ldots, b_j) \in \mathbb{R}^j.$$

Hierbei kann die Wahl der Parameter bereits aufgrund der zu beschreibenden Situation auf bestimmte (echte) Teilmengen von $\mathbb{R}^j$ eingeschränkt werden (z.B. bei der 320▶Regression durch einen vorgegebenen Punkt).

Falls die konkrete parametrische Form der jeweiligen Funktionen dies zulässt, können die Parameter, die das Minimierungsproblem lösen, direkt angegeben und berechnet werden (siehe 302▶lineare Regression). Kann eine Lösung nicht explizit bestimmt werden (siehe z.B. 314▶Regression mit Exponentialfunktion) oder ist deren Berechnung sehr aufwändig (siehe 334▶quadratische Regression), so ist die Verwendung numerischer Hilfsmittel notwendig. In einigen Fällen kann ein Regressionsproblem durch eine geeignete 314▶Transformation der Beobachtungswerte in ein einfacher zu handhabendes Regressionsmodell überführt werden.

9.2 Lineare Regression

Im linearen Regressionsmodell wird angenommen, dass ein metrisches Merkmal X in linearer Weise auf ein metrisches Merkmal Y einwirkt. Ausgehend vom 299▶Regressionsmodell $Y = f(X) + \varepsilon$ bedeutet dies, dass f eine lineare Funktion ist, d.h. es gibt Zahlen $a, b \in \mathbb{R}$ mit

$$f(x) = a + bx, \quad x \in \mathbb{R}.$$

Die Einschränkung auf lineare Funktionen ist eine verbreitete Annahme, da oft (zumindest nach einer geeigneten 314▶Transformation) ein linearer Zusammenhang zwischen beiden Merkmalen aus praktischer Erfahrung plausibel ist. Zudem wird der lineare Zusammenhang oft nur lokal unterstellt, d.h. die lineare Beziehung wird nur in einem eingeschränkten Bereich (bzgl. des Merkmals X bzw. der Variablen x) angenommen, wo die lineare Funktion jedoch eine gute Approximation an die tatsächliche (evtl. kompliziertere) Funktion ist. Wird dieser Bereich verlassen, so kann die Annahme der Linearität oft nicht aufrecht erhalten werden und das Regressionsmodell muss modifiziert werden. Ein weiterer wichtiger Aspekt des linearen Ansatzes ist, dass sich die Regressionsgerade leicht berechnen lässt.

Beispiel (Fortsetzung 298▶Beispiel Werbeaktionen) | In der Marketingabteilung des Unternehmens soll das Budget für eine bevorstehende Werbeaktion bestimmt werden. Um einen Anhaltspunkt über den zu erwartenden Nutzen der Aktion bei Aufwändung eines bestimmten Geldbetrages zu erhalten, werden die Kosten von bereits durchgeführten Werbeaktionen und die zugehörigen Umsätze der beworbenen Produkte untersucht. In der folgenden Tabelle sind die Kosten (in 1 000€) der letzten sechs Aktionen den Umsätzen (in Mio. €) der jeweils folgenden Monate gegenübergestellt.

Werbeaktion	1	2	3	4	5	6
Kosten	23	15	43	45	30	51
Umsatz	2,3	1,1	2,7	2,9	2,1	3,3

Aus Erfahrung kann angenommen werden, dass der Zusammenhang zwischen Kosten und Umsätzen durch eine lineare Funktion

$$\text{Umsatz} = a + b \cdot \text{Kosten}, \quad a, b \in \mathbb{R},$$

gut beschrieben wird. Die Methode der kleinsten Quadrate ermöglicht die Bestimmung von sinnvollen Schätzwerten für die Koeffizienten a und b. Der geschätzte funktionale Zusammenhang zwischen beiden Merkmalen eignet sich dann zur Abschätzung der Wirkung – und damit des zu veranschlagenden Budgets – der geplanten Werbeaktion.

9.2 Lineare Regression

Im Folgenden wird die lineare Funktion bestimmt, die gegebene Daten unter Annahme eines linearen Regressionsmodells im Sinne der 300▶Methode der kleinsten Quadrate am besten nähert. Die gesuchten Koeffizienten $\hat{a}$ und $\hat{b}$ der Regressionsgerade ergeben sich als Minimum der Funktion Q zweier Veränderlicher

$$Q(a,b) = \sum_{i=1}^{n}(y_i - f(x_i))^2 = \sum_{i=1}^{n}(y_i - (a + bx_i))^2.$$

Die Abstände der Beobachtungswerte y_i und der Funktionswerte $\hat{y}_i = f(x_i)$ sind im folgenden 263▶Streudiagramm als blaue Linien markiert. Mittels der Methode der kleinsten Quadrate wird eine Gerade $y = a + bx$ so angepasst, dass die Summe aller quadrierten Abstände zwischen Beobachtungswerten (x_i, y_i) und Regressionswerten $(x_i, f(x_i))$, $i \in \{1, \ldots, n\}$, minimal ist.

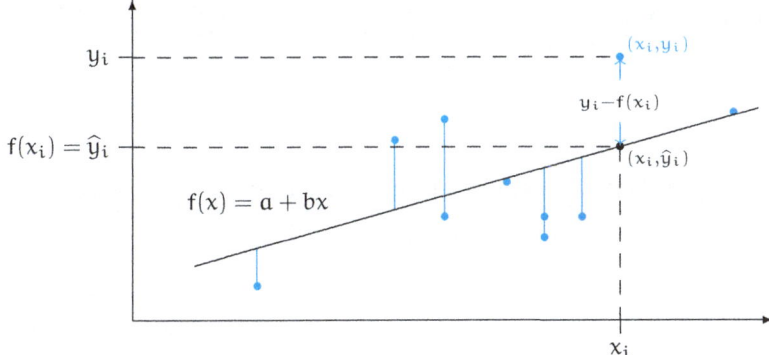

Ist die 92▶empirische Varianz s_x^2 der Messwerte $x_1, \ldots, x_n$ positiv (d.h. $s_x^2 > 0$), so hat die Minimierungsaufgabe genau eine Lösung, d.h. es gibt nur ein Paar $(\hat{a}, \hat{b})$, das das Minimum der Funktion Q annimmt. Die Forderung an die empirische Varianz ist gleichbedeutend damit, dass mindestens zwei x-Werte verschieden sind.

Regel Koeffizienten der Regressionsgerade | Seien $x_1, \ldots, x_n$ Beobachtungswerte mit positiver empirischer Varianz s_x^2. Dann sind die mit der Methode der kleinsten Quadrate bestimmten Koeffizienten der Regressionsgerade $\hat{f}(x) = \hat{a} + \hat{b}x$, $x \in \mathbb{R}$, gegeben durch

$$\hat{a} = \overline{y} - \hat{b}\,\overline{x} \quad \text{und} \quad \hat{b} = \frac{s_{xy}}{s_x^2} = \frac{\frac{1}{n}\sum_{i=1}^{n} x_i y_i - \overline{x} \cdot \overline{y}}{\frac{1}{n}\sum_{i=1}^{n} x_i^2 - \overline{x}^2}.$$

$\overline{x}$ und $\overline{y}$ sind die arithmetischen Mittel der Beobachtungswerte $x_1, \ldots, x_n$ und $y_1, \ldots, y_n$, s_{xy} ist die empirische Kovarianz der gepaarten Messreihe.
Das Minimum von $Q(a,b)$ ist gegeben durch

$$Q(\hat{a}, \hat{b}) = n s_y^2 (1 - r_{xy}^2).$$

9. Regressionsanalyse

In der Regel wird der Nachweis der Darstellungen von $\hat{a}$ und $\hat{b}$ durch Bildung e▶partieller Ableitungen von $Q(a,b)$ nach a und b und Bestimmung eines stationären Punkts geführt. Da diese Vorgehensweise jedoch vertiefte Kenntnisse aus der Mathematik voraussetzt, wird ein alternativer, elementarer Beweis vorgestellt, der lediglich auf die 93▶Steiner-Regel und die Scheitelpunktform einer quadratischen Funktion zurückgreift.

Nachweis. Zunächst gilt

$$\overline{y - bx} = \frac{1}{n}\sum_{i=1}^{n}(y_i - bx_i) = \overline{y} - b\overline{x},$$

so dass die Anwendung der Steiner-Regel (ohne den Faktor $\frac{1}{n}$) die folgende additive Zerlegung von $Q(a,b)$ liefert:

$$Q(a,b) = \sum_{i=1}^{n}(y_i - (a + bx_i))^2 = \sum_{i=1}^{n}((y_i - bx_i) - a)^2$$

$$= \sum_{i=1}^{n}((y_i - bx_i) - (\overline{y} - b\overline{x}))^2 + \underbrace{n((\overline{y} - b\overline{x}) - a)^2}_{=u_b(a)} = Q^*(b) + u_b(a).$$

Da $u_b(a)$ für beliebige Werte von a und b nicht-negativ ist, folgt

$$Q(a,b) \geqslant Q^*(b) \quad \text{für alle } a, b \in \mathbb{R}.$$

$Q^*(b)$ ist daher eine von a unabhängige untere Schranke für $Q(a,b)$, die genau dann angenommen wird, wenn $u_b(a) = 0$ bzw. $a = \overline{y} - b\overline{x}$ gilt. Bei der weiteren Minimierung kann daher $Q^*(b)$ separat betrachtet werden. Die Anwendung der zweiten binomischen Formel und eine quadratische Ergänzung erzeugen die Scheitelpunktform der quadratischen Funktion Q^*

$$Q^*(b) = \sum_{i=1}^{n}((y_i - \overline{y}) - b(x_i - \overline{x}))^2$$

$$= \sum_{i=1}^{n}(y_i - \overline{y})^2 - 2b\sum_{i=1}^{n}(y_i - \overline{y})(x_i - \overline{x}) + b^2\sum_{i=1}^{n}(x_i - \overline{x})^2$$

$$= ns_y^2 - 2nbs_{xy} + nb^2s_x^2 = ns_y^2 + ns_x^2\left(b^2 - 2b\frac{s_{xy}}{s_x^2}\right)$$

$$= ns_y^2 + ns_x^2\left[\underbrace{\left(b - \frac{s_{xy}}{s_x^2}\right)^2}_{=v(b)} - \frac{s_{xy}^2}{s_x^4}\right].$$

9.2 Lineare Regression

Da $v(b) \geqslant 0$ gilt, ist $Q^*(b)$ – und damit auch $Q(a,b)$ – für beliebige $a, b \in \mathbb{R}$ nach unten durch

$$ns_y^2 - n\frac{s_{xy}^2}{s_x^2} = ns_y^2\left(1 - \frac{s_{xy}^2}{s_x^2 s_y^2}\right) = ns_y^2(1 - r_{xy}^2)$$

beschränkt, wobei diese untere Schranke mit $Q(a,b)$ <u>nur</u> für die Setzung

$$b = \frac{s_{xy}}{s_x^2} = \widehat{b} \quad \text{und} \quad a = \overline{y} - b\overline{x} = \overline{y} - \frac{s_{xy}}{s_x^2}\overline{x} = \widehat{a}$$

übereinstimmt. Daraus folgt auch $Q(\widehat{a}, \widehat{b}) = ns_y^2(1 - r_{xy}^2)$, so dass dieser untere Wert von Q für die Parameter $\widehat{a}$ und $\widehat{b}$ angenommen wird. Somit ist die Regressionsgerade bestimmt. ✓

Ehe Eigenschaften der Regressionsgerade diskutiert werden, wird zunächst die Bedingung $s_x^2 > 0$ an die empirische Varianz der Beobachtungswerte der erklärenden Variable erläutert. Wie bereits erwähnt, ist $s_x^2 = 0$ äquivalent zur Gleichheit aller x-Werte: $x_1 = \cdots = x_n = \overline{x}$. Diese Situation wird in realen Datensätzen in der Regel nicht eintreten, d.h. die Voraussetzung stellt keine bedeutsame Einschränkung dar. Andererseits macht es auch keinen Sinn, eine Regression auf der Basis eines Datensatzes mit der Eigenschaft $s_x^2 = 0$ durchzuführen. Gilt nämlich $s_x^2 = 0$, so steht entweder der Datensatz $(\overline{x}, \overline{y}), \ldots, (\overline{x}, \overline{y})$ zur Verfügung (falls $s_y^2 = 0$), oder es gibt mehrere verschiedene Daten, deren erste Komponente aber stets gleich $\overline{x}$ ist (falls $s_y^2 > 0$). Da zur eindeutigen Festlegung einer Geraden mindestens zwei verschiedene Punkte notwendig sind, ist das Datenmaterial im ersten Fall offensichtlich nicht ausreichend. Dies ist allerdings auch nicht notwendig, da offensichtlich stets der gleiche Wert von (X, Y) gemessen wurde und somit ein einfacher (deterministischer) Zusammenhang vorliegt: Nimmt X den Wert $\overline{x}$ an, so hat Y den Wert $\overline{y}$ und umgekehrt. Im zweiten Fall liegen alle Beobachtungen im Streudiagramm auf einer zur y-Achse parallelen Geraden durch den Punkt $(\overline{x}, 0)$. Diese Senkrechte kann aber nicht durch eine <u>Funktion</u> beschrieben werden (insbesondere auch nicht durch eine lineare Funktion $f(x) = a + bx$), da einem x-Wert mehrere y-Werte zugeordnet werden müssten. Die Methode der kleinsten Quadrate liefert in beiden Fällen keine eindeutige Lösung und bewertet alle Lösungen gleich gut (oder schlecht): Für $c \in \mathbb{R}$ sind alle Geraden

$$g_c(x) = \overline{y} + c(x - \overline{x}), \quad x \in \mathbb{R},$$

durch den Punkt $(\overline{x}, \overline{y})$ Lösungen des Minimierungsproblems mit $\widehat{b} = c$ und $\widehat{a} = \overline{y} - c\overline{x}$ sowie Minimalwert $Q(\overline{y} - c\overline{x}, c) = ns_y^2$. Somit müssen zur eindeutigen Festlegung der Regressionsgerade mindestens zwei Beobachtungen mit unterschiedlichen Ausprägungen des Merkmals X aufgetreten sein.

Im weiteren Verlauf wird angenommen, dass die Regressionsgerade eindeutig bestimmt werden kann, d.h. es wird $s_x^2 > 0$ vorausgesetzt. Die folgende Regel fasst einige Eigenschaften der Regressionsgerade zusammen.

Regel Eigenschaften der Regressionsgerade | Sei $\widehat{f}(x) = \widehat{a} + \widehat{b}x$, $x \in \mathbb{R}$, die mittels der Methode der kleinsten Quadrate bestimmte Regressionsgerade. Bezeichnen $\widehat{y}_i = \widehat{f}(x_i)$, $i \in \{1, \ldots, n\}$, die Regressionswerte sowie s_x^2 und s_y^2 die empirischen Varianzen der Beobachtungswerte $x_1, \ldots, x_n$ bzw. $y_1, \ldots, y_n$, so hat die Regressionsgerade folgende Eigenschaften:

1. Die Koeffizienten $\widehat{a}$ und $\widehat{b}$ der Regressionsgerade sind so gewählt, dass der mittlere quadratische Abstand zwischen den Beobachtungswerten $y_1, \ldots, y_n$ und den Werten der Gerade an den Stellen $x_1, \ldots, x_n$ minimal wird, d.h.

$$\frac{1}{n}\sum_{i=1}^{n}\left(y_i - \widehat{f}(x_i)\right)^2 \leqslant \frac{1}{n}\sum_{i=1}^{n}\left(y_i - (a + bx_i)\right)^2 \quad \text{für alle } a, b \in \mathbb{R}.$$

Für $s_x^2 > 0$ gilt Gleichheit nur für $(a, b) = (\widehat{a}, \widehat{b})$.

2. Gilt $s_y^2 > 0$, so ist die Regressionsgerade genau dann eine wachsende (fallende, konstante) Funktion, wenn der Bravais-Pearson-Korrelationskoeffizient r_{xy} der Beobachtungswerte $(x_1, y_1), \ldots, (x_n, y_n)$ positiv (negativ, Null) ist, d.h.

$$\widehat{b} \begin{cases} > \\ < \\ = \end{cases} 0 \iff r_{xy} \begin{cases} > \\ < \\ = \end{cases} 0.$$

Gilt $s_y^2 = 0$, so ist die Regressionsgerade konstant: $\widehat{f}(x) = \overline{y}$, $x \in \mathbb{R}$.

3. Die Regressionsgerade verläuft immer durch den Punkt $(\overline{x}, \overline{y})$:

$$\widehat{f}(\overline{x}) = \widehat{a} + \widehat{b}\overline{x} = \overline{y}.$$

4. Das arithmetische Mittel der Regressionswerte $\widehat{y}_1, \ldots, \widehat{y}_n$ und der Beobachtungswerte $y_1, \ldots, y_n$ ist gleich:

$$\overline{\widehat{y}} = \frac{1}{n}\sum_{i=1}^{n}\widehat{y}_i = \overline{y}.$$

5. Die Summe der Differenzen $y_i - \widehat{y}_i$, $i \in \{1, \ldots, n\}$, ist gleich Null, d.h.

$$\sum_{i=1}^{n}(y_i - \widehat{y}_i) = 0.$$

9.2 Lineare Regression

Nachweis. Die Eigenschaften der Regressionsgerade können folgendermaßen eingesehen werden:

1. Die Optimalitätseigenschaft der Regressionsgerade folgt direkt aus der Herleitung mittels der 300▶Methode der kleinsten Quadrate (nach Multiplikation mit dem Faktor $\frac{1}{n}$). Diese Eigenschaft charakterisiert die Regressionsgerade.

2. Sei $s_y^2 > 0$. Die Steigung der Regressionsgeraden wird durch den Koeffizienten $\hat{b}$ bestimmt. Wegen $r_{xy} = \frac{s_{xy}}{s_x s_y}$ folgt aus der Darstellung des Koeffizienten

$$\hat{b} = \frac{s_{xy}}{s_x^2} = \frac{s_y}{s_x} r_{xy}$$

sofort die angegebene Aussage. Gilt $s_y^2 = 0$, so folgt mittels der 269▶Cauchy-Schwarz-Ungleichung bzw. den Eigenschaften des 271▶Korrelationskoeffizienten

$$0 \leqslant s_{xy}^2 \leqslant s_x^2 \cdot s_y^2 = 0.$$

Dies impliziert $s_{xy} = 0$ und somit $\hat{b} = 0$.

3. Der Koeffizient $\hat{a}$ berechnet sich nach der Formel $\hat{a} = \overline{y} - \hat{b}\overline{x}$, so dass

$$\overline{y} = \hat{a} + \hat{b}\overline{x} = f(\overline{x}).$$

4. Die Gleichheit der beiden Mittelwerte folgt aus der Definition der Regressionswerte $\hat{y}_i = \hat{a} + \hat{b}x_i$, $i \in \{1, \ldots, n\}$. Mit Hilfe der eben gezeigten Aussage ergibt sich nämlich

$$\overline{\hat{y}} = \frac{1}{n}\sum_{i=1}^{n} \hat{y}_i = \frac{1}{n}\sum_{i=1}^{n} (\hat{a} + \hat{b}x_i) = \hat{a} + \hat{b}\overline{x} = \overline{y}.$$

5. Die obige Gleichheit der beiden Mittelwerte liefert direkt

$$\sum_{i=1}^{n}(y_i - \hat{y}_i) = n\left(\frac{1}{n}\sum_{i=1}^{n} y_i - \frac{1}{n}\sum_{i=1}^{n}\hat{y}_i\right) = n(\overline{y} - \overline{\hat{y}}) = 0. \quad \checkmark$$

Unter den obigen Aussagen ist besonders der Zusammenhang zwischen dem Bravais-Pearson-Korrelationskoeffizienten und der Steigung der Regressionsgeraden hervorzuheben. Diese Beziehung entspricht der Interpretation, dass ein positiver bzw. negativer 271▶Korrelationskoeffizient auf eine lineare Tendenz in den Daten mit positiver bzw. negativer Steigung hindeutet. Beispielhaft lässt sich der Zusammenhang von Regressionsgerade und Korrelationskoeffizient auch mittels der folgenden Grafiken illustrieren, die bereits in Kapitel 8 abgebildet wurden und in die jetzt die zugehörigen Regressionsgeraden eingezeichnet sind.

9. Regressionsanalyse

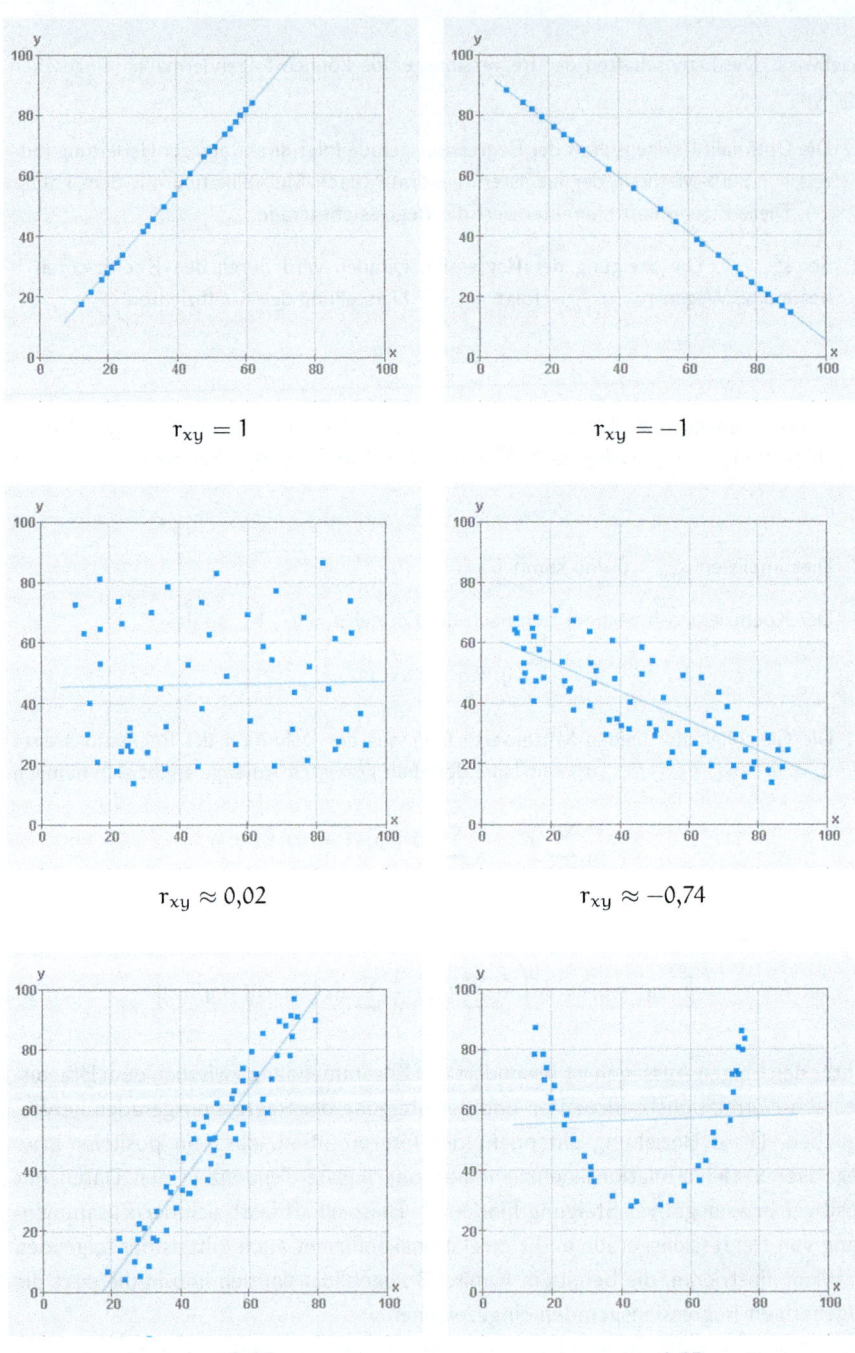

$r_{xy} = 1$

$r_{xy} = -1$

$r_{xy} \approx 0{,}02$

$r_{xy} \approx -0{,}74$

$r_{xy} \approx 0{,}96$

$r_{xy} \approx 0{,}05$

9.2 Lineare Regression

Eine spezielle Interpretation haben die Differenzen $y_i - \hat{y}_i$ (die so genannten 323▶Residuen). Sie repräsentieren die Abweichungen der Regressionsgerade von den Beobachtungswerten $y_1, \ldots, y_n$ an den Stellen $x_1, \ldots, x_n$. 306▶Eigenschaft 5 der Regressionsgerade besagt, dass sich positive und negative Abweichungen stets ausgleichen.

Beispiel | Auf der Basis der Daten aus 302▶Beispiel Werbeaktion wird eine lineare Regression durchgeführt, wobei die Kosten als erklärende Variable X und der Umsatz als abhängige Variable Y angesehen werden. In der folgenden Tabelle sind die Kosten $x_1, \ldots, x_6$ pro Werbeaktion (in 1 000€) und die Umsätze $y_1, \ldots, y_6$ der beworbenen Produkte (in Mio. €) aufgelistet.

i	x_i	y_i	$x_i \cdot y_i$	x_i^2
1	23,0	2,3	52,9	529,0
2	15,0	1,1	16,5	225,0
3	43,0	2,7	116,1	1849,0
4	45,0	2,9	130,5	2025,0
5	30,0	2,1	63,0	900,0
6	51,0	3,3	168,3	2601,0
arithmetisches Mittel	34,5	2,4	91,217	1354,833

Anhand dieser Daten ergeben sich für die empirische Kovarianz s_{xy} und die empirische Varianz s_x^2 die Werte

$$s_{xy} = \frac{1}{n}\sum_{i=1}^{n} x_i y_i - \overline{x}\cdot \overline{y} \approx 8{,}417, \quad s_x^2 = \frac{1}{n}\sum_{i=1}^{n} x_i^2 - \overline{x}^2 \approx 164{,}583.$$

Die Koeffizienten der zugehörigen Regressionsgerade $\hat{f}(x) = \hat{a} + \hat{b}x$ sind daher

$$\hat{b} = \frac{s_{xy}}{s_x^2} \approx 0{,}051, \quad \hat{a} = \overline{y} - \hat{b}\overline{x} \approx 0{,}636.$$

Die nachstehende Abbildung ist eine grafische Veranschaulichung der Regressionsgerade im 263▶Streudiagramm.

Mit Hilfe der Regressionsgerade ist es auch möglich, über nicht beobachtete Werte 300▶Aussagen zu machen. Dies ist zunächst innerhalb des Intervalls $I = [x_{(1)}, x_{(n)}]$ = [15, 51] sinnvoll. Beispielsweise kann für einen Werbeaufwand von 20 000€ ein Umsatz von etwa

$$\hat{f}(20) = \hat{a} + \hat{b}\cdot 20 \approx 0{,}636 + 0{,}051 \cdot 20 = 1{,}656 \text{ [Mio. €]}$$

prognostiziert werden. Außerhalb des Intervalls I liegen keine Beobachtungswerte vor, so dass eine Aussage darüber, wie der Zusammenhang zwischen beiden Merkmalen dort geartet ist, kritisch zu sehen ist. „In der Nähe" des Intervalls I können noch gute Näherungen erwartet werden. Beispielsweise würde bei einer Werbeaktion mit einem Budget von 55 000€ wegen

$$\widehat{f}(55) = \widehat{a} + \widehat{b} \cdot 55 \approx 0{,}636 + 0{,}051 \cdot 55 = 3{,}441 \ [\text{Mio. €}]$$

ein resultierender Umsatz von ca. 3,4 Mio. € prognostiziert.

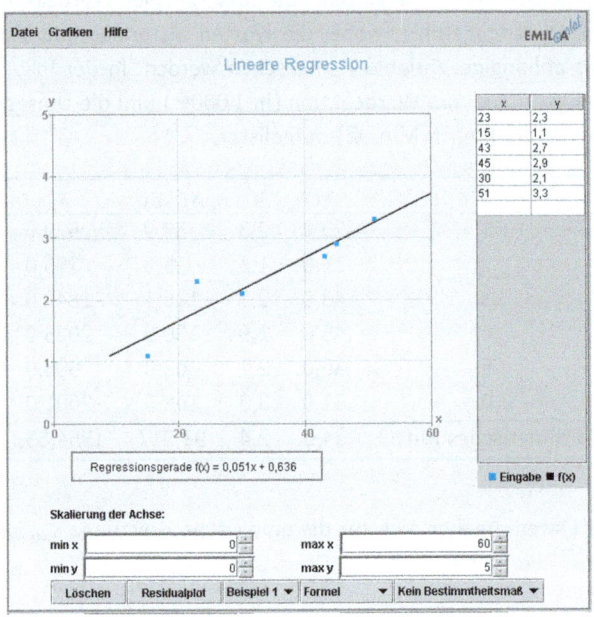

Im Folgenden wird untersucht, wie sich die Regressionsgerade ändert, wenn die Beobachtungswerte der Merkmale X und Y linear transformiert werden. Auch hier können die Koeffizienten der resultierenden Gerade direkt aus den Koeffizienten der ursprünglichen Regressionsgerade bestimmt werden.

Regel Lineare Regression bei linearer Transformation der Daten | Seien $s_x^2 > 0$ und $\widehat{f}(x) = \widehat{a} + \widehat{b}x$, $x \in \mathbb{R}$, die zu den Daten $(x_1, y_1), \ldots, (x_n, y_n)$ gehörige Regressionsgerade. Werden die Beobachtungswerte mit $\beta \neq 0$, $\delta \neq 0$, $\alpha, \gamma \in \mathbb{R}$, (linear) transformiert gemäß

$$u_i = \beta x_i + \alpha, \quad v_i = \delta y_i + \gamma, \quad i \in \{1, \ldots, n\},$$

so gilt für die Koeffizienten der zu den Daten $(u_1, v_1), \ldots, (u_n, v_n)$ gehörigen Regressionsgerade $\widehat{g}(u) = \widehat{c} + \widehat{d}u$, $u \in \mathbb{R}$:

$$\widehat{c} = \delta \widehat{a} + \gamma - \frac{\alpha \delta}{\beta} \widehat{b}, \quad \widehat{d} = \frac{\delta}{\beta} \widehat{b}.$$

9.2 Lineare Regression

Nachweis. Für die Koeffizienten der Regressionsgerade $\widehat{f}(x) = \widehat{a} + \widehat{b}x$ gilt

$$\widehat{a} = \overline{y} - \widehat{b}\overline{x}, \quad \widehat{b} = \frac{s_{xy}}{s_x^2},$$

für die der Regressionsgerade $\widehat{g}(u) = \widehat{c} + \widehat{d}u$

$$\widehat{c} = \overline{v} - \widehat{d}\overline{u}, \quad \widehat{d} = \frac{s_{uv}}{s_u^2}.$$

Aufgrund des 75▶Verhaltens des arithmetischen Mittels und der 265▶empirischen Kovarianz bei linearen Transformationen folgt:

$$\overline{u} = \beta\overline{x} + \alpha, \quad \overline{v} = \delta\overline{y} + \gamma, \quad s_u^2 = \beta^2 s_x^2, \quad s_{uv} = \beta\delta\, s_{xy}.$$

Für die Koeffizienten der Regressionsgerade der transformierten Werte ergibt sich daher schließlich

$$\widehat{d} = \frac{s_{uv}}{s_u^2} = \frac{\beta\delta\, s_{xy}}{\beta^2 s_x^2} = \frac{\delta}{\beta}\frac{s_{xy}}{s_x^2} = \frac{\delta}{\beta}\widehat{b},$$

$$\widehat{c} = \overline{v} - \widehat{d}\overline{u} = \delta\overline{y} + \gamma - \widehat{d}(\beta\overline{x} + \alpha) = \delta\overline{y} + \gamma - \frac{\delta}{\beta}\widehat{b}(\beta\overline{x} + \alpha)$$

$$= \delta\underbrace{(\overline{y} - \widehat{b}\overline{x})}_{=\widehat{a}} + \gamma - \frac{\delta}{\beta}\alpha\widehat{b} = \delta\widehat{a} + \gamma - \frac{\alpha\delta}{\beta}\widehat{b}. \quad \checkmark$$

Insbesondere im Fall $\beta = 1$ und $\delta = 1$ ist $\widehat{c} = \widehat{a} + \gamma - \alpha\widehat{b}$ und $\widehat{d} = \widehat{b}$, d.h. die Steigungen der Regressionsgeraden $\widehat{f}$ und $\widehat{g}$ stimmen überein, und es gilt

$$\widehat{g}(u) = \widehat{a} + \gamma - \alpha\widehat{b} + \widehat{b}u.$$

Dies sollte aufgrund der Anschauung und Motivation auch so sein, denn die Gesamtheit der Daten wird lediglich in der Lage verschoben, die relative Lage der Punkte zueinander bleibt jedoch unverändert. Weiterhin gilt in dieser Situation für $x \in \mathbb{R}$

$$\widehat{f}(x) = \widehat{a} + \widehat{b}x = \widehat{c} - \gamma + \alpha\widehat{d} + \widehat{d}x = \widehat{c} + \widehat{d}(x + \alpha) - \gamma = \widehat{g}(x + \alpha) - \gamma.$$

Beispiel Bruttowochenverdienst | Von 1983 bis 1988 hat sich der durchschnittliche Bruttowochenverdienst von Arbeitern in der Industrie wie folgt entwickelt (aus Statistische Jahrbücher 1986 und 1989 für die Bundesrepublik Deutschland):

Jahr x_i	1983	1984	1985	1986	1987	1988
Verdienst y_i (in DM)	627	647	667	689	712	742

Die Höhe des Verdienstes soll in Abhängigkeit von der Zeit durch eine lineare Funktion beschrieben werden. Dazu wird ein lineares Regressionsmodell mit erklärender Variable X (Zeit) und abhängiger Variable Y (Höhe des Verdienstes) betrachtet. Die Berechnung der Koeffizienten $\widehat{a}$ und $\widehat{b}$ der Regressionsgerade $\widehat{f}(x) = \widehat{a} + \widehat{b}x$, $x \in \mathbb{R}$, liefert

$$\widehat{a} = -44\,248{,}36191, \quad \widehat{b} = 22{,}62857.$$

Eine Prognose für den Bruttowochenverdienst der Arbeiter im Jahr 1989 auf der Basis dieser Daten ergibt

$$\widehat{f}(1989) = \widehat{a} + \widehat{b} \cdot 1989 \approx 759{,}87.$$

An diesem Beispiel wird der Nutzen von 310▶linearen Transformationen der Beobachtungswerte bei konkreten Berechnungen deutlich. Mit $u_i = x_i - 1982$ und $v_i = y_i - 600$, $i \in \{1,\ldots,6\}$, entsteht folgende Arbeitstabelle

i	x_i	y_i	u_i	v_i	u_i^2	v_i^2	$u_i v_i$
1	1983	627	1	27	1	729	27
2	1984	647	2	47	4	2209	94
3	1985	667	3	67	9	4489	201
4	1986	689	4	89	16	7921	356
5	1987	712	5	112	25	12544	560
6	1988	742	6	142	36	20164	852
Summe			21	484	91	48056	2090
Mittelwert			3,5	80,6667	15,1667	8009,3333	348,3333

und daraus $s_u^2 \approx 2{,}91667$, $s_v^2 \approx 1502{,}22222$, $s_{uv} = 66$. Also ist in der Darstellung der zugehörigen Regressionsgeraden $\widehat{g}(u) = \widehat{c} + \widehat{d}u$

$$\widehat{d} = \frac{s_{uv}}{s_u^2} \approx 22{,}62857 \quad \text{und} \quad \widehat{c} = \overline{v} - \widehat{d}\overline{u} \approx 1{,}46765.$$

Die Regressionsgerade für die ursprünglichen, nicht-transformierten Werte kann direkt mit der 310▶Regel zur linearen Transformation der Beobachtungswerte bestimmt werden. Die Variablen der Transformationen sind $\beta = 1$, $\alpha = -1982$, $\delta = 1$ und $\gamma = -600$.

Demnach lässt sich die oben berechnete Regressionsgerade für die transformierten Daten auch direkt bestimmen: $\widehat{g}(u) = \widehat{c} + \widehat{d}u$ mit $\widehat{d} = \widehat{b} = 22{,}62857$ und

$$\widehat{c} = \widehat{a} + \gamma - \alpha\widehat{b} = -44\,248{,}36191 - 600 + 1982 \cdot 22{,}62857 = 1{,}46383.$$

Die Unterschiede im Wert von $\widehat{c}$ sind durch Rundungsfehler bedingt. Werden weniger als fünf Nachkommastellen in den Berechnungen verwendet, so führt dies zu deutlich größeren Abweichungen.

Andererseits liegt bei Berechnungen der Vorteil gerade in der umgekehrten Anwendung der 310▶Transformationsregel. Die Regressionsgerade für die transformierten

9.2 Lineare Regression

Werte lässt sich (s.o.) mit geringem Aufwand bestimmen:

$$\hat{g}(u) = 1{,}46765 + 22{,}62857u.$$

Daraus entsteht die Regressionsgerade zu den Originaldaten durch die Bestimmung von $\hat{a}$ und $\hat{b}$ gemäß $\hat{b} = \hat{d}$ und

$$\hat{a} = \hat{c} - \gamma + \alpha\hat{b} = 1{,}46765 + 600 - 1982 \cdot 22{,}62857 = -44\,248{,}35809.$$

Die Prognose für das Jahr 1989 ist daher

$$\hat{f}(1989) = \hat{g}(1989 - 1982) + 600 = \hat{g}(7) + 600 \approx 759{,}87.$$

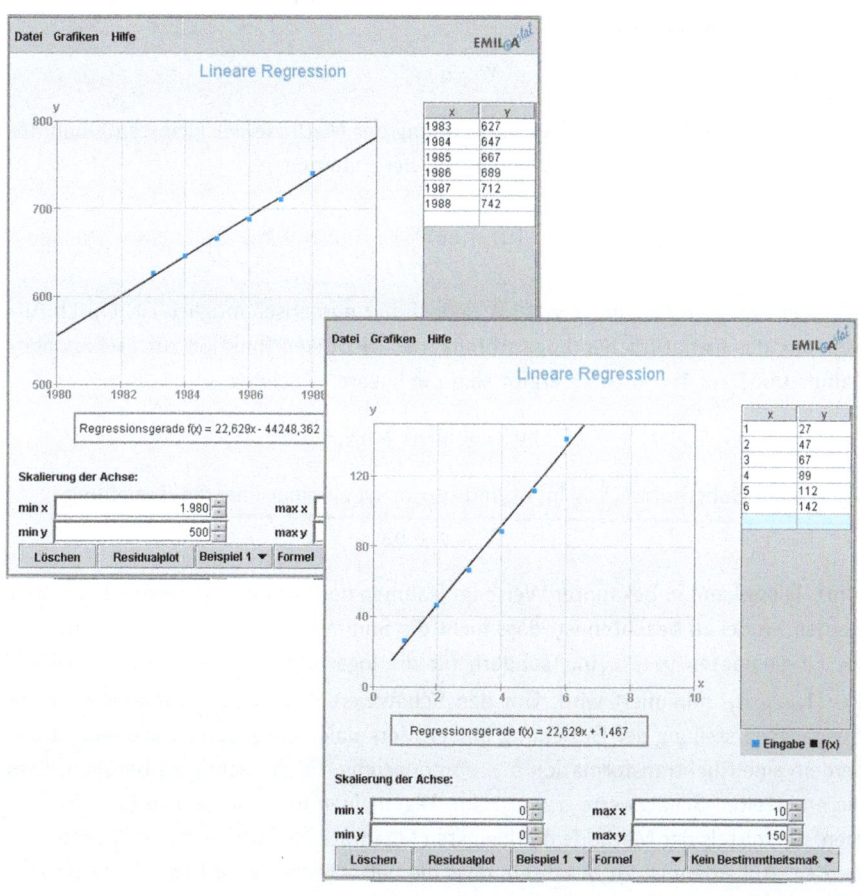

9.3 Transformation auf lineare Zusammenhänge

Die Ergebnisse der linearen Regression können auch zur Beschreibung nicht-linearer Einflüsse von X auf Y verwendet werden, um damit aufwändige numerische Berechnungen zu umgehen. Die Anwendung der linearen Regression auf komplexere Situationen ist auf zweierlei Weise möglich.

Transformation von Y

Wird ein (nicht-linearer) Zusammenhang zwischen den Merkmalen X und Y angenommen, so kann in einigen Fällen durch eine geschickte Transformation des Merkmals Y eine lineare Relation erreicht werden. Als Beispiel wird ein exponentieller Zusammenhang der Form

$$Y = a \cdot e^{b \cdot X}$$

mit $a > 0, b \in \mathbb{R}$ betrachtet. Die Verwendung der Methode der kleinsten Quadrate erfordert die Bestimmung eines Minimums der Funktion

$$Q(a,b) = \sum_{i=1}^{n} (y_i - ae^{bx_i})^2, \quad a > 0, b \in \mathbb{R},$$

bzgl. der Parameter a und b, was i.A. jedoch nur numerisch möglich ist. Durch Anwendung des ►natürlichen Logarithmus (der ►Umkehrfunktion zur ►Exponentialfunktion) auf $Y = a \cdot e^{b \cdot X}$ ergibt sich die lineare Gleichung

$$\ln(Y) = \ln(a) + bX,$$

die mit der Substitution $\widetilde{Y} = \ln(Y)$ und $\widetilde{a} = \ln(a)$ zu einer linearen Beziehung

$$\widetilde{Y} = \widetilde{a} + bX$$

führt. Diese kann in bekannter Weise im Rahmen der linearen Regression behandelt werden, wobei zu beachten ist, dass nicht die Summe der quadrierten Abstände für die Originaldaten $y_1, \ldots, y_n$, sondern für die logarithmierten Werte $\widetilde{y}_i = \ln(y_i)$, $i \in \{1, \ldots, n\}$, minimiert wird. Um den Schätzwert $\widehat{\widetilde{a}}$ für den Parameter $\widetilde{a}$ in der Ausgangsdarstellung der Beziehung beider Merkmale verwenden zu können, ist außerdem eine Rücktransformation $\widehat{a} = e^{\widehat{\widetilde{a}}}$ notwendig. Es ist wichtig zu betonen, dass die ermittelten Schätzwerte $\widehat{a}$ und $\widehat{b}$ im Allgemeinen nicht mit denen übereinstimmen, die mittels der Methode der kleinsten Quadrate im Ausgangsmodell bestimmt werden. Außerdem ist zu beachten, dass die betrachteten 299►Regressionsmodelle verschieden sind bzgl. der Behandlung der Fehlerterme. Wird im Modell $\widetilde{Y} = \widetilde{a} + bX$ ein additiver Fehler $\widetilde{\varepsilon}$ unterstellt, d.h. wird ein Regressionsmodell $\widetilde{Y} = \widetilde{a} + bX + \widetilde{\varepsilon}$ angenommen, so wird im Ausgangsmodell ein multiplikativer Fehler $\varepsilon = e^{\widetilde{\varepsilon}}$ modelliert:

$$Y = a \cdot e^{b \cdot X} \cdot \varepsilon.$$

Dies unterscheidet sich natürlich von einem additiven Ansatz $Y = a \cdot e^{b \cdot X} + \varepsilon$. Falls jedoch eine numerische Bestimmung der Koeffizienten im Sinne der Methode der kleinsten Quadrate zu aufwändig erscheint und die erläuterten Nachteile in Kauf genommen werden, stellt die Linearisierung und die anschließende Bestimmung der Koeffizienten in einem linearen Regressionsmodell eine praktikable Alternative dar. Eine detaillierte Betrachtung ist in Sachs (2002) zu finden.

Transformation von X

Eine weitere Möglichkeit, um die Ergebnisse der linearen Regression zur Behandlung eines nicht-linearen Zusammenhangs zwischen zwei Merkmalen zu verwenden, liegt in einer geeigneten Transformation der Beobachtungswerte der erklärenden Variable X. Hierbei wird eine Regressionsfunktion der Form

$$f(x) = a + bg(x), \quad x \in \mathbb{R},$$

betrachtet, wobei g eine bekannte Funktion ist. Liegen beispielsweise positive Beobachtungswerte des Merkmals X vor, so könnten die Funktionen $g(x) = \frac{1}{x}$ bzw. $g(x) = \sqrt{x}$ verwendet werden, falls anzunehmen ist, dass X umgekehrt proportional bzw. über die Wurzelfunktion auf Y einwirkt. Die Schätzwerte, die sich unter Verwendung der Methode der kleinsten Quadrate für die Koeffizienten a und b ergeben, können direkt aus den bekannten Formeln im Fall der gewöhnlichen linearen Regression ermittelt werden. Falls die empirische Varianz $s^2_{g(x)}$ der transformierten Beobachtungswerte $g(x_1), \ldots, g(x_n)$ positiv ist, gilt

$$\widehat{a} = \overline{y} - \widehat{b} \cdot \overline{g(x)}, \quad \widehat{b} = \frac{s_{g(x),y}}{s^2_{g(x)}}$$

für die Koeffizienten der Regressionsfunktion, wobei $s_{g(x),y}$ die empirische Kovarianz der Beobachtungswerte $g(x_1), \ldots, g(x_n)$ und $y_1, \ldots, y_n$ ist und $\overline{g(x)}$ das arithmetische Mittel der Beobachtungswerte $g(x_1), \ldots, g(x_n)$ bezeichnet.

9.4 Umkehrregression

Mittels der Daten $(x_1, y_1), \ldots, (x_n, y_n)$ kann auch eine Regression mit vertauschten Rollen, d.h. eine Regression von X auf Y, durchgeführt werden. Anstelle des linearen Regressionsmodells

$$Y = a + bX + \varepsilon, \quad a, b \in \mathbb{R},$$

wird das lineare Regressionsmodell

$$X = A + BY + \widetilde{\varepsilon}, \quad A, B \in \mathbb{R},$$

betrachtet. Häufig ist aufgrund der konkreten Situation, in der die Daten erhoben wurden, klar, welches Merkmal als abhängige und welches als erklärende Variable betrachtet werden kann. Dementsprechend wird der Regressionsansatz formuliert. Die Betrachtung beider Regressionsansätze kann jedoch in Situationen, in denen nicht eindeutig festgelegt werden kann, wie die Variablen aufeinander einwirken, sinnvoll sein. Um die beiden (unterschiedlichen) Regressionsmodelle begrifflich voneinander zu trennen, wird die Regression mit vertauschten Rollen als Umkehrregression bezeichnet. Es wird sich herausstellen, dass die in den unterschiedlichen Regressionsmodellen berechneten Regressionsgeraden nur in Sonderfällen übereinstimmen. Die Koeffizienten der Regressionsgerade, die bei einer Umkehrregression bestimmt werden, können aber direkt aus den Formeln der Regression von Y auf X hergeleitet werden, indem die Rollen der Beobachtungswerte $x_1, \ldots, x_n$ und $y_1, \ldots, y_n$ vertauscht werden.

Regel Regressionsgerade bei Umkehrregression | Gilt $s_y^2 > 0$ für die Daten $y_1, \ldots, y_n$, so sind die Koeffizienten der Regressionsgerade $\widehat{h}(y) = \widehat{A} + \widehat{B}y$, $y \in \mathbb{R}$, einer Umkehrregression von X auf Y gegeben durch

$$\widehat{A} = \overline{x} - \widehat{B}\overline{y} \quad \text{und} \quad \widehat{B} = \frac{s_{xy}}{s_y^2} = \frac{\frac{1}{n}\sum_{i=1}^{n} x_i y_i - \overline{x} \cdot \overline{y}}{\frac{1}{n}\sum_{i=1}^{n} y_i^2 - \overline{y}^2}.$$

Hierbei sind $\overline{x}$ und $\overline{y}$ die arithmetischen Mittel der Daten $x_1, \ldots, x_n$ und $y_1, \ldots, y_n$, s_{xy} ist die empirische Kovarianz der gepaarten Messreihe.

Die Regressionsgerade bei einer Umkehrregression wird zeichnerisch mit vertauschten Rollen der Achsen dargestellt. In der Grafik der gewöhnlichen Regressionsgerade wird $\widehat{h}$ auf der y-Achse (als zugehörige Abszisse) abgetragen. Soll die Gerade der Umkehrregression ebenfalls auf der x-Achse abgetragen werden, so ist die Gleichung $\widehat{h}^*(x) = \frac{x - \widehat{A}}{\widehat{B}}$, $x \in \mathbb{R}$, zu verwenden, sofern $\widehat{B} \neq 0$.

Die Regressionsgerade, die bei der Umkehrregression ermittelt wird, stimmt im Allgemeinen nicht mit der Regressionsgerade überein, die für die Ausgangssituation bestimmt wird. Dies liegt darin begründet, dass bei Anwendung der Methode der kleinsten Quadrate die Abstände zwischen der Gerade und den beobachteten Werten der abhängigen Variable parallel zu der Achse gemessen werden, auf der die Werte der abhängigen Variable abgetragen sind. Im Fall der gewöhnlichen linearen Regression werden die Abstände daher parallel zur y-Achse gemessen, während bei der Umkehrregression die Abstände parallel zur x-Achse betrachtet werden. Diese Situationen sind in den folgenden Abbildungen für den selben Datensatz und eine gegebene Gerade skizziert.

9.4 Umkehrregression

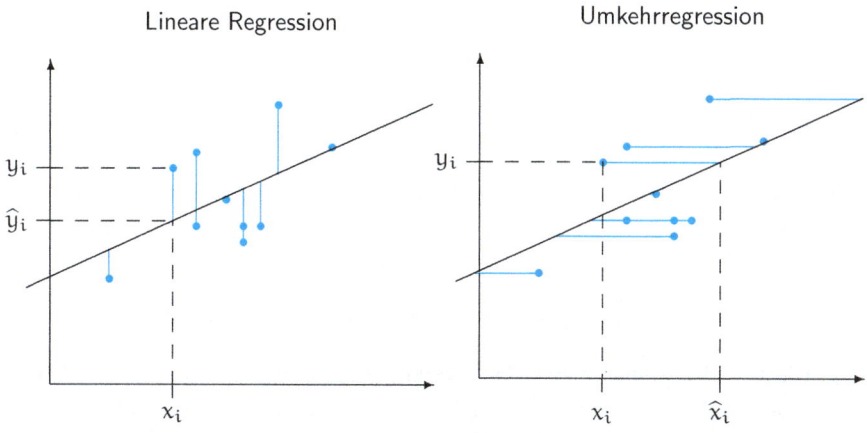

Beispiel | Mit den Daten aus 263▶Beispiel Gewicht und Körpergröße hat das Streudiagramm mit beiden Regressionsgeraden folgendes Aussehen.

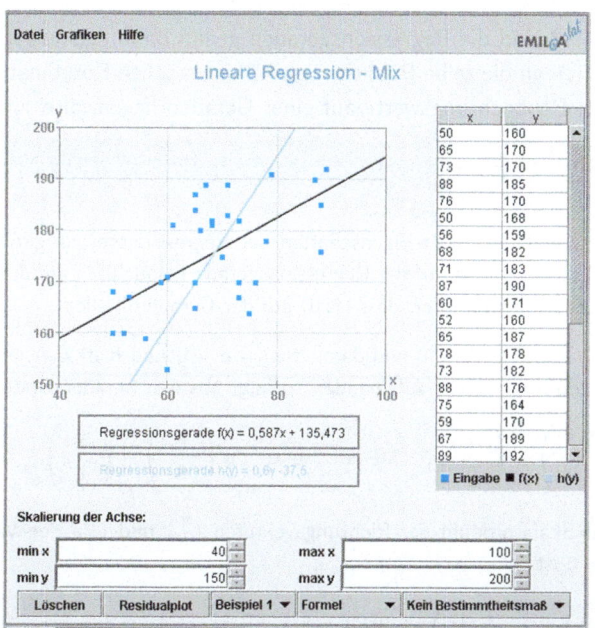

Bei der Durchführung einer linearen Regression ist also zu beachten, dass die Gestalt der Regressionsgerade davon abhängt, welches Merkmal als abhängige und welches als erklärende Variable angesehen wird. In der folgenden Regel wird festgehalten, unter welchen Umständen die Regressionsgeraden übestimmen bzw. senkrecht aufeinander stehen. Es zeigt sich wiederum eine deutliche Verbindung zu den 271▶Eigenschaften des Bravais-Pearson-Korrelationskoeffizienten r_{xy}.

Regel Zusammenhang Regression und Umkehrregression | Für die empirischen Varianzen der Beobachtungswerte $x_1,\ldots,x_n$ und $y_1,\ldots,y_n$ gelte $s_x^2 > 0$ und $s_y^2 > 0$. Weiterhin seien $\widehat{f}$ die Regressionsgerade des Datensatzes $(x_1,y_1),\ldots,(x_n,y_n)$ sowie $\widehat{h}$ die Regressionsgerade der zugehörigen Umkehrregression. Werden die Regressionsgeraden in ein kartesisches Koordinatensystem eingezeichnet, wobei $\widehat{f}$ auf der x-Achse (Abszisse) und $\widehat{h}$ auf der y-Achse (Ordinate) abgetragen wird, so gelten folgende Aussagen:

1. Die Geraden $\widehat{f}$ und $\widehat{h}$ schneiden sich immer im Punkt $(\bar{x},\bar{y})$.

2. Die Geraden stehen genau dann senkrecht aufeinander, d.h. sie schließen einen Winkel von 90° ein, wenn beide Merkmale unkorreliert sind, also $r_{xy} = 0$ gilt.

   In diesem Fall gilt speziell $\widehat{f}(x) = \widehat{a} = \bar{y}$ und $\widehat{h}(y) = \widehat{A} = \bar{x}$. Die Gerade $\widehat{f}$ verläuft parallel zur Abszisse, $\widehat{h}$ parallel zur Ordinate.

3. Für $s_{xy} \neq 0$ sind die Regressionsgeraden genau dann deckungsgleich (d.h. sie beschreiben die selbe Punktmenge im kartesischen Koordinatensystem), wenn alle Beobachtungswerte auf einer Geraden liegen, also $r_{xy} \in \{-1,1\}$ gilt.

Nachweis. 1. Gemäß den 306▶Eigenschaften der Regressionsgerade gilt $\widehat{f}(\bar{x}) = \bar{y}$ und $\widehat{h}(\bar{y}) = \bar{x}$, d.h. $(\bar{x},\bar{y})$ liegt auf der Regressionsgerade $\widehat{f}$ und $(\bar{y},\bar{x})$ auf der Regressionsgerade $\widehat{h}$. Dies bedeutet aber, dass $(\bar{x},\bar{y})$ auf der Geraden $\widehat{h}^*$ liegt.

2. Für $r_{xy} = 0$ ist auch $s_{xy} = 0$ und damit $\widehat{f}(x) = \widehat{a} = \bar{y}$ und $\widehat{h}(y) = \widehat{A} = \bar{x}$. Stehen die Geraden $\widehat{f}$ und $\widehat{h}$ senkrecht aufeinander, so folgt aus den Geradendarstellungen

$$\lambda \begin{pmatrix} 1 \\ \widehat{b} \end{pmatrix} + \begin{pmatrix} \bar{x} \\ \bar{y} \end{pmatrix}, \quad \lambda \in \mathbb{R}, \quad \text{und} \quad \mu \begin{pmatrix} \widehat{B} \\ 1 \end{pmatrix} + \begin{pmatrix} \bar{x} \\ \bar{y} \end{pmatrix}, \quad \mu \in \mathbb{R},$$

dass das e▶Skalarprodukt der Richtungsvektoren $\begin{pmatrix} 1 \\ \widehat{b} \end{pmatrix}$ und $\begin{pmatrix} \widehat{B} \\ 1 \end{pmatrix}$ den Wert Null hat, wenn $s_{xy} = 0$ ist:

$$\begin{pmatrix} 1 \\ \widehat{b} \end{pmatrix}' \begin{pmatrix} \widehat{B} \\ 1 \end{pmatrix} = \widehat{B} + \widehat{b} = s_{xy}\left(\frac{1}{s_x^2} + \frac{1}{s_y^2}\right).$$

3. Die Geraden $\widehat{f}$ und $\widehat{h}^*$ stimmen überein, falls für alle $x \in \mathbb{R}$ gilt:

$$(\widehat{f}(x) =) \; \widehat{a} + \widehat{b}x = \frac{x - \widehat{A}}{\widehat{B}} \; (= \widehat{h}^*(x)) \iff \widehat{a} + \frac{\widehat{A}}{\widehat{B}} = x\left(\frac{1}{\widehat{B}} - \widehat{b}\right).$$

Diese Gleichung ist für alle $x \in \mathbb{R}$ nur dann erfüllt, wenn $\frac{1}{\widehat{B}} - \widehat{b} = 0$ ist oder äquivalent $\widehat{b}\widehat{B} = 1$ gilt. Wegen $\widehat{b}\widehat{B} = \frac{s_{xy}}{s_x^2} \cdot \frac{s_{xy}}{s_y^2} = r_{xy}^2$ folgt die Behauptung. ✓

Aufgrund der obigen Zusammenhänge zwischen beiden Geraden kann der kleinere der beiden Winkel, den die Geraden einschließen, als einfaches Maß für die Güte der Anpassung des Regressionsansatzes verwendet werden. Alle Datenpunkte liegen genau dann auf einer Geraden, wenn die Geraden aus beiden Regressionsmodellen deckungsgleich sind. Ist der Winkel zwischen beiden Geraden also klein, d.h. die Geraden verlaufen „nahe beieinander", so ist die Anpassung gut. Die Regressionsgeraden stehen genau dann senkrecht aufeinander, falls beide Merkmale unkorreliert sind. Aufgrund der 271▶Eigenschaften des Korrelationskoeffizienten bedeutet dies, das sich zwischen den Merkmalen kein linearer Zusammenhang nachweisen lässt und ein lineares Regressionsmodell dementsprechend nicht adäquat zur Beschreibung der Daten ist. Ist der Winkel zwischen beiden Geraden also groß, d.h. die Geraden stehen beinahe senkrecht aufeinander, so ist von einer schlechten Anpassung auszugehen. Eine Umkehrregression kann also dazu verwendet werden, um einen ersten optischen Eindruck von der Approximationsgüte einer Regressionsgerade an die Daten zu erhalten. In den folgenden Abschnitten werden noch weitere Methoden vorgestellt, die eine Analyse der Anpassung einer Regressionsfunktion an gegebene Daten ermöglichen.

Abschließend sei noch auf Folgendes hingewiesen: Ist für zwei Merkmale unklar, welches auf das jeweils andere einwirkt, so können zur Analyse der Situation beide Regressionsansätze betrachtet werden. Die obige Interpretation ist jedoch gültig, unabhängig davon, welches Modell als Regression bzw. als Umkehrregression bezeichnet wird, da der Winkel zwischen den Regressionsgeraden gleich ist. Er zeichnet also keinen der Regressionsansätze aus und stellt daher kein Kriterium dar, um einen der Ansätze zu favorisieren.

9.5 Lineare Regression durch einen vorgegebenen Punkt

In bestimmten Situationen ist es sinnvoll zu fordern, dass ein bestimmter Punkt auf der Regressionsgeraden liegt. Eine solche Vorgabe kann verwendet werden, wenn beide Variablen in einem (bekannten) Punkt in einer vorgegebenen Beziehung zueinander stehen müssen.

Beispiel | An eine Metallfeder werden unterschiedlich schwere Gewichte angehängt. Der Zusammenhang zwischen Gewicht und Auslenkung der Feder soll mittels einer linearen Regression untersucht werden. Da die Metallfeder ohne angehängtes Gewicht keine Auslenkung aufweist, ist es sinnvoll vorauszusetzen, dass der Punkt $(0,0)$ auf der Regressionsgeraden liegt. ✗

Im entsprechenden Regressionsmodell wird eine lineare Regressionsfunktion f unterstellt, die zusätzlich durch einen vorgegebenen Punkt (x_0, y_0) verläuft, d.h. es gilt $y_0 = f(x_0)$. Im 299▶Regressionsmodell $Y = f(X) + \varepsilon$ wird daher zusätzlich angenommen, dass für die Funktion f gilt

$$f(x) = a + bx, \quad x \in \mathbb{R}, \qquad \text{mit } f(x_0) = a + bx_0 = y_0.$$

Wird speziell gefordert, dass der Punkt $(x_0, y_0) = (0, 0)$ auf der Geraden liegt, so wird das Verfahren als Regression durch den Ursprung bezeichnet.

Regel Regression durch einen vorgegebenen Punkt | Seien (x_0, y_0) ein vorgegebener Punkt und $(x_1, y_1), \ldots, (x_n, y_n)$ eine gepaarte Messreihe, so dass es ein $j \in \{1, \ldots, n\}$ mit $x_j \neq x_0$ gibt. Dann sind die mittels der Methode der kleinsten Quadrate bestimmten Koeffizienten der Regressionsgerade $\widehat{f}(x) = \widehat{a} + \widehat{b}x$, $x \in \mathbb{R}$, die durch den Punkt (x_0, y_0) verläuft, gegeben durch

$$\widehat{a} = y_0 - \widehat{b}x_0 \quad \text{und} \quad \widehat{b} = \frac{\sum_{i=1}^{n}(x_i - x_0)(y_i - y_0)}{\sum_{i=1}^{n}(x_i - x_0)^2}.$$

Die minimale Abweichung ist

$$Q(\widehat{a}, \widehat{b}) = \sum_{i=1}^{n}(y_i - y_0)^2 \left(1 - \frac{\left(\sum_{i=1}^{n}(x_i - x_0)(y_i - y_0)\right)^2}{\sum_{i=1}^{n}(x_i - x_0)^2 \sum_{i=1}^{n}(y_i - y_0)^2}\right).$$

Nachweis. Aufgrund der Bedingung $f(x_0) = a + bx_0 = y_0$ an die gesuchte Gerade gilt für die Koeffizienten a und b immer die Beziehung $a = y_0 - bx_0$. Diese kann in den bei der 300▶Methode der kleinsten Quadrate zu minimierenden Ausdruck eingesetzt werden:

$$Q(a, b) = \sum_{i=1}^{n}(y_i - (a + bx_i))^2 = \sum_{i=1}^{n}(y_i - ((y_0 - bx_0) + bx_i))^2$$

$$= \sum_{i=1}^{n}((y_i - y_0) - b(x_i - x_0))^2$$

$$= \sum_{i=1}^{n}(y_i - y_0)^2 - 2b\sum_{i=1}^{n}(x_i - x_0)(y_i - y_0) + b^2\sum_{i=1}^{n}(x_i - x_0)^2 = \widetilde{Q}(b).$$

Das Minimum dieser quadratischen Funktion in b kann unter Verwendung der Differentialrechnung oder analog zur entsprechenden Herleitung bei der gewöhnlichen 302▶linearen Regression bestimmt werden.

9.5 Lineare Regression durch einen vorgegebenen Punkt

Es ist

$$\widetilde{Q}(b) = \sum_{i=1}^{n}(y_i - y_0)^2$$

$$+ \sum_{i=1}^{n}(x_i - x_0)^2 \cdot \left[\left(b - \frac{\sum_{i=1}^{n}(x_i - x_0)(y_i - y_0)}{\sum_{i=1}^{n}(x_i - x_0)^2}\right)^2 - \frac{\left(\sum_{i=1}^{n}(x_i - x_0)(y_i - y_0)\right)^2}{\left(\sum_{i=1}^{n}(x_i - x_0)^2\right)^2}\right]$$

$$\geqslant \sum_{i=1}^{n}(y_i - y_0)^2 - \frac{\left(\sum_{i=1}^{n}(x_i - x_0)(y_i - y_0)\right)^2}{\sum_{i=1}^{n}(x_i - x_0)^2}$$

mit einer von b unabhängigen unteren Schranke. Diese wird genau für die Setzung $\widehat{b} = \frac{\sum_{i=1}^{n}(x_i - x_0)(y_i - y_0)}{\sum_{i=1}^{n}(x_i - x_0)^2}$ angenommen. ✓

Aus dem Nachweis ist unmittelbar ersichtlich, dass die Regression durch einen vorgegebenen Punkt (x_0, y_0) auch aufgefasst werden kann als eine Regression für die verschobenen Werte $(u_1, v_1), \ldots, (u_n, v_n)$ mit

$$u_i = x_i - x_0, \quad v_i = y_i - y_0, \quad i \in \{1, \ldots, n\},$$

durch den Ursprung $(0, 0)$.

Beispiel Feder | An eine Metallfeder werden nacheinander unterschiedliche Gewichte gehängt und die Auslenkung der Feder, also die Differenz zwischen der Länge der Feder mit angehängtem Gewicht und deren ursprünglicher Länge, gemessen:

Gewicht x_i (in g)	40	80	120	160	200	240
Auslenkung y_i (in cm)	1,9	3,6	5,7	7,1	9,8	10,9

Eine optische Einschätzung des Zusammenhangs zwischen Gewicht und Auslenkung der Feder mittels eines Streudiagramms der Daten führt zu der Vermutung, dass im betrachteten Wertebereich eine lineare Beziehung vorliegt. Da die Feder ohne angehängtes Gewicht keine Auslenkung aufweist, wird eine Regression durch den Ursprung durchgeführt, wobei die Auslenkung der Feder (Merkmal Y mit Beobachtungswerten $y_1, \ldots, y_6$) als abhängige Variable und das angehängte Gewicht (Merkmal X mit Beobachtungswerten $x_1, \ldots, x_6$) als erklärende Variable angesehen werden. Der vorgegebene Punkt (x_0, y_0) ist somit $(0, 0)$. Wegen

$$\overline{xy} = \frac{1}{6}\sum_{i=1}^{6} x_i y_i \approx 1\,126{,}667, \quad \overline{x^2} = \frac{1}{6}\sum_{i=1}^{6} x_i^2 \approx 24\,266{,}667,$$

folgt für die Koeffizienten $\hat{a}$ und $\hat{b}$ der Regressionsgeraden

$$\hat{a} = 0, \quad \hat{b} = \frac{\overline{xy}}{\overline{x^2}} \approx 0{,}0464.$$

Der Darstellung der Regressionsgeraden im Streudiagramm ist zu entnehmen, dass der lineare Modellansatz den Zusammenhang zwischen beiden Merkmalen sehr gut beschreibt.

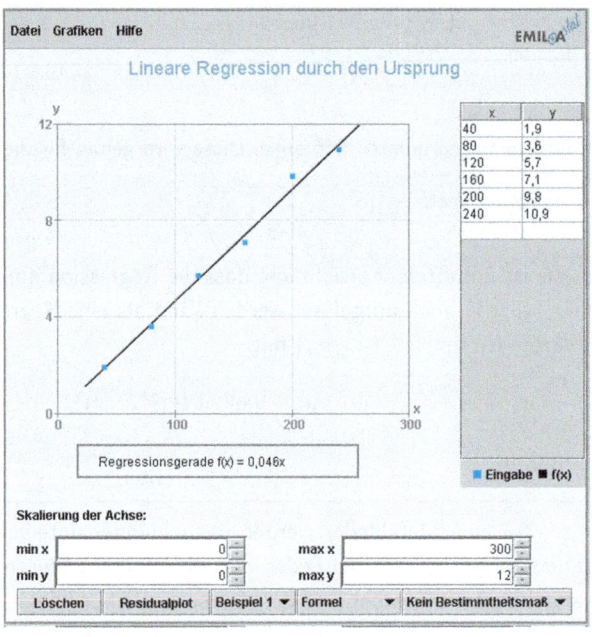

9.6 Bewertung der Anpassung

In diesem Abschnitt werden zwei Werkzeuge vorgestellt, die eine Bewertung der Anpassungsgüte der ermittelten Regressionsgerade an die vorliegenden Daten erlauben.

Residuen

Da bei der 300▶Methode der kleinsten Quadrate der Ausdruck

$$Q(f) = \sum_{i=1}^{n}(y_i - f(x_i))^2$$

9.6 Bewertung der Anpassung

minimiert wird, der auf den Abweichungen $\varepsilon_i = y_i - f(x_i)$, $i \in \{1, \ldots, n\}$, basiert, liegt es nahe, bei der Bewertung der optimalen Funktion $\widehat{f}$ ebenfalls diese Differenzen zu berücksichtigen.

Definition Residuen | Die Differenzen

$$\widehat{e}_i = y_i - \widehat{y}_i, \quad i \in \{1, \ldots, n\},$$

der Beobachtungswerte $y_1, \ldots, y_n$ und der Regressionswerte $\widehat{y}_1, \ldots, \widehat{y}_n$ werden als Residuen bezeichnet, wobei $\widehat{y}_i = \widehat{f}(x_i)$, $i \in \{1, \ldots, n\}$.

Der Wertebereich der Residuen hängt von den Beobachtungswerten des Merkmals Y ab. Zur Beseitigung dieses Effekts werden in der Literatur unterschiedliche Normierungen der Residuen vorgeschlagen. Exemplarisch wird eine nahe liegende Modifikation vorgestellt, die den Wertebereich $[-1, 1]$ liefert.

Definition Normierte Residuen | Für $\sum_{i=1}^{n} \widehat{e}_i^2 > 0$ heißen die Quotienten

$$\widehat{d}_i = \frac{\widehat{e}_i}{\sqrt{\sum_{i=1}^{n} \widehat{e}_i^2}} = \frac{y_i - \widehat{y}_i}{\sqrt{\sum_{i=1}^{n}(y_i - \widehat{y}_i)^2}}, \quad i \in \{1, \ldots, n\},$$

normierte Residuen.

Die Division mit $\sqrt{\sum_{i=1}^{n} \widehat{e}_i^2}$ lässt sich natürlich nur für $\sum_{i=1}^{n} \widehat{e}_i^2 > 0$ ausführen. Da $\sum_{i=1}^{n} \widehat{e}_i^2 = 0$ eine exakte Anpassung der Regressionsgeraden an die Daten impliziert und somit eine Bewertung mittels Residuen überflüssig ist, ist dies jedoch keine bedeutsame Einschränkung.

Regel Eigenschaften der normierten Residuen |

1. Für die normierten Residuen gilt

$$-1 \leqslant \widehat{d}_i \leqslant 1, \quad i \in \{1, \ldots, n\},$$

$\sum_{i=1}^{n} \widehat{d}_i = 0$ und $\sum_{i=1}^{n} \widehat{d}_i^2 = 1$.

2. Die Summe der quadrierten Residuen ist genau dann Null, wenn alle Beobachtungswerte $(x_1, y_1), \ldots, (x_n, y_n)$ auf dem Grafen der Regressionsfunktion $\widehat{f}$ liegen, d.h.

$$\sum_{i=1}^{n} \widehat{e}_i^2 = 0 \iff y_i = \widehat{y}_i, \quad i \in \{1, \ldots, n\}.$$

Nachweis. 1. Es genügt zu zeigen, dass $0 \leqslant \widehat{d}_i^2 \leqslant 1$, $i \in \{1, \ldots, n\}$. Wegen

$$0 \leqslant (y_i - \widehat{y}_i)^2 \leqslant \sum_{i=1}^{n} (y_i - \widehat{y}_i)^2, \quad i \in \{1, \ldots, n\},$$

folgt sofort

$$0 \leqslant \widehat{d}_i^2 = \frac{(y_i - \widehat{y}_i)^2}{\sum_{i=1}^{n}(y_i - \widehat{y}_i)^2} \leqslant 1, \quad i \in \{1, \ldots, n\}.$$

Dies impliziert ebenfalls $\sum_{i=1}^{n} \widehat{d}_i^2 = 1$. Die Eigenschaft $\sum_{i=1}^{n} \widehat{d}_i = 0$ folgt sofort aus der selben 306▶Eigenschaft der Residuen.

2. Diese Aussage folgt direkt aus der Definition der Residuen $\widehat{e}_i = y_i - \widehat{y}_i$, $i \in \{1, \ldots, n\}$:

$$\sum_{i=1}^{n} \widehat{e}_i^2 = 0 \iff (y_i - \widehat{y}_i)^2 = 0, \quad i \in \{1, \ldots, n\}$$

$$\iff y_i - \widehat{y}_i = 0, \quad i \in \{1, \ldots, n\}. \quad \checkmark$$

Die Residuen treten in einem wichtigen Zusammenhang auf, der als Streuungs- oder Varianzzerlegung bekannt ist (vgl. auch Varianzzerlegung bei 95▶gepoolten oder 167▶klassierten Daten).

Regel Streuungszerlegung bei linearer Regression | Im Spezialfall der linearen Regression gilt die Streuungszerlegung

$$\sum_{i=1}^{n}(y_i - \overline{y})^2 = \sum_{i=1}^{n}(\widehat{y}_i - \overline{y})^2 + \sum_{i=1}^{n}(y_i - \widehat{y}_i)^2.$$

Bezeichnen s_y^2 die empirische Varianz der Beobachtungswerte $y_1, \ldots, y_n$, $s_{\widehat{y}}^2$ die empirische Varianz der Regressionswerte $\widehat{y}_1, \ldots, \widehat{y}_n$ und $s_{\widehat{e}}^2$ die empirische Varianz der Residuen $\widehat{e}_1, \ldots, \widehat{e}_n$, so kann die Gesamtvarianz s_y^2 zerlegt werden gemäß

$$s_y^2 = s_{\widehat{y}}^2 + s_{\widehat{e}}^2.$$

9.6 Bewertung der Anpassung

Nachweis. Die Formel für die Streuungszerlegung kann folgendermaßen hergeleitet werden. Zunächst gilt

$$\sum_{i=1}^{n}(y_i - \widehat{y}_i)^2 = \sum_{i=1}^{n}\left((y_i - \overline{y}) + (\overline{y} - \widehat{y}_i)\right)^2$$

$$= \sum_{i=1}^{n}\left((y_i - \overline{y})^2 + 2(y_i - \overline{y})(\overline{y} - \widehat{y}_i) + (\overline{y} - \widehat{y}_i)^2\right)$$

$$= \sum_{i=1}^{n}(y_i - \overline{y})^2 + \sum_{i=1}^{n}(\widehat{y}_i - \overline{y})^2 - 2\sum_{i=1}^{n}(y_i - \overline{y})(\widehat{y}_i - \overline{y}).$$

Die Koeffizienten der Regressionsgeraden $\widehat{f}(x) = \widehat{a} + \widehat{b}x$, $x \in \mathbb{R}$, sind durch $\widehat{a} = \overline{y} - \widehat{b}\overline{x}$, $\widehat{b} = \frac{s_{xy}}{s_x^2}$ gegeben, so dass $\overline{y} = \widehat{a} + \widehat{b}\overline{x}$ und $s_{xy} = \widehat{b}s_x^2$ gilt. Wegen

$$\widehat{y}_i - \overline{y} = \widehat{a} + \widehat{b}x_i - (\widehat{a} + \widehat{b}\overline{x}) = \widehat{b}(x_i - \overline{x}), \qquad (\clubsuit)$$

kann der letzte Summand der obigen Formel folgendermaßen umgeformt werden:

$$\sum_{i=1}^{n}(y_i - \overline{y})(\widehat{y}_i - \overline{y}) \stackrel{(\clubsuit)}{=} \widehat{b}\sum_{i=1}^{n}(y_i - \overline{y})(x_i - \overline{x})$$

$$= n\widehat{b}s_{xy} = n\widehat{b}^2 s_x^2 = \widehat{b}^2 \sum_{i=1}^{n}(x_i - \overline{x})^2 \stackrel{(\clubsuit)}{=} \sum_{i=1}^{n}(\widehat{y}_i - \overline{y})^2.$$

Aus der obigen Gleichung ergibt sich damit die behauptete Zerlegung

$$\sum_{i=1}^{n}(y_i - \widehat{y}_i)^2 = \sum_{i=1}^{n}(y_i - \overline{y})^2 - \sum_{i=1}^{n}(\widehat{y}_i - \overline{y})^2.$$

Die äquivalente Formulierung als Varianzzerlegung folgt aus der Streuungszerlegung mittels Multiplikation mit dem Faktor $\frac{1}{n}$ und Einsetzen der Definition $\widehat{e}_i = y_i - \widehat{y}_i$, $i \in \{1, \ldots, n\}$, der Residuen:

$$\frac{1}{n}\sum_{i=1}^{n}(y_i - \overline{y})^2 = \frac{1}{n}\sum_{i=1}^{n}(\widehat{y}_i - \overline{y})^2 + \frac{1}{n}\sum_{i=1}^{n}\widehat{e}_i^2.$$

Da einerseits die 306▶Summe der Residuen gleich Null ist, also $\overline{\widehat{e}} = \frac{1}{n}\sum_{i=1}^{n}\widehat{e}_i = 0$ gilt, und andererseits das 306▶arithmetische Mittel der Regressionswerte $\widehat{y}_1, \ldots, \widehat{y}_n$ mit dem arithmetischen Mittel der Beobachtungswerte $y_1, \ldots, y_n$ übereinstimmt, d.h. $\overline{\widehat{y}} = \frac{1}{n}\sum_{i=1}^{n}\widehat{y}_i = \overline{y}$, können beide Terme auf der rechten Seite dieser Gleichung als empirische Varianzen (der Regressionswerte und der Residuen) interpretiert werden. ✓

Die Bezeichnung Streuungszerlegung für den dargestellten Zusammenhang im Fall der linearen Regression lässt sich mit Hilfe der Varianzzerlegung

$$s_y^2 = s_{\widehat{y}}^2 + s_{\widehat{e}}^2$$

erklären. Dabei ist zu berücksichtigen, dass sich die jeweiligen Terme in der Gleichung für die Streuungszerlegung nur durch einen konstanten Faktor von denen in der Varianzzerlegung unterscheiden, d.h.

$$ns_y^2 = \sum_{i=1}^{n}(y_i - \overline{y})^2, \quad ns_{\hat{y}}^2 = \sum_{i=1}^{n}(\hat{y}_i - \overline{y})^2, \quad ns_{\hat{e}}^2 = \sum_{i=1}^{n}(y_i - \hat{y}_i)^2.$$

Aus der Varianzzerlegung folgt, dass sich die empirische Varianz der Beobachtungswerte $y_1, \ldots, y_n$ als Summe der Varianzen der Regressionswerte und der Residuen darstellen lässt. Die Varianz $s_{\hat{y}}^2$ misst die Streuung in den Regressionswerten $\hat{y}_1, \ldots, \hat{y}_n$, also die Streuung, die sich aus dem im Rahmen der linearen Regression bestimmten linearen Zusammenhang und der Variation der beobachteten x-Werte erklären lässt. Der entsprechende Summand $\sum_{i=1}^{n}(\hat{y}_i - \overline{y})^2$ in der Streuungszerlegung wird daher auch „durch die Regression erklärte Streuung" genannt. Der verbleibende Teil der Varianz der Beobachtungswerte $y_1, \ldots, y_n$ des Merkmals Y ist die Varianz $s_{\hat{e}}^2$ der Residuen. Die Residuen berechnen sich als Differenzen der Beobachtungswerte $y_1, \ldots, y_n$ und der Regressionswerte $\hat{y}_1, \ldots, \hat{y}_n$. Da die Residuen das arithmetische Mittel 306▶Null haben, ist deren Varianz ein Maß für die Abweichung der beobachteten y-Werte von den durch die lineare Regression bestimmten Werten $\hat{y}_1, \ldots, \hat{y}_n$. Dieser Anteil an der Gesamtstreuung lässt sich nicht über den geschätzten funktionalen Zusammenhang erklären. Der entsprechende Summand $\sum_{i=1}^{n}(y_i - \hat{y}_i)^2$ in der Streuungszerlegung wird Residual- oder Reststreuung genannt. Liegen im Extremfall alle Beobachtungswerte $y_1, \ldots, y_n$ auf der Regressionsgerade, so ist diese Reststreuung gleich Null. Die gesamte Streuung kann dann durch die Streuung in den $\hat{y}$-Werten und damit durch den Regressionsansatz erklärt werden. Zusammenfassend gilt also: Die Streuungszerlegungsformel beschreibt die Zerlegung der Gesamtstreuung der Beobachtungswerte des Merkmals Y in einen durch das Regressionsmodell erklärten Anteil und einen Rest, der die verbliebene Streuung in den Daten widerspiegelt.

Auf der Basis der Residuen werden nun zwei Methoden vorgestellt, mit denen die Anpassung der Regressionsgerade an die Daten untersucht werden kann. Während beim 327▶Bestimmtheitsmaß die Qualität der Anpassung in Form einer Maßzahl ausgedrückt wird, ermöglicht ein 263▶Streudiagramm der Residuen, der 331▶Residualplot, eine optische Einschätzung der Anpassung.

Bestimmtheitsmaß

Das betrachtete Bestimmtheitsmaß bewertet die Anpassungsgüte einer mittels der 300▶Methode der kleinsten Quadrate ermittelten Regressionsgerade an einen gegebenen Datensatz.

9.6 Bewertung der Anpassung

Definition Bestimmtheitsmaß | Sei $(x_1, y_1), \ldots, (x_n, y_n)$ eine gepaarte Messreihe mit $s_x^2 > 0$ und $s_y^2 > 0$. Das Bestimmtheitsmaß B_{xy} der linearen Regression ist definiert durch

$$B_{xy} = 1 - \frac{\sum_{i=1}^{n}(y_i - \widehat{y}_i)^2}{\sum_{i=1}^{n}(y_i - \overline{y})^2} = 1 - \frac{s_{\widehat{e}}^2}{s_y^2}.$$

◀

✗

Aufgrund der 324▶Streuungszerlegung kann das Bestimmtheitsmaß in besonderer Weise interpretiert werden. Hierzu werden zunächst zwei alternative Darstellungen angegeben, wobei eine auf dem 268▶Bravais-Pearson-Korrelationskoeffizienten beruht.

Regel Eigenschaften des Bestimmtheitsmaßes |

1. Für das Bestimmtheitsmaß gilt

$$B_{xy} = \frac{\sum_{i=1}^{n}(\widehat{y}_i - \overline{y})^2}{\sum_{i=1}^{n}(y_i - \overline{y})^2} = \frac{s_{\widehat{y}}^2}{s_y^2}.$$

2. Das Bestimmtheitsmaß ist gleich dem Quadrat des Bravais-Pearson-Korrelationskoeffizienten r_{xy} der Daten $(x_1, y_1), \ldots, (x_n, y_n)$:

$$B_{xy} = r_{xy}^2.$$

3. $Q(\widehat{a}, \widehat{b}) = n s_y^2 (1 - B_{xy})$.

4. Werden $(x_1, y_1), \ldots, (x_n, y_n)$ 310▶linear transformiert, so stimmen die Bestimmtheitsmaße der Regressionsfunktionen $\widehat{f}$ und $\widehat{g}$ überein:

$$B_{xy} = B_{uv},$$

d.h. das Bestimmtheitsmaß der Regression ändert sich nicht bei linearen Transformationen der Daten.

Nachweis. 1. Aufgrund der 324▶Streuungs- bzw. Varianzzerlegung gilt $s_y^2 = s_{\widehat{y}}^2 + s_{\widehat{e}}^2$. Daraus folgt sofort

$$B_{xy} = 1 - \frac{s_{\widehat{e}}^2}{s_y^2} = \frac{s_y^2 - s_{\widehat{e}}^2}{s_y^2} = \frac{s_{\widehat{y}}^2}{s_y^2}.$$

2. Aus dem Nachweis der Streuungszerlegungsformel folgt mit $\widehat{b} = \frac{s_{xy}}{s_x^2}$

$$\sum_{i=1}^{n}(\widehat{y}_i - \overline{y})^2 = \widehat{b}^2 \sum_{i=1}^{n}(x_i - \overline{x})^2.$$

Die eben hergeleitete Darstellung des Bestimmtheitsmaßes kann dann in folgender Weise umgeformt werden:

$$B_{xy} = \frac{\sum_{i=1}^{n}(\widehat{y}_i - \overline{y})^2}{\sum_{i=1}^{n}(y_i - \overline{y})^2} = \widehat{b}^2 \frac{\sum_{i=1}^{n}(x_i - \overline{x})^2}{\sum_{i=1}^{n}(y_i - \overline{y})^2} = \left(\frac{s_{xy}}{s_x^2}\right)^2 \frac{s_x^2}{s_y^2} = \left(\frac{s_{xy}}{s_x s_y}\right)^2 = r_{xy}^2.$$

3. Die Darstellung von $Q(\widehat{a}, \widehat{b})$ folgt sofort aus dem Vorhergehenden und der Beziehung 303▶$Q(\widehat{a}, \widehat{b}) = n s_y^2(1 - r_{xy}^2)$.

4. Wegen $B_{uv} = r_{uv}^2$ und $B_{xy} = r_{xy}^2$ folgt aus den 269▶Eigenschaften des Korrelationskoeffizienten von Bravais-Pearson die Behauptung. ✓

Das Bestimmtheitsmaß

$$B_{xy} = \frac{\sum_{i=1}^{n}(\widehat{y}_i - \overline{y})^2}{\sum_{i=1}^{n}(y_i - \overline{y})^2} = \frac{s_{\widehat{y}}^2}{s_y^2}$$

ist also im Fall der linearen Regression gerade der Quotient aus der Streuung $\sum_{i=1}^{n}(\widehat{y}_i - \overline{y})^2$, die sich über das Regressionsmodell erklären lässt, und der Gesamtstreuung $\sum_{i=1}^{n}(y_i - \overline{y})^2$ der Beobachtungsdaten $y_1, \ldots, y_n$.

Das Bestimmtheitsmaß nimmt genau dann den Wert Eins an, wenn sich die gesamte Streuung in den Daten durch das Regressionsmodell erklären lässt. Für Werte nahe Eins wird ein hoher Anteil der Gesamtstreuung durch die Regressionsgerade beschrieben, so dass von einer guten Anpassung an die Daten ausgegangen werden kann.

Außerdem nimmt das Bestimmtheitsmaß genau dann den Wert Null an, wenn sich die Streuung in den Daten überhaupt nicht durch die Regressionsgerade erklären lässt. In diesem Fall gilt $\sum_{i=1}^{n}(\widehat{y}_i - \overline{y})^2 = 0$ und die Residualstreuung ist gleich der Gesamtstreuung. Für Werte des Bestimmtheitsmaßes, die in der Nähe von Null liegen, wird dementsprechend davon ausgegangen, dass die Regressionsfunktion einen Zusammenhang zwischen beiden Merkmalen nicht adäquat beschreibt.

Dies deckt sich mit der Interpretation des Bestimmtheitsmaßes in der Darstellung mittels des Bravais-Pearson-Korrelationskoeffizienten. Ist das Bestimmtheitsmaß Null, so gilt dies auch für den Korrelationskoeffizienten. In diesem Fall kann aber davon ausgegangen werden, dass kein linearer Zusammenhang zwischen beiden

9.6 Bewertung der Anpassung

Merkmalen vorliegt, die Merkmale X und Y sind 272▶unkorreliert. Diese Situation wurde bereits bei den 306▶Eigenschaften der Regressionsgerade diskutiert. Hierbei ist zu beachten, dass für den Fall $s_y^2 = 0$ (also $\widehat{f}(x) = \overline{y}$ für alle x) ebenfalls kein Zusammenhang besteht, da eine Veränderung in x keine Veränderung in y nach sich zieht ($\widehat{f}$ ist konstant!). Im anderen Extremfall, d.h. für $B_{xy} = 1$, gilt $r_{xy} \in \{-1, 1\}$, so dass die Daten auf einer mit der Regressionsgerade identischen Geraden liegen. Der zweiten Darstellung kann noch eine weitere wichtige Information entnommen werden. Da der Bravais-Pearson-Korrelationskoeffizient symmetrisch in den Beobachtungswerten $x_1, \ldots, x_n$ und $y_1, \ldots, y_n$ ist, gilt dies auch für das Bestimmtheitsmaß. Dies bedeutet, dass es keinen Unterschied macht, ob mittels des Bestimmtheitsmaßes die Anpassung bei einer linearen Regression oder bei der zugehörigen 316▶Umkehrregression beurteilt wird, die Maßzahl ist in beiden Fällen identisch; insbesondere kann keinem der beiden Ansätze der Vorzug gegeben werden.

Die wichtigsten Eigenschaften des Bestimmtheitsmaßes werden jetzt noch einmal zusammengefasst.

Regel Eigenschaften des Bestimmtheitsmaßes |

1. Für das Bestimmtheitsmaß gilt

$$0 \leqslant B_{xy} \leqslant 1.$$

2. Das Bestimmtheitsmaß nimmt genau dann den Wert Eins an, wenn alle Beobachtungswerte auf dem Grafen der Regressionsfunktion liegen, d.h.

$$B_{xy} = 1 \iff \widehat{y}_i = y_i, \quad i \in \{1, \ldots, n\}.$$

3. Das Bestimmtheitsmaß nimmt genau dann den Wert Null an, wenn die Regressionsgerade konstant ist, d.h.

$$B_{xy} = 0 \iff \widehat{y}_i = \overline{y}, \quad i \in \{1, \ldots, n\}.$$

Nachweis. 1. Die Aussage zum Wertebereich des Bestimmtheitsmaßes folgt direkt aus dem Wertebereich des 268▶Bravais-Pearson-Korrelationskoeffizienten.

2. Aus der 327▶Definition des Bestimmtheitsmaßes folgt

$$B_{xy} = 1 - \frac{\sum_{i=1}^{n}(y_i - \widehat{y}_i)^2}{\sum_{i=1}^{n}(y_i - \overline{y})^2} = 1 \iff \sum_{i=1}^{n}(y_i - \widehat{y}_i)^2 = \sum_{i=1}^{n}\widehat{e}_i^2 = 0.$$

Die Behauptung ergibt sich nun aus einer 323▶Regel für die Summe der quadrierten Residuen.

3. Aus einer 306▶Regel zur Regressionsgerade $\widehat{f}$ folgt die Äquivalenz

$$r_{xy} = 0 \iff \widehat{f}(x) = \overline{y}, \quad x \in \mathbb{R},$$

so dass die Behauptung aus der Darstellung $B_{xy} = r_{xy}^2$ für das Bestimmtheitsmaß folgt. ✓

B **Beispiel** (Fortsetzung 311▶Beispiel Bruttowochenverdienst) | Das Bestimmtheitsmaß der linearen Regression ist gegeben durch $B_{xy} \approx 0{,}994$. Aufgrund des Verhaltens des Bestimmtheitsmaßes bei 327▶linearer Transformation der Daten gilt auch $B_{uv} \approx 0{,}994$. Dieser Wert lässt eine sehr gute Anpassung der Regressionsgerade an die Daten vermuten. ✗

B **Beispiel** | Im 302▶Beispiel Werbeaktionen hat das Bestimmtheitsmaß den Wert $B_{xy} = r_{xy}^2 \approx \frac{8{,}417^2}{164{,}583 \cdot 0{,}49} \approx 0{,}88$ ($s_y^2 = 0{,}49$). ✗

Abschließend sei noch auf einen wichtigen Aspekt hingewiesen. Im Fall einer 320▶linearen Regression durch einen vorgegebenen Punkt gilt lediglich $B_{xy} \leqslant 1$, d.h. es ist möglich, dass das Bestimmtheitsmaß beliebige negative Werte annimmt. Die obigen Interpretationen lassen sich daher nicht ohne Weiteres auf diese Situation übertragen. Insbesondere ist es nur bedingt möglich, eine schlechte Anpassung zu charakterisieren. Die Verwendung eines modifizierten 327▶Bestimmtheitsmaßes

$$\widetilde{B}_{xy} = \frac{\left(\sum\limits_{i=1}^{n}(x_i - x_0)(y_i - y_0)\right)^2}{\sum\limits_{i=1}^{n}(x_i - x_0)^2 \sum\limits_{i=1}^{n}(y_i - y_0)^2},$$

in dem formal die arithmetischen Mittel $\overline{x}$ durch x_0 und $\overline{y}$ durch y_0 ersetzt werden, hat als Wertebereich wiederum das Einheitsintervall [0, 1]. Für dieses Maß gelten die üblichen Interpretationen: bei Werten nahe Eins kann von einer guten, bei Werten nahe Null von einer schlechten Anpassung ausgegangen werden.

B **Beispiel** (Fortsetzung 321▶Beispiel Feder) | Die Grafik im 321▶Beispiel Feder zeigte bereits eine sehr gute Anpassung der Regressionsgeraden an das Datenmaterial. Dies wird auch durch den Wert $\widetilde{B}_{xy} = \frac{\left(\sum\limits_{i=1}^{n} x_i y_i\right)^2}{\sum\limits_{i=1}^{n} x_i^2 \sum\limits_{i=1}^{n} y_i^2} \approx 0{,}988$ des (modifizierten) Bestimmtheitsmaßes bestätigt. ✗

Residualanalyse (Residualplot)
Eine Untersuchung der Anpassung der Regressionsgerade mit Hilfe des Residualplots wird als Residualanalyse bezeichnet. Die Residualanalyse bietet sich besonders zur

9.6 Bewertung der Anpassung

Überprüfung der verwendeten Modellannahme, also des vermuteten funktionalen Zusammenhangs zwischen den betrachteten Merkmalen, an.

Ein Residualplot ist ein spezielles 263▶Streudiagramm, in dem die Regressionswerte $\widehat{y}_1, \ldots, \widehat{y}_n$ auf der Abszisse und die jeweils zugehörigen Residuen auf der Ordinate eines kartesischen Koordinatensystems abgetragen werden. Im Residualplot können dabei entweder die 323▶Residuen

$$\widehat{e}_i = y_i - \widehat{y}_i, \quad i \in \{1, \ldots, n\},$$

oder die 323▶normierten Residuen

$$\widehat{d}_i = \frac{y_i - \widehat{y}_i}{\sqrt{\sum_{i=1}^{n} (y_i - \widehat{y}_i)^2}}, \quad i \in \{1, \ldots, n\},$$

verwendet werden. Der auf $\widehat{d}_1, \ldots, \widehat{d}_n$ basierende Residualplot hat den Vorzug, dass der Wertebereich stets auf das Intervall $[-1, 1]$ beschränkt ist.

Anhand der Anordnung der Punkte in einem Residualplot können Aussagen darüber getroffen werden, ob der lineare Regressionsansatz durch das vorliegende Datenmaterial bestätigt wird. Hierbei macht es prinzipiell keinen Unterschied, welche Variante des Residualplots verwendet wird. Werden jedoch die Residualplots mehrerer Datensätze miteinander verglichen, so sollte der Variante mit normierten Residuen der Vorzug gegeben werden, da dann der Wertebereich der Residuen nicht von der Größenordnung der Daten abhängt. Zur Interpretation von Residualplots werden nun einige Standardfälle skizziert.

Liegt zwischen zwei Merkmalen tatsächlich ein Zusammenhang vor, der dem Ansatz im 299▶Regressionsmodell entspricht, so werden die Abweichungen zwischen den Regressionswerten $\widehat{y}_1, \ldots, \widehat{y}_n$ und den beobachteten Werten $y_1, \ldots, y_n$ nur auf zufällige Messfehler oder -ungenauigkeiten bzw. natürliche Streuung zurückzuführen sein. Diese Vermutung sollte sich im Residualplot widerspiegeln, d.h. die Abweichungen sollten keine regelmäßigen Strukturen aufweisen.

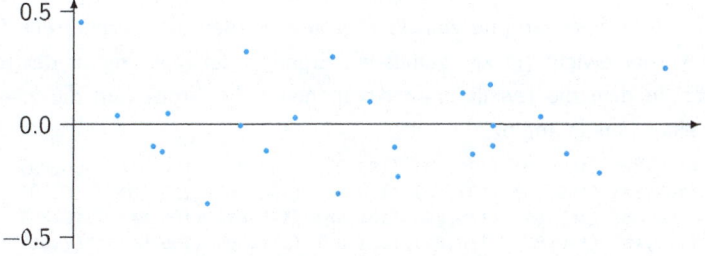

Die Punkte liegen in ungeordneter Weise zu etwa gleichen Teilen sowohl oberhalb als auch unterhalb der Abszisse. Die Abweichungen verteilen sich unregelmäßig über den Verlauf der geschätzten Funktion, wie dies bei zufällig bedingten Fehlern auch zu erwarten wäre.

Hat der Residualplot hingegen das folgende Aussehen, so liegen systematische Unterschiede zwischen den Werten der Regressionsfunktion und den Beobachtungswerten des abhängigen Merkmals vor.

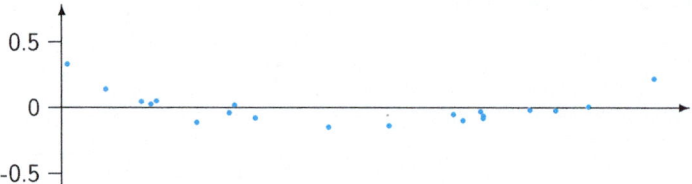

In diesem Fall ist möglicherweise die Klasse der linearen Funktionen zur Beschreibung des Zusammenhangs der Merkmale nicht ausreichend. Abhilfe könnte eine Erweiterung der Klasse von Regressionsfunktionen schaffen, z.B. durch die Verwendung von 334▶quadratischen Polynomen.

Weist der Residualplot einzelne große Abweichungen wie in der folgenden Grafik auf, so ist der Datensatz im Streudiagramm auf 86▶Ausreißer zu untersuchen.

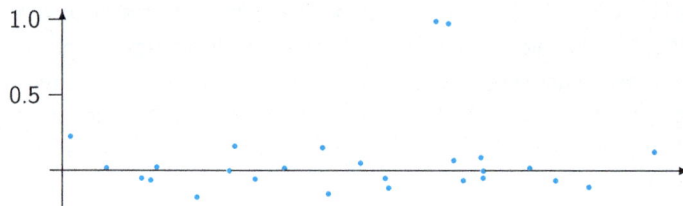

Stellt sich heraus, dass die entsprechenden Daten (z.B. aufgrund von Messfehlern) ignoriert und daher aus dem Datensatz entfernt werden können, so lässt sich die Anpassungsgüte der Regressionsgerade möglicherweise verbessern. Dabei ist zu beachten, dass auch Ausreißer relevante Information enthalten können. Eine entsprechende Bereinigung des Datensatzes ist daher sorgfältig zu rechtfertigen.

B **Beispiel** | In einer Gruppe von 32 Personen werden die Körpergröße (in cm) und das Körpergewicht (in kg) gemessen. Ergebnis der Messung ist der folgende Datensatz, in dem die jeweils erste Komponente die Größe und die zweite das Gewicht einer Person angibt:

(189,82) (189,79) (180,67) (199,80) (197,83) (186,81) (200,89)
(162,53) (195,85) (197,85) (158,51) (194,86) (157,53) (188,73)
(168,58) (167,54) (175,64) (151,45) (175,61) (156,44) (190,79)
(160,49) (190,83) (170,61) (151,50) (177,66) (156,50) (167,56)
(171,64) (161,54) (178,68) (167,58)

Eine Veranschaulichung in einem Streudiagramm legt den Schluss nahe, dass ein linearer Zusammenhang zwischen Gewicht und Körpergröße bestehen könnte. Es wird daher eine Regressionsgerade an die Daten angepasst, wobei die Körpergröße als erklärende Variable (Merkmal X) und das Körpergewicht als abhängige Variable

9.6 Bewertung der Anpassung

(Merkmal Y) angenommen werden. Für die Koeffizienten $\hat{a}$ und $\hat{b}$ der Regressionsgerade $\hat{f}(x) = \hat{a} + \hat{b}x$, ergibt sich $\hat{a} \approx -89{,}903$ und $\hat{b} \approx 0{,}887$. Eine Darstellung der Regressionsgerade im Streudiagramm lässt eine gute Anpassung vermuten.

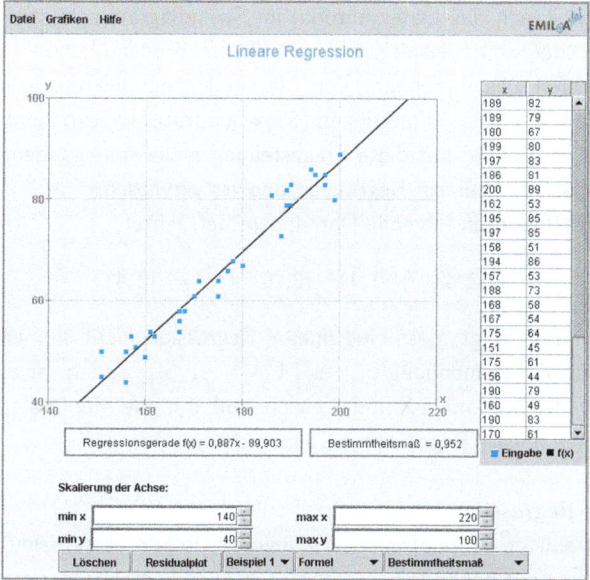

In der Tat ist der mit Hilfe des Bestimmtheitsmaßes gemessene Grad der Anpassung der Gerade an die Daten sehr hoch, es gilt $B_{xy} \approx 0{,}952$. Im Residualplot scheinen die Abweichungen der Regressionswerte von den Beobachtungswerten auch keinerlei Regelmäßigkeiten aufzuweisen.

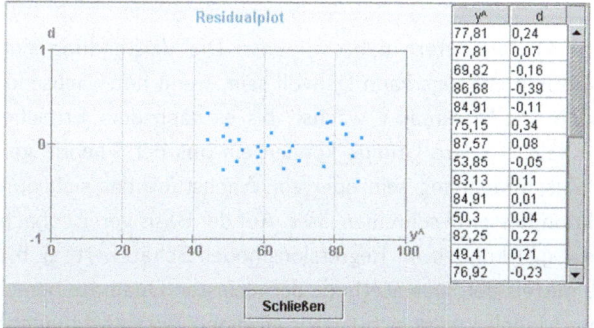

Insgesamt kann daher festgestellt werden, dass die Wahl eines linearen Regressionsmodells durch den Residualplot und den Wert des Bestimmtheitsmaßes bestätigt wird. Die Regressionsgerade beschreibt den Zusammenhang zwischen beiden Merkmalen offenbar recht gut.

9.7 Weitere Regressionsmodelle

In manchen Situationen ist eine lineare Regression, d.h. die Anpassung einer optimalen Geraden an eine Punktwolke nicht geeignet bzw. nicht sinnvoll. Dies kann der Fall sein, weil sich das Datenmaterial im Streudiagramm augenscheinlich anders darstellt, oder weil (beispielsweise physikalische oder ökonomische) Modelle einen nichtlinearen Zusammenhang von Merkmalen postulieren. In diesen Fällen sind dann andere Regressionsfunktionen (334▶quadratische, exponentielle,...) anzuwenden. Im Detail wird auf diese Fragestellung nicht eingegangen. Hier sei auf die umfangreiche Literatur zur Regressionsanalyse verwiesen.

Im 276▶Kapitel 8 wurden folgende Datenpaare betrachtet

$$(-2, 4) \quad (-1, 1) \quad (0, 0) \quad (1, 1) \quad (2, 4).$$

Das Streudiagramm zeigt, dass eine lineare Regression nicht sinnvoll ist (es gilt sogar der exakte Zusammenhang $y_i = x_i^2$, $i \in \{1, \ldots, 5\}$). Zudem ist die empirische Korrelation r_{xy} der Merkmale X und Y gleich Null, d.h. die Merkmale X und Y sind unkorreliert. Eine lineare Regression ist also nicht anzuwenden.

Quadratische Regression

Während sich einfache Monotoniebeziehungen zwischen Merkmalen mit einer linearen Regression gut behandeln lassen, gibt es auch komplexere Zusammenhänge, die eine flexiblere Anpassung erfordern. Das quadratische Regressionsmodell ist ein spezielles 299▶Regressionsmodell $Y = f(X) + \varepsilon$, wobei die Regressionsfunktion f eine quadratische Funktion

$$f(x) = a + bx + cx^2, \quad x \in \mathbb{R},$$

mit (unbekannten) Parametern $a, b, c \in \mathbb{R}$ ist. Die Verwendung eines derartigen funktionalen Zusammenhangs kann sinnvoll sein, wenn mit wachsendem Merkmal X zunächst auch das Merkmal Y wächst, bis es nach dem Erreichen eines Maximums wieder fällt. Andere Gründe können ein aus der Theorie gerechtfertigter quadratischer Zusammenhang sein oder ein Wachstum, das sich durch eine quadratische Funktion besser beschreiben lässt. Auf der Basis von Beobachtungswerten $(x_1, y_1), \ldots, (x_n, y_n)$ können im Regressionsmodell Schätzwerte $\widehat{a}, \widehat{b}, \widehat{c}$ für die Parameter a, b, c mittels der 300▶Methode der kleinsten Quadrate berechnet werden. Auch in diesem Modell lassen sich (unter gewissen Voraussetzungen) e▶explizite Formeln für $\widehat{a}, \widehat{b}, \widehat{c}$ angeben. Da deren Herleitung jedoch aufwändig ist und sich die resultierenden Formeln für manuelle Berechnungen wenig eignen, wird auf eine genauere Darstellung verzichtet. Weitere Informationen sind z.B. in Hartung et al. (2009, Kapitel 10) angegeben.

9.7 Weitere Regressionsmodelle

Beispiel | Ein Fahrzeug fährt mit einer bestimmten Geschwindigkeit in eine Teststrecke. Nach Eintritt in die Teststrecke wird es zusätzlich über einen Zeitraum von 20 Sekunden gleichmäßig beschleunigt. Innerhalb dieser Zeit wird der zurückgelegte Weg in der Teststrecke in Abständen von je zwei Sekunden gemessen. Es ergibt sich der folgende Datensatz:

Zeit (in s)	2	4	6	8	10
Weg (in m)	21,9	43,2	75,4	108,0	150,5
Zeit (in s)	12	14	16	18	20
Weg (in m)	199,9	247,3	310,1	372,8	444,3

Zur Beschreibung des Zusammenhangs zwischen vergangener Zeit (Merkmal X) und zurückgelegter Strecke (Merkmal Y) wird (aufgrund physikalischer Zusammenhänge) ein quadratischer Regressionsansatz unterstellt, d.h.

$$Y = a + bX + cX^2$$

mit (unbekannten) Parametern $a, b, c \in \mathbb{R}$. Hierbei ergeben sich mittels der Methode der kleinsten Quadrate (auf numerischem Wege) die folgenden Koeffizienten für die quadratische Regressionsfunktion: $\hat{a} \approx 3{,}703$, $\hat{b} \approx 7{,}313$, $\hat{c} \approx 0{,}735$. Eine Darstellung der Regressionsfunktion im Streudiagramm zeigt eine gute Anpassung an die Daten.

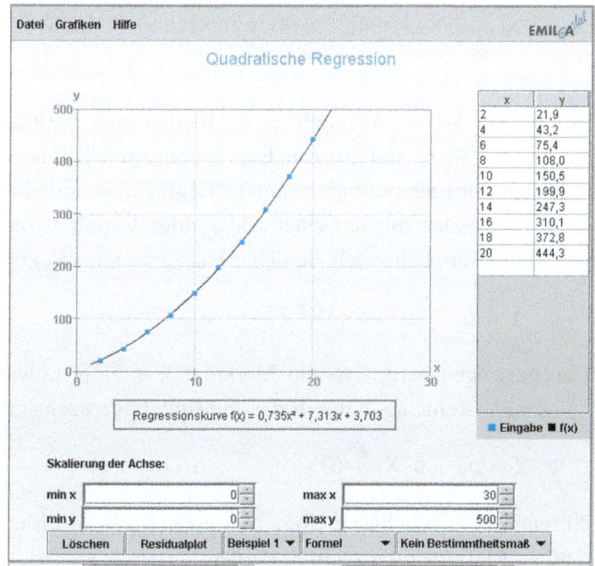

Multiple Regression

In praktischen Regressionsproblemen werden oft Modelle betrachtet, in denen nicht nur eine erklärende Variable auf die abhängige Variable einwirkt, sondern mehrere. Diese Situation kann in einem multiplen Regressionsmodell

$$Y = f(X_1, \ldots, X_m) + \varepsilon$$

behandelt werden, wobei Y der Regressand und $X_1, \ldots, X_m$ die Regressoren sind. ε bezeichnet den additiven Fehlerterm. Die Regressionsanalyse basiert auf einem $m+1$-dimensionalen Datensatz mit Beobachtungswerten $(y_1, x_{11}, \ldots, x_{1m}), \ldots, (y_n, x_{n1}, \ldots, x_{nm})$ des Merkmals $(Y, X_1, \ldots, X_m)$. Mittels der 300▶Methode der kleinsten Quadrate kann auch im multiplen Regressionsmodell eine optimale Regressionsfunktion aus einer zu spezifizierenden Klasse $\mathcal{H}$ mit Funktionen (von z.B. m Veränderlichen) bestimmt werden, d.h. es wird nach einem Minimum der Abweichungen

$$Q(f) = \sum_{i=1}^{n} (y_i - f(x_{i1}, \ldots, x_{im}))^2, \quad f \in \mathcal{H},$$

gesucht. Ein Beispiel für eine Klasse von Funktionen mit m Veränderlichen $x_1, \ldots, x_m$ und $m+1$ Parametern $a_0, \ldots, a_m$ ist

$$\mathcal{H} = \{f_{a_0, a_1, \ldots, a_m}(x_1, \ldots, x_m) = a_0 + a_1 x_1 + a_2 x_2 + \cdots + a_m x_m,$$
$$(x_1, \ldots, x_m) \in \mathbb{R}^m \mid a_0, \ldots, a_m \in \mathbb{R}\}.$$

Mittels der Methode der kleinsten Quadrate ist hierbei eine optimale Wahl der Parameter $a_0, \ldots, a_m \in \mathbb{R}$ zu treffen. Ein Regressionsmodell unter Verwendung dieser speziellen Klasse wird als multiples lineares Regressionsmodell bezeichnet. Auch Probleme der Regression mit nur einer erklärenden Variable können im Rahmen der multiplen Regression behandelt werden. So lässt sich das Regressionsmodell

$$Y = a_0 + a_1 X + a_2 X^2 + \cdots + a_m X^m + \varepsilon,$$

bei dem davon ausgegangen wird, dass ein Merkmal X in einer polynomialen Beziehung zum Merkmal Y steht, auch durch das multiple Regressionsmodell

$$Y = a_0 + a_1 X_1 + a_2 X_2 + \cdots + a_m X_m + \varepsilon,$$

mit den Regressoren $X_1, \ldots, X_m$ beschreiben, wenn Potenzen des Merkmals X formal als eigenständige Merkmale betrachtet werden:

$$X_1 = X, \ X_2 = X^2, \ \ldots, \ X_m = X^m.$$

Allerdings setzt bereits die Beschreibung von Lösungen in einem multiplen Regressionsmodell vertiefte Kenntnisse in bestimmten Bereichen der Mathematik wie z.B. der Matrizenrechnung und der Behandlung von Extremwertaufgaben in mehreren Variablen voraus.

9.7 Weitere Regressionsmodelle

Beispiel (Fortsetzung 297▶Beispiel Stadtfeste) | Zunächst wird der Datensatz $(x_1,y_1),\ldots,(x_{10},y_{10})$ des bivariaten Merkmals (X,Y) mit X Besucherzahl und Y Reinigungskosten in einem 263▶Streudiagramm visualisiert, wobei das Merkmal X erklärende Größe ist und dessen Ausprägungen auf der Abszisse abgetragen werden.

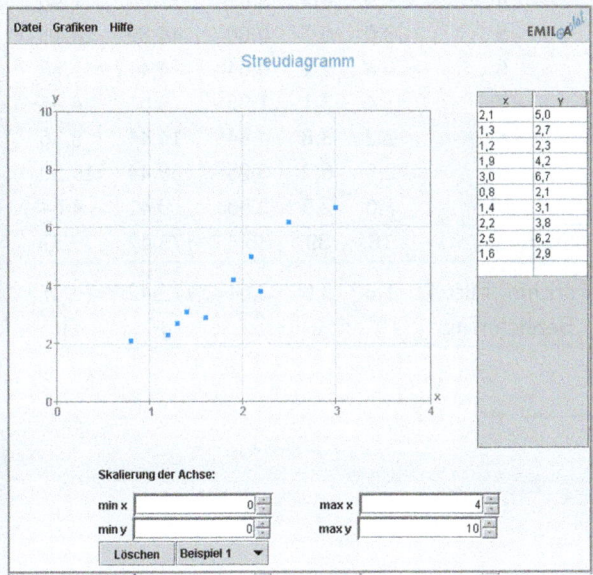

Das Streudiagramm der Datenpaare legt einen (starken) linearen Zusammenhang der Merkmale X und Y nahe. Daher wird das 302▶lineare Regressionsmodell $Y = f(X) + \varepsilon$ mit $f(x) = a + bx$, $x \in \mathbb{R}$, zur Anpassung einer Funktion an die Daten gewählt. In der nachstehenden Arbeitstabelle werden alle relevanten Größen berechnet. Damit ergeben sich die Maßzahlen

- Varianz des Merkmals X: $s_x^2 = \overline{x^2} - \overline{x}^2 = 3{,}64 - 1{,}8^2 = 0{,}4$,
- Varianz des Merkmals Y: $s_y^2 = \overline{y^2} - \overline{y}^2 = 17{,}542 - 3{,}9^2 = 2{,}332$,
- empirische Kovarianz der Merkmale X und Y:

$$s_{xy} = \overline{xy} - \overline{x} \cdot \overline{y} = 7{,}937 - 1{,}8 \cdot 3{,}9 = 0{,}917,$$

und die Koeffizienten der zugehörigen (optimalen) Regressionsgerade:

$$\widehat{b} = \frac{s_{xy}}{s_x^2} = 2{,}2925, \qquad \widehat{a} = \overline{y} - \widehat{b}\overline{x} = -0{,}2265.$$

Die (nach der 300▶Methode der kleinsten Quadrate) bestmögliche Anpassung an die Daten liefert somit die 303▶Regressionsgerade

$$\widehat{f}(x) = \widehat{a} + \widehat{b}x = -0{,}2265 + 2{,}2925x.$$

i	x_i	y_i	x_i^2	y_i^2	$x_i y_i$
1	2,1	5,0	4,41	25,00	10,50
2	1,3	2,7	1,69	7,29	3,51
3	1,2	2,3	1,44	5,29	2,76
4	1,9	4,2	3,61	17,64	7,98
5	3,0	6,7	9,00	44,89	20,10
6	0,8	2,1	0,64	4,41	1,68
7	1,4	3,1	1,96	9,61	4,34
8	2,2	3,8	4,84	14,44	8,36
9	2,5	6,2	6,25	38,44	15,50
10	1,6	2,9	2,56	8,41	4,64
Summe	18	39	36,4	175,42	79,37
arithm. Mittel	1,8	3,9	3,64	17,542	7,937
Bezeichnung	$\bar{x}$	$\bar{y}$	$\overline{x^2}$	$\overline{y^2}$	$\overline{xy}$

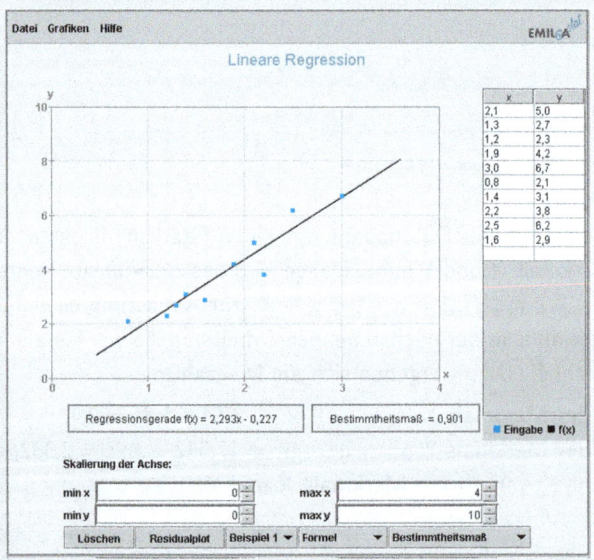

Die Güte der Anpassung wird quantitativ durch das 327▶Bestimmtheitsmaß der Regression beschrieben. Der Wert

$$B_{xy} = \frac{s_{xy}^2}{s_x^2 s_y^2} = \frac{0{,}917^2}{0{,}4 \cdot 2{,}332} \approx 0{,}901$$

9.7 Weitere Regressionsmodelle

bestätigt die gute Anpassung der Regressionsgerade an die Daten. Daher sind auch gute Schätzungen oder Prognosen für nicht beobachtete Merkmalswerte von Y bei vorgegebenen Werten von X zu erwarten. Prognosewerte können bei guter Anpassung an jeder Stelle innerhalb des Intervalls $I = [x_{(1)}, x_{(10)}] = [0{,}8, 3{,}0]$ ermittelt werden; „in der Nähe" von I sind auch außerhalb von I gute Approximationen zu erwarten. Für Besucherzahlen von 15 000 ($1{,}5 \in I$) und 32 000 ($3{,}2 \notin I$) resultieren die Schätzungen

$$\widehat{f}(1{,}5) = -0{,}2265 + 2{,}2925 \cdot 1{,}5 \approx 3{,}2 \quad \text{und}$$
$$\widehat{f}(3{,}2) = -0{,}2265 + 2{,}2925 \cdot 3{,}2 \approx 7{,}1,$$

so dass mit Reinigungskosten in Höhe von 3 200€ bzw. 7 100€ zu rechnen ist. Eine Prüfung der Originaldaten $(x_1, y_1), \ldots, (x_{10}, y_{10})$ hat ergeben, dass diese korrigiert werden müssen. Die Besucherzahlen liegen um jeweils 10% zu hoch, d.h. die Werte des Merkmals X sind um 10% zu verringern. Die Beobachtungswerte $x_1, \ldots, x_{10}$ werden also 310▶linear transformiert:

$$u_i = 0{,}9 x_i, \quad i \in \{1, \ldots, 10\}.$$

Zudem ist bei den Reinigungskosten ein Fixkostenanteil von jeweils 600€ zuzuschlagen. Die Beobachtungswerte $y_1, \ldots, y_{10}$ werden also ebenfalls linear transformiert:

$$v_i = y_i + 0{,}6, \quad i \in \{1, \ldots, 10\}.$$

Unter Verwendung der Bezeichnungen aus der 310▶Regel zur linearen Regression bei linearer Transformation der Daten sind die Parameter der linearen Transformationen $u_i = \beta x_i + \alpha$ und $v_i = \delta y_i + \gamma$, $i \in \{1, \ldots, 10\}$, gegeben durch $\beta = 0{,}9$, $\alpha = 0$, $\delta = 1$ und $\gamma = 0{,}6$.

Die auf der Basis der Daten $(u_1, v_1), \ldots, (u_{10}, v_{10})$ zu berechnende Regressionsgerade $\widehat{g}(u) = \widehat{c} + \widehat{d} u$ muss daher nicht vollständig neu (d.h. mit einer veränderten Arbeitstabelle) bestimmt werden, sondern kann unter Verwendung der 310▶Regel zur linearen Transformation aus den Koeffizienten $\widehat{a}$ und $\widehat{b}$ der bereits bestimmten Regressionsgeraden und den Parametern der linearen Transformationen ermittelt werden:

$$\widehat{c} = \delta \widehat{a} + \gamma - \frac{\alpha \delta}{\beta} \widehat{b} = -0{,}2265 + 0{,}6 = 0{,}3735, \quad \widehat{d} = \frac{\delta}{\beta} \widehat{b} = \frac{\widehat{b}}{0{,}9} \approx 2{,}5472.$$

Die Anpassungsgüte der linearen Regression hat sich – bei Bewertung mit dem Bestimmtheitsmaß – nicht verändert, denn aus 327▶Eigenschaft 4 des Bestimmtheitsmaßes folgt

$$B_{uv} = B_{xy} \approx 0{,}901.$$

Schließlich soll auf der Grundlage der korrigierten Beobachtungswerte (u_1,v_1), ..., (u_{10},v_{10}) auch die Umkehrregressionsgerade bestimmt werden. Bei dieser Sichtweise lautet die Fragestellung also, wie die Reinigungskosten (Merkmal Y) als erklärende Variable zur Beschreibung der Besucherzahlen (Merkmal X) herangezogen werden können. Die 316▶Regressionsgerade $\hat{h}$ mit $\hat{h}(y) = \hat{A}+\hat{B}y$ bei Umkehrregression von X auf Y ist wegen

$$\bar{u}=0{,}9\bar{x}=1{,}62, \qquad \bar{v}=\bar{y}+0{,}6=4{,}5,$$
$$s_{uv}=0{,}9s_{xy}=0{,}8253 \quad \text{und} \quad s_v^2=s_y^2=2{,}332$$

bestimmt durch

$$\hat{B}=\frac{s_{uv}}{s_v^2}=\frac{0{,}8253}{2{,}332}\approx 0{,}3539 \quad \text{und} \quad \hat{A}=\bar{u}-\hat{B}\bar{v}\approx 0{,}0274.$$

In der Darstellung einer Funktion, die ebenfalls auf der u-Achse abgetragen wird, lautet der Funktionsterm für die Gerade der Umkehrregression

$$\hat{h}^*(u)=\frac{u-\hat{A}}{\hat{B}}=\frac{u}{\hat{B}}-\frac{\bar{u}-\hat{B}\bar{v}}{\hat{B}}=\bar{v}-\frac{\bar{u}}{\hat{B}}+\frac{u}{\hat{B}}\approx -0{,}0775+2{,}8256u.$$

Die Gerade der Umkehrregression wird zusammen mit der Regressionsgeraden $\hat{g}$ in das Streudiagramm der Daten $(u_1,v_1),\ldots,(u_{10},v_{10})$ eingetragen.

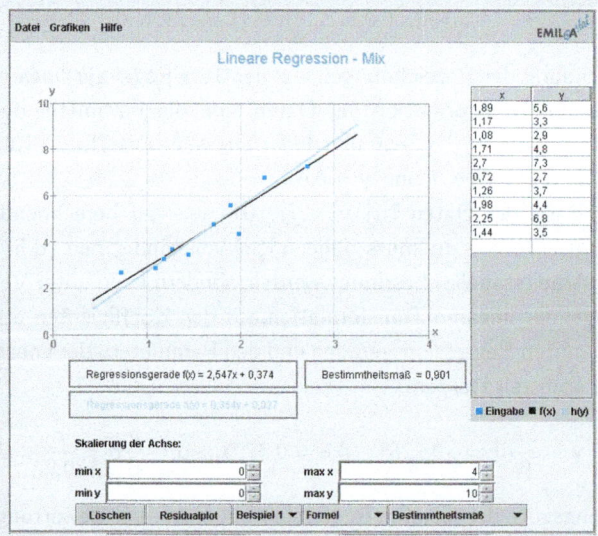

An dieser 319▶Darstellung wird wiederum deutlich, dass die Anpassung einer Regressionsgeraden an die Daten sehr gut ist, da die Geraden einen relativ kleinen Winkel einschließen.

Kapitel 10
Zeitreihenanalyse

10

10	**Zeitreihenanalyse**	**343**
10.1	Zeitreihenzerlegung	346
10.2	Zeitreihen ohne Saison	349
10.3	Zeitreihen mit Saison	361

10 Zeitreihenanalyse

Beispiel Temperaturdaten | In einer Stadt wurden in ausgewählten Monaten folgende monatlichen Durchschnittstemperaturen im Zeitraum 1996–2002 gemessen.

	Januar	April	Juli	Oktober
1996	-1,7	9,1	15,7	9,9
1997	-0,9	7,6	17,9	7,9
1998	3,6	8,8	16,6	8,7
1999	4,9	10,2	20,1	11,0
2000	3,7	11,1	16,7	11,4
2001	3,1	9,1	20,7	11,4
2002	4,8	10,6	19,6	9,9

Fragestellungen

– Wie können die Einflüsse der Jahreszeiten aus den Daten eliminiert werden?
– Auf welche Weise kann der Temperaturverlauf „geglättet" werden? Dies soll zusammen mit der Zeitreihe in einem Liniendiagramm dargestellt werden.
– Kann ein Trend im Verlauf der Temperaturen festgestellt werden (z.B. eine Erwärmung)?

In vielen Bereichen werden Merkmalsausprägungen eines Merkmals in bestimmten zeitlichen Abständen gemessen, d.h. es entsteht ein Datensatz (die Zeitreihe), der den Verlauf der Merkmalsausprägungen im Beobachtungszeitraum wiedergibt.

Beispiel | In einem Unternehmen werden die Umsatzzahlen der Produkte in jedem Quartal erhoben. Anhand der Daten kann Aufschluss über die Nachfrageentwicklung gewonnen werden und somit z.B. über das Verbleiben von Artikeln in der Produktpalette entschieden werden.
Der Kurs einer Aktie wird an jedem Handelstag aktualisiert. Aus dem Verlauf des Aktienkurses kann die Wertentwicklung eines Unternehmens an der Börse abgelesen werden.
Die Zahl aller in Deutschland als arbeitssuchend gemeldeten Personen wird im monatlichen Rhythmus neu bestimmt. Die Beobachtung dieser Größe im zeitlichen Verlauf vermittelt einen Eindruck von der Entwicklung des Arbeitsmarkts in Deutschland.

Ein Energieversorger speichert Informationen über den im Tagesverlauf anfallenden Energiebedarf. Diese Information ist von zentraler Bedeutung für die zukünftige Bereitstellung von Energie. ✗

Im Rahmen der deskriptiven Zeitreihenanalyse wird angestrebt, Schwankungen in den Beobachtungswerten einer Zeitreihe auszugleichen und Trends in den Daten zu beschreiben. Hierfür werden Glättungsmethoden und Regressionsansätze verwendet. Weist die Zeitreihe ein saisonales Muster auf, so kann eine Bereinigung durchgeführt werden, um mögliche Trends in den Daten leichter erkennen und analysieren zu können. In diesem Kapitel wird eine Einführung in die grundlegenden Methoden der deskriptiven Zeitreihenanalyse gegeben. Das Methodenspektrum ist jedoch weitaus umfangreicher als die folgende Darstellung, die sich auf wenige Aspekte beschränkt. Für weiter führende Betrachtungen sei z.B. auf Schlittgen und Streitberg (2001) oder Rinne und Specht (2002) verwiesen.

▶ **Bezeichnung** Zeitreihe | Eine gepaarte Messreihe $(t_1, y_1), \ldots, (t_n, y_n)$ zweier metrischer Merkmale T und Y mit der Eigenschaft $t_1 < \cdots < t_n$ heißt Zeitreihe. Ist die Folge der Zeitpunkte $t_1, \ldots, t_n$ aus dem Kontext ersichtlich, so wird auch $y_1, \ldots, y_n$ als Zeitreihe bezeichnet. ✗

Sind die Abstände zwischen den Beobachtungszeitpunkten des Merkmals Zeit gleich groß, so werden die Zeitpunkte äquidistant genannt. In diesem Fall wird die vereinfachte Notation $t_i = i$, $i \in \{1, \ldots, n\}$, verwendet und mit y_i die zum Zeitpunkt i gehörige Beobachtung bezeichnet. Diese Situation wird hier primär behandelt.

B **Beispiel** | In einer Firma zur Herstellung von Konserven wird die Anzahl der produzierten Dosen täglich erfasst. Werden die Produktionszahlen beispielsweise jeweils an den fünf aufeinander folgenden Tagen im Zeitraum vom 03.02.2003 bis 07.02.2003 gemessen, so repräsentiert der zugehörige, in chronologischer Reihenfolge der Beobachtungswerte geordnete Datensatz

11 650   10 410   11 230   10 880   10 690

eine Zeitreihe mit äquidistanten Beobachtungszeitpunkten. Aufgefasst als Ausprägungen eines bivariaten Merkmals lautet diese Zeitreihe:

(03.02.2003, 11 650)   (04.02.2003, 10 410)   (05.02.2003, 11 230)
(06.02.2003, 10 880)   (07.02.2003, 10 690)

In der ersten Komponente wird der jeweilige Tag, an dem die Produktionsmenge gemessen wurde, in Form des zugehörigen Datums notiert. Da die Zeitreihe zu

10. Zeitreihenanalyse

äquidistanten Zeitpunkten gemessen wurde, kann aber auch (der oben erwähnten Konvention folgend) die Darstellung

(1, 11 650) (2, 10 410) (3, 11 230) (4, 10 880) (5, 10 690)

verwendet werden. Die Zeitpunkte 1, ..., 5 in der ersten Komponente repräsentieren die verschiedenen Tage. ✗

Einige Methoden der Zeitreihenanalyse lassen sich nur sinnvoll auf Daten anwenden, bei denen die Beobachtungen zu äquidistanten Zeitpunkten vorgenommen wurden. Durch das Auftreten von Lücken in der Erhebung könnten sonst Phänomene verschleiert werden (wie z.B. saisonale Schwankungen). Hierbei sind Zeiträume, in denen eine Messung des Merkmals prinzipiell nicht möglich ist, geeignet zu berücksichtigen.

Beispiel | Der Aktienkurs (in €) eines Unternehmens wird an sechs Tagen bestimmt. Es ergibt sich der folgende zweidimensionale Datensatz:

(06.11.2002, 156,41) (07.11.2002, 158,13) (08.11.2002, 157,93)
(11.11.2002, 158,58) (12.11.2002, 159,71) (13.11.2002, 158,94)

Die Beobachtungswerte der zugehörige Zeitreihe wurden also formal betrachtet nicht in gleichen Zeitabständen erhoben. Der Zeitraum zwischen der Beobachtung des dritten und vierten Aktienkurses beträgt drei Tage, während derjenige zwischen den übrigen Werten nur bei einem Tag liegt. Allerdings war der Zeitraum vom 09.11.2002 bis zum 10.11.2002 ein Wochenende. Da an einem Wochenende keine Aktien gehandelt werden, führt eine Interpretation der Daten zu dem Schluss, dass die Abstände zwischen den Beobachtungen als gleich angenommen werden können (jeweils ein Handelstag). Die Zeitpunkte der Zeitreihe werden daher als äquidistant angesehen. ✗

Die adäquate grafische Darstellung einer Zeitreihe ist die 45▶Verlaufskurve.

Beispiel | Der Stand eines Aktienindex wird über einen Zeitraum von einer Stunde alle fünf Minuten notiert. Hieraus ergibt sich der folgende bivariate Datensatz, in dem in der ersten Komponente die vergangene Zeit im Format [Stunde:Minute] und in der zweiten Komponente der jeweilige Indexwert angegeben sind:

(0:00, 5030,22) (0:05, 5033,57) (0:10, 5036,74) (0:15, 5038,11)
(0:20, 5038,59) (0:25, 5037,39) (0:30, 5032,23) (0:35, 5025,98)
(0:40, 5020,15) (0:45, 5017,31) (0:50, 5015,71) (0:55, 5017,92)
(1:00, 5019,33)

Die zugehörige Verlaufskurve hat folgendes Aussehen.

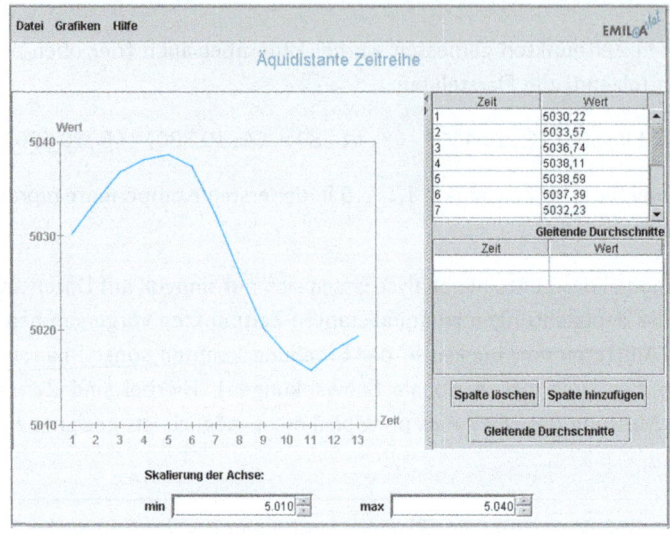

10.1 Zeitreihenzerlegung

Um unterschiedliche Einflüsse auf das zu einer Zeitreihe gehörige Merkmal zu modellieren, wird häufig davon ausgegangen, dass sich die Beobachtungswerte $y_1, \ldots, y_n$ einer Zeitreihe in unterschiedliche Komponenten zerlegen lassen. In der deskriptiven Zeitreihenanalyse wird dabei im Allgemeinen eine Zerlegung

$$y_i = H(g_i, s_i, \varepsilon_i), \quad i \in \{1, \ldots, n\},$$

in eine glatte Komponente g_i, eine saisonale Komponente s_i und eine irreguläre Komponente ε_i betrachtet, die mittels der Funktion H verknüpft sind.

Die glatte Komponente g_i spiegelt längerfristige Entwicklungen in den Daten wider. Sie kann eventuell noch in eine Trendkomponente d_i und eine zyklische Komponente z_i zerlegt werden. Die Trendkomponente gibt einen Trend in den Daten wieder und wird darum häufig als monotone Funktion der Zeit gewählt. Die zyklische Komponente beschreibt Einflüsse, die in großen Zeiträumen einem periodischen Wechsel unterliegen. Bei der Modellierung von Phänomenen im Bereich der Wirtschaftswissenschaften sind dies z.B. Konjunkturzyklen. Die zyklische Komponente entspricht daher einer wellenförmigen Funktion, wobei die einzelnen Perioden nicht zwingend gleich groß sein müssen. Die Zusammenfassung beider Komponenten zur glatten Komponente ist üblich, da sich die getrennte Untersuchung der beiden Komponenten z.B. bei relativ kurzen Zeitreihen als problematisch erweist. Liegen nicht genügend Werte in einer Zeitreihe vor, so kann beispielsweise ein konjunktureller Einfluss nicht empirisch belegt werden.

10.1 Zeitreihenzerlegung

Durch die saisonale Komponente s_i werden saisonale Einwirkungen (z.B. durch Jahreszeiten) auf die Daten beschrieben. Sie weist daher ein Wellenmuster mit konstanter Periodenlänge (z.B. einem 12-Monats-Rhythmus) auf.
Verbleibende Schwankungen in der Zeitreihe, die nicht durch eine der erwähnten Komponenten erklärt werden können, werden in der irregulären Komponente ε_i zusammengefasst.
Die eingeführten Komponenten müssen nicht in jedem Fall in vollem Umfang zur Beschreibung und Erklärung einer Zeitreihe herangezogen werden. Ist z.B. der Verlaufskurve zu entnehmen, dass kein saisonaler Einfluss auf die Zeitreihe vorliegt, so kann auf die Komponente s_i verzichtet werden. Die irreguläre Komponente ist aber in aller Regel bei der Beschreibung realer Zeitreihen unabdingbar. In ihr werden zufällige Schwankungen oder Messfehler in den Daten aufgefangen.

Additive Zeitreihenzerlegung
Das in der deskriptiven Statistik am häufigsten betrachtete Modell der Zeitreihenzerlegung ist eine additive Zerlegung in die Komponenten g_i, s_i und ε_i:

$$y_i = g_i + s_i + \varepsilon_i, \quad i \in \{1,\ldots,n\}.$$

Die glatte Komponente wird gelegentlich weiter zerlegt und als Summe $g_i = d_i + z_i$ aus der Trendkomponente d_i und der zyklischen Komponente z_i aufgefasst. Wie oben bereits erwähnt, können bestimmte Komponenten in dieser Zerlegung weggelassen werden, wenn bereits aus dem Verlauf der Zeitreihe erkennbar oder durch Zusatzinformationen klar ist, dass sie zur Beschreibung nicht erforderlich sind. Im Modell der additiven Zerlegung wird angenommen, dass die irreguläre Komponente vergleichsweise kleine Werte, die zufällig um Null schwanken, annimmt. Die Zeitreihe sollte sich im Wesentlichen durch die anderen Komponenten erklären lassen.

Multiplikative Zeitreihenzerlegung
Treten nur positive Beobachtungswerte $y_1,\ldots,y_n$ auf, so kann die Zeitreihe auch multiplikativ in drei Komponenten aufgespalten werden:

$$y_i = g_i \cdot s_i \cdot \varepsilon_i, \quad i \in \{1,\ldots,n\}.$$

Dieses Modell wird als multiplikative Zerlegung der Zeitreihe bezeichnet. Es kann sinnvoll eingesetzt werden, um prozentuale Änderungen der Komponenten zu beschreiben (wie z.B. 213▶Wachstumsfaktoren bei der Verzinsung von Geldbeträgen). Im multiplikativen Modell kann die glatte Komponente in ein Produkt $g_i = d_i \cdot z_i$ aus der Trendkomponente d_i und der zyklischen Komponente z_i aufgegliedert werden. Analog zur Interpretation im additiven Modell wird davon ausgegangen, dass die irreguläre Komponente nur geringfügig um Eins schwankt.

Dieses Modell der Zeitreihenzerlegung kann auf ein additives Modell zurückgeführt werden. Durch Logarithmieren (hier mit dem natürlichen Logarithmus)

$$\ln(y_i) = \ln(g_i \cdot s_i \cdot \varepsilon_i) = \ln(g_i) + \ln(s_i) + \ln(\varepsilon_i), \quad i \in \{1, \ldots, n\},$$

entsteht die additive Zerlegung einer neuen Zeitreihe $\tilde{y}_i = \ln(y_i)$ mit glatter Komponente $\tilde{g}_i = \ln(g_i)$, Saisonkomponente $\tilde{s}_i = \ln(s_i)$ und irregulärer Komponente $\tilde{\varepsilon}_i = \ln(\varepsilon_i)$:

$$\tilde{y}_i = \tilde{g}_i + \tilde{s}_i + \tilde{\varepsilon}_i, \quad i \in \{1, \ldots, n\}.$$

Wird die glatte Komponente im Modell der multiplikativen Zerlegung noch als ein Produkt aus Trend- und zyklischer Komponente aufgefasst, so ergibt sich im logarithmierten Modell eine Darstellung der glatten Komponente als Summe aus den (entsprechend transformierten) Komponenten.

Eine multiplikative Zerlegung kann somit in die Behandlung des additiven Modells integriert werden. Werden allerdings im additiven Modell für bestimmte Methoden der Zeitreihenanalyse weitere Voraussetzungen an einzelne Komponenten eingeführt, so ist immer zu prüfen, ob deren Entsprechungen im multiplikativen Modell ebenfalls sinnvolle Forderungen in der jeweils zu modellierenden Situation darstellen. Insbesondere sind bei 299▶Regressionsansätzen zur Beschreibung der Zeitreihe die Anmerkungen zur 314▶Transformation der Beobachtungswerte bei Regressionsmodellen zu beachten.

Weitere Zeitreihenzerlegungen

Neben der additiven und der multiplikativen Zerlegung einer Zeitreihe sind auch Mischformen denkbar. Soll z.B. in einer additiven Zerlegung die saisonale Komponente einer Zeitreihe zusätzlich multiplikativ durch die glatte Komponente beeinflusst werden, so ergibt sich eine Zerlegung der Form

$$y_i = g_i + g_i \cdot s_i + \varepsilon_i = g_i(1 + s_i) + \varepsilon_i, \quad i \in \{1, \ldots, n\}.$$

Ein anderes Beispiel für ein gemischtes Modell ist die folgende Aufteilung:

$$y_i = g_i + \varepsilon_i = d_i \cdot z_i + \varepsilon_i, \quad i \in \{1, \ldots, n\}.$$

Hierbei wird in einem Modell ohne saisonalen Einfluss die glatte Komponente multiplikativ in eine Trend- und eine zyklische Komponente aufgespalten und dabei eine additive Störvariable zugelassen.

Eine Entscheidung darüber, welches Modell der Zeitreihenzerlegung im Einzelfall zu verwenden ist, muss auf Basis der konkreten Situation, in der die Daten aufgetreten sind, erfolgen. Auch wenn gemischte Modelle für spezielle Situationen eventuell einen plausibleren Ansatz bilden, wird in der deskriptiven Zeitreihenanalyse meist das Modell der additiven Zerlegung weiterverfolgt, da es eine ausreichend gute Anpassung für viele Anwendungen bietet.

Ein primäres Ziel der deskriptiven Zeitreihenanalyse ist die Schätzung der Komponenten im 346►Zerlegungsmodell einer Zeitreihe. Der Schwerpunkt liegt auf der Ermittlung von Schätzwerten für die glatte und die saisonale Komponente, so dass eine Zeitreihe von einem Trend oder saisonalen Schwankungen bereinigt werden kann. Auf diese Weise tritt der Einfluss der jeweils anderen Komponente deutlicher hervor.

Bei der Bestimmung von Schätzungen wird zwischen zwei Modellen der Zeitreihenzerlegung unterschieden: Zeitreihen ohne und Zeitreihen mit saisonaler Komponente. Letztere bedürfen einer gesonderten Behandlung, da zusätzlich zur glatten Komponente auch die Saisonkomponente zu schätzen ist.

10.2 Zeitreihen ohne Saison

Durch Beobachtung eines Merkmals Y habe sich eine Zeitreihe $y_1, \ldots, y_n$ ergeben, für die eine additive Zerlegung

$$y_i = g_i + \varepsilon_i, \quad i \in \{1, \ldots, n\},$$

mit einer glatten Komponente g_i und einer irregulären Komponente ε_i angenommen wird. Zwei Möglichkeiten zur Schätzung der glatten Komponente werden nun näher betrachtet: Regressionsansätze und die 357►Methode der gleitenden Durchschnitte.

Regressionsansätze

Zur Schätzung wird hierbei auf die Methoden der 298►Regressionsanalyse (z.B. lineare Regression, quadratische Regression etc.) zurückgegriffen.

Die zu den Beobachtungswerten gehörigen Zeitpunkte $t_1 < \cdots < t_n$ werden dabei als Ausprägungen eines Merkmals T angesehen. Ausgehend von einem Regressionsmodell

$$Y = f(T) + \varepsilon, \quad f \in \mathcal{H},$$

beschreibt die Funktion f aus einer geeigneten (parametrischen) Klasse $\mathcal{H}$ den Einfluss der glatten Komponente auf die Zeitreihe. Für die Merkmalsausprägungen $(t_1, y_1), \ldots, (t_n, y_n)$ des Merkmals (T, Y) ergeben sich im Regressionsmodell die Beziehungen

$$y_i = f(t_i) + \varepsilon_i, \quad i \in \{1, \ldots, n\}.$$

Wie in Kapitel 9 erläutert wurde, kann (mit Hilfe der 300►Methode der kleinsten Quadrate) diejenige Funktion aus der Klasse $\mathcal{H}$ bestimmt werden, die die Daten am besten beschreibt. Die resultierende Funktion $\widehat{f}$ wird dann als Schätzung $\widehat{g}_i = \widehat{f}(t_i)$ für die glatte Komponente verwendet. Die Abweichungen $y_i - \widehat{g}_i$, $i \in \{1, \ldots, n\}$, der Beobachtungswerte $y_1, \ldots, y_n$ von den geschätzten Werten der glatten Komponente entsprechen sowohl der irregulären Komponente im Zerlegungsmodell der Zeitreihe als auch den 323►Residuen in der Regressionsrechnung. Die glatte Kom-

ponente wird also durch eine parametrische Funktion geschätzt, so dass die Werte der irregulären Komponente in einem gewissen Sinn minimiert werden. Aufgrund der Bedeutung der irregulären Komponente in der Zeitreihenzerlegung erscheint dieser Ansatz plausibel. Das Verhalten der Zeitreihe sollte hauptsächlich durch die glatte Komponente bestimmt werden.
Als Beispiel wird eine additive Zerlegung der Form

$$y_i = a + bt_i + \varepsilon_i, \quad i \in \{1, \ldots, n\},$$

betrachtet, d.h. es wird angenommen, dass die glatte Komponente eine lineare Funktion $g(t) = a + bt$ der Zeit mit unbekannten Parametern $a, b \in \mathbb{R}$ bildet. In diesem Fall können die Ergebnisse der 302▶linearen Regression direkt angewendet werden. Im zugehörigen linearen Regressionsmodell $Y = a + bT + \varepsilon$ ergeben sich mittels der 300▶Methode der kleinsten Quadrate für die Koeffizienten a, b die Schätzwerte

$$\widehat{a} = \overline{y} - \widehat{b}\overline{t}, \quad \widehat{b} = \frac{s_{ty}}{s_t^2} = \frac{\sum\limits_{i=1}^{n}(t_i - \overline{t})(y_i - \overline{y})}{\sum\limits_{i=1}^{n}(t_i - \overline{t})^2}.$$

Die Schätzung $\widehat{g}_i$ für die glatte Komponente in der obigen Zerlegung ist somit

$$\widehat{g}_i = \widehat{a} + \widehat{b}t_i, \quad i \in \{1, \ldots, n\}.$$

Werden äquidistante Zeitpunkte verwendet, so lassen sich die Koeffizienten noch vereinfachen.

Regel Schätzung der glatten Komponente bei äquidistanten Zeitpunkten | Wird für eine Zeitreihe, deren Beobachtungswerte zu äquidistanten Zeitpunkten $t_i = i$, $i \in \{1, \ldots, n\}$, gemessen wurden, ein Zerlegungsmodell

$$y_i = g_i + \varepsilon_i = a + b \cdot i + \varepsilon_i, \quad i \in \{1, \ldots, n\},$$

angenommen, so ergibt sich mittels einer linearen Regression für die glatte Komponente der Zeitreihe die Schätzung

$$\widehat{g}_i = \widehat{a} + \widehat{b} \cdot i, \quad i \in \{1, \ldots, n\},$$

mit den Koeffizienten

$$\widehat{a} = \overline{y} - \widehat{b} \cdot \frac{n+1}{2}, \quad \widehat{b} = \frac{6}{n-1}\left(\frac{2}{n(n+1)}\sum_{i=1}^{n} i \cdot y_i - \overline{y}\right).$$

10.2 Zeitreihen ohne Saison

Nachweis. Wegen $t_i = i$, $i \in \{1, \ldots, n\}$, gilt für das zugehörige arithmetische Mittel

$$\bar{t} = \frac{1}{n} \sum_{i=1}^{n} t_i = \frac{1}{n} \sum_{i=1}^{n} i = \frac{n+1}{2}$$

und für die zugehörige empirische Varianz

$$s_t^2 = \frac{1}{n} \sum_{i=1}^{n} (t_i - \bar{t})^2 = \frac{1}{n} \sum_{i=1}^{n} t_i^2 - \bar{t}^2 = \frac{1}{n} \sum_{i=1}^{n} i^2 - \left(\frac{n+1}{2}\right)^2$$

$$= \frac{(n+1)(2n+1)}{6} - \left(\frac{n+1}{2}\right)^2 = \frac{n+1}{12}(2(2n+1) - 3(n+1)) = \frac{n^2 - 1}{12}.$$

Für die Koeffizienten $\widehat{a}, \widehat{b}$ des linearen Regressionsmodells folgt daher

$$\widehat{a} = \bar{y} - \widehat{b} \cdot \bar{t} = \bar{y} - \widehat{b} \cdot \frac{n+1}{2} \quad \text{und}$$

$$\widehat{b} = \frac{s_{ty}}{s_t^2} = \frac{12}{n^2 - 1} s_{ty} = \frac{12}{n^2 - 1} \left(\frac{1}{n} \sum_{i=1}^{n} t_i y_i - \bar{t} \cdot \bar{y}\right)$$

$$= \frac{12}{n(n^2 - 1)} \left(\sum_{i=1}^{n} i y_i - \frac{n(n+1)}{2} \bar{y}\right)$$

$$= \frac{6}{n-1} \left(\frac{2}{n(n+1)} \sum_{i=1}^{n} i \cdot y_i - \bar{y}\right). \quad \checkmark$$

Beispiel | Die Bevölkerungszahl eines Landes wurde im Zeitraum von 1950 bis 2002 jedes zweite Jahr erhoben (in Mio.):

Jahr	1950	1952	1954	1956	1958	1960	1962	1964	1966
	52,123	52,748	53,965	53,798	54,354	54,913	55,824	56,350	56,285
Jahr	1968	1970	1972	1974	1976	1978	1980	1982	1984
	56,039	56,485	57,058	57,200	57,309	57,095	57,010	57,603	58,522
Jahr	1986	1988	1990	1992	1994	1996	1998	2000	2002
	59,095	59,541	59,974	60,496	60,723	60,621	61,222	61,694	62,216

Die Zeitreihe $y_1, \ldots, y_{27}$ wurde somit zu äquidistanten Zeitpunkten gemessen. Zur Analyse der Bevölkerungsentwicklung wird ein Zerlegungsmodell der Form $y_i = a + b \cdot i + \varepsilon_i$ betrachtet, in dem den Jahresangaben zur Vereinfachung die Zeitpunkte $t_i = i$, $i \in \{1, \ldots, 27\}$, zugeordnet werden. Schätzungen für die Parameter $a, b \in \mathbb{R}$ der glatten Komponente $g_i = a + bi$ werden in einem linearen Regressionsmodell

$$Y = a + bT + \varepsilon, \quad a, b \in \mathbb{R},$$

bestimmt, wobei die Zeit (Merkmal T) erklärende Variable und die Bevölkerungsgröße (Merkmal Y) abhängige Variable ist. Aufgrund der Wahl der Messzeitpunkte können die 350▶Formeln für äquidistante Beobachtungszeitpunkte verwendet werden. Aus den obigen Daten ergibt sich

$$\frac{1}{27} \sum_{i=1}^{27} i \cdot y_i \approx 824{,}727 \quad \text{und} \quad \overline{y} = \frac{1}{27} \sum_{i=1}^{27} y_i \approx 57{,}417.$$

Die Koeffizienten der Regressionsgerade (und der Schätzung $\widehat{g}_i$ für die glatte Komponente) sind daher

$$\widehat{b} = \frac{6}{26} \left(\frac{2}{27 \cdot 28} \sum_{i=1}^{27} i \cdot y_i - \overline{y} \right) \approx 0{,}344, \qquad \widehat{a} = \overline{y} - \widehat{b} \cdot \frac{28}{2} \approx 52{,}597.$$

Im folgenden Kurvendiagramm ist nicht nur die Zeitreihe selbst, sondern auch die Regressionsgerade, die in diesem Fall eine Trendschätzung darstellt, abgebildet.

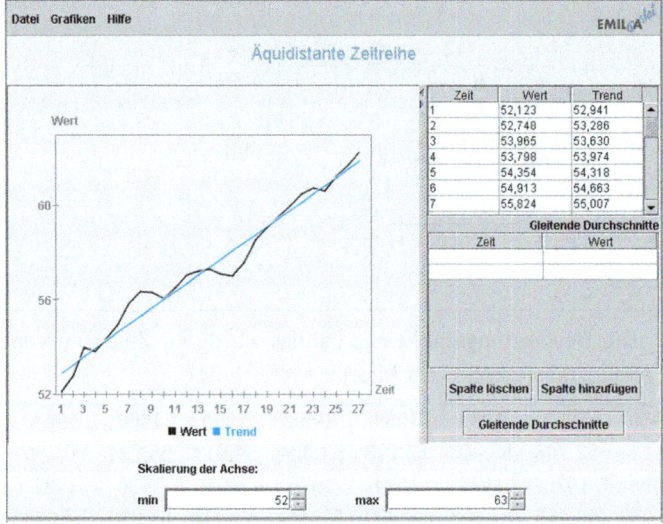

Aufgrund des bisherigen Kurvenverlaufs kann vermutet werden, dass sich das Bevölkerungswachstum in der nahen Zukunft nicht allzu sehr von der Trendschätzung unterscheiden wird. Ein Prognosewert für die Bevölkerungszahl im Jahre 2004 wäre daher durch die Auswertung der Regressionsgerade an der Stelle t = 28 gegeben:

$$\widehat{g}_{28} = \widehat{a} + \widehat{b} \cdot 28 \approx 62{,}237.$$

Hierbei ist jedoch ausdrücklich zu betonen, dass solche Prognosen nur für einen sehr kurzen Zeithorizont sinnvoll sind, da sich der Trend im zukünftigen Verlauf der Zeitreihe eventuell stark ändern und keine lineare Form mehr besitzen könnte. ✘

Zur Überprüfung der Anpassungsgüte der geschätzten glatten Komponente können die Standardwerkzeuge der linearen Regression, das 327▶Bestimmtheitsmaß und der 331▶Residualplot, verwendet werden.

10.2 Zeitreihen ohne Saison

Neben linearen Regressionsansätzen können – sofern notwendig – auch quadratische Funktionen oder Polynome eines höheren Grades in Regressionsmodellen zur Schätzung der glatten Komponente eingesetzt werden. Im Allgemeinen ist es aber nicht sinnvoll, eine Funktion mit zu vielen Parametern zur Beschreibung der glatten Komponente zu verwenden, wenn diese einen wachsenden oder fallenden Trend modellieren soll. Ein Trend kann häufig hinreichend gut durch einfache Funktionstypen approximiert werden. In bestimmten Situationen ist jedoch möglicherweise die Verwendung von nicht-polynomialen Funktionen angebracht. Zwei Ansätze für Zeitreihen mit positiven Beobachtungswerten werden hier vorgestellt.

Wird eine Zeitreihe beobachtet, die einen Wachstumsverlauf beschreibt, der schließlich einer Sättigung unterliegt (d.h. einer Schranke entgegen strebt), so kann zur Schätzung der glatten Komponente die Funktionenklasse

$$\mathcal{H} = \left\{ f_{a,b,c}(t) = \frac{a}{1 + b \cdot e^{-ct}}, t \in \mathbb{R} \,\middle|\, a, b, c > 0 \right\}$$

benutzt werden. Funktionen dieser Form werden als logistische Kurven bezeichnet. Sie streben für wachsendes t gegen die obere Sättigungsgrenze a. Eine andere, häufig verwendete Klasse ist

$$\mathcal{H} = \left\{ f_{a,b,c}(t) = e^{a - b \cdot e^{-ct}}, t \in \mathbb{R} \,\middle|\, a \in \mathbb{R}, b > 0, c > 0 \right\},$$

deren Elemente Gompertz-Kurven genannt werden. Die Sättigungsgrenze dieser Funktionen ist für wachsendes t durch e^a gegeben. Zur Bestimmung der optimalen Parameter mittels der Methode der kleinsten Quadrate sind bei beiden Funktionstypen allerdings numerische Verfahren notwendig.

logistische Kurve $a = 1, b = 1, c = 1$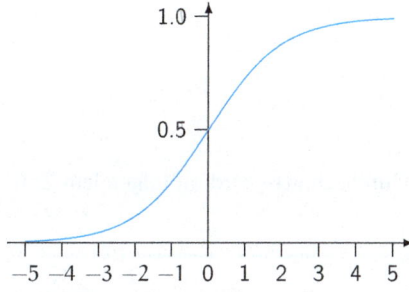

Gompertz-Kurve $a = 1, b = 1, c = 1$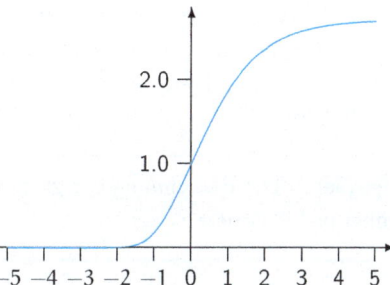

Methode der gleitenden Durchschnitte

Bei der 357▶Methode der gleitenden Durchschnitte wird der Wert der glatten Komponente zu einem bestimmten Zeitpunkt jeweils durch das 74▶arithmetische Mittel aus Beobachtungswerten in einem Zeitfenster um diesen Zeitpunkt genähert. Zunächst werden gleitende Durchschnitte eingeführt, wobei nur Zeitreihen betrachtet werden, deren Beobachtungen zu äquidistanten Zeitpunkten gemessen wurden.

▶ **Definition** Gleitende Durchschnitte | $y_1, \ldots, y_n$ sei eine Zeitreihe mit äquidistanten Zeitpunkten $t_i = i$, $i \in \{1, \ldots, n\}$.

— Für $k \in \mathbb{N}_0$ wird die Folge der Werte

$$y_i^* = \frac{1}{2k+1} \sum_{j=-k}^{k} y_{i+j}, \quad i \in \{k+1, \ldots, n-k\},$$

als Folge der gleitenden Durchschnitte der Ordnung $2k+1$ bezeichnet.

— Für $k \in \mathbb{N}$ wird die Folge der Werte

$$y_i^* = \frac{1}{2k}\left[\frac{1}{2}y_{i-k} + \sum_{j=-k+1}^{k-1} y_{i+j} + \frac{1}{2}y_{i+k}\right], \quad i \in \{k+1, \ldots, n-k\},$$

als Folge der gleitenden Durchschnitte der Ordnung $2k$ bezeichnet.

Für eine Zeitreihe $y_1, \ldots, y_n$ ist der Wert y_i^* eines gleitenden Durchschnitts der Ordnung $2k+1$ definiert als ein arithmetisches Mittel aus den k vorherigen Beobachtungswerten $y_{i-k}, y_{i-k+1}, \ldots, y_{i-1}$ der Zeitreihe, dem aktuellen Wert y_i und den k nachfolgenden Zeitreihenwerten $y_{i+1}, y_{i+2}, \ldots, y_{i+k}$. Für einen gleitenden Durchschnitt der Ordnung $2k$ berechnet sich der Wert y_i^* als ein gewichtetes Mittel dieser Zeitreihenwerte. Der erste und der letzte betrachtete Wert, d.h. y_{i-k} und y_{i+k}, gehen nur mit dem halben Gewicht der übrigen Werte ein. Insgesamt entsteht durch die Bildung gleitender Durchschnitte die neue Zeitreihe $y_{k+1}^*, \ldots, y_{n-k}^*$ aus $n - 2k$ Werten.

B **Beispiel** | Die Berechnung der gleitenden Durchschnitte wird an folgendem Zahlenbeispiel illustriert.

		i	1	2	3	4	5	6	7	8	9	10
	•	y_i	10	7	10	13	13	10	10	7	4	4
Ordnung 3	△	y_i^*	—	9	10	12	12	11	9	7	5	—
Ordnung 4	□	y_i^*	—	—	10,375	11,125	11,5	10,75	8,875	7	—	—

10.2 Zeitreihen ohne Saison

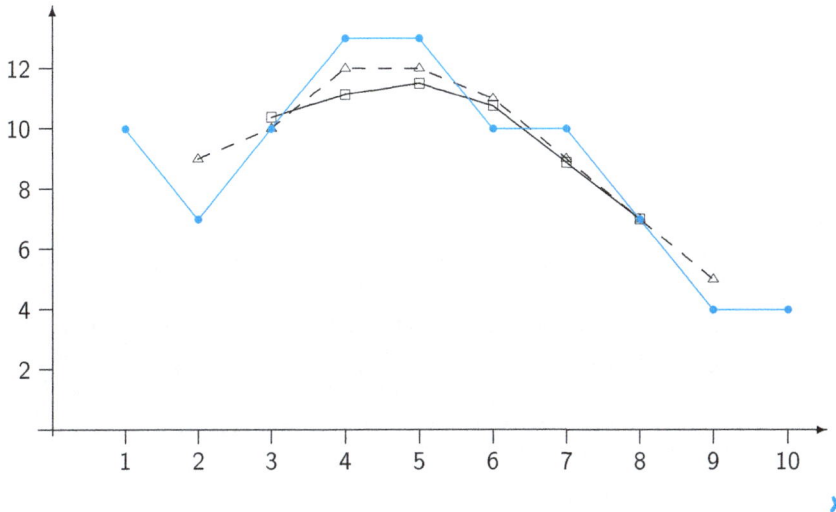

Durch die Mittelwertbildung über die Zeitreihenwerte in der Umgebung der aktuellen Position wird die Folge der gleitenden Durchschnitte $y^*_{k+1}, \ldots, y^*_{n-k}$ im Zeitraum $k+1, \ldots, n-k$ weniger starke Schwankungen aufweisen als die Originalzeitreihe. Die Bildung der gleitenden Durchschnitte bewirkt also je nach Wahl der Ordnung eine mehr oder weniger starke Glättung der Zeitreihe.

Wird die Ordnung der gleitenden Durchschnitte klein gewählt, so wirken sich Schwankungen in der Originalzeitreihe schnell auf die Folge der gleitenden Durchschnitte aus, da die Werte der gleitenden Durchschnitte nicht sehr stark von der jeweiligen Vergangenheit und Zukunft in der Zeitreihe abhängen. Die entstehende Zeitreihe ist daher auch weniger stark geglättet, d.h. auch bei $y^*_{k+1}, \ldots, y^*_{n-k}$ kann sich eventuell ein „unruhiger" Verlauf zeigen. Gleitende Durchschnitte der Ordnung 1 sind identisch mit der ursprünglichen Zeitreihe.

Für große Ordnungen ergibt sich hingegen eine starke Glättung, da bei der Mittelwertbildung viele Werte aus der Vergangenheit und Zukunft berücksichtigt werden. Ein starke Glättung verwischt starke „Ausschläge" der originalen Zeitreihe. Dort auftretende Trendänderungen wirken sich erst spät auf die geglättete Zeitreihe aus. Außerdem hat die Folge der gleitenden Durchschnitte mit zunehmender Ordnung immer weniger Folgenglieder. Besteht eine Zeitreihe aus einer ungeraden Anzahl von Beobachtungen und wird im Extremfall für die Ordnung eines gleitenden Durchschnitts gerade diese Anzahl gewählt, so besteht die Folge der gleitenden Durchschnitte sogar nur aus einem einzigen Wert: dem arithmetischen Mittel aller Zeitreihenwerte.

Die Folge der gleitenden Durchschnitte lässt sich mit dem folgenden Verfahren in einfacher Weise berechnen.

Regel Berechnung der gleitenden Durchschnitte |

- Verfahren für eine ungerade Ordnung $2k+1$ mit $k \in \mathbb{N}_0$:
  1. Berechnung von $M_{k+1} = \sum_{j=1}^{2k+1} y_j$.
  2. Rekursive Ermittlung der Werte
  $$M_{k+2} = M_{k+1} - y_1 + y_{2k+2},$$
  $$\vdots$$
  $$M_{n-k} = M_{n-k-1} - y_{n-2k-1} + y_n.$$
  3. Die Folge der gleitenden Durchschnitte der Ordnung $2k+1$ ist gegeben durch
  $$y_i^* = \frac{1}{2k+1} \cdot M_i, \quad i \in \{k+1, \ldots, n-k\}.$$

- Verfahren für eine gerade Ordnung $2k$ mit $k \in \mathbb{N}$:
  1. Berechnung von $M_k = \sum_{j=1}^{2k} y_j$.
  2. Rekursive Ermittlung der Werte
  $$M_{k+1} = M_k - y_1 + y_{2k+1},$$
  $$\vdots$$
  $$M_{n-k} = M_{n-k-1} - y_{n-2k} + y_n.$$
  3. Die Folge der gleitenden Durchschnitte der Ordnung $2k$ ist gegeben durch
  $$y_i^* = \frac{1}{4k} \cdot [M_{i-1} + M_i], \quad i \in \{k+1, \ldots, n-k\}.$$

Nachweis. Die obigen Formeln ergeben sich direkt aus der Definition der gleitenden Durchschnitte. Wegen $M_l = \sum_{j=l-k+1}^{k+l} y_j$, $l \in \{k, \ldots, n-k\}$, folgt bei gerader Ordnung

$$M_{i-1} + M_i = \sum_{j=i-k}^{k+i-1} y_j + \sum_{j=i-k+1}^{k+i} y_j = y_{i-k} + 2 \sum_{j=i-k+1}^{k+i-1} y_j + y_{k+i}$$

$$= y_{i-k} + 2 \sum_{j=-k+1}^{k-1} y_{i+j} + y_{k+i} = 4k y_i^*,$$

woraus sich die letzte Formel ergibt. ✓

10.2 Zeitreihen ohne Saison

Nun wird die Methode der gleitenden Durchschnitte zur Schätzung der glatten Komponente g_i in einer additiven Zeitreihenzerlegung ohne Saisonkomponente vorgestellt.

Regel Schätzung der glatten Komponente | Seien folgende Voraussetzungen erfüllt:

1. Die glatte Komponente der Zeitreihe $y_1, \ldots, y_n$ lässt sich lokal in einem Zeitfenster der Länge $2k + 1$ (d.h. für aufeinander folgende Werte $y_{i-k}, \ldots, y_{i+k}$) durch eine Gerade approximieren, ohne dass dabei größere Abweichungen auftreten.

2. Mittel über Werte der irregulären Komponente in der Zeitreihenzerlegung ergeben näherungsweise Null.

Dann kann die glatte Komponente im Zeitraum $k+1, \ldots, n-k$ durch

$$\widehat{g}_i = y_i^*, \quad i \in \{k+1, \ldots, n-k\},$$

geschätzt werden, wobei $y_{k+1}^*, \ldots, y_{n-k}^*$ die zur Zeitreihe $y_1, \ldots, y_n$ gehörige Folge der gleitenden Durchschnitte der Ordnung $2k+1$ (oder $2k$) ist.

Die Voraussetzungen an die Methode der gleitenden Durchschnitte lassen sich wie folgt interpretieren: Die erste Bedingung ist eine Forderung an die Variabilität der glatten Komponente. Je größer die Ordnung gewählt wird, desto weniger stark darf sich die glatte Komponente über die Zeit ändern. Die zweite Bedingung reflektiert die Bedeutung der irregulären Komponente im additiven Zerlegungsmodell. Das Verhalten der Zeitreihe sollte sich hauptsächlich durch die glatte Komponente erklären lassen. Dementsprechend sollte die irreguläre Komponente vergleichsweise kleine Werte annehmen, die regellos um Null schwanken. Daher ist es sinnvoll zu fordern, dass allgemein Mittel über Werte der irregulären Komponente zumindest ungefähr Null ergeben.

Dass die Folge der gleitenden Durchschnitte unter diesen Voraussetzungen eine sinnvolle Schätzung für die glatte Komponente einer Zeitreihe darstellt, lässt sich folgendermaßen einsehen: Seien $y_{k+1}^*, \ldots, y_{n-k}^*$ die geglätteten Zeitreihenwerte. Aufgrund der Zerlegung der Ausgangszeitreihe $y_1, \ldots, y_n$ und der Konstruktion der gleitenden Durchschnitte lässt sich auch die geglättete Zeitreihe additiv aufspalten, und zwar in die geglätteten Werte g_i^* der glatten Komponente und ε_i^* der irregulären Komponente

$$y_i^* = g_i^* + \varepsilon_i^*, \quad i \in \{k+1, \ldots, n-k\}.$$

Im Folgenden wird nur der Fall einer ungeraden Ordnung $2k+1$ diskutiert, der Fall einer geraden Ordnung $2k$ kann entsprechend behandelt werden. Definitionsgemäß gilt

$$\varepsilon_i^* = \frac{1}{2k+1} \sum_{j=-k}^{k} \varepsilon_{i+j}, \quad i \in \{k+1,\ldots,n-k\},$$

und daher folgt aufgrund der zweiten Voraussetzung $\varepsilon_i^* \approx 0$, $i \in \{k+1,\ldots,n-k\}$. Würden die Werte g_i alle auf einer Geraden $f(x) = a + bx$, $x \in \mathbb{R}$, liegen, d.h. $f(i) = g_i$, so wäre

$$g_i^* = \frac{1}{2k+1} \sum_{j=-k}^{k} g_{i+j} = \frac{1}{2k+1} \sum_{j=-k}^{k} (a+b(i+j))$$

$$= a + \frac{b}{2k+1} \sum_{j=-k}^{k} (i+j) = a + bi = g_i, \quad i \in \{k+1,\ldots,n-k\}.$$

Gemäß der ersten Voraussetzung ist diese Eigenschaft zumindest für $2k+1$ aufeinander folgende Werte annähernd erfüllt. Also kann gefolgert werden:

$$g_i^* \approx g_i, \quad i \in \{k+1,\ldots,n-k\}.$$

Schließlich gilt aufgrund der Zerlegung der geglätteten Zeitreihe

$$y_i^* = g_i^* + \varepsilon_i^* \approx g_i, \quad i \in \{k+1,\ldots,n-k\},$$

d.h. die Folge der gleitenden Durchschnitte liefert im Zeitraum $k+1,\ldots,n-k$ unter den obigen Voraussetzungen eine plausible Schätzung für die glatte Komponente.

Bei Anwendung der Methode der gleitenden Durchschnitte zur Schätzung der glatten Komponente einer Zeitreihe ist die zugehörige Ordnung zu wählen. Hierbei ist die Bedingung der linearen Approximierbarkeit der glatten Komponente im entsprechenden Zeitfenster zu beachten. Unter der Annahme, dass die irreguläre Komponente keine zu starken Verzerrungen der Daten hervorruft, kann daher als grobe Faustregel festgehalten werden: Weist die Zeitreihe starke Schwankungen auf, so sind kleine Werte für die Ordnung der gleitenden Durchschnitte zu wählen. Treten nur schwächere Bewegungen in der Zeitreihe auf, so können größere Werte für k verwendet werden. Bei Wahl der Ordnung muss allerdings beachtet werden, dass durch den Glättungsprozess Entwicklungen in der ursprünglichen Zeitreihe verdeckt oder in Extremfällen sogar verzerrt werden können. Dies ist ebenfalls bei einer Interpretation der geglätteten Zeitreihe zu berücksichtigen. Falls die Originalzeitreihe jedoch Muster in Form einer saisonalen Schwankung aufweist, so sollte generell die 361▶Variante der gleitenden Durchschnitte für Zeitreihen mit Saisonkomponente verwendet werden.

10.2 Zeitreihen ohne Saison

Die gleitenden Durchschnitte einer Zeitreihe $y_1, \ldots, y_n$ können gemäß ihrer Definition nur für den Zeitraum $k+1, \ldots, n-k$ berechnet werden. Für die Zeitpunkte $1, \ldots, k$ und $n-k+1, \ldots, n$ sind sie nicht definiert.

Regel Fortsetzung der gleitenden Durchschnitte an den Rändern | Die gleitenden Durchschnitte können an den Rändern auf folgende Weisen fortgesetzt werden:

1. Die gleitenden Durchschnitte werden durch die Originalwerte der Zeitreihe fortgesetzt:

$$y_i^* = y_i, \quad i \in \{1, \ldots, k\} \cup \{n-k+1, \ldots, n\}.$$

2. Die zur Berechnung der gleitenden Durchschnitte an den Rändern fehlenden Glieder der Zeitreihe $y_1, \ldots, y_n$ werden „künstlich" ergänzt. Hierzu werden der erste und der letzte Wert der Zeitreihe verwendet:

$$y_1 = y_0 = y_{-1} = \cdots = y_{1-k}, \qquad y_n = y_{n+1} = y_{n+2} = \cdots = y_{n+k}.$$

Die gleitenden Durchschnitte werden dann – basierend auf der "verlängerten" Zeitreihe – auch für $1, \ldots, k$ und $n-k+1, \ldots, n$ definitionsgemäß bestimmt. Daraus entsteht die Zeitreihe $y_1^*, \ldots, y_n^*$.

3. Die Randwerte der Folge der gleitenden Durchschnitte werden durch Verwendung einer linearen Approximation der ersten und letzten $2k+1$ Werte der Zeitreihe definiert. Hierzu werden Regressionsgeraden $\widehat{f}_1$ (basierend auf $(1, y_1), \ldots, (2k+1, y_{2k+1})$) und $\widehat{f}_2$ (basierend auf $(n-2k, y_{n-2k}), \ldots, (n, y_n)$) bestimmt. Die Fortsetzung der gleitenden Durchschnitte für die Randwerte ist somit:

$$y_i^* = \widehat{f}_1(i), \quad i \in \{1, \ldots, k\}, \quad \text{und} \quad y_i^* = \widehat{f}_2(i), \quad i \in \{n-k+1, \ldots, n\}.$$

Die Regressionsgeraden werden also an den jeweils fehlenden Zeitpunkten ausgewertet.

Bei geeigneter Berücksichtigung der beiden Voraussetzungen an die 357▶Methode der gleitenden Durchschnitte liefert das dritte Verfahren in den meisten Fällen noch am ehesten sinnvolle Schätzwerte für die glatte Komponente. Die zweite Methode bietet sich vor allem dann an, wenn die Zeitreihe keine großen „Sprünge" aufweist und sich vergleichsweise langsam ändert. Die Fortsetzung der Originalzeitreihe mit den Randwerten wird dann nicht zu allzu großen Abweichungen führen. In allen Fällen ist jedoch bei der Interpretation der zusätzlich definierten Randbereiche der geglätteten Zeitreihe Vorsicht geboten. Es ist immer zu beachten, dass diese Randwerte auf andere Art und Weise bestimmt wurden als die übrigen Werte in der geglätteten Zeitreihe.

Beispiel | Der Aktienkurs eines Unternehmens wurde an 48 aufeinander folgenden Handelstagen notiert (in €):

43,56 44,12 45,67 47,91 46,03 46,90 47,83 49,52 51,55 50,71
51,78 47,03 48,02 48,59 51,29 49,45 50,61 52,39 54,62 54,73
53,53 54,48 55,99 57,11 58,25 54,49 53,64 52,45 52,16 59,74
67,21 71,50 73,19 75,84 76,10 74,35 74,04 74,52 76,77 80,21
81,96 83,34 82,56 75,99 73,10 72,45 69,12 67,02

Aufgrund der starken Schwankungen im Kurs, die allerdings kein systematisches Muster aufweisen, werden gleitende Durchschnitte berechnet, um einen schnellen Überblick über den Kursverlauf zu erhalten. Im folgenden Kurvendiagramm sind die Originalzeitreihe und zwei Zeitreihen von gleitenden Durchschnitten der Ordnung 5 bzw. 10 angegeben.

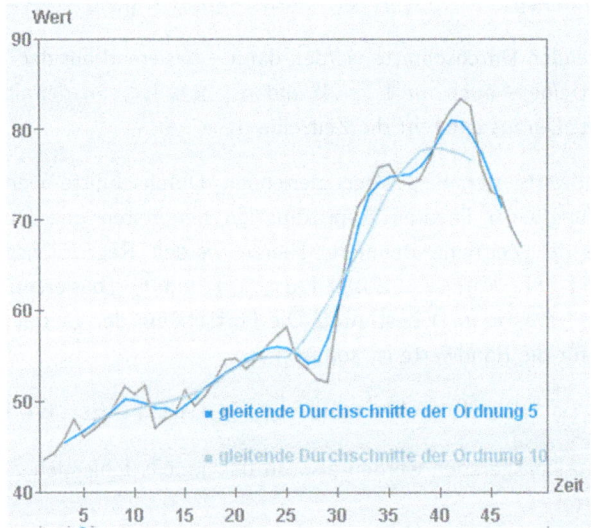

Besonders im rechten Teil der Grafik ist deutlich zu erkennen, dass die gleitenden Durchschnitte der Ordnung 10 zu einer stärkeren Glättung der ursprünglichen Zeitreihe führen. Während gleitende Durchschnitte der Ordnung 5 noch Schwankungen mittlerer Größe in abgeschwächter Form nachvollziehen, gibt die Zeitreihe der gleitenden Durchschnitte der Ordnung 10 im Wesentlichen nur noch die allgemeine Entwicklung des Kurses wieder. Außerdem wird in diesem Bereich auch deutlich, dass die Ausgangszeitreihe und die Zeitreihe der gleitenden Durchschnitte bei entsprechender Wahl der Ordnung ein anderes lokales Monotonieverhalten haben können.

10.3 Zeitreihen mit Saison

Durch eine Erweiterung der obigen Vorgehensweise kann mittels der Methode der gleitenden Durchschnitte nicht nur die glatte Komponente einer Zeitreihe (mit äquidistanten Beobachtungszeitpunkten) geschätzt werden. Sie ermöglicht auch die Bestimmung von Schätzwerten für die saisonale Komponente, wenn eine additive Zerlegung der Form

$$y_i = g_i + s_i + \varepsilon_i, \quad i \in \{1, \ldots, n\},$$

in die glatte Komponente g_i, die Saisonkomponente s_i und die irreguläre Komponente ε_i vorausgesetzt wird.

Saisonbereinigung mittels der Methode der gleitenden Durchschnitte

Regel Schätzwerte für die glatte und die saisonale Komponente | Seien folgende Voraussetzungen erfüllt:

1. Die saisonale Komponente der Zeitreihe $y_1, \ldots, y_n$ wiederholt sich in Perioden der Länge p, d.h. es gilt:

$$s_i = s_{i+p}, \quad i \in \{1, \ldots, n-p\}.$$

Zusätzlich summieren sich die p Saisonwerte der Periode zu Null:

$$s_1 + s_2 + \cdots + s_p = 0.$$

2. Die glatte Komponente lässt sich lokal in einem Zeitfenster der Länge p (falls p ungerade) bzw. $p+1$ (falls p gerade) durch eine Gerade approximieren, ohne dass dabei größere Abweichungen auftreten.

3. Mittel über Werte der irregulären Komponente ergeben näherungsweise Null.

Sei $k = \frac{p-1}{2}$ (falls p ungerade) bzw. $k = \frac{p}{2}$ (falls p gerade). Dann kann die glatte Komponente im Zeitraum $k+1, \ldots, n-k$ durch

$$\widehat{g}_i = y_i^*, \quad i \in \{k+1, \ldots, n-k\},$$

geschätzt werden, wobei $y_{k+1}^*, \ldots, y_{n-k}^*$ die zur Zeitreihe $y_1, \ldots, y_n$ gehörige Folge der gleitenden Durchschnitte der Ordnung p ist.

Die Saisonkomponenten $s_1, \ldots, s_p$ können durch

$$\widehat{s}_i = \widetilde{s}_i - \frac{1}{p} \sum_{j=1}^{p} \widetilde{s}_j, \quad i \in \{1, \ldots, p\},$$

geschätzt werden, wobei die Größen $\widetilde{s}_1, \ldots, \widetilde{s}_p$ definiert werden mittels

$$\widetilde{s}_i = \frac{1}{m_i - l_i + 1} \sum_{j=l_i}^{m_i} (y_{i+jp} - y^*_{i+jp}), \quad i \in \{1, \ldots, p\}.$$

Die Anzahlen $m_i - l_i + 1$, $i \in \{1, \ldots, p\}$, entsprechen den jeweils beobachteten Zyklen der Saisonkomponente s_i, wobei

$$m_i = \max\{m \in \mathbb{N}_0 \,|\, i + mp \leqslant n - k\}, \quad l_i = \min\{l \in \mathbb{N}_0 \,|\, i + lp \geqslant k + 1\}.$$

In der ersten Bedingung werden zwei Forderungen an die saisonale Komponente gestellt. Da diese Komponente saisonale Schwankungen in den Daten beschreiben soll, liegt ein periodisches Verhalten nahe. Durch die erste Forderung wird eine konstante Saisonfigur, also eine konstante Periodenlänge p mit jeweils gleichen (zeitunabhängigen) Einflüssen innerhalb einer Saison, vorausgesetzt.

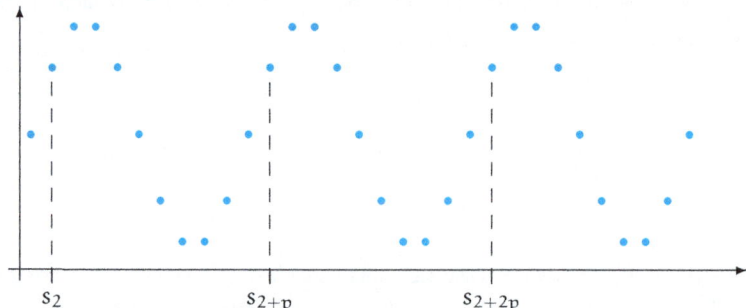

Die zweite Forderung repräsentiert eine Normierung und bewirkt eine eindeutige Trennung der glatten und der saisonalen Komponente in der Zeitreihenzerlegung. Die Interpretation beider Komponenten würde auch eine Zerlegung in $g'_i = g_i + a$ und $s'_i = s_i - a$ mit einem beliebigen $a \in \mathbb{R}$ erlauben, so dass eine eindeutige Schätzung beider Komponenten ohne zusätzliche Bedingungen nicht möglich wäre. Durch die Forderung, dass die Summe der s_i gleich Null ist, ist eine Verschiebung der Komponenten durch Addition einer Konstanten ausgeschlossen. Die letzten beiden Voraussetzungen können ähnlich wie im Fall der 357▶Methode der gleitenden Durchschnitte für Zeitreihen ohne Saisonkomponente interpretiert werden. Liegt eine Saisonfigur der Länge p vor (z.B. Quartalsdaten eines Jahres ($p = 4$), Monatsdaten ($p = 12$)), so ist ein gleitender Durchschnitt der Ordnung p zu wählen, um diese Saisoneffekte nicht zu verfälschen. Dies stellt jedoch keine besondere

10.3 Zeitreihen mit Saison

Einschränkung dar, weil die glatte Komponente eher längerfristige Entwicklungen beschreiben und daher innerhalb der Periodenlänge der Saison keinen zu großen Schwankungen unterliegen sollte.
Dass das obige Verfahren sinnvolle Schätzwerte für die glatte und die saisonale Komponente liefert, kann folgendermaßen begründet werden, wobei wiederum nur der Fall $p = 2k + 1$ betrachtet wird: Sei $y^*_{k+1}, \ldots, y^*_{n-k}$ die geglättete Zeitreihe. Die Werte können additiv in die jeweiligen geglätteten Werte g^*_i der glatten Komponente, der saisonalen Komponente s^*_i und der irregulären Komponente ε^*_i zerlegt werden:

$$y^*_i = g^*_i + s^*_i + \varepsilon^*_i, \quad i \in \{k+1, \ldots, n-k\}.$$

Aus der ersten Bedingung folgt

$$s^*_i = \frac{1}{2k+1} \sum_{j=-k}^{k} s_{i+j} = 0, \quad i \in \{k+1, \ldots, n-k\},$$

die dritte Bedingung liefert

$$\varepsilon^*_i = \frac{1}{2k+1} \sum_{j=-k}^{k} \varepsilon_{i+j} \approx 0, \quad i \in \{k+1, \ldots, n-k\}.$$

Analog zur 357▶Schätzung der glatten Komponente in Zeitreihen ohne Saisonkomponente kann aufgrund der zweiten Bedingung gefolgert werden:

$$g^*_i \approx g_i, \quad i \in \{k+1, \ldots, n-k\}.$$

Aufgrund der Zerlegung der geglätteten Zeitreihe gilt dann wiederum

$$y^*_i = g^*_i + s^*_i + \varepsilon^*_i \approx g_i, \quad i \in \{k+1, \ldots, n-k\}.$$

Insbesondere ergibt sich

$$y_i - y^*_i = (g_i + s_i + \varepsilon_i) - y^*_i \approx s_i + \varepsilon_i, \quad i \in \{k+1, \ldots, n-k\},$$

d.h. die Differenzen beschreiben den „wahren" Saisonverlauf.
Für die Größen

$$\widetilde{s}_i = \frac{1}{m_i - l_i + 1} \sum_{j=l_i}^{m_i} (y_{i+jp} - y^*_{i+jp}), \quad i \in \{1, \ldots, p\},$$

folgt mit der ersten und dritten Bedingung dann:

$$\widetilde{s}_i \approx \frac{1}{m_i - l_i + 1} \sum_{j=l_i}^{m_i} s_{i+jp} + \frac{1}{m_i - l_i + 1} \sum_{j=l_i}^{m_i} \varepsilon_{i+jp}$$

$$= \frac{1}{m_i - l_i + 1} \sum_{j=l_i}^{m_i} s_i + \frac{1}{m_i - l_i + 1} \sum_{j=l_i}^{m_i} \varepsilon_{i+jp}$$

$$= s_i + \frac{1}{m_i - l_i + 1} \sum_{j=l_i}^{m_i} \varepsilon_{i+jp} \approx s_i, \quad i \in \{1, \ldots, p\}.$$

Die Schätzungen $\widetilde{s}_i$ erfüllen allerdings nicht zwangsläufig die zweite Forderung der ersten Bedingung, d.h. die Summe $\widetilde{s}_1 + \cdots + \widetilde{s}_p$ kann von Null verschieden sein. Aus diesem Grund werden als Schätzwerte die korrigierten Größen

$$\widehat{s}_i = \widetilde{s}_i - \frac{1}{p} \sum_{j=1}^{p} \widetilde{s}_j = \widetilde{s}_i - \overline{\widetilde{s}}, \quad i \in \{1, \ldots, p\},$$

verwendet, deren Summe gleich Null ist (76▶Zentrierung). Wegen

$$\frac{1}{p} \sum_{j=1}^{p} \widetilde{s}_j \approx \frac{1}{p} \sum_{j=1}^{p} s_j = 0,$$

repräsentieren auch die Werte $\widehat{s}_1, \ldots, \widehat{s}_p$ sinnvolle Schätzungen für $s_1, \ldots, s_p$.

Die Zeitreihe $y_i^{(t)} = y_i - y_i^*$, $i \in \{k+1, \ldots, n-k\}$, auf deren Basis die Saisonkomponente geschätzt wird, heißt trendbereinigte Zeitreihe. Da y_i^* eine Schätzung für die glatte Komponente g_i ist, die häufig einen Trend in den Daten beschreibt, ist diese Bezeichnung gerechtfertigt. Die Zeitreihe $y_i^{(s)} = y_i - \widehat{s}_i$ wird dementsprechend saisonbereinigte Zeitreihe genannt, wobei $\widehat{s}_{i+jp} = \widehat{s}_i$ für $i \in \{1, \ldots, p\}$ und $j \in \mathbb{N}$ gesetzt wird. Bei einer Saisonbereinigung wird also von der Originalzeitreihe die jeweils zum betrachteten Zeitpunkt gehörige Schätzung für die Saisonkomponente abgezogen.

Um die bei einer Saisonbereinigung benötigten Werte übersichtlich darzustellen und Berechnungen leichter durchführen zu können, kann ein tabellarisches Hilfsmittel, das Periodendiagramm, verwendet werden. Ein Periodendiagramm ist eine Tabelle, in deren erster Spalte die Zahlen von $1, \ldots, p$ eingetragen werden. In den folgenden Spalten sind die Beobachtungswerte der trendbereinigten Zeitreihe aus den einzelnen Zeitperioden aufgelistet, wobei angenommen wird, dass Beobachtungswerte aus l Perioden vorliegen. In jeder dieser Spalten sind alle beobachteten Werte aus einem Zeitraum der Länge p aufgelistet, wobei die Werte bezüglich der Zeilen chronologisch geordnet sind. In der ersten und der letzten dieser Spalten (und auch darüberhinaus) können Einträge fehlen, wenn keine vollständigen Perioden beobachtet wurden oder Randwerte in der Folge der gleitenden Durchschnitte fehlen. In der letzten Spalte des Periodendiagramms werden die arithmetischen Mittel $\widetilde{s}_1, \ldots, \widetilde{s}_p$ der trendbereinigten Zeitreihenwerte aus der zugehörigen Zeile gebildet. In dem Tabellenfeld unter dieser Spalte ist schließlich das arithmetische Mittel aus den darüber stehenden Mittelwerten zu finden. Die Werte in der letzten Spalte stel-

10.3 Zeitreihen mit Saison

len dann die Basis für eine Saisonbereinigung mittels der Methode der gleitenden Durchschnitte dar.

Nr.	1. Periode	2. Periode	...	l-te Periode	Mittelwerte
1	—	$y_{1+p} - y^*_{1+p}$	...	$y_{1+(l-1)p} - y^*_{1+(l-1)p}$	$\tilde{s}_1$
2	$y_2 - y^*_2$	$y_{2+p} - y^*_{2+p}$	...	$y_{2+(l-1)p} - y^*_{2+(l-1)p}$	$\tilde{s}_2$
⋮	⋮	⋮	⋱	⋮	⋮
p−1	$y_{p-1} - y^*_{p-1}$	$y_{2p-1} - y^*_{2p-1}$	...	$y_{lp-1} - y^*_{lp-1}$	$\tilde{s}_{p-1}$
p	$y_p - y^*_p$	$y_{2p} - y^*_{2p}$	...	—	$\tilde{s}_p$
					$\bar{\tilde{s}} = \frac{1}{p}\sum_{j=1}^{p} \tilde{s}_j$

Zusammenfassung

Unter den 361▶Voraussetzungen zur Schätzung der Saisonkomponente lassen sich die Schritte einer elementaren Zeitreihenanalyse im Modell

$$y_i = g_i + s_i + \varepsilon_i, \quad i \in \{1, \ldots, n\},$$

wie folgt darstellen.

1. Mittels gleitender Durchschnitte der Ordnung $p \in \{2k, 2k+1\}$ wird eine Trendschätzung vorgenommen. Es resultiert die geglättete Zeitreihe

$$y^*_{k+1}, \ldots, y^*_{n-k}.$$

2. Die Trendschätzung wird zur Konstruktion der trendbereinigten Zeitreihe verwendet:

$$y^{(t)}_i = y_i - y^*_i, \quad i \in \{k+1, \ldots, n-k\}.$$

3. Die Saisonkomponenten $s_1, \ldots, s_p$ werden zunächst im 364▶Periodendiagramm durch die Größen $\tilde{s}_1, \ldots, \tilde{s}_p$ (vor-)geschätzt.

4. Durch eine 76▶Zentrierung der $\tilde{s}_1, \ldots, \tilde{s}_p$ mittels des zugehörigen arithmetischen Mittels $\bar{\tilde{s}}$ werden für $i \in \{1, \ldots, p\}$ die Schätzwerte

$$\widehat{s}_i = \tilde{s}_i - \frac{1}{p} \sum_{j=1}^{p} \tilde{s}_j = \tilde{s}_i - \bar{\tilde{s}}$$

für die Saisonkomponenten s_i bestimmt.

5. Durch die Definition

$$\widehat{s}_{i+jp} = \widehat{s}_i, \qquad i \in \{1, \ldots, p\}, j \in \mathbb{N},$$

wird jeder Beobachtung y_i die „passende" Schätzung $\widehat{s}_i$ der zugehörigen Saisonkomponente zugeordnet.

6. Mit diesen Hilfsgrößen wird die saisonbereinigte Zeitreihe berechnet:

$$y_i^{(s)} = y_i - \widehat{s}_i, \qquad i \in \{1, \ldots, n\}.$$

Beispiel (Fortsetzung 343▶Beispiel Temperaturdaten) | Im Beispiel Temperaturdaten wird zuerst eine Saisonbereinigung durchgeführt, um einen Eindruck über den Verlauf der Zeitreihe ohne saisonale Einflüsse zu erhalten. Lässt der Verlauf der bereinigten Zeitreihe auch auf einen Trend in den Daten schließen, so sollte dieser geeignet hervorgehoben werden. Aus dem Kurvendiagramm der vorliegenden Zeitreihe $y_1, \ldots, y_{28}$ und aus dem Kontext, dem die Daten entstammen (Erhebung von Durchschnittstemperaturen im 3-Monats-Rhythmus), kann geschlossen werden, dass ein saisonaler Einfluss mit einer Periode der Länge $p = 4$ (entspricht einem Jahr) vorliegt. Zur Modellierung der Zeitreihe erscheint eine additive Zerlegung

$$y_i = g_i + s_i + \varepsilon_i, \quad i \in \{1, \ldots, 28\},$$

mit glatter Komponente g_i und saisonaler Komponente s_i sinnvoll. Die glatte Komponente dient der Beschreibung eines Trends in den Daten. Zur Durchführung des eingangs beschriebenen Programms wird die Methode der gleitenden Durchschnitte eingesetzt. Da die Saisonkomponente die Periodenlänge 4 aufweist, werden gleitende Durchschnitte $y_3^*, \ldots, y_{26}^*$ der Ordnung 4 verwendet. Es ergeben sich die folgenden Werte für die gleitenden Durchschnitte y_i^* und die trendbereinigten Zeitreihenwerte $y_i^{(t)} = y_i - y_i^*$:

10.3 Zeitreihen mit Saison

		y_i	y_i^*	$y_i^{(t)}$
1996	Januar	−1,7	—	—
	April	9,1	—	—
	Juli	15,7	8,3500	7,3500
	Oktober	9,9	8,2625	1,6375
1997	Januar	−0,9	8,3500	−9,2500
	April	7,6	8,3750	−0,7750
	Juli	17,9	8,6875	9,2125
	Oktober	7,9	9,4000	−1,5000
1998	Januar	3,6	9,3875	−5,7875
	April	8,8	9,3250	−0,5250
	Juli	16,6	9,5875	7,0125
	Oktober	8,7	9,9250	−1,2250
1999	Januar	4,9	10,5375	−5,6375
	April	10,2	11,2625	−1,0625
	Juli	20,1	11,4000	8,7000
	Oktober	11,0	11,3625	−0,3625
2000	Januar	3,7	11,0500	−7,3500
	April	11,1	10,6750	0,4250
	Juli	16,7	10,6500	6,0500
	Oktober	11,4	10,3250	1,0750
2001	Januar	3,1	10,5750	−7,4750
	April	9,1	11,0750	−1,9750
	Juli	20,7	11,2875	9,4125
	Oktober	11,4	11,6875	−0,2875
2002	Januar	4,8	11,7375	−6,9375
	April	10,6	11,4125	−0,8125
	Juli	19,6	—	—
	Oktober	9,9	—	—

Aus diesen Ergebnissen werden mittels der trendbereinigten Zeitreihe die Schätzungen für die Saisonkomponente bestimmt. Das zugehörige Periodendiagramm ist

	1996	1997	1998	1999	2000	2001	2002	Mittel $\tilde{s}_i$
Januar	—	−9,2500	−5,7875	−5,6375	−7,3500	−7,4750	−6,9375	−7,0729
April	—	−0,7750	−0,5250	−1,0625	0,4250	−1,9750	−0,8125	−0,7875
Juli	7,3500	9,2125	7,0125	8,7000	6,0500	9,4125	—	7,9563
Oktober	1,6375	−1,5000	−1,2250	−0,3625	1,0750	−0,2875	—	−0,1104

$$\tilde{\tilde{s}} = -0,0036$$

Mit Hilfe der Daten aus dem Periodendiagramm kann nun die Saisonbereinigung der Ausgangszeitreihe durchgeführt werden. Im folgenden Diagramm sind die Ausgangszeitreihe $y_1, \ldots, y_{28}$, die saisonbereinigte Zeitreihe $y_i^{(s)} = y_i - \widehat{s}_i$, $i \in \{1, \ldots, 28\}$, und die Zeitreihe $y_3^*, \ldots, y_{26}^*$ der gleitenden Durchschnitte dargestellt.

Aus der saisonbereinigten Zeitreihe wird im Vergleich zur Originalzeitreihe deutlich einfacher ersichtlich, dass eine leichte Aufwärtsbewegung im betrachteten Zeitraum vorzuliegen scheint. Dieser Trend wird durch den Verlauf der Zeitreihe der gleitenden Durchschnitte (als Schätzung für die glatte (Trend-) Komponente) bestätigt. Eine Fortsetzung der gleitenden Durchschnitte an den Rändern wurde nicht vorgenommen, da einerseits die Einzeldaten stark schwanken und andererseits die Zeitreihe für eine Trendschätzung ausreichend lang ist, so dass auf die Randwerte verzichtet werden kann.

Literaturverzeichnis

Bamberg, G., Baur, F. und Krapp, M. (2011). *Statistik*. Oldenbourg, München, 16. Aufl.

Cramer, E., Cramer, K., Kamps, U. und Zuckschwerdt, C. (2004). *Beschreibende Statistik – Interaktive Grafiken*. Springer, Berlin.

Cramer, E. und Kamps, U. (2008). *Grundlagen der Wahrscheinlichkeitsrechnung und Statistik*. Springer, Berlin, 2. Aufl.

Cramer, E. und Nešlehová, J. (2012). *Vorkurs Mathematik - Arbeitsbuch zum Studienbeginn in Bachelor-Studiengängen*. Springer, Heidelberg, 5. Aufl.

Fahrmeir, L., Künstler, R., Pigeot, I. und Tutz, G. (2010). *Statistik - Der Weg zur Datenanalyse*. Springer, Berlin, 7. Aufl.

Hartung, J., Elpelt, B. und Klösener, K. H. (2009). *Statistik*. Oldenbourg, München, 15. Aufl.

Heiler, S. und Michels, P. (2007). *Deskriptive und Explorative Datenanalyse*. Oldenbourg, München, 2. Aufl.

Kamps, U., Cramer, E. und Oltmanns, H. (2009). *Wirtschaftsmathematik – Einführendes Lehr- und Arbeitsbuch*. Oldenbourg, München, 3. Aufl.

Kauermann, G. und Küchenhoff, H. (2011). *Stichproben. Methoden und praktische Umsetzung mit R*. Springer, Berlin.

Lehn, J., Müller-Gronbach, T. und Rettig, S. (2000). *Einführung in die Deskriptive Statistik*. Teubner, Stuttgart.

Mosler, K. und Schmid, F. (2009). *Beschreibende Statistik und Wirtschaftsstatistik*. Springer, Berlin, 4. Aufl.

Pokropp, F. (1996). *Stichproben: Theorie und Verfahren*. Oldenbourg, München, 2. Aufl.

Rinne, H. (2008). *Taschenbuch der Statistik*. Harri Deutsch, Frankfurt am Main, 4. Aufl.

Rinne, H. und Specht, K. (2002). *Zeitreihen*. Vahlen, München.

Sachs, L. (2002). *Angewandte Statistik*. Springer, Berlin, 10. Aufl.

Schlittgen, R. und Streitberg, B. H. (2001). *Zeitreihenanalyse*. Oldenbourg, München, 9. Aufl.

Toutenburg, H. und Heumann, C. (2009). *Deskriptive Statistik*. Springer, Berlin, 7. Aufl.

Index

A

abhängige Variable, 299
absolutskaliert, 16
Abszisse, 37
approximierende empirische Verteilungsfunktion, 150
arithmetisches Mittel, 74
    bei gepoolten Datensätzen, 77
    Minimalitätseigenschaft, 78
Assoziationskoeffizient von Yule, 254
Assoziationsmaß, 242
Ausreißer, 86

B

Balkendiagramm, s. Diagramm
Basiswert, 208
bedingte Häufigkeit, 246
Beobachtungswert, 10
Berichtswert, 208
Bestandsmasse, 205
Bestimmtheitsmaß, 327, 352
Bewegungsmasse, 205
Beziehungszahl, 204
bimodal, 146
Bindung, 65, 278
bivariat, 21
Box-Plot, 105
Bravais-Pearson-Korrelationskoeffizient, s. Korrelationskoeffizient

C

χ^2-Größe, 248

D

Datenmatrix, 20
Datensatz, 10
    gepoolter, 77
    klassierter, 134
Datum, 10
Dezentil, 68, 73
Diagramm
    Balken-, 43, 133
    gestapeltes, 40
    gruppiertes, 41
    Histogramm, 139
    Kreis-, 44
    Kurs-, 48
    Linien-, 44
    Netz-, 47
    Säulen-, 39
    Stab-, 37
    Stamm-Blatt-, 131
dichotom, 12
Dimension, 20
diskret, 17

E

einfache Indexzahl, 208
Elementarindex, 209
EMILeA-stat, v
empirische Kovarianz, 264
empirische Standardabweichung, 96
    für klassierte Daten, 162
empirische Unabhängigkeit, 249
empirische Varianz, 92
    bei gepoolten Daten, 95
    für klassierte Daten, 162
empirische Verteilungsfunktion, 117, 149
    approximierende, 150
    Quantile, 122
Entsprechungszahl, 207
erklärende Variable, 299
extensiv, 176

G

geometrisches Mittel, 80
gepaarte Daten, 21
gepaarte Messreihe, s. Messreihe
gewichtetes arithmetisches Mittel, s. Mittel
gewichtetes geometrisches Mittel, s. Mittel
gewichtetes harmonisches Mittel, s. Mittel
Gini-Koeffizient, 183
    normierter, 188
gleitende Durchschnitte, 357
    Ränder, 359
    Saisonkomponente, 361
Gliederungszahl, 203
Gompertz-Kurve, 353
Grundgesamtheit, 6
gruppiertes Diagramm, s. Diagramm

H

Häufigkeit
    absolute, 31
    bedingte, 246
    Klassen-, 136
    kumulierte, 35
    Rand-, 243
    relative, 33
Häufigkeitstabelle, 35
Häufigkeitsverteilung, 36
    bedingte, 248
    bimodale, 146
    für klassierte Daten, 137
    linksschiefe, 147
    rechtsschiefe, 147
    symmetrische, 147
    unimodale, 146
harmonisches Mittel, 83
Herfindahl-Index, 190
Histogramm, 139

I

Indexzahl
    einfache, 208
    Verkettung, 210, 232
    zusammengesetzte, 216
Indikatorfunktion, 32
intervallskaliert, 14

K

Klasse, 134
    offene, 135, 138
Klassenbreite, 135
Klassenhäufigkeit, 136
Klassenmitte, 155
klassierte Daten, 134
klassierter Datensatz, 134
Kontingenzkoeffizient nach Pearson, 258
    korrigierter, 260
Kontingenztafel, 242
Konzentrationsmaß, 183
Korrelation, 272
    Schein-, 276
Korrelationskoeffizient
    nach Bravais-Pearson, 268, 288, 306, 327
    punktbiserialer, 287
korreliert, 272
Kreisdiagramm, s. Diagramm
Kursdiagramm, s. Diagramm

L

Lagemaß, 62, 154
lineare Transformation, 70
Liniendiagramm, s. Diagramm
linksschief, 147
logistische Kurve, 353

Index

Lorenz-Kurve, 177
    für klassierte Daten, 193

M

Maximum, 64
Median
    für klassierte Daten, 159
    für metrische Daten, 69
    für ordinale Daten, 66
Mengenindex, 226
    Fisher, 229
    Laspeyres, 226
    Paasche, 228
Merkmal, 8
    absolutskaliertes, 16
    bivariates, 21
    dichotomes, 12
    diskretes, 17
    extensives, 176
    intervallskaliertes, 14
    metrisches, 14
    multivariates, 20
    nominales, 12
    ordinales, 13
    qualitatives, 12
    quantitatives, 14, 134
    stetiges, 17
    univariates, 8
    verhältnisskaliertes, 15
Merkmalsausprägung, 9
Merkmalstyp, 11
Messreihe
    gepaarte, 21, 263, 298, 344
Messwert, 10
Messzahl, 208
Methode der kleinsten Quadrate, 300, 349
metrisch, 14
Minimum, 64
Mittel
    arithmetisches, 74
    für klassierte Daten, 156
        bekannte Klassenmittelwerte, 165
    geometrisches, 80, 224
    gewichtetes arithmetisches, 78, 223
    gewichtetes geometrisches, 82
    gewichtetes harmonisches, 84, 223
    harmonisches, 83
    Ungleichungskette, 85
mittlere absolute Abweichung, 99
    für klassierte Daten, 162
mittlere quadratische Kontingenz, 259
Modalklasse, 154
Modalwert, 63
Modus, 63
    bei klassierten Daten, 155
multivariat, 20

N

negativ korreliert, 272
Netzdiagramm, s. Diagramm
nominal, 12

O

offene Kasse, s. Klasse
ordinal, 13
Ordinate, 37

P

Periodendiagramm, 364
Perzentil, 68, 73
positiv korreliert, 272
Preisindex
    Fisher, 224
    Laspeyres, 218
    Paasche, 220
Preisindizes, 218

Proportionalitätsprinzip, 148
punktbiserialer Korrelationskoeffizient,
    s. Korrelationskoeffizient

Q

Quantil
    empirische Verteilungsfunktion, 122
    für klassierte Daten, 159
    für metrische Daten, 73
    für ordinale Daten, 67
Quantilklasse, 158
quantitativ, 14
Quartil, 68, 73
Quartilsabstand, 90
    für klassierte Daten, 161

R

Randhäufigkeit, s. Häufigkeit
Rang, 65, 277
Rangkorrelationskoeffizient nach Spearman, 277
Rangwert, 64
Rangwertreihe, 64, 278
rechtsschief, 147
Regressand, 299, 336
Regression
    durch den Ursprung, 320
    durch einen vorgegebenen Punkt, 320
    Transformationen, 314
Regressionsanalyse, 298
Regressionsfunktion, 299
Regressionsgerade, 303
    bei Umkehrregression, 316
Regressionsmodell, 299
    lineares, 302
    multiples, 336
    quadratisches, 334
    Zeitreihe, 350
Regressionswert, 299

Regressor, 299, 336
Residualanalyse, 330
Residualplot, 331, 352
Residualstreuung, 326
Residuum, 76, 323, 331, 349
    normiertes, 323
Reststreuung, 326

S

Säulendiagramm, s. Diagramm
Saisonbereinigung, 364
Saisonkomponente, 346
Scatterplot, s. Streudiagramm
Scheinkorrelation, 276
schwach korreliert, 273
Skala, 11
Spannweite, 89
    für klassierte Daten, 161
Spearman-Rangkorrelationskoeffizient,
    s. Rangkorrelationskoeffizient
Stabdiagramm, s. Diagramm
Stamm-Blatt-Diagramm, s. Diagramm
Standardisierung, 104
stark korreliert, 273
statistische Einheit, 7
statistische Kenngröße, 62
Steiner-Regel, 93, 304
stetig, 17
Stichprobe, 8
Stichprobenumfang, 31
Streudiagramm, 263, 331
Streudiagrammmatrix, 264
Streuungsmaß, 88, 154
Streuungszerlegung, 167
    lineare Regression, 324
Strichliste, 36, 137
Summenformeln, 279
Summenfunktion, 116
symmetrisch, 147

T

Teilgesamtheit, 9
Trendbereinigung, 364
Trendschätzung, 352

U

Umbasierung, 210
Umkehrregression, 316
Umsatzindex, 230
Ungleichung von Cauchy-Schwarz, 269
unimodal, 146
unkorreliert, 272
Urliste, 10

V

Variationskoeffizient, 102, 207
    für klassierte Daten, 164
verbundene Ränge, 65
verhältnisskaliert, 15
Verhältniszahl, 202
Verkettung von Indexzahlen, 210, 232
Verlaufskurve, 45, 345
Verursachungszahl, 206

W

Wachstumsfaktor, 213, 347
Wachstumsrate, 215
Warenkorb, 217
Wertebereich, 9
Wertindex, 230

Z

Zeitreihe, 208, 214, 344
    glatte Komponente, 346
    irreguläre Komponente, 346
    saisonbereinigte, 364
    Saisonkomponente, 346
    trendbereinigte, 364

Zeitreihenanalyse, 344
    linearer Trend, 350
Zeitreihenzerlegung, 346
    additive, 347
    multiplikative, 347
Zeitumkehrbarkeit, 212
Zentrierung, 76
Zerlegung, 135
zusammengesetzte Indexzahl, s. Indexzahl
Zusammenhangsmaß, 242

The manufacturer's authorised representative in the EU is Springer Nature Customer Service Centre GmbH, Europaplatz 3, 69115 Heidelberg, Germany. If you have any concerns regarding our products, please contact ProductSafety@springernature.com

Printed and bound by CPI Group (UK) Ltd, Croydon, CR0 4YY

25/03/2026

02078173-0019